TRAITÉ

DES

COURBES SPÉCIALES REMARQUABLES

PLANES ET GAUCHES

TRAITÉ

DES

COURBES SPÉCIALES REMARQUABLES

PLANES ET GAUCHES

PAR

F. GOMES TEIXEIRA

Ouvrage couronné et publié par l'Académie Royale des Sciences de Madrid

TRADUIT DE L'ESPAGNOL, REVU ET TRES AUGMENTÉ

TOME III

⟶⟫⟫✕⟨⟨⟵

CHELSEA PUBLISHING COMPANY
BRONX, NEW YORK

THE FIRST EDITION OF THIS WORK WAS PUBLISHED IN THE
SPANISH LANGUAGE AT MADRID IN 1905, BY THE ACADEMY
OF SCIENCES OF MADRID. A REVISED AND MUCH ENLARGED
EDITION, IN THE FRENCH LANGUAGE, WAS PUBLISHED IN
TWO VOLUMES AT COIMBRA IN 1908 AND 1909 AS VOLUMES
FOUR AND FIVE OF GOMES TEIXEIRA'S COLLECTED WORKS.
THE THIRD, AND FINAL VOLUME OF THE PRESENT TREATISE
WAS PUBLISHED ORIGINALLY AT COIMBRA IN 1915 AS
VOLUME SEVEN OF GOMES TEIXEIRA'S COLLECTED WORKS.
THE PRESENT WORK IS A REVISED (CORRECTED) REPRINT
OF THE THREE VOLUMES, PUBLISHED AT NEW YORK IN 1971
AND PRINTED ON SPECIAL LONG-LIFE ALKALINE PAPER

COPYRIGHT, ©, 1971, BY CHELSEA PUBLISHING COMPANY

LIBRARY OF CONGRESS CATALOG CARD NUMBER: 73-113153

INTERNATIONAL STANDARD BOOK NUMBER: 0-8284-0255-8

LIBRARY OF CONGRESS CLASSIFICATION NUMBER: QA567

DEWEY DECIMAL CLASSIFICATION NUMBER: 516/.3

PRINTED IN THE UNITED STATES OF AMERICA

INTRODUCTION

Ce volume contient un Supplément à notre *Traité des courbes spéciales remarquables planes et gauches*. Nous revenons sur quelques-unes des courbes considérées dans cet ouvrage, pour ajouter de nouveaux développements à leur théorie, histoire et bibliographie, et nous exposons les théories de bien d'autres courbes remarquables qui n'ont pas été envisagées dans les volumes précédents.

Parmi les pièces qui forment ce volume, on trouve les reproductions de quelques travaux sur les courbes spéciales que nous avons insérés en divers recueils scientifiques après la publication de l'ouvrage mentionné. Voici la liste de ces travaux:

1) Sobre una nueva propriedad de las cisoides y una generalisacion de estas curvas (*Revista de la Sociedad matematica Española,* t. I, 1911).

2) Note on Professor Naraniengar Paper (*Proceedings of Edinburg Mathematical Society,* t. XXIX, 1910-1911).

3) Note on Researches of Maclaurin on Circular Cubics (*Proceedings of Edinburgh Mathematical Society,* t. XXX, 1911-1912).

4) Sobre o folium de Descartes e sobre a construcção d'uma classe de cubicas unicursais (*Annaes Scientificos da Academia Polytechnica do Porto,* t. VII, 1912).

5) Sur la développoïde de la parabole du second ordre (*Intermédiaire des mathématiciens,* t. XVII, 1910).

6) Sobre alcunas propriedades de las cubicas (*Revista de la Sociedad Matematica Española,* t. II, 1912).

7) Sur une propriété de la lemniscate de Bernoulli (*Atti della Pontificia Accademia Romana dei Nuovi Lineei,* t. LXV, 1912).

8) Sobre as tangentes ás astroides (*Annaes Scientificos da Academia Polytechnica do Porto,* t. VIII, 1913).

9) Sur les développoïdes de l'ellipse (*Nouvelles Annales de Mathématiques,* 4e série, t. XIII, 1913).

10) Sur une intégrale définie (*Archiv der Mathematik und Physik,* 3e série, t. XII).

11) Sobre la teoria de las ruletas (*Revista de la Sociedad Mathematica Española*, t. II, 1913).

12) Sur la spirale logarithmique (*Intermédiaire des Mathématiciens*, t. XIX, 1912).

13) Sobre os arcos das parabolas e hyperboles, (*Annaes scientificos da Academia Polytechnica do Porto*, t. IX, 1914).

14) Sur les trajectoires des paraboles, des hyperboles et de leurs courbes inverses (*Giornale di Matematiche*, t. L, 1913).

15) Extrait d'une lettre adressée à M. Haton de La Goupillière (*Journal de Mathématiques pures et appliquées*, 6ᵉ série, t. IX, 1913).

16) Sobre uma propriedade das curvas cycloidaes (*Revista da Universidade de Coimbra*, t. II, 1913).

17) Sur les courbes à développée intermédiaire circulaire (*Monatsheft für Mathematik und Physik*, t. XXIV, 1913).

18) Sur les courbes représentées par l'équation $\rho e^{n\theta} \sin m\theta = c$ (*Rendiconti del Circulo matematico di Palermo*, t. XXXVII, 1914).

19) Sur les courbes orbiformes d'Euler et sur une généralisation de ces courbes (*Archiv der Mathematik und Physik*, 1914).

20) Sur les roulettes circulaires (*Nouvelles Annalles de Mathématiques*, 4ᵉ série, t. XIII, 1913).

21) Sur les courbes isoptiques et les podaires (*Nouvelles Annales de Mathématiques*, 4ᵉ série, t. XIV, 1914).

22) Sobre as evolventes de uma curva dada (*Instituto de Coimbra*, 1914).

23) Sur un problème de la théorie des courbes (*Intermédiaire des Mathématiciens*, 1914).

24) Sobre las lineas geodesicas del helicoide de plano director (*Revista de la Sociedade Mathematica Española*, t. III, 1914).

25) Sur les courbes semblables à leurs courbes parallèles (*Intermédiaires des mathématiciens*, t. XIX, 1912).

Ce volume contient enfin un *Appendice* consacré aux problèmes fameux de la Géométrie élémentaire qu'on ne peut pas résoudre avec la règle et le compas. Les solutions de ces problèmes ont été obtenues au moyen de diverses courbes célèbres et leur histoire se rattache étroitement à celle de ces courbes.

Table des matières.

CHAPITRE I

Sur quelques courbes algébriques.

CHAPITRE II

Sur quelques courbes transcendantes.

CHAPITRE III

Sur quelques casses de courbes.

CHAPITRE IV

Sur quelques questions de géométrie générale.

CHAPITRE V

Sur quelques courbes gauches.

APPENDICE

SUR LES PROBLÈMES CÉLÈBRES DE LA GÉOMÉTRIE ÉLÉMENTAIRE NON RÉSOLUBLES AVEC LA REGLE ET LE COMPAS.

CHAPITRE I

Sur le problème des moyennes proportionnelles. Duplication du cube.

CHAPITRE II

Division de l'angle.

CHAPITRE III

Sur la quadrature du cercle.

CHAPITRE IV

Sur l'impossibilité de la résolution par la règle et le compas des problèmes considérés précédemment.

CHAPITRE I

SUR QUELQUES COURBES ALGÉBRIQUES.

I.

Sur une propriété des cissoïdes et une généralisation de ces courbes ([1]).

1. Considérons trois droites fixes OX, PD et BK et prenons sur PD et BK, à partir des points P et B où elles coupent OX, deux segments PD et BK tels qu'on ait

$$BK^3 = OP^2 . PD,$$

et sur OX un point fixe A. Cela posé, nous allons chercher l'équation du lieu décrit par le point d'intersection E des droites OK et AD, quand le segment PD varie.

Prenons le point O pour origine des coordonnées orthogonales et posons

$$OP = a, \ PD = b, \ OA = m, \ OB = n, \ BK = \beta,$$
$$DPX = \eta, \ KBX = \omega.$$

Les coordonnées des points A, D, K sont respectivement

$$(m, \ 0), \ (a + b \cos\eta, \ b \sin\eta), \ (n + \beta \cos\omega, \ \beta \sin\omega),$$

et par conséquant les équations des droites AD et OK sont

$$(a + b \cos\eta - m)\,y - bx \sin\eta + mb \sin\eta = 0, \ (n + \beta \cos\omega)\,y - \beta x \sin\omega = 0;$$

([1]) Cette Note est la traduction d'un article que, sous ce titre : *Sobre una nueva propriedad de las cisoides y una generalización de estas curvas*, nous avons publié dans la *Revista de la Sociedad matemática Española* (t. I, 1911, p. 156).

et, par hypothèse, nous avons

$$\beta^3 = a^2 b.$$

En éliminant b et β entre ces trois équations, on obtient celle-ci :

$$(1) \qquad a^2 (a - m)(x \sin \omega - y \cos \omega)^3 + n^3 y^2 (y \cos \eta - x \sin \eta + m \sin \eta) = 0,$$

qui représente le lieu défini ci-dessus.

2. On peut résoudre le problème de la détermination de deux moyennes proportionnelles entre deux segments donnés a et b au moyen de cette courbe.

Il suffit pour cela de prendre sur les droites OX et PD deux segments OP et PD égaux à a et b, et de déterminer le point E où la droite AD coupe la courbe. La droite OE coupe BK en un point K tel que

$$BK^3 = \beta^3 = a^2 b.$$

En déterminant ensuite α au moyen de l'équation $\alpha\beta = ab$, nous avons les segments α et β qui vérifient les conditions

$$\frac{a}{\beta} = \frac{\beta}{\alpha} = \frac{\alpha}{b}.$$

Si l'on pose, en particulier, $m = 2a$, $n = a$, $\eta = \dfrac{\pi}{2}$, $\omega = \dfrac{\pi}{2}$, la courbe considérée est identique à la *cissoïde de Dioclès* et la solution qu'on vient de donner du problème de Délos est identique à celle de Dioclès et Pappus (*Traité des courbes*, t. I, p. 10).

3. La cubique représentée par l'équation (1) a un point de rebroussement à l'origine des coordonnées et la tangente en ce point coïncide avec l'axe des abscisses ; cette courbe est donc *unicursale*. La tangente en son point d'inflexion est représentée par l'équation

$$y \cos \eta - x \sin \eta + m \sin \eta = 0,$$

et est par suite parallèle à la droite DP.

4. Cherchons les conditions pour que la cubique qu'on vient d'envisager soit identique à la *cissoïde oblique*.

En la rapportant pour cela aux coordonnées polaires (θ, ρ), on trouve l'équation

$$\rho \left[a^2 (a - m) \sin^3 (\omega - \theta) + n^3 \sin^2 \theta \sin (\theta - \eta) \right] + n^3 m \sin \eta \sin^2 \theta = 0.$$

L'équation de la cissoïde oblique est (*Traité*, t. ɪ, p. 11)

$$(2) \qquad \rho = 2a_1 \frac{\sin^2 \theta}{\cos(\theta - \varepsilon)}.$$

En exprimant que les valeurs de ρ données par ces équations sont égales, quelle que soit la valeur de θ, on voit que les conditions pour que la courbe représentée par l'équation (1) soit identique à la cissoïde oblique sont

(A) $\qquad a^2(a-m)(\cos^3 \omega - 3\sin^2 \omega \cos \omega) - n^3 \cos \eta = 0,$

(B) $\qquad a^2(a-m)(\sin^3 \omega - 3\sin \omega \cos^2 \omega) + n^3 \sin \eta = 0,$

(C) $\qquad 2a_1[3a^2(a-m)\sin \omega \cos^2 \omega - n^3 \sin \eta] + n^3 m \sin \eta \cos \varepsilon = 0,$

(D) $\qquad 2a_1[-a^2(a-m)\cos^3 \omega + n^3 \cos \eta] + n^3 m \sin \eta \sin \varepsilon = 0.$

Les deux dernières équations, en tenant compte des deux premières, donnent

(C') $\qquad 2a_1 a^2(a-m)\sin^3 \omega + n^3 m \sin \eta \cos \varepsilon = 0,$

(D') $\qquad 6a_1 a^2(a-m)\cos \omega \sin^2 \omega - n^3 m \sin \eta \sin \varepsilon = 0,$

et les équations (A) et (B) peuvent être remplacées par celles-ci :

(A') $\qquad a^2(a-m)\cos 3\omega = n^3 \cos \eta,$

(B') $\qquad a^2(a-m)\sin 3\omega = n^3 \sin \eta.$

En supposant que ε est différent de zéro *(cissoïde oblique)*, les équations (C') et (D') donnent, en les divisant membre à membre,

$$\operatorname{tang} \omega = -3 \operatorname{cotang} \varepsilon;$$

les équations (A') et (B') donnent de la même manière

$$\operatorname{tang} \eta = \operatorname{tang} 3\omega$$

et par conséquent

$$\eta = 3\omega, \quad \text{ou} \quad \eta = 3\omega - \pi.$$

En substituant ces valeurs dans l'équation (A'), il vient

$$a^2(a-m) = \pm n^3,$$

et cette équation et (D′) donnent

$$a_1 = \frac{n^3\, m \sin \eta \sin \varepsilon}{6a^2(a-m)\cos \omega \sin^2 \omega} = \frac{m \sin 3\omega \sin \varepsilon}{6 \cos \omega \sin^2 \omega}.$$

Donc les conditions pour que la courbe (1) et la cissoïde oblique soient identiques sont

$$(3) \quad \begin{cases} \tang \omega = -3 \cotang \varepsilon, \quad \eta = 3\omega \ \text{ou} \ \eta = 3\omega - \pi, \quad a^2(a-m) = \pm\, n^3, \\ a_1 = \dfrac{m \sin 3\omega \sin \varepsilon}{6 \cos \omega \sin^2 \omega} = \dfrac{m \sin 3\varepsilon}{3 \sin 2\varepsilon}, \end{cases}$$

et on doit employer dans la troisième le signe $+$ quand $\eta = 3\omega$ et le signe $-$ quand $\eta = 3\omega - \pi$.

Si la cissoïde est donnée, c'est-à-dire si l'on donne les nombres a_1 et ε, la première des équations (3) détermine ω, l'une des deuxièmes détermine η, la dernière détermine m et la troisième détermine n. La quantité a reste arbitraire. Donc nous avons le théorème suivant :

La cissoïde oblique peut être engendrée d'une infinité de manières par la construction indiquée au n.º 1.

5. Considérons maintenant le *cissoïde droite*. On a dans ce cas $\varepsilon = 0$; et les équations (A), (B), (C), (D) donnent les conditions

$$(4) \quad \omega = \frac{\pi}{2}, \quad \eta = \frac{3}{2}\pi, \quad 2a_1 = m, \quad a^2(a-2a_1) = n^3,$$

$$(5) \quad \omega = \frac{\pi}{2}, \quad \eta = \frac{\pi}{2}, \quad 2a_1 = m, \quad a^2(a-2a_1) = -n^3.$$

Donc *la cissoïde droite peut aussi être engendrée d'une infinité de manières par la construction indiquée au n.º 1, les droites DP et KB étant alors perpendiculaires à OB.*

6. La cubique définie par l'équation

$$(6) \quad (Hy + Kx)^3 + y^2(My + Nx + P) = 0$$

peut être réduite à la forme (1), en déterminant ω, η, m, n au moyen des équations

$$\frac{K}{H} = -\tang \omega, \quad \frac{M}{H^3}\cos^3\omega = \frac{n^3 \cos\eta}{a^2(m-a)}, \quad \frac{N}{H^3}\cos^3\omega = -\frac{n^3 \sin\eta}{a^2(m-a)}, \quad \frac{P}{H^3}\cos^3\omega = \frac{mn^3 \sin\eta}{a^2(m-a)},$$

qui donnent

$$(7) \quad \tang \omega = -\frac{K}{H}, \quad \tang \eta = -\frac{N}{M}, \quad m = \frac{P}{N}, \quad n^3 = \frac{a^2(m-a)}{\cos \eta} \cdot \frac{M}{H^3} \cos^3 \omega.$$

Comme la constante a reste arbitraire, ou voit que *la cubique représentée par l'équation* (6) *peut être engendrée d'une infinité de manières par la construction donnée au n.° 1.*

7. La courbe représentée par l'équation (6) jouit encore d'autres propriétés intéressantes qu'on va voir.

Considérons la courbe définie par l'équation rapportée à des axes obliques

$$y = a x^{\frac{3}{2}},$$

courbe nommée *parabole semi-cubique oblique* par M. Raffy, et cherchons sa polaire réciproque par rapport à un cercle quelconque.

L'équation de la courbe considérée rapportée à des axes orthogonaux est

$$y - hx = a_1 x^{\frac{3}{2}}$$

ot par conséquent la même courbe peut être représentée par les équations paramétriques

$$x = t^2, \quad y = ht^2 + a_1 t^3,$$

ou, en transportant l'origine des coordonnées au point (α, β),

$$x = t^2 - \alpha, \quad y = ht^2 + a_1 t^3 - \beta.$$

La polaire du point (x, y) de la courbe par rapport au cercle défini par l'équation

$$x^2 + y^2 = r^2$$

est

$$(ht^2 + a_1 t^3 - \beta) y + (t^2 - \alpha) x = r^2,$$

et l'équation de la polaire de la parabole semi-cubique par rapport à ce cercle résulte de l'élimination de t entre la dernière équation et celle-ci:

$$(2h + 3a_1 t) y + 2x = 0.$$

Cette élimination donne

$$(8) \qquad 4(x + hy)^3 - 27 a_1^2 y^2 (\alpha x + \beta y + r^2) = 0.$$

Donc *la polaire de la parabole semi-cubique (droite ou oblique) est une des cubiques représentées par l'équation* (6).

8. On déduit de ce théorème, comme corollaire, une proposition donnée par M. Lemoyne dans *l'Intermédiaire des mathématiciens* (1909, p. 265), comme l'on va voir.

En déterminant les coordonnées (x', y') du foyer de la parabole semi-cubique considérée au moyen de l'élimination de x et y entre les équations

$$y = hx + a_1 x^{\frac{3}{2}}, \qquad h + \frac{3}{2} a_1 x^{\frac{1}{2}} = i, \qquad y - y' = i(x - x').$$

on trouve

$$x' = \frac{4}{27\, a_1^2}(3h^2 - 1), \qquad y' = \frac{4h}{27\, a_1^2}(h^2 - 3).$$

Mais, en posant $a = x'$, $\beta = y'$ dans l'équation (8) et en remplaçant ensuite x' et y' par leurs valeurs, on trouve

$$4(x + 3hy)(x^2 + y^2) = 27\, a_1^2\, r^2 y^2.$$

Donc *la polaire de la parabole semi-cubique (droite ou oblique), par rapport à un cercle ayant pour centre le foyer de cette parabole, est une cissoïde (droite ou oblique).*

II.

Sur la strophoïde.

1. Parmi les conséquences de la doctrine exposée au n.º 62 du *Traité des courbes spéciales* (t. I, p. 53), nous signalerons la propriété suivante:

Le lieu des points d'où l'on voit deux côtés inégaux d'un triangle sous des angles égaux ou supplémentaires est composée d'une strophoïde, ayant pour point double le sommet de l'angle formé par les deux côtés considérés, et d'une droite, qui coïncide avec le côté opposé à ce sommet.

On a vu au paragraphe mentionné que l'équation du lieu d'un point d'où l'on voit deux segments de droite $A_1 A_2$ et $A'_1 A'_2$ sous des angles égaux ou supplémentaires est

$$(1) \quad \begin{cases} (x^2 + y^2)[(\beta' - \beta) x + (a + a - a') y] = [a\beta' - \beta a' + a(\beta' - \beta)]x^2 \\ + [a\beta' - \beta a' + a(\beta + \beta')]y^2 + 2aaxy - a(aa' + \beta\beta')y - a(a\beta' - \beta a')x, \end{cases}$$

$(0, 0)$, $(a, 0)$. (a, β), (a', β') étant les coordonnées des points A_1, A_2, A'_1, A'_2.

Si les points A_1 et A_2' coïncident, on a $\alpha' = 0$, $\beta' = 0$ et l'équation (1) prend la forme

$$[(a + \alpha) y - \beta x] (x^2 + y^2) = a\beta (y^2 - x^2) + 2a\alpha xy,$$

et ensuite, en faisant

$$x = x_1 \cos \omega + y_1 \sin \omega, \quad y = x_1 \sin \omega - y_1 \cos \omega, \quad a + \alpha = -\beta \, \text{tang} \, \omega, \quad \alpha = h \cos \eta, \quad \beta = h \sin \eta,$$

cette autre

$$\sin \eta \, (x_1^2 + y_1^2) \, x_1 = a \cos \omega \, [(y_1^2 - x_1^2) \sin (2\omega - \eta) + 2x_1 y_1 \cos (2\omega - \eta)],$$

qui représente (t. I, p. 31) la strophoïde.

On voit aisément que cette strophoïde passe par les sommets du triangle considéré, que son point double coïncide avec le sommet A_1 et que l'asymptote réelle est parallèle à la droite qui passe par ce point et par le milieu du côté opposé $A_2 A_1'$.

En supposant maintenant que le point A_1' coïncide avec le point A_1, on a $\alpha = 0$, $\beta = 0$, et l'équation (1) prend la forme

$$(x^2 + y^2) [\beta' x + (a - \alpha') y] = a\beta' (x^2 + y^2),$$

et représente deux droites imaginaires et une droite réelle ayant pour équation

$$\beta' x + (a - \alpha') y = a\beta',$$

laquelle passe par les points (α', β') et $(a, 0)$.

La première partie de la proposition qu'on vient d'établir a été démontrée par Magnus (*Sammlung von Aufgaben*, 1833–1837), et M. Lebon en a donné une démonstration dans le *Journal de Mathématiques spéciales* (1895); la seconde partie est géométriquement évidente.

Si les segments donnés sont les côtés égaux d'un triangle isoscèle, la courbe qui est le lieu des points d'où l'on voit ces segments sous des angles égaux ou supplémentaires n'est pas la strophoïde. On voit aisément, en prenant le point où les segments se coupent, pour origine des coordonnées, et la bissectrice de l'angle qu'ils forment pour axe des abscisses, que le lieu considéré est composé de cette bissectrice, d'un cercle circonscrit au triangle et de la droite qui forme le côté de ce triangle opposé au sommet qu'on a pris pour origine des coordonnées. Cette proposition est géométriquement évidente.

Remarquons encore qu'il résulte de la doctrine de Van Rees exposée au n.° 55 de ce *Traité* (t. I, p. 48), en observant que le point double de la strophoïde et le point correspondant coïncident, *qu'on peut déterminer, d'une infinité de manières, dans une strophoïde deux points tels que les segments de droite compris entre ces points et le point double soient vus de tous les points de la courbe sous des angles égaux ou supplémentaires.* M. Lebon a donné (*l, c*) une démonstration directe de cette proposition.

2. Nous allons donner à l'équation de la strophoïde une forme différente de celle qu'on a obtenue ci-dessus, où figurent d'autres constantes, forme qui nous sera utile bientôt.

Soient AB et AC les segments donnés et rapportons la courbe à un système de coordonnées orthogonales ayant pour origine le milieu du segment BC et pour axe des abscisses cette droite.

En désignant par h et k les coordonnées du point A et par c l'abscisse du point C, on trouve aisément que la courbe d'où l'on voit les segments AB et AC sous des angles égaux ou supplémentaires peut être représentée par l'équation

$$\frac{y(x-h)-(y-k)(x+c)}{(x+c)(x-h)+y(y-k)} = \pm \frac{y(x-h)-(y-k)(x-c)}{(x-c)(x-h)+y(y-k)}.$$

Si l'on prend dans cette équation le signe supérieur, on obtient la droite BC et un cercle imaginaire. Si l'on prend le signe inférieur, on obtient l'équation de la strophoïde sous la forme suivante :

$$(2) \qquad [x(x-h)+y(y-k)](hy-kx) = c^2(x-h)(y-k),$$

ou, en transportant l'origine des coordonnées au point A,

$$[x(x+h)+y(y+k)](hy-kx) = c^2xy.$$

Remarquons, en passant, que, si l'on fait

$$x = x'\cos\omega - y'\sin\omega, \qquad y = x'\sin\omega + y'\cos\omega, \qquad \frac{k}{h} = \tang\omega,$$

cette équation prend la forme

$$\frac{h}{\cos\omega}(x'^2+y'^2)y' = \frac{1}{2}c^2(x'^2-y'^2)\sin 2\omega + \left(c^2\cos 2\omega - \frac{h^2}{\cos^2\omega}\right)x'y',$$

ou

$$(h^2+k^2)^{\frac{3}{2}}(x'^2+y'^2)y' = c^2hk(x'^2-y'^2) + [c^2(h^2-k^2)-(h^2+k^2)^2]x'y',$$

d'où il résulte que la condition pour que la strophoïde soit droite est celle-ci :

$$c^2 = \frac{(h^2+k^2)^2}{h^2-k^2}.$$

3. Cherchons maintenant le lieu des points de contact des tangentes menées du point double A aux coniques homofocales ayant pour foyers les points B et C.

En prenant pour axes des coordonnées la droite BC et la perpendiculaire à cette droite passant par le milieu du segment BC, l'équation des coniques ayant pour foyers B et C est

$$\frac{x^2}{c^2+\lambda}+\frac{y^2}{\lambda}=1, \qquad \lambda=\pm\,b^2\,;$$

et l'équation des tangentes à ces coniques est donc

$$(\lambda+c^2)\,y\,\mathrm{Y}+\lambda x\,\mathrm{X}=\lambda\,(\lambda+c^2).$$

La condition pour que ces tangentes passent par le point A est

$$\lambda\,(ky+hx)+kc^2y=\lambda\,(\lambda+c^2).$$

En éliminant λ entre cette équation et celle des coniques, on obtient une équation identique à l'équation (2).

Donc *le lieu des points de contact des tangentes aux ellipses et hyperboles ayant pour foyers réels B et C, issues d'un point donné A, est la strophoïde.*

L'équation (2) fait voir que *cette strophoïde passe par le point A, où elle a son point double, par les foyers A et B des coniques données et par les pieds des perpendiculaires abaissées de A sur les axes des coniques.*

Comme en chaque point du plan de la courbe passent une ellipse et une hyperbole homofocales et que ces lignes se coupent orthogonalement en ce point, on peut encore énoncer le théorème suivant:

Le lieu des pieds des normales aux ellipses et aux hyperboles homofocales, issues d'un point donné A, est la strophoïde. Cette courbe passe par A, où elle a son noeud, par les foyers A, B et par les pieds des perpendiculaires abaissées de A sur les axes des coniques considérées.

Les propositions qu'on vient de voir ont été démontrées par M. Naraniengar dans les *Proceedings of the Edinburgh Mathematical Society* (t. XXVIII, 1909–1910, p. 73), mais, d'après une Note ajoutée par M. Miller à un article que nous avons publié dans ce même recueil, elles avaient été déjà données par M. Reye dans sa *Geometrie der Lage* (4.ᵉ éd., p. 176), où il les a obtenues au moyen des méthodes de la Géométrie projective.

À ces propositions nous ajouterons ces deux autres, dont nous ferons bientôt usage, savoir:

1.° *La cubique passe encore par les foyers imaginaires $(0, ci)$, $(0, -ci)$ des coniques.*

2.° *Si le point A est situé sur un des axes de symétrie des coniques, le lieu considéré se réduit à cet axe et à un cercle. Si cet axe est celui des y, le cercle passe par A et par les foyers réels, si l'axe considéré est celui des x, le cercle passe par A et par les foyers imaginaires.*

4. En appliquant aux théorèmes qu'on vient de démontrer la transformation par rayons vecteurs réciproques, on obtient des propriétés remarquables des quartiques bicirculaires, que nous avons signalées dans l'article mentionné ci-dessus, et qu'on va voir ([1]).

Remarquons d'abord que, si l'on prend pour centre d'inversion le point A, les coniques se transforment en des quartiques bicirculaires unicursales ayant le point double réel en A et ayant pour foyers les points correspondant aux foyers des coniques. Remarquons ensuite que la cubique se transforme en une hyperbole équilatère passant par le point double réel des quartiques, par les points correspondant aux foyers réels et imaginaires des coniques et par les points correspondant aux pieds des perpendiculaires abaissées de A sur les axes de symétrie des coniques. Remarquons enfin que les axes de symétrie des coniques se transforment en deux cercles, dont l'un passe par A et par les points correspondant aux foyers réels des coniques, et l'autre passe par A et par les points correspondant aux foyers imaginaires, et qu'aux pieds des perpendiculaires abaissées du point A sur ces axes correspondent les points de ces cercles diamétralement opposés au point A.

Nous avons donc la proposition suivante :

Le lieu des points de contact des tangentes (ou des pieds des normales) aux quartiques bicirculaires unicursales homofocales ayant le même point double réel, issues de ce point double, est une hyperbole équilatère passant par le point double, par les foyers des quartiques et par les points diamétralement opposés au point double dans les cercles qui passent par ce point et, respectivement, par les deux foyers réels et les deux foyers imaginaires des quartiques.

Supposons, en particulier, que le point A soit situé sur un des axes de symétrie des coniques. Alors les quartiques bicirculaires considérées ont évidemment un même axe de symétrie correspondant à celui-là.

Mais on a déjà vu que, dans ce cas, la cubique (2) se réduit à l'axe mentionné et à un cercle passant par A et par les deux foyers réels ou par les deux foyers imaginaires. Or, la transformée de ce cercle est une droite passant par les deux foyers des quartiques qui correspondent à ceux des coniques par lesquels passe le cercle. Donc :

Le lieu des points de contact des tangentes et des pieds des normales aux quartiques biciculaires unicursales ayant un même axe de symétrie, les mêmes foyers et le même point double, issues de ce point, est formé par deux droites, dont l'une passe par les foyers réels et l'autre par les foyers imaginaires.

5. Soit HO *(fig. 2)* une droite qui tourne autour du point fixe O, et A et B deux points fixes d'un plan qui contient la droite. Si un point M se déplace sur la droite de manière que, en toutes ses positions, les angles BMH et AMO soient égaux, le lieu décrit par M est

([1]) F. Gomes Teixeira: *Note on Professor Naraniengar Paper* (*Proceedings of Edinburgh Mathematical Society,* t. xxix, 1910-1911).

une *strophoïde* ayant le point double en O. En effet les angles AMO et BMO sous lesquels on voit de M les segments AO et BO sont supplémentaires. Donc:

Si B *est un point lumineux, le lieu du point* M *du cercle de rayon variable ayant le centre en* O *tel qu'un rayon sorti de* B *et réfléchi par ce cercle passe par* A, *est le strophoïde qu'on vient de considérer.*

Le point M *où le même rayon est réfléchi par une droite variable* OM, *passant par* O, *de manière qu'il passe par* A *est la même strophoïde.*

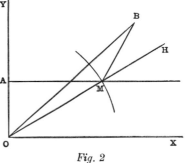

Fig. 2

La première de ces propositions d'Optique géométrique a été donnée par Van Rees dans la *Correspondance mathématique de Quetelet* (t. v, 1829, p. 378); et MM. Silvan et Mataix en ont indiqué d'autres démonstrations dans la *Revista de la Sociedad Matematica Española* (1911–1912, p. 104). L'autre a été exposée plus tard par E. Sang dans les *Transactions of the Edinburgh R. Society* (t. xxviii, 1877); et M. Loria en a donné une autre démonstration dans les *Nouvelles Annales de Mathématiques* (1897). On vient de voir que les deux propositions ne diffèrent pas sous le point de vue géométrique.

6. La strophoïde est un cas particulier de la courbe engendrée par un point M qui se déplace de manière que les angles ω et φ que deux droites passant par ce point et par deux points fixes A et B font avec la droite AB vérifient la condition

$$n\varphi + m\omega = a,$$

n, m et a étant des quantités constantes.

On a en effet, en prenant pour axe des abscisses la droite AB, pour origine le point A et pour axe des ordonnées la perpendiculaire à AB au point A,

$$y = x \tan\omega, \qquad y = (a - x)\tan\varphi,$$

où a désigne la distance des points A et B.

Donc

$$x \tan\omega = (a - x)\tan\frac{a - m\omega}{n},$$

et par conséquent, en posant $x = r\cos\omega$,

$$r = a\,\frac{\sin\dfrac{a - m\,\omega}{n}}{\sin\dfrac{(n - m)\,\omega + a}{n}}.$$

C'est l'équation en coordonnées polaires de la courbe considérée.

En faisant en particulier $m = 1$, $n = 2$, ou trouve

$$r = a \frac{\sin \dfrac{\alpha - \omega}{2}}{\sin \dfrac{\alpha + \omega}{2}} = a \frac{\sin \alpha - \sin \omega}{\sin (\alpha + \omega)} \, ;$$

donc dans ce cas (*Traité des courbes spéciales*, t. I, p. 39) la courbe considérée est la strophoïde.

La généralisation de la strophoïde qu'on vient d'envisager a été donnée par M. Johnson dans l'*American Journal of Mathematics* (t. III, 1881).

La courbe de Johnson est algébrique quand m et n sont des nombres entiers. Alors l'équation cartésienne de la courbe peut être obtenue de la manière suivante.

On a

$$\operatorname{tang} (n\varphi + m\omega) = \operatorname{tang} \alpha,$$

et par conséquent

$$\operatorname{tang} n\varphi + \operatorname{tang} m\omega = (1 - \operatorname{tang} n\varphi \operatorname{tang} m\omega) \operatorname{tang} \alpha.$$

Mais

$$\operatorname{tang} n\varphi = \frac{n \operatorname{tang} \varphi - \dbinom{n}{3} \operatorname{tang}^3 \varphi + \cdots}{1 - \dbinom{n}{2} \operatorname{tang}^2 \varphi + \cdots} = \frac{n \dfrac{y}{a-x} - \dbinom{n}{3} \dfrac{y^3}{(a-x)^3} + \cdots}{1 - \dbinom{n}{2} \dfrac{y^2}{(a-x)^2} + \cdots} ,$$

$$\operatorname{tang} m\omega = \frac{m \operatorname{tang} \omega - \dbinom{m}{3} \operatorname{tang}^3 \omega + \cdots}{1 - \dbinom{m}{2} \operatorname{tang}^2 \omega + \cdots} = \frac{m \dfrac{y}{x} - \dbinom{m}{3} \dfrac{y^3}{x^3} + \cdots}{1 - \dbinom{m}{2} \dfrac{y^2}{x^2} + \cdots}$$

En remplaçant ces valeurs de $\operatorname{tang} n\varphi$ et $\operatorname{tang} m\omega$ dans l'équation précédente, on obtient l'équation demandée.

En observant que les degrés de la plus haute puissance de $\dfrac{y}{a-x}$ et $\dfrac{y}{x}$ dans le numérateur et le dénominateur des expressions de $\operatorname{tang} n\varphi$ et $\operatorname{tang} m\omega$ sont respectivement n et m, on conclut que l'ordre de la courbe est égal à $m + n$, m et n étant deux entiers qui n'ont pas de diviseur commun.

III.

Notice sur les recherches de Maclaurin concernant les cubiques circulaires (¹).

1. Dans les travaux que nous connaissons où l'on donne des renseignements historiques ou bibliographiques sur les cubiques circulaires on ne trouve pas des indications suffisantes sur les recherches de Maclaurin sur ces courbes; et pourtant bien des propositions classiques de la théorie des lignes mentionnées sont dues à cet éminent géomètre, qui s'est occupé de la construction des cubiques circulaires non unicursales et des cubiques circulaires spéciales connues à présent sous le nom de *trisectrice de Maclaurin,* de *cissoïde oblique et* de *strophoïde.* Son nom ne figure pas même dans les listes des écrits sur cette dernière cubique publiées par Tortolini et M. Günther.

Nous croyons donc utile d'indiquer ici les recherches qu'il a faites sur les courbes mentionnées, sans toutefois reproduire ses démonstrations, que nous remplacerons par des démonstrations analytiques de lecture plus facile. Nous indiquerons aussi les rapports des résultats qu'il a obtenus avec d'autres qui ont été trouvés plus tard.

2. Maclaurin s'est occupé des cubiques circulaires dans sa *Geometria organica* (1720, p. 33–37). Il a considéré premièrement les cubiques circulaires unicursales, dont il a donné la construction suivante.

Considérons deux points O et B et une droite *(fig. 3)* AM. Par le point B menons la droite BM de direction arbitraire, par le point M, où elle coupe celle-là, la perpendiculaire ML à BM, et par le point O la droite OH, perpendiculaire à ML. Cela posé, le lieu de H est une cubique circulaire unicursale.

Prenons pour axe des coordonnées la droite OL, parallèle à AM, et la droite OY, perpendiculaire à OL, et représentons par *b* le segment OK,

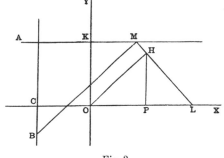

Fig. 3

par *a* l'abscisse du point M et par (— α, — β) les coordonnées du point B.

L'équation de la droite ML est

$$y - b = - \frac{\alpha + a}{\beta + b} (x - a)$$

(¹) Traduction d'un article que, sous le titre: *Note on Resarches of Maclaurin on Circular Cubics,* nous avons publié dans les *Proceedings of the Edinburgh Mathematical Society* (vol. xxx, 1911-1912).

et l'équation de la droite OH est

$$y = \frac{\beta + b}{\alpha + a}\, x.$$

En éliminant a entre ces équations, on obtient l'équation du lieu de H, savoir:

(1) $$y\,(x^2 + y^2) = by^2 - \alpha xy + (\beta + b)\, x^2.$$

Cette équation représente toutes les cubiques circulaires unicursales. Il est géométriquement évident, comme Maclaurin l'a fait remarquer, que, si la circonférence ayant pour diamètre BO coupe la droite AM, la cubique a un *noeud* en O, si cette circonférence est tangente à cette droite, la cubique a un *rebroussement* en O *(cissoïde droite* ou *oblique),* si la circonférence ne coupe pas AM, O est un *point isolé* de la cubique.

3. La méthode pour construire les cubiques circulaires unicursales en les considérant comme cissoïdales d'un cercle *(Traité,* t. I, p. 20) a été aussi donnée par Maclaurin *(l. c.,* p. 35). Il a fait voir que, en menant par un point donné O *(fig. 4)* sur la circonférence d'un

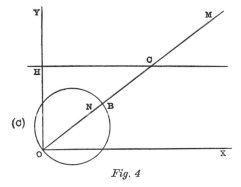

Fig. 4

cercle (C) une droite arbitraire OB et en prenant sur cette droite, à partir du point C, où elle coupe une droite donnée HC, les segments CM et CN égaux à OB, les lieux des positions de ces points sont identiques à celui qu'on vient de définir au n.° précédent. On pourrait croire que les points M et N décrivent deux branches de la même courbe; mais ce n'est pas ce qui arrive. En effet, en prenant pour axes des coordonnées les droites OY et OX, respectivement perpendiculaire et parallèle à la droite donnée HC, et en remarquant que l'équation du cercle (C) et de la droite HC sont

$$\rho_1 = 2\alpha_1 \cos\theta + 2\beta_1 \sin\theta, \qquad \rho_2 = \frac{c}{\sin\theta},$$

où $(\alpha_1,\ \beta_1)$ sont les coordonnées du centre et où $c = \text{OH}$, on trouve que le lieu de N est

$$\rho = \frac{c}{\sin\theta} - 2\,(\alpha_1 \cos\theta + \beta_1 \sin\theta),$$

ou, en coordonnées cartésiennes,

$$y\,(x^2 + y^2) = cx^2 - 2\alpha_1 xy + (c - 2\beta_1)\, y^2,$$

et que l'équation du lieu de M est

$$y(x^2 + y^2) = cx^2 + 2a_1xy + (c + 2\beta_1)y^2.$$

Chacune de ces deux équations peut représenter toute cubique circulaire unicursale, et la première exprime que cette cubique est la *cissoïdale* du cercle (C) et de la droite HC et l'autre qu'elle est la *cissoïdale* du cercle (C'), symétrique de (C) par rapport au point O, et de la même droite.

Cette cubique coïncide avec celle qu'on a construite précédemment quand on prend le centre (a_1, β_1) du cercle (C) et la droite HC de manière qu'on ait

$$a_1 = \frac{1}{2}a, \quad \beta_1 = \frac{1}{2}\beta, \quad c = b + \beta.$$

On pourrait établir directement ces égalités par des considérations de géométrie pure et démontrer ainsi la construction qu'on vient de donner. La méthode suivie par Maclaurin ne diffère pas essentiellement de celle-ci.

4. Voici une autre construction des mêmes cubiques donnée aussi par Maclaurin.

Considérons un quadrilatère dont les sommets soient A, B, C, D *(fig. 5)* et supposons que AD soit perpendiculaire à AB et que DC soit perpendiculaire à CB. Si les angles DAB et DCB tournent autour des points A et C, respectivement, de manière que B décrive une circonférence passant par A, le point D décrit une cubique circulaire unicursale.

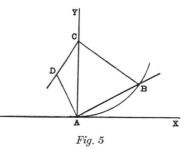

Fig. 5

En effet, en prenant pour origine des coordonnées orthogonales le point A et pour axe des ordonnées la droite AC, les équations des droites AB et BC sont

$$x = ky, \quad x = k'(y - a),$$

a désignant le segment AC, et l'équation de la circonférence est

$$x^2 + y^2 - 2\alpha_2 x - 2\beta_2 y = 0.$$

En éliminant x et y entre ces trois équations, on obtient la condition pour que le point B soit situé sur la circonférence, savoir:

$$ak'(1 + k^2) - 2(k' - k)(k\alpha_2 + \beta_2) = 0.$$

Les équations des droites AD et DC sont

$$y = -kx, \quad y - a = -k'x,$$

et le lieu de D est représenté par l'équation qui résulte de l'élimination de k et k' entre les trois dernières équations, c'est-à-dire par l'équation

$$y(x^2 + y^2) = (a - 2\beta_2)\,x^2 + 2\alpha_2 xy + ay^2,$$

qui est celle des cubiques circulaires unicursales.

Cette équation est identique à l'équation (1) quand

$$\alpha_2 = -\frac{1}{2}\alpha, \quad \beta_2 = -\frac{1}{2}\beta, \quad a = b.$$

On pourrait établir géométriquement ces égalités et démontrer ainsi la construction exposée. Cette dernière démonstration ne diffère pas essentiellement de celle de Maclaurin, qui a déduit cette construction comme corollaire de celle qu'on a donnée au n.º 2.

5. Maclaurin a rencontré de nouveau les cubiques qu'on vient d'envisager en cherchant les *podaires* de la parabole (*Geometria organica,* p. 101), et il a remarqué que, si le pôle est extérieur à la parabole, la podaire a un noeud, que, si le pôle est sur la parabole, la podaire *(cissoïde)* a un point de rebroussement et que, quand le pôle est à l'intérieur de la parabole, la podaire a un point isolé (*Traité,* t. I, p. 25).

6. La méthode employée par Barrow (*Lectiones geometricae,* 1669, p. 69) pour construire la courbe qu'on appele à présent *strophoïde* a été généralisée par Maclaurin (*Geometria organica,* p. 36) de la manière suivante.

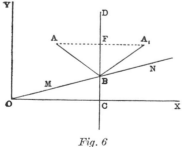

Fig. 6

Considérons deux points *(fig. 6)* O et A et une droite CD. Par le point O menons la droite de direction arbitraire OB et prenons sur cette droite deux segments BM et BN égaux à AB. Cela posé, cherchons l'équation du lieu décrit par M et N, quand la direction de la droite OB varie.

En prenant pour origine des coordonnées le point donné O, pour axe des abscisses la droite OX, perpendiculaire à DC et pour axe des ordonnées la droite OY, parallèle à DC, et en désignant par (α, β) les coordonnées de A, par a le segment OC, par ρ les segments OM et ON, par θ l'angle BOC, on a l'équation polaire du lieu considéré:

$$\rho = \frac{a}{\cos\theta} \mp \mathrm{AB} = \frac{a}{\cos\theta} \mp \sqrt{(\alpha - a)^2 + (\beta - a\tan\theta)^2}\,,$$

d'où l'on déduit, en faisant $x = \rho \cos \theta$, $y = \rho \sin \theta$, l'équation cartésienne du même lieu :

$$(2) \qquad (x^2 + y^2)\, x = 2a\,(x^2 + y^2) + (\alpha^2 + \beta^2 - 2a\alpha)\, x - 2a\beta y.$$

Nous ferons quelques remarques sur la question qu'on vient d'envisager.

Nous observerons d'abord que cette question est identique à celle que M. Lagrange a résolue plus tard, dans le volume correspondant à 1900 des *Nouvelles Annales de Mathématiques*.

Nous remarquerons ensuite que l'équation (2) est un cas particulier de l'équation

$$(3) \qquad (x^2 + y^2)\, x = A\,(x^2 + y^2) - Bx - Cy,$$

qui représente les cubiques nommées *focales de Van Rees* (*Traité*, t. I, p. 45), pour avoir été rencontrées par ce géomètre en cherchant les focales du cône droit à base elliptique (*Correspondance mathématique de Quetelet*, t. V, p. 361). MM. Tecedor et Silvan en ont donné récemment quelques propriétés dans la *Revista de la Sociedad Matematica Española* (t. I, 1911–1912, p. 325–331).

On ne peut pas construire toutes les focales de Van Rees par la méthode de Maclaurin, car, en comparant les équations (2) et (3), on trouve, pour déterminer α, β et a, les équations

$$A = 2a, \quad B = 2\alpha a - \alpha^2 - \beta^2, \quad C = 2a\beta,$$

qui donnent

$$a = \frac{A}{2}, \quad \beta = \frac{C}{A}, \quad \alpha = a \pm \frac{1}{2A}\sqrt{A^4 - 4C^2 - 4A^2 B}\,,$$

et par conséquent α est imaginaire quand

$$A^4 - 4C^2 - 4A^2 B < 0.$$

Le cas considéré par Maclaurin est identique au cas où la focale est composée d'un ovale et d'une branche infinie, et dans ce cas la dernière équation donne pour α deux valeurs réelles, auxquelles correspondent deux points A et A₁, symétriquement placés par rapport à la droite CD, qui satisfont évidemment à la question.

7. Maclaurin a spécialement signalé le cas (*l. c.*, p. 38) où le point A est placé sur la droite DC, c'est-à-dire le cas où $a = \alpha$, ou

$$A^4 - 4C^2 - 4A^2 B = 0,$$

et il a remarqué que la cubique a alors un noeud. C'est le cas où sa construction se réduit à celle qui avait été donnée par Barrow. La courbe est alors identique à la *strophoïde*.

Cette dernière cubique a été encore considérée par Maclaurin dans le *Treatise of Fluxions* (n.º 316), où il l'a rencontrée en cherchant le lieu du point d'intersection de deux droites passant par deux points fixes et tournant autour de ces points dans un même sens et de manière que l'angle que l'une fait avec une droite fixe soit double de l'angle que l'autre fait avec une autre droite fixe.

8. Maclaurin a encore donné (*Geometria organica*, p. 38), pour tracer la strophoïde, un procédé mécanique qu'on va voir.

Prenons deux tiges OP et PQ (*fig. 7*) invariablement liées au point P et faisant un angle QPO égal à l'angle QCO de deux droites données. En déplaçant cet appareil de manière qu'une des tiges passe par le point O et qu'un point Q de l'autre, dont la distance à P est égale à OC, se déplace sur la droite CQ, le point P décrit une strophoïde.

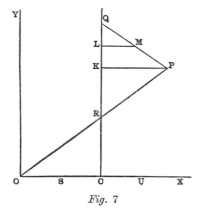

Fig. 7

En effet, comme OC = PQ, OCQ = OPQ, ORC = QRP, les triangles ORC et RQP sont égaux. Il en résulte RC = RP. Donc (n.ᵒˢ 6, 7) P décrit une strophoïde.

9. Cette construction est une extension de celle que Newton avait donnée pour la *cissoïde droite*. En effet, en supposant que l'angle OPQ soit droit, ce grand géomètre avait démontré que le point M, placé au milieu de PQ, décrit cette ligne.

La proposition de Newton peut être déduite de celle de Maclaurin comme on va le voir.

Prenons pour origine des coordonnées le point O et pour axes la droite OY parallèle à CQ et la droite OC perpendiculaire à OY. L'équation de la strophoïde décrite par P est (n.ᵒˢ 6, 7)

$$y^2 = \frac{x(x-a)^2}{2a-x},$$

où $a = $ OD. L'équation de la droite OP est

$$x\mathrm{Y} = y\mathrm{X},$$

$x, y)$ étant les coordonnées du point P; et l'équation de la droite PQ, perpendiculaire à OP, est par suite

$$y\mathrm{Y} + x\mathrm{X} = x^2 + y^2.$$

En faisant $x = a$ dans cette équation, on trouve

$$\mathrm{QC} = \frac{x^2 + y^2 - ax}{y}.$$

Soient maintenant (x_1, y_1) les coordonnées du point M. On a, en supposant la droite LM parallèle à OC,

$$x_1 = \frac{1}{2}(x+a), \quad y_1 = \frac{1}{2}(\mathrm{KC} + \mathrm{QC}) = \frac{2y^2 + x^2 - ax}{2y}.$$

En éliminant x et y entre ces équations et celle de la strophoïde, on obtient l'équation

$$y_1^2 = \frac{(a - 2x_1)^3}{4(2x_1 - 3a)},$$

qui représente une cissoïde ayant son point de rebroussement au milieu S de OC. L'axe de cette cissoïde coïncide avec la droite OC et l'asymptote passe par le point U, dont la distance à C est égale à SC.

10. Cette construction peut être généralisée, comme on va le voir.
Supposons qu'on ait

$$\mathrm{QM} = k \cdot \mathrm{QP},$$

k désignant un nombre quelconque. Alors

$$\mathrm{QL} = k \cdot \mathrm{QK}, \quad \mathrm{LM} = k \cdot \mathrm{KP}.$$

Donc, (x_1, y_1) étant les coordonnées du point M,

$$x_1 = a + k(x - a), \quad y_1 = \mathrm{CQ} - k(\mathrm{CQ} - y).$$

La dernière égalité peut être mise sous la forme

$$y_1 = \frac{x(x-a)[a - k(2a - x)]}{(2a - x)y},$$

et on a par conséquent, en tenant compte de l'équation de la strophoïde,

$$y_1^2 = \frac{x[a - k(2a - x)]^2}{2a - x}.$$

En éliminant maintenant x entre cette équation et $x_1 = a + k(x - a)$, on trouve

$$x_1(x_1^2 + y_1^2) = (k+1)a(x_1^2 + y_1^2) + k(k-2)a^2 x_1 - k^2(k-1)a^3.$$

C'est l'équation du lieu de M, et, en transportant l'origine des coordonnées au point double (ka, 0), elle prend la forme

$$x_1 (x_1^2 + y_1^2) = a \left[(1 - 2k) x_1^2 + y_1^2 \right].$$

Cette équation représente les *cubiques circulaires unicursales à un axe de symétrie*. Donc toutes ces cubiques peuvent être construites par la méthode employée par Newton pour la cissoïde.

11. La cubique circulaire unicursale appelée *trisectrice de Maclaurin* a été envisagée par l'illustre géomètre dans le tome I de son *Treatise of Fluxions*. On n'en trouve pas mention dans la *Geometria organica*. Il l'a définie comme le lieu du sommet M du triangle MOC, quand OM et MC tournent autour des points O et C de manière que le supplément de l'angle MCD soit égal à trois fois l'angle MOC. Maclaurin ne l'a pas appliquée à la trisection de l'angle, mais cette application est une conséquence immédiate de la définition. La courbe nommée par quelques auteurs *trisectrice de Burton* est identique à celle de Maclaurin.

IV.

Sur le folium de Descartes et la construction d'une classe de cubiques unicursales ([1]).

1. Une des méthodes données par M. Retali dans *l'Intermédiaire des mathématiciens* (1910, p. 16) pour la construction du folium de Descartes peut être étendue à une classe générale de cubiques unicursales, comme on va le voir.

Prenons l'ellipse représentée par l'équation

$$\frac{x^2}{a^2} + \frac{y^2}{b^2} = 1$$

et par le sommet A *(fig. 8)*, dont les coordonnées sont (a, 0), menons la tangente AH à cette courbe. Par le point B, dont les coordonnées sont (−2a, 0), tirons une droite BK parallèle à AH, et ensuite traçons la tangente à la même courbe en un point P arbitraire. L'équation de cette tangente est

$$a^2 y \mathrm{Y} + b^2 x \mathrm{X} = a^2 b^2,$$

([1]) Reproduction d'un article que nous avons publié dans les *Annaes scientificos da Academia Polytechnica do Porto* (t. VII, 1912).

(x, y) désignant les coordonnées du point de contact, et elle coupe les droites AH et BK respectivement aux points C et D. Traçons maintenant par un point G de l'axe des abscisses et par le point C la droite GC, et par le sommet A et par le point D la droite AD, et désignons par M le point d'intersection de ces droites.

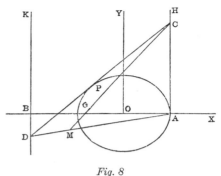

Cela posé, cherchons l'équation du lieu que le point M décrit, quand la tangente DC varie.

Les coordonnées des points C et D sont respectivement

$$\left[a, \frac{b^2(a-x)}{ay}\right], \quad \left[-2a, \frac{b^2(a+2x)}{ay}\right];$$

Fig. 8

et par conséquent, $(-c, 0)$ étant les coordonnées du point G, les équations des droites GC et AD sont respectivement

$$a(a+c)yY + b^2x(X+c) = ab^2(X+c), \quad 3a^2yY + 2b^2x(X-a) = -ab^2(X-a).$$

En éliminant x et y entre ces équations et celle de l'ellipse, on obtient l'équation cherchée, savoir:

$$Y^2\{[(a+c)(X-a)+3a(X+c)]^2 - [2(a+c)(X-a)-3a(X+c)]^2\} + 9b^2(X-a)^2(X+c)^2 = 0,$$

ou, en transportant l'origine des coordonnées au point G,

$$Y^2\{[(a+c)(X-a-c)+3aX]^2 - [2(a+c)(X-a-c)-3aX]^2\} + 9b^2(X-a-c)^2X^2 = 0.$$

Mais cette équation se décompose en l'équation

$$X = a+c,$$

qui représente la tangente à l'ellipse au point A, et en cette autre:

$$(1) \qquad X[9b^2X^2 + 3(a+c)(5a-c)Y^2] + 3(a+c)[(a+c)^2Y^2 - 3b^2X^2] = 0,$$

qui représente une *cubique unicursale*.

De même, en partant de l'équation de l'hyperbole

$$\frac{x^2}{a^2} - \frac{y^2}{b^2} = 1,$$

on obtient l'équation

$$(2) \qquad X\,[3\,(a+c)\,(5a-c)\,Y^2 - 9b^2 X^2] + 3\,(a+c)\,[(a+c)^2 Y^2 + 3b^2 X^2] = 0.$$

On peut construire par cette méthode toutes les courbes définies par l'équation

$$(3) \qquad X\,(X^2 + KY^2) + LY^2 + MX^2 = 0.$$

En posant en effet

$$K = \pm\,\frac{(a+c)\,(5a-c)}{3b^2}\,, \quad L = \pm\,\frac{(a+c)^3}{3b^2}\,, \quad M = -\,(a+c)\,,$$

il vient

$$(4) \qquad a = \frac{M\,(MK - L)}{6L}\,, \quad c = -\,\frac{M\,(MK + 5L)}{6L}\,, \quad b^2 = \mp\,\frac{M^3}{3L}$$

Si M et L ont des signes contraires, on doit employer dans la dernière égalité le signe supérieur, et la conique au moyen de laquelle on fait la construction de la courbe (3) est l'ellipse. Si M et L ont le même signe, on doit employer dans la même égalité le signe inférieur, et on fait la construction de la courbe (3) au moyen de l'hyperbole.

2. Appliquons cette doctrine à quelques cas particuliers.

I. En posant dans l'équation (1) $b^2 = \dfrac{3}{4}\,a^2$, $c = \dfrac{1}{2}\,a$, on obtient celle-ci:

$$2\,(X^2 + 3Y^2)\,X + 3a\,(Y^2 - X^2) = 0,$$

qui représente le *folium de Descartes*. Dans ce cas G coïncide avec le foyer de l'ellipse, et nous avons la construction de M. Retali de cette cubique, mentionnée ci-dessus.

II. Si $K = 1$, l'équation (3) représente une *cubique circulaire*. La construction exposée au n.º 1 s'applique donc à toutes les cubiques circulaires ayant un axe de symétrie, c'est-à-dire aux *conchoïdes de Sluse* (*Traité*, t. i, p. 26).

En posant, en particulier, dans l'équation (3) $K = 1$, $M = -L$, et en employant dans la dernière équation (4) le signe supérieur, il vient

$$a = \frac{1}{3}\,M\,, \quad c = -\,\frac{2}{3}\,M\,, \quad b^2 = \frac{1}{3}\,M^2\,,$$

et par conséquent

$$X\,(X^2 + Y^2) = M\,(Y^2 - X^2).$$

On peut donc construire la *strophoïde droite* par la méthode considérée, en employant une ellipse.

De même, en posant dans l'équation (3) K $= 1$, M $= -3$L, on trouve

$$a = 2L, \quad c = L, \quad b^2 = 9L^2,$$

et par suite

$$X(X^2 + Y^2) = L(3X^2 - Y^2).$$

La *trisectrice de Maclaurin* (*Traité*, t. I, p. 58) peut donc être construite par la méthode considérée, en employant une ellipse.

3. La doctrine précédente peut être généralisée. Nous pouvons supposer que OA est un semi-diamètre de l'ellipse ou de l'hyperbole, que a désigne sa longueur, que b désigne la longueur du semi-diamètre conjugué et que B et G sont des points du premier diamètre. L'analyse exposée au n°. 1 subsiste encore, ainsi que les équations (1) et (2), rapportées maintenant à des axes obliques. En particulier, cette doctrine est applicable à la cubique que nous avons désignée sous le nom de *folium oblique* (*Traité*, t. I, p. 95).

4. Reprenons l'équation du folium de Descartes

$$x^3 - 3axy + y^3 = 0$$

et l'expression (*l. c.,* t. I, p. 91)

$$B = \frac{1}{2}(x_1 y_1 - x_0 y_0) + \frac{1}{2} a \left(\frac{x_1^2}{y_0} - \frac{x_0^2}{y_0} \right)$$

de l'aire comprise entre le courbe, l'axe des abscisses et les ordonnées des points (x_0, y_0), (x_1, y_1).

En posant $x_0 = 0$ et en observant qu'on a, ρ_0 et φ_0 désignant les coordonnées polaires du point (x_0, y_0),

$$\lim_{x_0 = 0} \frac{x_0^2}{y_0} = \lim_{\varphi_0 = 0} \frac{3a \cos^3 \varphi_0}{\sin^3 \varphi_0 + \cos^3 \varphi_0} = 3a,$$

l'expression de B prend la forme

$$B = \frac{1}{2} x_1 y_1 + \frac{1}{2} a \frac{x_1^2}{y_1} - \frac{3}{2} a^2.$$

Cela posé, si le point (x_1, y_1) coïncide avec le point où la tangente est parallèle à l'axe des ordonnées, on a $x_1 = a\sqrt[3]{4}$, $y_1 = a\sqrt[3]{2}$, et par conséquent, en représentant par B₁ la valeur qu'alors prend B,

$$B_1 = \frac{1}{2} a^2 = \frac{1}{2} T,$$

T représentant l'aire du triangle rectangle dont les cathètes sont l'abscisse et l'ordonnée du point de contact de la tangente considérée.

En tenant compte de la symétrie de la courbe par rapport à la bissectrice de l'angle des axes des coordonnées, nous pouvons énoncer cette proposition :

Le folium de Descartes divise en deux parties égales l'aire du triangle dont les côtés sont formés par une des tangentes au point double, par la tangente perpendiculaire à celle-là et par le vecteur du point de contact de cette dernière tangente.

En représentant par A_1 et A_2 les points de contact des tangentes parallèles aux axes des ordonnées et par O le point double, et en tenant compte de la valeur $\frac{3}{2} a^2$ de l'aire de la boucle, nous avons cette autre proposition :

Les droites OA_1 et OA_2 divisent l'aire de la boucle du folium de Descartes en trois parties égales.

Ces deux théorèmes ont été obtenus par une analyse différente par M. P. Van Geer dans les *Nieuw Archief voor Wiskunde* (1912).

V.

Sur la développoïde de la parabole du second ordre ([1]).

1. Considérons la parabole représentée par l'équation

(1) $$y^2 = 2px$$

et posons tang $\omega = m$.

L'équation des droites qui coupent cette courbe suivant un angle ω est

(2) $$2p (y - pm) Y - 2p (my + p) X = -2p^2 my + py^2 - my^3,$$

et, en dérivant cette équation par rapport à y, on a

$$2pY - 2pmX = -2p^2 m + 2py - 3my^2.$$

([1]) Nous avons publié un résumé de cette Note dans l'*Intermédiaire des mathématiciens* (1910, t. XVII, p. 117).

En éliminant X et Y entre ces équations, on obtient ces autres :

$$(3) \quad \begin{cases} X = \dfrac{-2my^3 + p(1+3m^2)y^2 - 2p^2my + 2p^3m^2}{2p^2(1+m^2)}, \\[4mm] Y = \dfrac{-m^2y^3 - pmy^2 + p^2y - p^3m}{p^2(1+m^2)}, \end{cases}$$

qui déterminent les coordonnées des points de l'enveloppe des droites mentionnées en fonction du paramètre y.

Comme l'on a

$$X' = -\frac{3m\left(y - \dfrac{p}{3m}\right)(y - pm)}{p^2(1+m^2)}, \quad Y' = -\frac{3m^2\left(y - \dfrac{p}{3m}\right)\left(y + \dfrac{p}{m}\right)}{p^3(1+m^2)},$$

on voit que la courbe représentée par les équations (3) a un *point de rebroussement*, lequel correspond à la valeur $y = \dfrac{p}{3m}$ du paramètre y. Les coordonnées de ce point sont

$$X_1 = \frac{1 - 9m^2 + 54m^4}{54m^2(1+m^2)}p, \quad Y_1 = \frac{5 - 27m^2}{27m(1+m^2)}p,$$

et l'équation de la tangente en ce même point, laquelle résulte de l'équation (2) en faisant $y = \dfrac{p}{3m}$, est

$$9m(1 - 3m^2)Y - 36m^2X = (1 - 9m^2)p;$$

cette droite coupe donc la parabole (1) au point où $y = \dfrac{p}{3m}$, ce qui est d'ailleurs géométriquement évident, et la tangente à cette parabole en ce point fait avec son axe un angle ω_1 tel que $\operatorname{tang} \omega_1 = 3 \operatorname{tang} \omega$.

On voit au moyen de l'équation $X'Y'' - Y'X' = 0$ que la courbe (3) n'a pas de points d'inflexion à distance finie ; mais elle a un point d'inflexion à l'infini ; et, comme $\lim\limits_{y=\infty} \dfrac{Y'}{X'} = m$, la tangente en ce point fait avec l'axe de la parabole (1) un angle égal à ω. Cette tangente est située à l'infini.

En faisant $y = y' + \dfrac{p}{3m}$ et en transportant l'origine des coordonnées au point de rebroussement de la courbe (3), les équations de cette ligne prennent la forme

$$X = -\frac{2my'^3 - p(3m^2 - 1)y'^2}{2p^2(1+m^2)}, \quad Y = -\frac{m^2y'^3 + 2pmy'^2}{p^2(1+m^2)},$$

d'où il résulte, en éliminant y',

$$3p[4mX + (3m^2 - 1)Y]^2 = 8m(mX - Y)^3.$$

On peut réduire cette équation à la forme

$$x^3 = ay^2$$

au moyen d'un changement de la direction des axes des coordonnées, en prenant pour nouveaux axes la tangente à la courbe au point de rebroussement et une parallèle à la tangente au point d'inflexion. Donc la courbe représentée par les équations (3) est une parabole semi-cubique *droite* ou *oblique*.

L'équation tangentielle de la courbe (3) résulte de l'élimination de y entre les équations

$$u = \frac{2p\,(pm - y)}{2p^2 my - py^2 + my^3}\,, \quad v = \frac{2p\,(p + my)}{2p^2 my - py^2 + my^3}\,,$$

ce qui donne

$$p\,(mv - u)\,(mv^2 + uv + 2mu^2) = 2\,(mu + v)^2.$$

En cherchant le foyer de la courbe représentée par cette équation, au moyen de la méthode classique, c'est-à-dire en éliminant u et v entre elle et les équations

$$u\mathrm{Y} + v\mathrm{X} = 1, \quad v = iu,$$

ce qui donne

$$\frac{2}{p}\mathrm{X} - \frac{2}{p}i\mathrm{Y} = 1,$$

on voit que les coordonnées de ce foyer sont $\left(0, \dfrac{p}{2}\right)$.

Nous avons donc les théorèmes suivants, que nous avons donnés dans l'article mentionné ci-dessus:

1º. *L'enveloppe des droites qui coupent une parabole du second ordre sous un angle constant* ω *(développoïde de cette parabole) est une parabole semi-cubique droite quand* $\omega = \dfrac{\pi}{2}$, *et oblique quand* $\omega > \dfrac{\pi}{2}$ *ou* $\omega < \dfrac{\pi}{2}$.

2º. *Le foyer de cette parabole semi-cubique coïncide avec le foyer de la parabole* (1), *quelle que soit la valeur de* ω.

V I.

Sur l'hyperbole du troisième ordre
et les cubiques à trois asymptotes inflexionnelles concourantes.

1. Considérons l'hyperbole du troisième ordre, c'est-à-dire l'hyperbole représentée par l'équation

(1) $$xy^2 = a^3$$

et supposons que l'angle des axes des coordonnées soit égal à ω.

L'aire comprise entre la courbe et deux vecteurs passant par l'origine des coordonnées est déterminée par l'équation

$$A = \frac{3}{2} a^3 \sin \omega \int_{a_1}^{y_1} \frac{dy}{y^2} = \frac{3}{2} a^3 \left(\frac{1}{a_1} - \frac{1}{y_1} \right) \sin \omega.$$

Si maintenant on coupe la courbe par une droite variable représentée par l'équation

$$x = My + N$$

et si l'on désigne par y_1, y_2, y_3 les ordonnées des points d'intersection à un instant quelconque, par a_1, a_2, a_3 les ordonnées des points d'intersection à l'origine du mouvement, et par A_1, A_2, A_3 les aires balayées par les vecteurs des points d'intersection de la droite et de la courbe, quand la droite se déplace depuis l'une jusqu'à l'autre position, on a

$$A_1 + A_2 + A_3 = \frac{3}{2} a^3 \left(\frac{1}{a_1} + \frac{1}{a_2} + \frac{1}{a_3} - \frac{1}{y_1} - \frac{1}{y_2} - \frac{1}{y_3} \right) \sin \omega$$

$$= \frac{3}{2} a^3 \left(\frac{a_1 a_2 + a_1 a_3 + a_2 a_3}{a_1 a_2 a_3} - \frac{y_1 y_2 + y_1 y_3 + y_2 y_3}{y_1 y_2 y_3} \right) \sin \omega.$$

Mais, d'un autre côté, les ordonnées des points d'intersection de la droite et de l'hyperbole sont déterminées par l'équation

$$My^3 + Ny^2 = a^3,$$

et on a par suite

$$a_1 a_2 + a_1 a_3 + a_2 a_3 = 0, \qquad y_1 y_2 + y_1 y_3 + y_2 y_3 = 0.$$

Donc

$$A_1 + A_2 + A_3 = 0.$$

Par conséquent, *si une droite variable coupe une hyperbole du troisième ordre* (1), *la somme algébrique des aires balayées par les segments rectilignes compris entre l'origine des coordonnées et les points d'intersection de la droite avec la courbe est nulle à chaque instant.*

Il est à remarquer que, pour appliquer ce théorème, il faut donner des signes aux aires A_1, A_2, A_3. Ainsi, par exemple, on doit considérer l'aire A_1 comme positive quand $y_1 > a_1$ et négative dans le cas contraire.

2. La courbe qu'on vient de considérer est comprise entre les lignes définies par l'équation

$$xy (y + bx) = a^3,$$

rapportée à des axes faisant un angle ω.

Les courbes définies par cette équation ont trois asymptotes réelles passant par l'origine des coordonnées; ses trois points d'inflexion réels sont situés à l'infini et les asymptotes sont tangentes à la courbe en ces points. Il est même facile de voir que l'équation considérée représente toutes les cubiques jouissant de cette propriété. L'hyperbole de troisième ordre correspond au cas où deux de ces asymptotes coïncident.

La propriété des aires démontrée ci-dessus pour l'hyperbole de troisième ordre peut être étendue à toutes les courbes définies par la dernière équation, comme on va le voir.

On a

$$A = \frac{3}{2} a^3 \int_{a_1}^{y_1} \frac{dy}{\sqrt{y\,(y^3 + 4a^3b)}} \cdot$$

Coupons maintenant la courbe considérée par une droite variable et conservons les notations employées au n.° 1. En appliquant la forme spéciale que prend le théorème d'Abel quand on considère une intégrale de première espèce (Goursat, *Cours d'Analyse*, t. II, p. 297 et 305), nous avons

$$\int_{a_1}^{y_1} \frac{dy}{\sqrt{y\,(y^3 + 4a^2b)}} + \int_{a_2}^{y_2} \frac{dy}{\sqrt{y\,(y^3 + 4a^2b)}} + \int_{a_3}^{y_3} \frac{dy}{\sqrt{y\,(y^3 + 4a^2b)}} = 0 \cdot$$

Donc

$$A_1 + A_2 + A_3 = 0.$$

Ce théorème peut naturellement être encore obtenu au moyen des fonctions elliptiques (Humbert, *Cours d'Analyse,* t. II, p. 237).

Remarquons pour cela que, en faisant

$$x = \frac{1}{X} \,, \qquad y = \frac{Y - \frac{1}{2} b}{X} \,,$$

l'équation considérée se transforme dans celle-ci:

$$Y^2 = a^3 X^3 + \frac{1}{4} b^2 = \frac{a^3}{4} \left(4 X^3 + \frac{b^2}{a^3} \right),$$

qui représente une *parabole divergente*.

On a donc (*Traité des courbes*, t. I, p. 139), en posant $X = \mathrm{p}u$,

$$Y = \frac{1}{2} a^{\frac{3}{2}} \mathrm{p}'u \,,$$

et par conséquent

$$x = \frac{1}{\mathrm{p}u} \,, \qquad y = \frac{a^{\frac{3}{2}} \mathrm{p}'u - b}{2\mathrm{p}u} \cdot$$

On a aussi

$$A = \frac{1}{2} \int_v^u (xdy - ydx) = \frac{1}{4} a^{\frac{3}{2}} \int_v^u \frac{p'u}{p^2u} du$$

ou, puisque $p''u = 6\,p^2u$,

$$A = \frac{3}{2} a^{\frac{3}{2}} \int_v^u du = \frac{3}{2} a^{\frac{3}{2}} (u - v).$$

Mais, en désignant par u_1, u_2, u_3 les valeurs que u prend aux points (x_1, y_1), (x_2, y_2), (x_3, y_3), où la courbe donnée est coupée par la droite, dans une de ses positions, et par v_1, v_2, v_3 les valeurs que v prend aux points où la même courbe est coupée par le droite dans une autre position, on a (*Traité des courbes*, t. I, p. 140)

$$u_1 + u_2 + u_3 = 0, \qquad v_1 + v_2 + v_3 = 0,$$

à des multiples des périodes près.

Donc

$$A_1 + A_2 + A_3 = 0.$$

On peut appeler les courbes qu'on vient de considérer, *cubiques à trois points d'inflexion concourantes*.

VII.

Sur quelques propriétés des cubiques ([1]).

1. M. Sauer a démontré dans la *Revista de la Sociedad Matemática Española* (t. I, 1911, p. 389) la propriété suivante des cubiques:

Si M, N, A, B, C, D *sont les points où une conique coupe une cubique et si les droites* MN, AB, CD, *coupent cette cubique aux nouveaux points* H, E, F, *ces derniers points sont situés sur une droite.*

Cette proposition avait été déjà démontrée par nous même dans le *Traité des courbes spéciales* (t. I, p. 385), où nous l'avions déduite par une transformation homographique du cas particulier, considéré premièrement (t. I, p. 81), où la cubique est circulaire et la conique se réduit à un cercle.

([1]) Traduction d'un article que nous avons publié dans la *Revista de la Sociedad Matemática Española* (1912, t. II).

La démonstration directe qu'en a donnée M. Sauer est élegante et simple; et c'est seulement à titre d'exercice sur la belle doctrine de Clebsch sur l'application des fonctions elliptiques à l'étude des cubiques que nous donnerons encore une autre manière de l'établir.

On sait que cette application est basée sur les principes suivants:

1°. Les coordonnées x et y d'un point d'une cubique non unicursale peuvent être représentées par des fonctions doublement périodiques d'un paramètre u.

2°. La condition nécessaire et suffisante pour que trois points d'une cubique soient situés sur une droite, est que les valeurs que u prend en ces points vérifient la condition

$$(1) \qquad u_1 + u_2 + u_3 = 0,$$

à des multiples des périodes près.

La condition nécessaire et suffisante pour que six points d'une cubique soient situés sur une conique, est que les valeurs que u prend en ces points vérifient la condition

$$(2) \qquad u_1 + u_2 + u_3 + u_4 + u_5 + u_6 = 0,$$

à des multiples des périodes près.

Cela posé, comme la cubique donnée est coupée par une conique aux six points M, N, A, B, C, D, les valeurs u_1, u_3, $\ldots$, u_6 que u prend en ces points, vérifient la condition

$$u_1 + u_2 + u_3 + u_4 + u_5 + u_6 = 0.$$

Nous avons aussi, en désignant respectivement par u_1', u_2', u_3' les valeurs que u prend aux nouveaux points H, E, F où les droites MN, AB, CD coupent la cubique,

$$u_1 + u_2 + u_1' = 0, \quad u_3 + u_4 + u_2' = 0, \quad u_5 + u_6 + u_3' = 0.$$

Ces équations et l'équation antérieure donnent

$$u_1' + u_2' + u_3' = 0 \,;$$

et par conséquent les points H, G, F sont situés sur une droite.

2. Pour étendre ce théorème aux cubiques unicursales, sans recourir au principe de la continuité, nous appliquerons une méthode générale que nous allons exposer.

Nous avons démontré dans l'ouvrage mentionné ci-dessus (t. I, p. 146–150) qu'une cubique à point de rebroussement est une transformée homographique d'une cissoïde droite et qu'une cubique à noeud ou à point isolé est une transformée homographique d'une strophoïde droite. Nous avons démontré encore que, dans cette transformation, on peut faire correspondre les points circulaires de l'infini à deux points arbitrairement choisis (différents du point double).

Rappelons encore (*Traité*, t. I, p. 13) que les coordonnées d'un point x, y de la cissoïde de Dioclès peuvent être représentées par les équations

$$x = \frac{2at}{t(1+t^2)}, \quad y = \frac{2a}{t(1+t^2)},$$

et qu'on obtient au moyen de ces équations les propriétés suivantes de cette courbe : 1°. la condition nécessaire et suffisante pour que trois points de la courbe soient situés sur une droite, est que les valeurs que t prend en ces points vérifient la condition

$$t_1 + t_2 + t_3 = 0;$$

2°. la condition pour que deux points de la courbe soient situés sur une parallèle à l'asymptote réelle, est que les valeurs que t prend en ces points vérifient la condition

$$t_1 + t_2 = 0;$$

3°. la condition pour que quatre points de la courbe soient situés sur une circonférence, est que les valeurs que t prend en ces points vérifient la condition

$$t_1 + t_2 + t_3 + t_4 = 0.$$

Rappelons enfin (*Traité*, t. I, p. 40) que les coordonnées x, y des points d'une strophoïde droite peuvent être représentées par les équations

$$x = \frac{2at\sqrt{2}}{(t^2+1)(t+1)}, \quad y = \frac{2at^2\sqrt{2}}{(t^2+1)(t+1)},$$

et qu'on trouve au moyen de ces équations les propriétés suivantes de cette cubique : 1°. la condition pour que trois points de la courbe soient situés sur une droite, est que les valeurs que t prend en ces points vérifient la condition

$$t_1 t_2 t_3 = -1;$$

2°. la condition pour que deux points de la courbe soient situés sur une parallèle à l'asymptote réelle, est que les valeurs que t prend en ces points vérifient la condition

$$t_1 t_2 = 1;$$

3°. la condition pour que quatre points de la courbe soient situés sur une circonférence, est que les valeurs que t prend en ces points vérifient la condition

$$t_1 t_2 t_3 t_4 = 1.$$

De tout ce qui précède résulte ce théorème :

Considérons une cubique unicursale quelconque et sur cette cubique deux points M, N arbitrairement choisis. Les coordonnées x, y d'un point de la courbe peuvent être représentées par des fonctions rationnelles d'un paramètre t qui jouit des propriétés suivantes : 1°. la condition pour que trois points de la cubique soient situés sur une droite, est que les valeurs que t prend en ces points vérifient la condition

$$(3) \qquad\qquad t_1 + t_2 + t_3 = 0,$$

si la cubique a un point de rebroussement, ou

$$(3') \qquad\qquad t_1 \, t_2 \, t_3 = -1,$$

si elle a un noeud ou un point isolé; 2°. la condition pour que deux points de la cubique soient situés sur une droite qui passe par le nouveau point d'intersection de la droite MN avec la cubique, est que les valeurs que t prend en les deux premiers points vérifient la condition

$$(4) \qquad\qquad t_1 + t_2 = 0,$$

si la cubique a un point de rebroussement, ou la condition

$$(4') \qquad\qquad t_1 \, t_2 = 1,$$

si elle a un noeud ou un point isolé; 3°. la condition pour que quatre points de la cubique soient situés sur une conique qui passe par les points M et N, est que les valeurs que t prend aux quatre points mentionnés vérifient la condition

$$(5) \qquad\qquad t_1 + t_2 + t_3 + t_4 = 0,$$

si la cubique possède un point de rebroussement, ou

$$(5') \qquad\qquad t_1 \, t_2 \, t_3 \, t_4 = 1,$$

si elle a un noeud on un point isolé.

Au moyen de ce théorème on peut étendre immédiatement aux cubiques unicursales la proposition énoncée au n.° 1.

En effet, si la cubique a un point de rebroussement, les valeurs que t prend aux points A, B, C, D vérifient la condition

$$t_1 + t_2 + t_3 + t_4 = 0.$$

Mais, en désignant par t_1' et t_2' les valeurs que t prend aux nouveaux points E et F où

AB et CD coupent la cubique, nous avons

$$t_1 + t_2 + t_1' = 0, \quad t_3 + t_4 + t_2' = 0.$$

Donc

$$t_1' + t_2' = 0,$$

d'où il résulte que le point H, où la droite MN coupe la cubique, est situé sur la droite EF.

Si la cubique a un noeud ou un point isolé, on a

$$t_1\, t_2\, t_3\, t_4 = 1, \quad t_1\, t_2\, t_1' = -1, \quad t_3\, t_4\, t_2' = -1,$$

et par conséquent

$$t_1'\, t_2' = 1,$$

d'où résulte la même conséquence.

3. Dans la méthode qu'on vient d'employer pour étendre aux cubiques *unicursales* les théorèmes obtenus au moyen des fonctions elliptiques pour les cubiques *non unicursales*, les équations (3), (3′), (5), (5′) jouent le même rôle que les équations (1) et (2) jouent dans la méthode de Clebsch. Elle est applicable en beaucoup de cas et, à titre d'exemples, nous allons en indiquer quelques-uns.

1°. *Si deux droites coupent une cubique respectivement aux points* A, B, C *et* D, E, F, *et si* M, N, P *sont les nouveaux points où les droites* AD, BE, CF *coupent la même cubique, les points* M, N, P *sont situés sur une même droite* (Salmon: *Courbes planes*, Paris, 1884, p. 187).

Nous avons, pour les droites ABC et DEF,

$$u_1 + u_2 + u_3 = 0, \quad u_4 + u_5 + u_6 = 0,$$

et, pour les droites AD, BE, CF,

$$u_1 + u_4 + u_1' = 0, \quad u_2 + u_5 + u_2' = 0, \quad u_3 + u_6 + u_3' = 0,$$

et par conséquent

$$u_1' + u_2' + u_3' = 0,$$

d'où résulte le théorème pour les cubiques non unicursales.

L'extension du théorème aux cubiques unicursales par la méthode exposée ci-dessus n'offre pas de difficulté.

2°. *Si par quatre points fixes* A, B, C, D *d'une cubique on fait passer une conique variable, la corde qui réunit les deux autres points* E *et* F *d'intersection de cette conique avec la cubique passe par un point fixe de la cubique* (Salmon: *l. c.*, p. 193).

Soient u_1, u_2, u_3, u_4 les valeurs que u prend aux points A, B, C, D et u_5, u_6 les valeurs que cette variable prend aux points E et F. Nous avons

$$u_1 + u_2 + u_3 + u_4 + u_5 + u_6 = 0.$$

Nous avons aussi, par hypothèse,

$$u_1 + u_2 + u_3 + u_4 = c,$$

c désignant une constante, et

$$u_5 + u_6 + u_1' = 0,$$

u_1' désignant la valeur que u prend au point d'intersection de EF avec la cubique.

Ces équations donnent $u_1' = c$, et le théorème est démontré pour les cubiques non unicursales.

Pour l'étendre aux cubiques ayant un point de rebroussement, remarquons qu'on a

$$t_1 + t_2 + t_3 + t_4 = c, \quad t_1 + t_2 + t_5 + t_6 = 0, \quad t_3 + t_4 + t_5 + t_6 = 0, \quad t_5 + t_6 + t_1' = 0,$$

t_1, t_2, t_3, t_4, t_5, t_6 représentant les valeurs que t prend aux points A, B, C, D, E, F et t_1' représentant la valeur que t prend au nouveau point d'intersection de EF avec la cubique. Or, ces équations donnent $t_1' = \frac{1}{2}c$.

On considère de la même manière le cas où la cubique a un noeud ou un point isolé.

4. Nous profiterons de cette occasion pour étendre aux cubiques *non unicursales* deux théorèmes que dans notre *Traité* (t. I, p. 150) nous avons établis pour les cubiques unicursales.

1°. *Les trois coniques qui passent par deux points* A$_1$ *et* A$_2$ *d'une cubique et qui ont respectivement un contact de second ordre avec cette courbe en trois points* A, B, C *situés sur une droite, coupent la cubique en trois nouveaux points* D, E, F *situés sur une conique qui passe par* A$_1$ *et* A$_2$ *et par le point* H *où la cubique est coupée par la tangente au point d'intersection* K *de cette courbe avec la droite* A$_1$A$_2$.

Soient: u_1 et u_2 les valeurs que u prend aux points A$_1$ et A$_2$; u_3, u_4, u_5 les valeurs que cette variable prend aux points A, B, C; u_1', u_2', u_3' u_6, u'' les valeurs qu'elle prend aux points D, E, F, H, K.

Nous avons

$$u_3 + u_4 + u_5 = 0, \quad u_1' + u_1 + u_2 + 3u_3 = 0, \quad u_2' + u_1 + u_2 + 3u_4 = 0, \quad u_3' + u_1 + u_2 + 3u_5 = 0,$$

$$u_1 + u_2 + u'' = 0, \quad u_6 + 2u'' = 0,$$

et par conséquent

$$u_1 + u_2 + u_1' + u_2' + u_3' + u_6 = 0.$$

2°. *Les quatre coniques qui passent par deux points* A_1, A_2 *d'une cubique et qui ont un contact de second ordre avec cette courbe en quatre points* A, B, C, D *placés sur une conique passant par* A_1 *et* A_2, *coupent respectivement la même cubique en quatre nouveaux points* E, F, G, H *placés sur une conique qui passe aussi par* A_1 *et* A_2.

En représentant par u_1, u_2 les valeurs de u aux points A_1, A_2, par u_3, u_4, u_5, u_6 les valeurs de cette variable aux points A, B, C, D, et par u'_1, u'_2, u'_3, u'_4 les valeurs qu'elle prend aux points E, F, G, H, nous avons

$$u_1 + u_2 + u_3 + u_4 + u_5 + u_6 = 0, \quad u_1 + u_2 + 3u_3 + u'_1 = 0, \quad u_1 + u_2 + 3u_4 + u'_2 = 0,$$

$$u_1 + u_2 + 3u_5 + u'_3 = 0, \quad u_1 + u_2 + 3u_6 + u'_4 = 0,$$

et par conséquent

$$u'_1 + u'_2 + u'_3 + u'_4 + u_1 + u_2 = 0.$$

Ces deux théorèmes sont la généralisation de deux propositions données par Balitrand (*Nouvelles Annales de Mathématiques,* 1893) pour les cissoïdes et strophoïdes *(droites et obliques)*. Nous les avons étendues dans notre *Traité* (t. I, p. 150) à toutes les cubiques unicursales. On vient de voir qu'elles ont encore lieu dans le cas des cubiques non unicursales.

VIII.

Sur une propriété de la lemniscate de Bernoulli [1].

Considérons la lemniscate représentée par les équations (*Traité,* t. I, p. 191)

$$x = a\,\frac{z^3 + z}{z^4 + 1}, \quad y = a\,\frac{z - z^3}{z^4 + 1},$$

et le cercle ayant pour équation

$$x^2 + y^2 - 2x_1 x - 2y_1 y = 0,$$

lequel passe par le point double réel de la lemniscate et a pour centre le point (x_1, y_1). Ce cercle coupe la lemniscate aux points circulaires de l'infini, au point double mentionné et en deux autres points M_1 et M_2. Cela posé, nous allons chercher la ligne que le point (x_1, y_1)

---

[1] Reproduction d'une Note que nous avons insérée aux *Atti della Pontificia Accademia Romana dei Nuovi Lincei* (Roma, t. LXV, 1912).

doit parcourir pour que $\left(\dfrac{ds}{dx_1}\right)^2$, s désignant les arcs de la lemniscate, ait la même valeur aux points M_1 et M_2.

Les valeurs que z prend aux points M_1 et M_2 sont déterminées par l'équation

$$(x_1 - y_1)\, z^2 - az + x_1 + y_1 = 0,$$

qui donne

$$z = \frac{a \pm \sqrt{M}}{2\,(x_1 - y_1)},$$

en posant, pour abréger,

$$M = a^2 - 4\,(x_1^2 - y_1^2).$$

On a donc

$$\frac{dz}{dx_1} = \pm\,\frac{(a^2 - 4x_1^2 + 4x_1 y_1)\, y_1' - a^2 - 4y_1^2 + 4x_1 y_1 \mp a\,(1 - y_1')\,\sqrt{M}}{2\,(x_1 - y_1)^2\,\sqrt{M}};$$

on a aussi

$$z^4 + 1 = \frac{a^4 - 4a^2\,(x_1^2 - y_1^2) - 8x_1 y_1\,(x_1^2 + y_1^2) + 8x_1^2 y_1^2 + 4\,(x_1^4 + y_1^4)}{2\,(x_1 - y_1)^4} \pm \frac{a\,[a^2 - 2\,(x_1^2 - y_1^2)]}{2\,(x_1 - y_1)^4}\,\sqrt{M},$$

et

$$ds = a\sqrt{2}\,\frac{dz}{\sqrt{z^4 + 1}}.$$

Donc

$$\left(\frac{ds}{dx_1}\right)^2 = \left(\frac{ds}{dz}\right)^2 \left(\frac{dz}{dx_1}\right)^2 = \frac{2a^2}{1 + z^4}\left(\frac{dz}{dx_1}\right)^2 = \frac{1}{M}\cdot\frac{P \pm Q\,\sqrt{M}}{P_1 \pm Q_1\,\sqrt{M}},$$

où

$$P = [(a^2 - 4x_1^2 + 4x_1 y_1)\, y_1' - a^2 - 4y_1^2 + 4x_1 y_1]^2 + a^2\,(1 - y_1')^2\,[a^2 - 4\,(x_1^2 - y_1^2)],$$

$$Q = -2a\,(1 - y_1')\,[(a^2 - 4x_1^2 + 4x_1 y_1)\, y_1' - a^2 - 4y_1^2 + 4x_1 y_1],$$

$$P_1 = a^4 - 4a^2\,(x_1^2 - y_1^2) - 8x_1 y_1\,(x_1^2 + y_1^2) + 8x_1^2 y_1^2 + 4\,(x_1^4 + y_1^4),$$

$$Q_1 = a\,[a^2 - 2\,(x_1^2 - y_1^2)].$$

Or, on peut mettre l'expression de $\left(\dfrac{ds}{dx_1}\right)^2$ sous la forme

$$\left(\frac{ds}{dx_1}\right)^2 = \frac{1}{M}\cdot\frac{PP_1 - QQ_1 M \pm (QP_1 - PQ_1)\,\sqrt{M}}{P_1^2 - MQ_1^2}.$$

Donc la condition pour que $\left(\dfrac{ds}{dx_1}\right)^2$ prenne la meme valeur aux deux points d'intersection de la lemniscate avec le cercle considéré est

$$QP_1 - PQ_1 = 0.$$

En remplaçant dans cette équation P, Q, P_1, Q_1 par leurs valeurs, on obtient, au moyen d'un calcul que nous ne reproduirons pas ici, l'équation suivante:

$$(y_1 - x_1)^4 \left[x_1 y_1 y_1'^2 + (x_1^2 - y_1^2 - \frac{1}{2} a^2) y_1' - x_1 y_1 \right] = 0,$$

qui donne

$$y_1 = x_1, \quad x_1 y_1 y_1'^2 + (x_1^2 - y_1^2 - \frac{1}{2} a^2) y_1' - x_1 y_1 = 0.$$

La droite correspondant à la première équation ne satisfait pas à la question. Si le centre du cercle est situé sur cette droite, ce cercle est tangent à la lemniscate au point double réel, et l'un des points M_1, M_2 coïncide avec celui-là, et ne se déplace pas, quand le cercle varie.

La seconde équation coïncide avec l'équation bien connue des coniques ayant pour foyers réels les points $\left(\pm \frac{1}{2} a \sqrt{2}, 0 \right)$. Donc la condition nécessaire et suffisante pour que $\left(\frac{ds}{dx_1} \right)^2$ ait la même valeur aux points M_1 et M_2, est que le centre du cercle décrive une conique ayant pour foyers réels les points $\left(\pm \frac{1}{2} a \sqrt{2}, 0 \right)$. Alors on a, en désignant par s' et s'' les valeurs que s prend aux points M_1 et M_2,

$$\frac{ds'}{dx_1} = \pm \frac{ds''}{dx_1},$$

et par conséquent, si s' et s'' varient dans le même sens,

$$s' - s_1' = s'' - s_1'',$$

et, quand s' et s'' varient dans des sens contraires,

$$s' - s_1' = s_1'' - s'',$$

s_1' et s_1'' désignant les valeurs de s aux positions initiales des points M_1 et M_2.

Donc nous avons le théorème suivant:

Si le centre d'un cercle passant par le point double réel d'une lemniscate de Bernoulli parcourt une conique ayant pour foyers réels les foyers $\left(\frac{1}{2} a \sqrt{2}, 0 \right)$ de cette lemniscate (l. c., p. 190), les arcs décrits par les points variables M_1 et M_2, où le cercle coupe cette dernière courbe, sont à chaque instant égaux.

On peut voir dans le *Cours d'Analyse* de M. Humbert (t. II, p. 248) une autre démonstration de ce théorème, basée sur la propriété dont jouit la lemniscate de Bernoulli, d'être inverse d'une hyperbole équilatère. La démonstration qu'on vient de donner oblige à un calcul un peu long, mais il en résulte en même temps cette autre proposition : *les coniques ayant pour foyers les foyers* $\left(\pm \dfrac{1}{2}\, a\, \sqrt{2}\ ,\ 0\right)$ *de la lemniscate sont les uniques courbes jouissant de la propriété énoncée dans le théorème précédent.*

IX.

Sur le limaçon de Pascal. Sur les courbes isoptiques et orthoptiques.

1. Nous allons nous occuper de la question suivante :

Déterminer le lieu d'un point d'où l'on peut mener deux droites respectivement tangentes à deux cercles donnés et faisant un angle constant.

Cette question a été résolue par Mannheim (*Nouvelles Annales de Mathématiques,* 1856, t. XV, p. 289), qui a déterminé le lieu considéré et en a donné quelques propriétés. L'illustre géomètre n'a pas exposé les démonstrations des résultats qu'il a obtenus ; ces démonstrations ont été données par M. Clevers dans *Mathesis* (t. I, 1881, p. 43). On va voir ceux de ces résultats qui offrent le plus d'intérêt.

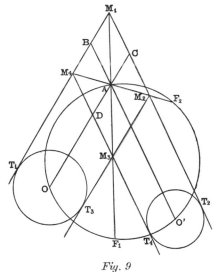

Prenons deux cercles (C) et (C') ayant les centres en O et O' *(fig. 9)* et désignons par M_1 un point d'où l'on peut mener à ces cercles deux tangentes M_1T_1 et M_1T_2 faisant un angle donné V. Par les centres O et O' traçons les droites OA et O'A, parallèles à M_1T_1 et M_1T_2. Quand M_1 se déplace, l'angle $T_1M_1T_2$ restant constant, l'angle OAO' ne varie pas, et par conséquent le point A décrit une circonférence (C'') passant par O et O'. Les dimensions du parallélogramme M_1BAC ne varient pas non plus, puisque ses angles restent constants ainsi que les perpendiculaires abaissées de A sur M_1T_1 et M_1T_2, lesquelles sont respectivement égales aux rayons des deux cercles (C) et (C').

Fig. 9

La droite M_1A coupe le cercle (C'') en un point fixe F_1, puisque l'angle OAF_1 reste constant. Donc, quand l'angle $T_1M_1T_2$ se déplace et les droites M_1T_1 et M_1T_2 restent tangentes à (C) et (C'), le point M_1 décrit la conchoïde du cercle (C''), ayant pour *pôle* le point F_1 et pour *intervalle* le segment M_1A, c'est-à-dire une partie d'un *limaçon de Pascal* ayant le point double en F_1.

Traçons maintenant les droites M₂T₃ et M₄T₄ tangentes aux cercles (C) et (C′) et parallèles à M₁T₁ et M₁T₂. Pendant le mouvement de T₁M₁T₂, M₃ décrit une autre partie du limaçon mentionné ci-dessus, et M₂ et M₄ décrivent un autre limaçon ayant le point double en F₂.

En observant maintenant que le lieu considéré doit être évidemment symétrique par rapport à la droite OO′, nous avons encore deux autres limaçons symétriques de ceux qu'on vient de mentionner, par rapport à OO′. Ces derniers limaçons coïncident avec les limaçons engendrés par M₁, M₂, M₃ et M₄, quand l'angle donné V est droit.

Donc le lieu du point d'où l'on peut mener deux droites respectivement tangentes à deux circonférences données et faisant un angle constant, est composé de quatre limaçons de Pascal, quand $V \gtrless \dfrac{\pi}{2}$, *ou de deux limaçons de Pascal, quand* $V = \dfrac{\pi}{2}$.

Il est évident que, à l'intérieur des cercles considérés, ne peuvent pas exister des points réels du lieu considéré. Donc *tous ces limaçons sont tangents aux cercles aux points où ils les rencontrent.*

Si les cercles se coupent sous un angle égal à l'angle donnè V, chaque point d'intersection appartient à un des limaçons considérés, et, comme ces limaçons ne peuvent pas couper les cercles, ce point en est évidemment un cuspide (Welsch: *Intermédiaire des mathématiciens,* 1912, p. 118).

Le théorème énoncé ci-dessus peut être généralisé aisément. En effet, il résulte de ce qu'on a dit dans le tome ɪɪ, pag. 209, de ce *Traité* que tout point invariablement lié à un point qui engendre un limaçon de Pascal, en engendre un autre. Donc *un point quelconque du plan de l'angle de deux droites engendre un arc d'un limaçon de Pascal, quand l'angle se déplace de manière que ses côtés restent tangents à deux cercles fixes.*

Pendant le mouvement du plan T₁M₁T₂, la droite AO′ tourne autour de O′, et une droite (D) parallèle à AO′ se déplace en restant à une distance constante de ce point. Donc *l'enveloppe des positions que prend une droite du plan T₁M₁T₂, quand ce plan se déplace, est une circonférence.*

Voici encore d'autres propriétés du mouvement considéré que nous nous bornerons à énoncer:

1°. *Un point quelconque du plan des deux cercles* (C) *et* (C′) *décrit sur le plan mobile* T₁M₁T₂ *une ellipse* (Mannheim, *l. c.;* Clevers, *l. c.*).

2°. *La circonférence qui passe par* M₁ *et par les points de contact* T₁ *et* T₂, *passe aussi par le point double* F₁ *du limaçon* (Mannheim, *l. c.;* Clevers, *l. c.*).

3°. *L'enveloppe de la droite* T₁T₂ *est une conique* (Neuberg et Mannheim, *Mathesis,* 1881, p. 66).

4°. *L'enveloppe de la circonférence qui passe par le sommet de l'angle mobile* M *et par les points de contact* T₁ *et* T₂ *est un limaçon de Pascal* (Neuberg, *l. c.*).

2. La solution analytique du problème énoncé au n°. 1 est bien moins simple que la solution par la Géométrie pure, qu'on vient de voir. Cependant nous croyons utile de l'exposer.

Prenons pour origine des coordonnées orthogonales le centre d'un des cercles donnés, pour axe des abscisses la droite qui passe par le centre de l'autre, et représentons ces cercles par les équations paramètriques

$$x = a \sin t, \qquad y = a \cos t$$
$$x = \alpha + b \sin t', \qquad y = b \cos t',$$

a et b étant leurs rayons et α la distance des centres.

Les équations des tangentes à ces cercles sont

$$Y \cos t + X \sin t = a, \qquad Y \cos t' + X \sin t' = b + \alpha \sin t',$$

et la condition pour que les angles formés par ces droites soient égaux à V ou $\pi - V$ est

$$t' - t = \pm V + n\pi \qquad (n = 0,\ 1)$$

ou, en faisant $\pm V = V_1$,

$$t' = t + V_1 + n\pi.$$

Les coordonnées $(X,\ Y)$ des points du lieu cherché sont donc déterminées par les équations

$$(1) \quad \begin{cases} Y \cos t + X \sin t = a, \\ [Y \cos V_1 + (X - \alpha) \sin V_1] \cos t + [(X - \alpha) \cos V_1 - Y \sin V_1] \sin t = (-1)^n b, \end{cases}$$

d'où il résulte que ce lieu est formé par quatre courbes *unicursales*, qui correspondent à $n = 0$, $n = 1$, $V_1 = V$, $V_1 = -V$.

Pour en obtenir l'équation cartésienne, éliminons $\sin t$ et $\cos t$ entre ces équations et cette autre:

$$\sin^2 t + \cos^2 t = 1.$$

On trouve d'abord

$$\sin t = \frac{a\,[Y \cos V_1 + (X - \alpha) \sin V_1] - (-1)^n\, bY}{(X^2 + Y^2) \sin V_1 + \alpha\,(Y \cos V_1 - X \sin V_1)},$$

$$\cos t = \frac{a\,[Y \sin V_1 - (X - \alpha) \cos V_1] + (-1)^n\, bX}{(X^2 + Y^2) \sin V_1 + \alpha\,(Y \cos V_1 - X \sin V_1)},$$

et ensuite

$$(3) \quad \begin{cases} [(X^2 + Y^2) \sin V_1 + \alpha\,(Y \cos V_1 - X \sin V_1)]^2 \\ \qquad = [a^2 + b^2 - (-1)^n\, 2ab \cos V_1]\,(X^2 + Y^2) - 2\alpha a^2\, X \\ \qquad + (-1)^n\, 2ab\alpha\,(X \cos V_1 + Y \sin V_1) + a^2 \alpha^2. \end{cases}$$

Changeons la direction des axes en posant

$$X_1 = X \cos V_1 + Y \sin Y_1, \quad Y_1 = Y \cos V_1 - X \sin V_1,$$

et par suite

$$X = X_1 \cos V_1 - Y_1 \sin V_1, \quad Y = Y_1 \cos V_1 + X_1 \sin V_1;$$

il vient

$$[(X_1^2 + Y_1^2) \sin V_1 + \alpha Y_1]^2 = [a^2 + b^2 - (-1)^n 2ab \cos V_1] (X_1^2 + Y_1^2)$$
$$+ 2\alpha a^2 Y_1 \sin V_1 + 2\alpha a [(-1)^n b - a \cos V_1] X_1 + a^2 \alpha^2,$$

ou, en transportant l'origine des coordonnées au point $\left(0, -\dfrac{\alpha}{2 \sin V_1}\right)$,

$$\sin^2 V_1 (X_1^2 + Y_1^2)^2 = M(X_1^2 + Y_1^2) + PY_1 + QX_1 + R,$$

où

$$M = a^2 + b^2 - (-1)^n 2ab \cos V_1 + \frac{\alpha^2}{2},$$

$$P = 2\alpha a^2 \sin V_1 - \frac{\alpha}{\sin V_1} [a^2 + b^2 - (-1)^n ab \cos V_1],$$

$$Q - 2\alpha a [(-1)^n b - a \cos V_1],$$

$$R = \frac{\alpha^2}{4 \sin^2 V_1} \left[a^2 + b^2 - (-1)^n 2ab \cos V_1 - \frac{1}{4} \alpha^2 \right].$$

Les quatre courbes qui satisfont à la question sont donc des *cartésiennes unicursales* (*Traité,* t. I, p. 238), c'est-à-dire des *limaçons de Pascal* (*l. c.,* p. 243), et l'équation de leurs axes de symétrie est

$$PY_1 + QX_1 = 0.$$

On peut réduire l'équation de ces limaçons à sa forme la plus simple par l'analyse suivante.

Prenons en chaque limaçon l'axe de symétrie pour axe des ordonnées. Alors l'équation de cette quartique prend la forme

$$\sin^2 V_1 (X_2^2 + Y_2^2)^2 = M(X_2^2 + Y_2^2) + P_1 Y_2 + R.$$

Observons maintenant que le point double réel de ce limaçon doit être situé sur son **axe** de symétrie. En représentant par k l'ordonnée de ce point et en y transportant l'origine des coordonnées, la dernière équation prend la forme

$$\sin^2 V_1 (X_3^2 + Y_3^2 + 2kY_3)^2 = (M - 2k^2 \sin^2 V_1)(X_3^2 + Y_3^2) + (2Mk + P_1 - 4k^3 \sin^2 V_1) Y_3 + Mk^2 + P_1 k + R - k^4 \sin^2 V_1.$$

Mais, comme l'origine des coordonnées auxquelles cette équation est rapportée est un point double, k est la racine commune des équations

$$k^4 \sin^2 V_1 = Mk^2 + P_1 k + R, \qquad 4k^3 \sin^2 V_1 = 2Mk + P_1.$$

Donc

$$\sin^2 V_1 (X_3^2 + Y_3^2 + 2kY_3)^2 = (M - 2k^2 \sin^2 V_1)(X_3^2 + Y_3^2),$$

équation identique à celle qu'on a donnée dans le t. I, p. 200, du *Traité des courbes*.

3. Considérons spécialement ces deux cas particuliers plus simples.

1.° En faisant $a = 0$, $V = \dfrac{\pi}{2}$, l'équation (3) prend la forme

$$(X^2 + Y^2 - aX)^2 = b^2 (X^2 + Y^2),$$

et on a, en posant $X = \rho \cos\theta$, $Y = \rho \sin\theta$,

$$\rho = a \cos\theta \pm b.$$

Donc *le limaçon représenté par cette équation peut être engendré par le sommet d'un angle droit dont un côté passe par le pôle et l'autre est tangent à un cercle* (C) *de rayon égal à b ayant son centre au point* (a, 0).

On peut résoudre au moyen de cette proposition le problème suivant:

Étant donné un limaçon de Pascal, tracer dans son plan deux cercles (C₁) *et* (C₂) *tels que deux des tangentes à ces cercles issues d'un point quelconque du limaçon forment un angle donne* V.

Considérons pour cela trois points M_1, M_2 et M_3 du limaçon donné et traçons les vecteurs OM_1, OM_2, OM_3 (O étant le point double) et les tangentes $M_1 T_1$, $M_2 T_2$, $M_3 T_3$ au cercle (C). Menons maintenant par le point M_1 deux droites $M_1 A_1$ et $M_1 B_1$ faisant un angle égal à V, et par les points M_2 et M_3 tirons deux couples de droites $(M_2 A_2, M_2 B_2)$, $(M_3 A_3, M_3 B_3)$ qui aient respectivement les mêmes positions par rapport à $M_2 O$ et $M_2 T_2$ et à $M_3 O$ et $M_3 T_3$ que le couple de droites $(M_1 A_1, M_1 B_1)$ a par rapport à $M_1 O$ et $M_1 T_1$. Chaque terne de droites $(M_1 A_1, M_2 A_2, M_3 A_3)$, $(M_1 B_1, M_2 B_2, M_3 B_3)$ détermine un cercle auquel elles sont respectivement tangentes, et ces cercles satisfont au problème. Le nombre des solutions est évidemment infini.

Pour démontrer cette construction, il suffit de rappeler (n°. 1) que les droites M_1A_1 et M_1B_1 du plan de l'angle mobile OM_1T_1 enveloppent, quand M_1 décrit le limaçon considéré, deux cercles.

2°. En posant dans l'équation (3) $n = 1$, $a = b$, $V = \dfrac{\pi}{2}$, cette équation prend la forme

$$(X^2 + Y^2 - \alpha X)^2 = 2a^2 (X^2 + Y^2) - 2a^2\alpha (X + Y) + a^2 \alpha^2,$$

ou, en transportant l'origine des coordonnées au point $\left(\dfrac{1}{2}\,\alpha,\ \dfrac{1}{2}\,\alpha\right)$,

$$(X^2 + Y^2 + \alpha Y)^2 = 2a^2 (X^2 + Y^2),$$

ou, en faisant $X = \rho \sin\theta$, $Y = \rho\cos\theta$,

$$\rho = -\alpha\cos\theta \pm a\sqrt{2}.$$

Donc *tout limaçon de Pascal peut être engendré par le sommet d'un angle droit dont les côtés sont tangents à deux cercles égaux symétriquement placés par rapport à l'axe de la courbe.*

Il résulte de ce théorème une seconde solution du problème énoncé ci-dessus.

4. Avant de terminer cet exposé, remarquons encore que le lieu du sommet d'un angle V qui se déplace de manière que ses côtés restent tangents à une courbe donnée C_1 est appelé *une courbe isoptique de* C_1. De même, si les côtés de l'angle sont respectivement tangents à deux courbes C_1 et C_2, on dit que le lieu du sommet est une *courbe isoptique de* C_1 *et* C_2. Si $V = \dfrac{\pi}{2}$, la courbe est dite *orthoptique*. On vient donc de faire voir que les courbes isoptiques et orthoptiques de deux cercles sont des limaçons de Pascal.

On peut déterminer les courbes isoptiques et orthoptiques d'une ligne donnée par la méthode suivante.

Soit $F(x, y) = 0$ l'équation de la courbe donnée. On a

(4) $$F'_x(x, y) + F'_y(x, y)\, y' = 0.$$

Ces équations donnent les suivantes:

$$x = \varphi(y'),\qquad y = \psi(y'),$$

qui déterminent les coordonnées x et y des points de la courbe donnée en fonction du paramètre y', ou, en faisant $y' = \operatorname{tang} t$,

$$x = \varphi_1(t),\qquad y = \psi_1(t).$$

Les équations de deux tangentes à cette courbe faisant un angle donné V **sont**

(5) $\qquad Y - X \tang t = y - x \tang t, \quad Y - X \tang t' = y_1 - x_1 \tang t',$

où

$$x_1 = \varphi_1(t'), \quad y_1 = \psi_1(t'), \quad t' = t \pm V + n\pi, \quad (n = 0, 1).$$

Ces équations déterminent les coordonnées X, Y des points de la courbe cherchée en fonction du paramètre t.

On peut encore donner à cette méthode la forme plus générale suivante.

Éliminons x et y entre l'équation $F(x, y) = 0$, l'équation (4) et la première des équations (5). On obtient une équation de la forme

(6) $\qquad\qquad\qquad\qquad \phi(X, Y, \tang t) = 0.$

De même, en éliminant x_1 et y_1 entre les équations

(7) $\qquad \begin{cases} F(x_1, y_1) = 0, \quad F'_x(x_1, y_1) + F'_y(x_1, y_1) \tang t' = 0, \\ Y - X \tang t' = y_1 - x_1 \tang t', \end{cases}$

et en remplaçant ensuite t' par $t \pm V + n\pi$, on trouve l'équation

$$\phi_1(X, Y, \tang t) = 0.$$

En éliminant enfin $\tang t$ entre cette équation et l'équation (6), on obtient l'**équation de** la courbe isoptique ou orthoptique de la ligne donnée.

Pour obtenir l'équation d'une courbe isoptique ou orthoptique de deux lignes données, représentées par les équations $F(x, y) = 0$, $f(x, y) = 0$, il suffit de remplacer, dans la méthode précédente, les deux premières équations (7) par celles-ci :

$$f(x_1, y_1) = 0, \quad f'_x(x_1, y_1) + f'_y(x_1, y_1) \tang t' = 0.$$

Cherchons, par exemple, la courbe orthoptique de la parabole semi-cubique

$$y = ax^{\frac{3}{2}}.$$

Cette équation et l'équation $y' = \frac{3}{2} ax^{\frac{1}{2}}$, donnent

$$x = \frac{4y'^2}{9a^2}, \quad y = \frac{8y'^3}{27a^2},$$

ou

$$x = \frac{4}{9a^2}\,\text{tang}\,^2 t\,, \quad y = \frac{8}{27a^2}\,\text{tang}\,^3 t\,.$$

Les équations des tangentes qui font un angle égal à $\frac{\pi}{2}$ sont

$$\mathrm{Y} - \mathrm{X}\,\text{tang}\,t = -\lambda\,\text{tang}\,^3 t\,, \quad \mathrm{Y} + \mathrm{X}\,\cot t = \lambda\,\cot^3 t\,,$$

où $\lambda = \dfrac{4}{27a^2}$.

Ces équations donnent

$$\mathrm{Y} = \frac{\lambda\,(1 - \text{tang}\,^2 t)}{\text{tang}\,t}\,,$$

et on peut donc les remplacer par ces autres :

$$\lambda\,\text{tang}\,^2 t + \mathrm{Y}\,\text{tang}\,t - \lambda = 0\,, \quad \lambda\,\text{tang}\,^3 t - \mathrm{X}\,\text{tang}\,t + \mathrm{Y} = 0\,,$$

qui, en éliminant tang t, donnent

$$\mathrm{Y}^2 = \lambda\,(\mathrm{X} - \lambda).$$

Donc *la courbe orthoptique de la parabole semi-cubique est une parabole du second ordre.* Appliquons la même méthode à l'ellipse ou l'hyperbole représentée par l'équation

$$\frac{x^2}{a} + \frac{y^2}{b} = 1\,.$$

Nous avons d'abord

$$x = -\frac{ay'}{\sqrt{ay'^2 + b}}\,, \quad y = \frac{b}{\sqrt{ay'^2 + b}}\,,$$

et par conséquent

$$\mathrm{Y} - y'\,\mathrm{X} = \sqrt{ay'^2 + b}$$

ou

$$(\mathrm{X}^2 - a)\,\text{tang}\,^2 t - 2\,\mathrm{XY}\,\text{tang}\,t + \mathrm{Y}^2 - b = 0.$$

Cette équation détermine tang t et tang t'.

Nous avons aussi

$$\text{tang}\,(\pm\,\mathrm{V} + n\pi) = \frac{\text{tang}\,t' - \text{tang}\,t}{1 + \text{tang}\,t'\,\text{tang}\,t}\,.$$

Donc on a l'équation

$$\tang(\pm V + n\pi) = \frac{2\sqrt{X^2 Y^2 - (X^2 - a)(Y^2 - b)}}{X^2 - a + Y^2 - b},$$

ou

$$[X^2 + Y^2 - (a + b)]^2 \tang^2 V = 4(aY^2 + bX^2 - ab),$$

qui représente une spirique de Perseus.

Rappelons, avant de terminer cette doctrine, que nous avons considéré dans le *Traité* les courbes isoptiques de la cycloïde (t. II, p. 143), des épicycloïdes (t. II, p. 205) et des coniques à centre (t. I, p. 264). Nous avons attribué la considération des courbes isoptiques des coniques à centre à Garlin, mais ces courbes avaient été déjà envisagées par La Hire dans les *Mémoires de l'Académie des Sciences de Paris* (1704). Les courbes isoptiques des paraboles du second ordre sont des hyperboles et la courbe orthoptique est une droite (L'Hospital, *Traité des sections coniques,* 1720, p. 66).

X.

Sur la conchoïde de Dürer.

1. Albert Dürer, dans un ouvrage publié en langue allemande en 1525 et traduit en latin en 1532 sous ce titre: *Quatuor Institutionum Geometricarum libris...*, a considéré une courbe définie de la manière suivante.

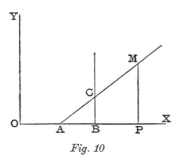

Fig. 10

Prenons deux droites OB et BC *(fig. 10)* perpendiculaires l'une à l'autre et sur la première un point fixe O et un point variable A. Menons ensuite une autre droite AC passant par A et ayant une direction telle que CB = OA, et sur cette droite prenons un segment AM de longueur constante. Le lieu des positions de M est la *conchoïde de Dürer*.

On peut déterminer aisément l'équation de cette ligne. Prenons pour cela la droite donnée OB pour axe des abscisses et la perpendiculaire OY à celle-là pour axe des ordonnées, et posons OB = h, CAB = θ, AM = l. La relation CB = OA donne

$$OB - BA = BA \tang \theta,$$

et par conséquent

$$BA = \frac{h}{1 + \tang \theta}.$$

On a aussi

$$x = \mathrm{OP} = \mathrm{OB} - \mathrm{BA} + \mathrm{AP}, \qquad y = \mathrm{MP},$$

et par conséquent

$$x = h + l\cos\theta - \frac{h}{1 + \tang\theta} = l\cos\theta + \frac{h\,\tang\theta}{1 + \tang\theta}, \qquad y = l\sin\theta.$$

Nous avons donc les équations qui déterminent les coordonnées x et y des points de la courbe en fonction du paramètre θ, et qui font voir que cette courbe est *unicursale*.

Pour obtenir l'équation cartésienne de la même courbe, il suffit d'éliminer θ entre ces équations, ce qui donne

$$(1) \qquad (x - y)^2 (l^2 - y^2) = (y^2 + xy - hy - l^2)^2.$$

Cette équation fait voir immédiatement que deux points doubles de la courbe coïncident avec les points d'intersection de la droite

$$(2) \qquad y = x$$

avec la conique

$$(3) \qquad y^2 + xy - hy - l^2 = 0\,;$$

les valeurs des coordonnées de ces points sont donc

$$x = y = \frac{h \pm \sqrt{h^2 + 8l^2}}{4}.$$

On peut déterminer les tangentes à la courbe au moyen de l'équation

$$y' = \frac{\dfrac{dy}{d\theta}}{\dfrac{dx}{d\theta}} = \frac{l\cos\theta\,(\sen\theta + \cos\theta)^2}{h - l\sen\theta\,(\sen\theta + \cos\theta)^2} = \frac{l\,\sqrt{l^2 - y^2}\,(y + \sqrt{l^2 - y^2})}{l^2 h - y\,(y + \sqrt{l^2 - y^2})^2}\,.$$

et, en posant dans cette équation

$$y = \frac{h \pm a}{4}, \qquad a = \sqrt{h^2 + 8l^2},$$

on voit que les coefficients angulaires des tangentes au point où

$$x = y = \frac{h - a}{4}$$

sont déterminés par l'équation

$$y' = \frac{l \sqrt{16l^2 - (h - a)^2} \, (h - a + \sqrt{16l^2 - (h - a)^2})}{16l^2 h - (h - a) \left[h - a + \sqrt{16l^2 - (h - a)^2} \right]},$$

et que les coefficients angulaires des tangentes au point où

$$x = y = \frac{h + a}{4}$$

sont donnés par cette autre:

$$y' = \frac{l \sqrt{16l^2 - (h + a)^2} \, (h + a + \sqrt{16l^2 - (h + a)^2})}{16l^2 h - (h + a)(h + a + \sqrt{16l^2 - (h + a)^2})}.$$

La première de ces valeurs de y' est toujours réelle, et la seconde est réelle quand $l > h$, nulle quand $l = h$, imaginaire quand $l < h$; donc la courbe (1) a un *noeud réel* au premier des points considérés; le second de ces points est un *noeud* quand $l > h$, un *point de rebroussement* quand $l = h$, un *point isolé* quand $l < h$.

Ajoutons encore que Dürer a décrit, dans l'ouvrage mentionné ci-dessus, un appareil pour tracer la courbe qu'on vient de considérer.

2. Cherchons l'enveloppe des positions que prend la droite MA, quand M décrit la courbe (1).

Posons $OA = k$. Comme la droite MA passe par les points A et C, dont les coordonnées sont $(k, 0)$ et (h, k), son équation est

$$(h - k) y = k (x - k);$$

l'équation de l'enveloppe de cette droite, k étant le paramètre arbitraire, est

$$4hy = (x + y)^2,$$

qui représente une *parabole*.

On voit cette enveloppe dans l'épure de l'ouvrage de Dürer où est représentée la courbe considérée, mais le célèbre artiste n'en a fait nulle mention dans le texte.

Il convient de remarquer que l'ouvrage de Dürer n'est pas consacré aux propriétés des courbes qui y sont considérées, mais seulement à la description de ces courbes. Sous ce point de vue, cet ouvrage est bien remarquable, et les figures expressives qu'il contient peuvent avoir inspiré des recherches postérieures.

3. Voyons une autre manière d'engendrer la quartique de Dürer.

Prenons sur un plan une droite KP (*fig. 11*) et un point O. Traçons une droite MP qui fasse avec la droite OP un angle donné, et cherchons le lieu décrit par M, quand PO tourne autour du point O.

En faisant KOP $= \alpha$, MPO $= \omega$, KO $= h_1$, PM $= l$, et en représentant par x et y les coordonées orthogonales KQ et MQ du point M, nous avons les équations

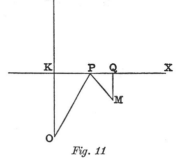

Fig. 11

$$(4) \quad \begin{cases} x = \text{KP} + \text{PQ} = h_1 \tan \alpha + l \cos \left(\dfrac{\pi}{2} + \alpha - \omega \right), \\[2mm] y = \text{MQ} = l \sin \left(\dfrac{\pi}{2} + \alpha - \omega \right), \end{cases}$$

qui déterminent x, y en fonction du paramètre α. Ces équations font voir que la courbe est unicursale.

Posons maintenant $\omega = \dfrac{\pi}{4}$. Les équations de la courbe considérée devienent

$$x = h_1 \tan \alpha + l \cos \left(\frac{\pi}{4} + \alpha \right), \qquad y = l \sin \left(\frac{\pi}{4} + \alpha \right),$$

ou, en faisant $\dfrac{\pi}{4} + \alpha = \theta$,

$$x = h_1 \tan \left(\theta - \frac{\pi}{4} \right) + l \cos \theta, \qquad y = l \sin \theta,$$

on encore

$$x = l \cos \theta - h_1 + 2 h_1 \frac{\tan \theta}{1 + \tan \theta}, \qquad y = l \sin \theta,$$

ou enfin, en transportant l'origine des coordonnées au point $(-h_1, 0)$,

$$x = l \cos \theta + 2 h_1 \frac{\tan \theta}{1 + \tan \theta}, \qquad y = l \sin \theta.$$

Donc le lieu considéré est identique à la conchoïde de Dürer.

La manière d'engendrer la courbe de Dürer qu'on vient de voir a été donnée par M. Wieleitner dans les *Sitzgsb. der Akad. Wissenschaften zu Wien* (1907) et dans l'ouvrage intitulé *Spezielle Ebene Kurven* (1908, p. 68).

Remarquons encore que la courbe représentée par les équations (4) a été considérée par M. Wieleitner (*l. c.*) et que cette courbe contient la conchoïde de Nicomèdes, qui correspond à $\omega = 0$, et la ligne nommée par M. Neuberg *orthoconchoïde* (*Mémoires de la Société Royale des Sciences de Liège*, 1904), qui correspond à $\omega = \dfrac{\pi}{2}$.

XI.

Sur les transformées des cercles et de la loxodromie dans le système de projection azimutale équivalente de Lambert.

1. Soient: O le centre d'une sphère *(fig. 12)*, P et P₁ les pôles, XOY un plan perpendiculaire à PP₁, OX et OY deux droites perpendiculaires l'une à l'autre, M un point de la surface de la sphère, A la projection de ce point sur le plan XY, M₁ un point de la projection de OM sur le même plan tel que $OM_1 = PM$.

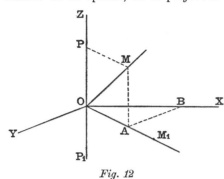

Fig. 12

Alors M₁ est le point correspondant à M dans un des systèmes de projection pour les cartes géographiques proposé par Lambert en 1772 (*Beiträge zum Gebrauche der Mathematik,* III, p. 105). Nous allons chercher la courbe qui, dans ce système de projection, correspond à un cercle quelconque décrit par M sur la sphère.

Soit

$$Ax + By + Cz + D = 0$$

l'équation du plan qui contient le cercle considéré. En posant

$$x = a \cos \varphi \cos \theta, \quad y = a \sin \varphi \cos \theta, \quad z = a \sin \theta,$$

a désignant le rayon de la sphère, x, y, z les coordonnées du point M, et φ, θ les angles M_1OX, MOM_1, on a l'équation en coordonnées sphériques de ce cercle, savoir

$$a \, (A \cos \varphi + B \sin \varphi) \cos \theta + a \, C \sin \theta + D = 0.$$

D'un autre côté, on a

(1)
$$PM^2 = x^2 + y^2 + (z - a)^2 = 2a^2 \, (1 - \sin \theta),$$

et les coordonnées X, Y du point M₁ sont ensuite déterminées par les équations

(2)
$$X = PM \cos \varphi, \quad Y = PM \sin \varphi,$$

qui donnent

$$\cos \varphi = \frac{X}{\sqrt{X^2 + Y^2}}, \quad \sin \varphi = \frac{Y}{\sqrt{X^2 + Y^2}}.$$

Nous avons encore, en éliminant PM entre l'équation (1) et la première des équations (2),

$$X^2 = 2a^2 \cos^2\varphi \, (1 - \sin \theta).$$

En éliminant maintenant $\sin \varphi$, $\cos \varphi$ et θ entre les trois dernières équations et l'équation du cercle considéré, on obtient celle-ci :

(3) $$(AX + BY)^2 \, [4a^2 - (X^2 + Y^2)] = [2a \, (a\,C + D) - C \, (X^2 + Y^2)]^2,$$

qui représente, dans le système de projection de Lambert, la transformée de ce cercle.

La transformée du cercle symétrique de celui qu'on vient de considérer par rapport au plan (P) ayant pour équation

(4) $$AX + BY = 0$$

est représentée aussi par l'équation (3), vu que cette équation ne change pas quand on change les signes de C et D. Donc la quartique considérée est composée de deux ovales égaux, qui correspondent aux deux cercles, et qui sont symétriquement placés par rapport à la droite du plan XY représentée par l'équation (4).

Si le cercle donné ne coupe pas le plan (P), les ovales ne se coupent pas ; si le cercle coupe ce plan, les ovales se coupent aux deux points correspondant aux points d'intersection de sa circonférence avec le plan (P). En tous les cas, la courbe possède deux points doubles, réels quand le cercle coupe le plan (P), imaginaires dans le cas contraire. Ces points coïncident avec les points d'intersection du cercle et de la droite ayant pour équations respectivement

$$C \, (X^2 + Y^2) = 2a \, (aC + D), \qquad AX + BY = 0.$$

En prenant la droite qui passe par les points doubles pour axe des abscisses, l'équation de la quartique prend la forme plus simple

$$MY^2 \, [4a^2 - (X^2 + Y^2)] = [2a \, (aC + D) - C \, (X^2 + Y^2)]^2.$$

Si le cercle passe par le point P_1, l'équation du plan qui le contient prend la forme

$$Ay + Bx + C \, (z + a) = 0,$$

et la quartique se dédouble en une ellipse et un cercle.

2. La transformation de Lambert jouit d'une propriété remarquable : *elle conserve les aires*. Il en résulte que l'aire de chaque ovale de la quartique qu'on vient d'envisager, est égale à l'aire de la plus petite des calotes sphériques que le cercle sépare.

Nous ne nous occuperons pas ici de la démonstration de la propriété qu'on vient d'énoncer, ni des constructions que demande l'application de la transformation mentionnée à la Géographie. On peut consulter à cet égard les écrits suivants: Germain, *Traité des projections des cartes géographiques* (Paris, p. 101); Fiorini, *Le projezioni delle carte geografiche* (Bologna, 1881); Brandenberger, *Ueber Lamberts flächentreue Azimutalprojektion* (*Vierteljahrsschrift der Natur. Gesellschaft,* Zurich, t. LIV, 1909, p. 436) et *Problèmes relatifs à la projection azimutale équivalente de Lambert* (*L'Enseignement mathématique,* 1910, p. 107).

3. En posant tang $V = m$, $\theta_1 = \dfrac{\pi}{2} - \theta$, l'équation de la loxodromie (*Traité*, t. II, p. 354) prend la forme

$$\varphi = -m \log \tan \frac{1}{2}\theta_1.$$

Mais, on a

$$\cos \theta_1 = 1 - \frac{X^2}{2a^2\cos^2\varphi} = 1 - \frac{X^2 + Y^2}{2a^2} = 1 - \frac{\rho^2}{2a^2}$$

et par conséquent

$$\tan \frac{1}{2}\theta_1 = \frac{\rho}{\sqrt{4a^2 - \rho^2}}.$$

Donc l'équation de la transformée de la loxodromie dans le système de projection de Lambert est

$$\rho^2 = \frac{4a^2}{1 + e^{\frac{2\varphi}{m}}}.$$

XII.

Sur une quartique considérée par Loriga.

1. Considérons trois foyers de lumière d'égale intensité placés aux trois sommets d'un triangle équilatéral, et cherchons le lieu des points du plan du triangle qui sont également illuminés par ces trois foyers ou par un seul foyer d'intensité égale à trois fois celle d'un de ceux-là, placé au centre du triangle.

En désignant par ρ, ρ_1, ρ_2, ρ_3 les distances d'un point de la courbe au centre et aux sommets du triangle, cette courbe peut être représentée par l'équation

$$\frac{1}{\rho_1^2} + \frac{1}{\rho_2^2} + \frac{1}{\rho_3^2} = \frac{3}{\rho^2}.$$

Pour obtenir son équation cartésienne, prenons le centre du triangle pour origine des coordonnées orthogonales et la bissectrice d'un de ses angles pour axe des abscisses. Les coordonnées des sommets sont alors

$$(-R, 0), \quad \left(\frac{1}{2}R, \frac{1}{2}R\sqrt{3}\right), \quad \left(\frac{1}{2}R, -\frac{1}{2}R\sqrt{3}\right),$$

R représentant le rayon du cercle circonscrit au triangle, et on a

$$\rho = \sqrt{x^2+y^2}, \quad \rho_1 = \sqrt{(x+R)^2+y^2}, \quad \rho_2 = \sqrt{\left(x-\frac{1}{2}R\right)^2 + \left(y-\frac{\sqrt{3}}{2}R\right)^2},$$

$$\rho_3 = \sqrt{\left(x-\frac{1}{2}R\right)^2 + \left(y+\frac{\sqrt{3}}{2}R\right)^2},$$

et par conséquent

(1) $$(x^2+y^2)^2 - 2Rx(x^2-3y^2) + R^2(x^2+y^2) - R^4 = 0.$$

L'équation en coordonnées polaires de la même ligne est

(2) $$\rho^4 - 2R\rho^3\cos 3\theta + R^2\rho^2 - R^4 = 0.$$

Le problème de Physique qu'on vient de poser a été envisagé par Loriga dans trois écrits insérés dans la *Revista de la Real Academia de Ciencias de Madrid* (t. VIII, 1909, t. IX, 1910) et dans le Compte rendu du *Congreso de Granada de la Asociacion Española para el Progreso de las Ciencias* (1911), où il a fait l'étude des propriétés de la courbe représentée par l'équation (1).

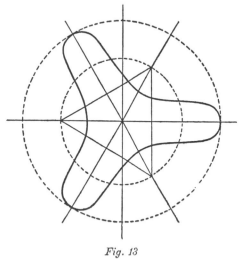

Fig. 13

Cette courbe *(fig. 13)* possède évidemment trois axes de symétrie, qui coïncident avec les bissectrices du triangle considéré; elle passe par les points circulaires de l'infini, où est tangente à la droite de l'infini; elle n'a pas de points multiples. Les cercles de rayon respectivement égal à $\frac{1}{2}R(\sqrt{5}-1)$ et $\frac{1}{2}R\cdot(\sqrt{5}+1)$ ayant le centre à l'origine des coordonnées bornent une aire où la courbe est située et chacun de ces cercles est tangent à la même courbe en trois points, qui en sont des sommets.

Cherchons la propriété de cette transformée qui correspond à la propriété de la quartique (1) employée pour la définir.

Soit M′ le point de la courbe (4) correspondant à un point M de la quartique (1). Désignons par ρ'_1, ρ'_2, ρ'_3, ρ' les distances de M′ aux sommets A, B, C du triangle donné et à son centre O et rappelons que les distances de M aux points A, B, C, O ont été représentées au n°. 1 par ρ_1, ρ_2, ρ_3, ρ. Les triangles OAM et OAM′ donnent, ω représentant les angles égaux AOM et AOM′,

$$\rho_1'^2 = R^2 + \rho'^2 - 2R\rho' \cos \omega, \qquad \rho_1^2 = R^2 + \rho^2 - 2R\rho \cos \omega,$$

d'où il résulte, en tenant compte de la relation $\rho\rho' = R^2$,

$$\frac{\rho_1}{\rho_1'} = \frac{\rho}{R} .$$

De même

$$\frac{\rho_2}{\rho_2'} = \frac{\rho}{R} , \qquad \frac{\rho_3}{\rho_3'} = \frac{\rho}{R} .$$

En éliminant ρ_1, ρ_2, ρ_3, entre ces trois équations et l'équation (1), on trouve

$$\frac{1}{\rho_1'^2} + \frac{1}{\rho_2'^2} + \frac{1}{\rho_3'^2} = \frac{3}{R^2} .$$

Donc *l'équation (4) représente le lieu des points qui reçoivent des foyers situés aux trois sommets A, B, C du triangle donné une quantité constante de lumière, égale à celle que reçoit chaque point du cercle circonscrit à ce triangle d'un foyer d'intensité triple d'un de ceux-là placé en son centre.* (Loriga, *l. c.*).

L'équation (4) représente une *sextique à puissance constante* (*Traité,* t. II, p. 300) ayant un point isolé à l'origine des coordonnées et deux points triples à l'infini. Loriga a fait voir, au moyen d'une analyse analogue à celle qu'on a employée ci-dessus pour l'étude de la quartique inverse, qu'elle jouit des propriétés suivantes:

1°. La sextique (4) a 30 points d'inflexion, dont 6 sont réels, et ces derniers points sont situés sur une circonférence ayant le centre à l'origine des coordonnées.

2°. Les tangentes à la même sextique aux points d'intersection avec le cercle circonscrit au triangle donné touchent le cercle inscrit dans le triangle donné.

3°. Le rayon de courbure de la même courbe en chaque point d'intersection avec la circonférence circonscrite au triangle est égal au rayon R de cette circonférence.

XIII.

Sur les quartiques de Klein et sur celles de Dyck.

1. Cherchons une quartique telle que les tangentes en trois points d'inflexion A, B, C forment un triangle ayant pour sommets ces mêmes points.

Rapportons la quartique aux coordonnées trilinéaires, ABC étant le triangle de référence, et supposons que $x_1 = 0$, $y_1 = 0$, $z_1 = 0$ soient respectivement les équations des côtés AB, BC, CA.

L'équation générale des quartiques est

$$Ax_1^4 + Bx_1^3 y_1 + Cx_1^2 y_1^2 + Dx_1 y_1^3 + Ey_1^4 + z_1\,(Fx_1^3 + Gx_1^2 y_1 + Hx_1 y_1^2 + Ky_1^3)$$

$$+ z_1^2\,(Lx_1^2 + Mx_1 y_1 + Ny_1^2) + z_1^3\,(Px_1 + Qy_1) + Rz_1^4 = 0.$$

Les conditions pour que la courbe représentée par cette équation ait un point d'inflexion en A et que la tangente en ce point passe par B sont

$$E = 0, \quad K = 0, \quad N = 0, \quad R = 0;$$

les conditions pour que la même courbe ait un point d'inflexion en B et que la tangente en ce point passe par C sont

$$A = 0, \quad L = 0, \quad P = 0, \quad R = 0;$$

et enfin les conditions pour que la courbe considérée ait un point d'inflexion en C et que la tangente en ce point passe par A sont

$$A = 0, \quad B = 0, \quad C = 0, \quad E = 0.$$

Donc l'équation des quartiques qui ont trois points d'inflexion aux sommets d'un triangle dont les côtés sont tangents à la courbe en ces points, est

$$Dx_1 y_1^3 + Fx_1^3 z_1 + Qy_1 z_1^3 + x_1 y_1 z_1\,(Gx_1 + Hy_1 + Mz_1) = 0.$$

La quartique de Loriga, considérée ci-dessus (p. 52) appartient à cette classe de quartiques, et il existe même dans son plan deux triangles jouissant de la propriété mentionnée. Elle peut donc être représentée par deux équations de cette forme.

Nous allons voir maintenant que les courbes représentées par l'équation

(1) $$Dx_1 y_1^3 + Fx_1^3 z_1 + Qy_1 z_1^3 = 0$$

jouissent de la même propriété.

2. Nous pouvons étudier les propriétés projectives de ces courbes sur la ligne représentée par l'équation, en coordonnées cartésiennes,

$$(2) \qquad x^3y + y^3 + x = 0,$$

que nous allons donc considérer. Dans ce cas deux des points d'inflexion A,B,C sont situés à l'infini et l'autre à l'origine des coordonnées, et les tangentes en ces points sont la droite de l'infini et les **axes** des coordonnées.

Prenons l'hyperbole représentée par l'équation

$$xy + x + y = 0.$$

Cette courbe coupe la quartique à l'origine des coordonnées, en deux points situés à l'infini et en cinq points dont les abscisses sont déterminées par l'équation

$$x^5 + 2x^4 - 2x^2 - 3x - 1 = (x^3 + x^2 - 2x - 1)(x^2 + x + 1) = 0.$$

Les points correspondant aux racines de l'équation

$$x^2 + x + 1 = 0$$

sont imaginaires. Ceux qui correspondent aux racines de l'équation

$$(3) \qquad x^3 + x^2 - 2x - 1 = 0$$

sont réels. En effet, si x' est une des racines de cette équation, les autres sont $-\dfrac{1}{1+x'}$, $-\dfrac{1+x'}{x'}$, comme l'on peut vérifier.

Les coordonnées des points A', B', C' d'intersection de l'hyperbole et de la quartique correspondant à ces racines sont

$$\left(x', -\frac{x'}{x'+1}\right), \quad \left(-\frac{1}{x'+1}, \frac{1}{x'}\right), \quad \left(-\frac{1+x'}{x'}, -(1+x')\right).$$

Faisons maintenant voir que ces points coïncident avec trois des points d'inflexion de la quartique

Remarquons pour cela que l'équation de la polaire d'un point (a, b) par rapport à la quartique est

$$(3x^2y + 1)a + (x^3 + 3y^2)b + y^3 + 3x = 0,$$

et que par conséquent l'équation de la seconde polaire du même point est

$$abx^2 + a^2xy + by^2 + x + b^2y + a = 0.$$

La condition pour que cette équation représente deux droites est

$$b(a^2b - 2)^2 - (a^4 - 4ab^2)(b^3 - 4a) = 0.$$

En remplaçant a et b par les valeurs

$$a = x', \quad b = -\frac{x'}{1+x'}$$

on voit que cette équation prend la forme

$$\frac{x'^5}{(1+x')^5} - x'^4 + \frac{5x'^3}{(1+x')^2} + \frac{1}{1+x'} = 0,$$

ou, en remplaçant dans le premier terme $\dfrac{x'^2}{(1+x')^4}$ par la valeur

$$\frac{x'^2}{(1+x')^4} = (x'-1)^2,$$

qui résulte de l'équation (3),

$$\frac{5x'^3}{1+x'} + 1 + x'^3 - 3x'^4 = 0$$

ou enfin

$$(3x'^2 - x' + 1)(x'^3 + x'^2 - 2x' - 1) = 0.$$

Comme x' est une quelconque des racines de l'équation (3), on voit que la seconde polaire de chacun des points A, B, C se réduit à deux droites et que par conséquent A, B, C sont des *points d'inflexion* de la quartique.

Cherchons maintenant la tangente à la courbe en ces points.

L'équation de la tangente au point (a, b) est

$$(a^3 + 3b^2)\,\mathrm{Y} + (3a^2 b + 1)\,\mathrm{X} + b^3 + 3a = 0.$$

En posant

$$a = -\frac{1+x'}{x'}, \quad b = -(1+x'),$$

cette équation prend la forme

$$\left[3x' - \frac{x'^3}{(1+x')^3}\right]\mathrm{X} + \left[1 - \frac{3x'^3}{1+x'}\right]\mathrm{Y} + x'^3 + \frac{3x'^2}{(1+x')^2} = 0,$$

et, en faisant ensuite

$$\mathrm{X} = -\frac{1}{1+x'}, \quad \mathrm{Y} = \frac{1}{x'},$$

il vient

$$x'^4 - 3x'^2 + 1 + \frac{x'^4}{(1+x')^4} + \frac{3x'^3}{(1+x')^2} = 0,$$

ou, en éliminant $\dfrac{x'.}{(1+x')^2}$ au moyen de la relation

$$\frac{x'}{(1+x')^2} = x' - 1,$$

employée déjà ci-dessus,

$$2x'^4 + x'^3 - 5x'^2 + 1 = 0$$

ou enfin

$$(2x' - 1)(x'^3 + x'^2 - 2x' - 1) = 0.$$

Donc la tangente à la quartique au point C′ passe par le point B′.

Comme x' est une quelconque des racines de l'équation (3), on voit que la tangente à la quartique considérée en chaque points d'inflexion A′, B′, C′ passe par un autre de ces points.

En résumant tout ce qu'on viens de dire et en appliquant la doctrine des transformations homographiques, nous pouvons énoncer le théorème suivant:

Les six points d'inflexion de la quartique (1) *sont les sommets de deux triangles dont les côtés sont les tangentes à la quartique en ces points. Les six points considérés sont situés sur une conique.*

Les courbes (1) ont été appelées *quartiques de Klein,* pour avoir été rencontrées par cet éminent géomètre dans ses recherches sur la transformation des fonctions elliptiques (*Mathematische Annalen,* t. xiv, 1879, p. 428) et en avoir donné les principales propriétés. L'analyse qu'on vient d'employer pour démontrer une de ces propriétés ne diffère pas essentiellement de celle qui a été employée par M. Basset dans l'ouvrage intitulé: *An elementary Treatise on Cubic and Quartic Curves* (*Cambridge*, 1901, p. 248), mais nous avons donné à cette démonstration une forme plus élémentaire, en employant les coordonnées cartésiennes au lieu des coordonnées trilinéaires. Ajoutons que les mêmes courbes ont 18 points d'inflexion imaginaires et que ces points jouissent de la propriété démontrée ci-dessus pour les points d'inflexion réels. Ajoutons enfin que les quartiques considérées sont comprises parmi les lignes rencontrées par M. Wiman (*Stockholm Bihang till Handlingar,* t. xxi, 1895) en cherchant les courbes auto-projectives et que Brioschi (*Atti della R. Accademia dei Lincei*, 1884) et M. Ciani (*Rendiconti del Circolo matematico di Palermo*, t. xiv, 1900) ont démontré qu'elles coïncident avec leur covariant à cubique polaire équiharmonique et qu'elles sont les seules quartiques jouissant de cette propriété.

3. La quartique de Klein est la première quartique auto-projective qu'on a inventée, et elle est aussi la plus importante de ces lignes. M. Dyck en a trouvé ensuite (*Mathematische Annalen,* t. xxvii, 1880) une autre, représentée par l'équation

$$x_1^4 + y_1^4 + z_1^4 = 0,$$

qui est connue sous le nom de *quartique de Dick* et qui est aussi bien remarquable. On voit aisément que l'hessienne de cette quartique est représentée par l'équation $x_1^2 y_1^2 z_1^2 = 0$, et que par conséquent *elle a sur chaque côté du triangle de référence quatre points d'ondulation.* La steinerienne de la même courbe est représentée par l'équation $x_1^4 y_1^4 z_1^4 = 0$.

XIV.

Sur les tangentes aux astroïdes ([1]).

1. Considérons l'astroïde à deux ou à quatre axes, c'est-à-dire l'enveloppe d'une droite qui se déplace de manière que la longueur l du segment compris entre deux droites fixes données soit constante (*Traité des courbes,* t. I, p. 328-338), et cherchons les tangentes qu'on peut mener à cette courbe par un point quelconque donné (α, β).

Il résulte immédiatement de cette définition que ce problème est identique au problème célèbre connu sous le nom de *problème d'Apollonius:*

Mener par un point donné une droite telle que le segment compris entre deux droites OX *et* OY *faisant un angle quelconque soit égal à un segment donné* l.

Les anciens géomètres ont résolu ce problème au moyen de la conchoïde de Nicomède et au moyen de l'hyperbole. Voici cette dernière solution.

Prenons pour axes des coordonnées les droites OX et OY et représentons par (α, β) les coordonnées du point donné M et par x_0 l'abscisse du point A où la droite cherchée coupe l'axe des abscisses. L'équation de cette droite est

$$\frac{y}{\beta} = \frac{x - x_0}{\alpha - x_0},$$

et par conséquent les coordonnées du point B où la droite mentionnée coupe l'axe des ordonnées sont $\left(0, \dfrac{\beta x_0}{x_0 - \alpha}\right)$. On a donc, en appliquant au triangle AOB la formule fondamentale de la Trigonométrie,

$$l^2 = x_0^2 + \frac{\beta^2 x_0^2}{(x_0 - \alpha)^2} - 2\frac{\beta x_0^2}{x_0 - \alpha}\cos\omega,$$

ω étant l'angle des axes, ou

$$(1) \qquad x_0^4 - 2(\alpha + \beta\cos\omega)x_0^3 + (\alpha^2 + \beta^2 - l^2 + 2\alpha\beta\cos\omega)x_0^2 + 2\alpha l^2 x_0 - \alpha^2 l^2 = 0.$$

Cette équation fait voir que le problème considéré a quatre solutions et détermine les abscisses des points où les droites cherchées coupent l'axe des abscisses.

2. Pour résoudre cette équation, on peut appliquer les méthodes graphiques connues pour la résolution des équations du quatrième degré. Ou peut, en particulier, déterminer ses racines au moyen d'un cercle et d'une hyperbole, comme on va le voir.

([1]) Reproduction d'un article inséré aux *Annaes scientificos da Academia Polytechnica do Porto* (t. VIII, 1913).

Considérons le cercle et l'hyperbole ayant respectivement pour équations

$$x^2 + (y-k)^2 + 2x(y-k)\cos\omega = r^2,$$

$$y(x-h) = m,$$

et déterminons k, h, m et r de manière que l'équation du quatrième degré qui résulte de l'élimination de y entre ces équations soit identique à l'équation (1). On trouve ainsi les conditions

$$h + k\cos\omega = \alpha + \beta\cos\omega,$$

$$h^2 + k^2 - r^2 + 2(m + 2hk)\cos\omega = \alpha^2 + \beta^2 - l^2 + 2\alpha\beta\cos\omega,$$

$$hr^2 - mk - hk^2 - h(hk + m)\cos\omega = \alpha l^2,$$

$$h^2k^2 + m^2 + 2mhk - r^2h^2 = -\alpha^2 l^2,$$

qui donnent

$$h = \alpha, \quad k = \beta, \quad m = -\alpha\beta, \quad r = l.$$

Donc le cercle représenté par l'équation

$$x^2 + (y-\beta)^2 + 2x(y-\beta)\cos\omega = l^2$$

coupe l'hyperbole correspondant à l'équation

$$y(x-\alpha) = -\alpha\beta$$

en quatre points dont les abscisses sont égales aux racines de l'équation (1). Cette hyperbole passe par le point $(0, \beta)$ et a pour asymptotes la droite OX et une parallèle à OY menée par le point donnée (α, β).

La solution du problème d'Apollonius qui résulte de cette analyse a été indiquée par Pappus dans les *Collections mathématiques* (liv. IV, prop. 31), où elle est démontrée par des considérations de géométrie pure. L'éminent géomètre suppose que les droites OX et OY sont perpendiculaires l'une à l'autre, mais sa démonstration est immédiatement généralisable. D'autres solutions, où sont employés aussi le cercle et l'hyperbole, ont été données par Huygens (*Oeuvres*, t. XII, p. 38), par Newton dans son *Arithmetica Universalis* (t. II, p. 57 de la traduction de Beaudeux), par Chasles (*Traité des sections coniques*, 1865, p. 327), etc.

3. Le problème de la construction des tangentes aux astroïdes ne peut pas être résolu en général par la règle et le compas. Mais cela est possible quand le premier membre de l'équation (1) est égal à un produit de deux facteurs du second degré dont les coefficients peuvent être déduits de ceux de (1) au moyen d'opérations rationnelles et d'extractions de racines carrées. Nous allons envisager deux cas, pas encore peutêtre signalés, où cela arrive.

Posons dans l'équation considérée

$$x_0 = x_1 + h, \qquad h = \frac{1}{2}(\alpha + \beta \cos \omega),$$

pour faire disparaitre le terme du troisième degré. Il vient

(2) $$x_1^4 - M x_1^2 - 2Q x_1 - P = 0,$$

où

$$M = 6h^2 - 4\alpha h - \beta^2 + \alpha^2 + l^2,$$

$$Q = 4h^3 - 4\alpha h^2 - (\beta^2 - \alpha^2 - l^2) h - \alpha l^2,$$

$$P = 3h^4 - 4\alpha h^3 - (\beta^2 - \alpha^2 - l^2) h^2 - 2\alpha l^2 h + \alpha^2 l^2.$$

1.º Si α et β vérifient la condition

(3) $$Q^2 = MP,$$

l'équation précédente prend la forme

$$(\sqrt{P}\, x_1^2 - Q x_1 - P)(\sqrt{P}\, x_1^2 + Q x_1 + P) = 0,$$

et les tangentes à la courbe peuvent être construites au moyen de la règle et du compas.

En considérant α et β comme variables, l'équation (3) représente une courbe du sixième ordre, quand ω est différent de $\frac{\pi}{2}$, ou une courbe du quatrième ordre et deux droites coïncidant avec l'axe des ordonnées, quand $\omega = \frac{\pi}{2}$. L'équation de cette quartique est

$$8(\beta^2 + l^2)^2 - (\alpha^2 - 2\beta^2 + 2l^2)(\alpha^2 + 4\beta^2 - 4l^2) = 0.$$

2.º Si l'on a $Q = 0$, l'équation (2) est bicarrée, et le problème considéré peut être encore résolu au moyen de la règle et du compas. Le lieu de (α, β) est alors la cubique représentée par l'équation

$$\beta^2(\alpha + \beta \cos \omega) \sin^2 \omega + l^2 (\alpha - \beta \cos \omega) = 0.$$

4. Posons maintenant dans l'équation (1)

$$x_0 = \frac{2\alpha x_2}{x_2 + \alpha},$$

pour faire disparaître le terme du premier degré. Alors cette équation prend la forme

(4) $$A x_2^4 + 2B x_2^3 + C x_2^2 - l^2 \alpha^4 = 0,$$

où

$$A = 4(\alpha^2 + \beta^2) - 8\alpha\beta \cos \omega - l^2, \quad B = 4\alpha(\beta^2 - \alpha^2), \quad C = 2\alpha^2 [2(\alpha^2 + \beta^2 + 2\alpha\beta \cos \omega) + l^2].$$

Cette équation a été obtenue, au moyen d'une analyse différente, par M. Barbarin (*L'Enseignement mathématique*, 1911, p. 17), qui en a déduit les conséquences suivantes :

1.º Si
$$B^2 = AC,$$

l'équation considérée prend la forme

$$[(Bx_2 + C) x_2 - \sqrt{C}\, l\alpha^2][(Bx_2 + C) x_2 + \sqrt{C}\, l\alpha^2] = 0,$$

et le problème peut être résolu avec la règle et le compas.

L'équation du lieu de (α, β) est alors

$$32\alpha^2\beta^2 \sin^2\theta + 2l^2(\alpha^2 + \beta^2 - 6\alpha\beta \cos\theta) - l^4 = 0.$$

2.º Si $\alpha = -\beta$, on a $B = 0$, et l'équation (4) prend la forme

(5)
$$Ax_2^4 + Cx_2^2 - l^2\alpha^4 = 0,$$

où

$$A = 16\alpha^2 \cos^2 \tfrac{1}{2}\omega - l^2, \qquad C = 16\alpha^4 \sin^2 \tfrac{1}{2}\omega + 2\alpha^2 l^2.$$

Cette équation est bicarrée, et le problème est donc encore résoluble dans ce cas par la règle et le compas. Ce cas a lieu quand le point (α, β) est situé sur une bissectrice des angles des deux droites données AX et AY ; et, d'après Pappus, il a été envisagé par Heraclito, qui a supposé que les deux droites AX et AY sont perpendiculaires, et plus tard par Apollonius, qui a donné aux deux droites des directions arbitraires.

On peut déterminer aisément la signification géométrique de x_2. Remarquons pour cela que, comme les droites cherchées passent par les points $(\alpha, \pm\alpha)$ et $(x_0, 0)$, elles sont représentées par l'équation

$$y = \mp \frac{\alpha}{x_0 - \alpha}\,(x - x_0),$$

et que l'équation de la bissectrice de l'angle des deux droites données qui ne passe pas par le point donné est $y = \mp x$. En éliminant y entre ces équations, on obtient celle-ci :

$$x_0 = \frac{2\alpha x}{x + \alpha}.$$

Donc x_2 est l'abscisse de l'intersection de la droite cherchée avec cette dernière bissectrice.

L'équation (5) peut encore être réduite à une autre plus simple en posant $x_2 = \dfrac{l\alpha}{x_3}$. On a alors

$$x_3^4 - C_1 x_3^2 - Al^2 = 0,$$

où

$$C_1 = 16\alpha^2 \sin^2 \tfrac{1}{2}\omega + 2l^2.$$

Les quatre valeurs de x_3 sont réelles quand $16\alpha^2 \cos^2 \frac{1}{2}\omega \lessgtr l^2$ et deux de ces valeurs sont réelles et deux imaginaires dans le cas contraire.

5. Il résulte de la doctrine qui précède une manière de déterminer l'équation des astroïdes rapportée aux droites données OX et OY. En exprimant, en effet, que deux des tangentes menées à une de ces courbes par le point (α, β) coïncident, on a la condition pour que ce point soit situé sur la courbe. Or on obtient cette condition en égalant à zéro le discriminant de l'équation (4). En faisant ce calcul et en remplaçant α, β par x, y, M. Barbarin (*l, c*) a trouvé l'équation

$$[3\,(x^2 + y^2 + 2xy \cos \omega) \sin^2 \omega - l^2 \cos^2 \omega]^3$$

$$+ l^2 \,[8l^2 \cos^2 \omega - 9\,(x^2 + y^2 + 2xy \cos \omega) \sin^2 \omega \cos \omega - 27xy \sin^4 \omega]^2 = 0.$$

XV.

Sur les développoïdes de l'ellipse ([1]).
Aperçu de la théorie générale des développoïdes.

1. Considérons l'ellipse représentée par les équations paramètriques

$$x = a \cos t, \qquad y = b \sin t,$$

et cherchons l'enveloppe d'une droite D passant par le point variable (x, y) de cette ellipse et faisant un angle constant ω avec la tangente à cette courbe au point mentionné.

On a, α représentant l'angle que la droite D fait avec l'axe des abscisses,

$$\operatorname{tang}\alpha = \frac{\dfrac{dy}{dx} - \operatorname{tang}\omega}{1 + \dfrac{dy}{dx}\operatorname{tang}\omega},$$

et par conséquent l'équation de cette droite est

$$b\,(\mathrm{Y}\sin\omega - \mathrm{X}\cos\omega)\cos t - a\,(\mathrm{Y}\cos\omega + \mathrm{X}\sin\omega)\sin t + \tfrac{1}{2}c^2 \sin\omega \sin 2t + ab \cos\omega = 0,$$

où

$$c^2 = a^2 - b^2.$$

([1]) Reproduction d'un article que nous avons inséré aux *Nouvelles Annales de Mathématiques* (4.e série, t. XIII, 1913).

L'enveloppe des positions que cette droite prend, quand le point (x, y) parcourt l'ellipse, est déterminée par cette équation et par celle qu'on obtient en la dérivant par rapport à t, savoir:

$$b\,(\text{Y}\sin\omega - \text{X}\cos\omega)\sin t + a\,(\text{Y}\cos\omega + \text{X}\sin\omega)\cos t - c^2\sin\omega\cos 2t = 0.$$

Changeons les axes des coordonnées, en prenant pour nouveaux axes deux droites perpendiculaires l'une à l'autre passant par le centre de l'ellipse et faisant des angles égaux à ω avec les axes de cette courbe, et pour cela posons

$$(1) \qquad \text{X}_1 = \text{X}\cos\omega - \text{Y}\sin\omega, \qquad \text{Y}_1 = \text{X}\sin\omega + \text{Y}\cos\omega.$$

Les équations précédentes devienent

$$b\text{X}_1\cos t + a\text{Y}_1\sin t - \frac{1}{2}\,c^2\sin\omega\sin 2t - ab\cos\omega = 0,$$

$$b\text{X}_1\sin t - a\text{Y}_1\cos t + c^2\sin\omega\cos 2t = 0.$$

L'enveloppe demandée, c'est-à-dire la développoïde de l'ellipse, peut donc être représentée par les équations paramètriques

$$\text{X}_1 = \frac{c^2\sin\omega}{b}\sin^3 t + a\cos\omega\cos t,$$

$$\text{Y}_1 = \frac{c^2\sin\omega}{a}\cos^3 t + b\cos\omega\sin t.$$

Posons maintenant

$$a\text{Y}_1 = b\text{Y}_2.$$

Ces équations prennent la forme

$$\text{X}_2 = \frac{c^2\sin\omega}{b}\sin^3 t + a\cos\omega\cos t,$$

$$\text{Y}_2 = \frac{c^2\sin\omega}{b}\cos^3 t + a\cos\omega\sin t.$$

Or ces équations représentent (*Traité des courbes,* t. I, p. 334) une courbe parallèle à l'astroïde définie par les équations

$$\text{X}_1 = \frac{c^2\sin\omega}{b}\sin^3 t, \qquad \text{Y}_1 = \frac{c^2\sin\omega}{b}\cos^3 t.$$

Donc nous avons le théorème suivant, qui n'a pas encore été signalé, croyons-nous :

Les développoïdes de l'ellipse et les lignes parallèles à une astroïde sont des courbes affines.

Il résulte encore de ce qui précède qu'on peut déduire de l'équation cartésienne des courbes parallèles à l'astroïde (*l. c,* p. 338) celle de la développoïde de l'ellipse en remplaçant dans celle-là $h,\ l,\ y$ par $\dfrac{c^2 \sin \omega}{b}$, $a \cos \omega$, $\dfrac{a\mathrm{Y}_1}{b}$. On trouve ainsi l'équation

$$[3\,(b^2\mathrm{X}_1^2 + a^2\mathrm{Y}_1^2 - c^4 \sin^2 \omega) - 4a^2b^2 \cos^2 \omega]^3$$

$$+ b^2 \,[27ac^2\mathrm{X}_1\mathrm{Y}_1 \sin \omega - 9a \cos \omega\,(b^2\mathrm{X}_1^2 + a^2\mathrm{Y}_1^2) - 18ac^4 \sin^2 \omega \cos \omega + 8a^3b^2 \cos^3 \omega]^2 = 0.$$

En changeant b^2 en $-b^2$, on trouve l'équation cartésienne des développoïdes de l'hyperbole.

2. L'analyse précédente peut être généralisée aisément. Si les équations de la courbe donnée sont

$$x = \varphi\,(t), \qquad y = \psi\,(t),$$

l'équation de la droite D et de sa dérivée par rapport à t, rapportées aux nouveaux axes, sont

$$x'\mathrm{Y}_1 - y'\mathrm{X}_1 = y\,(x' \cos \omega + y' \sin \omega) - x\,(y' \cos \omega - x' \sin \omega),$$

$$x''\mathrm{Y}_1 - y''\mathrm{X}_1 = (x'^2 + y'^2 + yy'' + xx'') \sin \omega + (yx'' - xy'') \cos \omega\,;$$

et la développoïde de la courbe considérée peut donc être représentée par les équations paramètriques

(2)
$$\begin{cases} \mathrm{X}_1 = x \cos \omega - y \sin \omega + \dfrac{x\,(x'^2 + y'^2)}{y'x'' - x'y''} \sin \omega, \\[2ex] \mathrm{Y}_1 = x \sin \omega + y \cos \omega + \dfrac{y'\,(x'^2 + y'^2}{y'x'' - x'y''} \sin \omega\,; \end{cases}$$

ou par celles ci :

(3)
$$\begin{cases} \mathrm{X} = x + \dfrac{(x' \cos \omega + y' \sin \omega)\,(x'^2 + y'^2)}{y'x'' - x'y''} \sin \omega, \\[2ex] \mathrm{Y} = y + \dfrac{(y' \cos \omega - x' \sin \omega)\,(x'^2 + y'^2)}{y'x'' - x'y''} \sin \omega, \end{cases}$$

qui résultent des équations (1) et (2).

Ces équations (3) donnent

$$(\mathrm{X} - x)^2 + (\mathrm{Y} - y)^2 = \dfrac{(x'^2 + y'^2)^3}{(y'x'' - x'y'')^2} \sin^2 \omega = \mathrm{R}^2 \sin^2 \omega,$$

R représentant le rayon de courbure de la courbe mentionnée au point (x, y). Donc *la distance du point (x, y) au point correspondant de la développoïde est égale à R sin ω.*

Cette proposition a été donnée par Réaumur dans les *Mémoires de l'Académie des sciences de Paris* (1709), où la théorie des développoïdes a été donnée pour la première fois. Cette théorie a été ensuite considérée par Lancret en 1811 dans les *Mémoires des savants étrangers* de la même Académie. Plus tard elle a été encore envisagée par M. Haton de La Goupillière (*Annales de la Société scientifique de Bruxelles*, t. II, 1877, et *Bulletin de la Société mathématique de France*, t. V, 1896), par M. Mansion (*Nouvelle Correspondance*, t. V, 1879), etc.

3. Le problème inverse de celui qu'on vient de considerer, c'est-à-dire le problème de la détermination des courbes ayant pour développoïde une courbe C_1 donnée, est identique à celui de la détermination des trajectoires des tangentes à la courbe C_1 correspondant à l'angle ω. Nous allons nous en occuper.

Soient $x = \varphi_1(t)$, $y = \psi_1(t)$ les équations de la courbe C_1. L'équation de ses tangentes est

$$(4) \qquad (Y - y)x' = (X - x)y',$$

x' et y' désignant les dérivées de x et y par rapport à t.

D'après la méthode classique, on obtient l'équation différentielle des trajectoires de ces tangentes en éliminant t entre l'équation (1) et celle-ci :

$$(5) \qquad \frac{dY}{dt} = \frac{y' + mx'}{x' - my'} \cdot \frac{dX}{dt},$$

où $m = \operatorname{tang} \omega$.

On ne peut pas faire cette élimination, mais on va voir que les coordonnées X, Y des points des trajectoires peuvent être représentées par des équations paramètriques dépendant de deux quadratures.

Dérivons pour cela l'équation (4) par rapport à t, ce qui donne

$$x'\frac{dY}{dt} + (Y - y)x'' = y'\frac{dX}{dt} + (X - x)y'',$$

et éliminons ensuite $\dfrac{dY}{dt}$ entre cette équation et l'équation (5). On obtient l'équation

$$mx'(x'^2 + y'^2)\frac{dX}{dt} + (x' - my')(y'x'' - x'y'')(X - x) = 0,$$

ou

$$mx'(x'^2 + y'^2)\frac{d(X - x)}{dt} + (x' - my')(y'x'' - x'y'')(X - x) + mx'^2(x'^2 + y'^2) = 0.$$

Nous avons ainsi une équation linéaire du premier ordre où t est la variable indépendante et $X - x$ la variable dépendante, qui, en intégrant, faisant

$$f(t) = \frac{1}{m} \int \frac{y'x'' - x'y''}{x'^2 + y'^2} \, dt$$

et tenant compte de l'égalité

$$\int \frac{y'(y'x'' - x'y'')}{x'(x'^2 + y'^2)} \, dt = \log \frac{x'}{\sqrt{x'^2 + y'^2}},$$

donne

(6)
$$X - x = \frac{x'}{\sqrt{x'^2 + y'^2}} e^{-f(t)} \left[C - \int \sqrt{x'^2 + y'^2} \, e^{f(t)} \, dt \right],$$

C'étant une constante arbitraire.

Cette équation et la suivante:

(7)
$$Y - y = \frac{y'}{\sqrt{x'^2 + y'^2}} e^{-f(t)} \left[C - \int \sqrt{x'^2 + y'^2} \, e^{f(t)} dt \right],$$

qui résulte de (4) et (6), sont les équations paramètriques des courbes ayant pour développoïde la courbe donnée.

En représentant par α l'angle que la droite qui passe par le point (X, Y) et par le point correspondant de la trajectoire fait avec les axes des abscisses et par R_1 la distance de ces points, on peut mettre les équations précédentes sous la forme

$$X = x + R_1 \cos \alpha, \qquad Y = y + R_1 \sin \alpha,$$

où

$$R_1 = e^{-f(t)} \left[C - \int \sqrt{x'^2 + y'^2} \, e^{f(t)} \, dt \right].$$

XVI.

Radiales des coniques.

1. Considérons une courbe représentée par l'équation intrinsèque

(1)
$$F(R, s) = 0.$$

Prenons un point quelconque O dans le plan de cette courbe, par ce point menons une droite parallèle à la normale en un point (R, s) et prenons sur cette droite, à partir de O, un segment OM égal au rayon de courbure de la courbe (1) au point considéré et dirigé dans le même sens. Le lieu des positions que le point M prend, quand le point (R, s) décrit la courbe (1), a été envisagé par Tucker, sous les nom de *radiale de la courbe* (1), dans les *Proceedings of the London Mathematical Society* (t. I, 1865).

On obtient l'équation de la radiale de (1) en différentiant cette équation, en éliminant ensuite ds au moyen de l'équation $R = \dfrac{ds}{d\omega}$ [ω désignant l'angle que la tangente à la courbe (1) au point (R, s) fait avec un axe fixe] et en intégrant enfin l'équation résultante. On obtient ainsi une équation de la forme $F_1(R, \omega) = 0$, qui est l'équation en coordonnées intrinsèques (R, ω) de la courbe représentée par l'équation (1); et l'équation polaire de la radiale est évidemment $F_1(\rho, \theta) = 0$.

La théorie générale des radiales a été commencée par Tucker (*l. c.*) et continuée par MM. Loria, Burali-Forti et Santangelo, dans les *Rendiconti del Circolo Matematico di Palermo* (1902, p. 46, 185; 1910, p. 37), par M. Ernst, dans les *Archiv der Mathematik und Physik* (1908), etc. On peut voir cette théorie dans les écrits qu'on vient de mentionner et dans les ouvrages suivants: Loria, *Spezielle algebraische und transzendente Ebene Kurven*, t. II, 1911, p. 289; Wieleitner, *Spezielle Ebene Kurven*, 1908, p. 362.

2. Cela posé, nous allons chercher les équations des radiales des coniques.

En représentant l'ellipse par les équations

$$x = a \cos t, \qquad y = b \sin t,$$

le rayon de courbure R et l'arc s sont déterminés par les équations

$$R^2 = \frac{(a^2 \sin^2 t + b^2 \cos^2 t)^3}{a^2 b^2}, \qquad \frac{ds}{dt} = \sqrt{a^2 \sin^2 t + b^2 \cos^2 t}.$$

En éliminant t et dt entre ces équations et celle qu'on obtient quand on dérive les deux membres de la première par rapport à t, on trouve l'équation différentielle de l'ellipse rapportée aux coordonnées intrinsèques R et s, savoir:

$$abdR = 3 \sqrt{\left[(abR)^{\frac{2}{3}} - a^2 \right]\left[b^2 - (abR)^{\frac{2}{3}} \right]}\, ds.$$

En éliminant maintenant ds au moyen de la relation $R = \dfrac{ds}{d\omega}$, on a

$$\frac{abdR}{R \sqrt{\left[(abR)^{\frac{2}{3}} - a^2 \right]\left[b^2 - (abR)^{\frac{2}{3}} \right]}} = 3d\omega.$$

Pour intégrer cette équation, posons d'abord $a^2b^2R^2 = z^3$; on trouve

$$\frac{abdz}{z\sqrt{(z-a^2)(b^2-z)}} = 2d\omega,$$

et, en faisant ensuite

$$b^2 - z = (z - a^2)z_1^2,$$

on obtient l'équation

$$\frac{abdz_1}{b^2 + a^2z_1^2} = -d\omega,$$

qui donne, en intégrant,

$$az_1 = -b\,\text{tang}\,(\omega + l),$$

l étant une constante arbitraire.

En remplaçant maintenant z_1 par sa valeur en fonction de R, il vient

$$a^2\left[b^2 - (abR)^{\frac{2}{3}}\right] = b^2\left[(abR)^{\frac{2}{3}} - a^2\right]\text{tang}^2\,\omega,$$

en prenant pour tangente initiale la tangente au sommet de l'ellipse donnée où $t = 0$, ou

(2) $$a^4b^4 = R^2(a^2\cos^2\omega + b^2\sin^2\omega)^3.$$

Nous venons d'obtenir l'équation de l'ellipse rapportée aux coordonnées intrinsèques R et ω. En remplaçant R et ω par ρ et θ, on obtient l'équation polaire de sa radiale:

$$\rho^2 = \frac{a^4b^4}{(a^2\cos^2\theta + b^2\sin^2\theta)^3},$$

et, en posant ensuite $x = \rho\cos\theta\ y = \rho\sin\theta$, on a l'équation cartésienne de cette radiale, savoir:

(3) $$(a^2x^2 + b^2y^2)^3 = a^4b^4(x^2 + y^2)^2,$$

obtenue pour la première fois par Tucker (*Quarterly Journal of Mathematics*, 1882, t. XVIII, p. 311).

En remplaçant dans cette équation b^2 par $-b^2$, on trouve l'équation de la *radiale de l'hyperbole*:

(4) $$(a^2x^2 - b^2y^2)^3 = a^4b^4(x^2 + y^2)^2.$$

Les lignes représentées par ces équations possèdent deux points de rebroussement à l'infini, où la courbe est tangente à la droite de l'infini, et un point isolé à l'origine des coordonnées; les équations des tangentes en ce dernier point sont $y = \pm ix$, et chacune de ces droites coupe la courbe en six points coïncidants. La radiale de l'ellipse est une courbe fermée et la radiale de l'hyberbole est une courbe composée de deux branches infinies. On détermine aisément la forme de ces lignes au moyen de leurs équations en coordonnées polaires.

3. La radiale de l'ellipse est comprise entre les courbes représentées par l'équation

$$(5) \qquad \rho^2 = \frac{K}{(a^2 \cos^2 \theta + b^2 \sin^2 \theta)^n},$$

dont nous allons déterminer les aires.

Pour cela, nous allons chercher la valeur de l'intégrale définie

$$\int_0^{\frac{\pi}{2}} \frac{d\theta}{(\alpha \cos^2 \theta + \beta \sin^2 \theta)^n},$$

où $\alpha > 0$, $\beta > 0$, n étant un nombre entier positif.

Nous avons d'abord, en posant $\alpha \cos^2 \theta + \beta \sin^2 \theta = \Delta$,

$$\int_0^{\frac{\pi}{2}} \frac{d\theta}{\Delta} = \frac{1}{2} \pi (\alpha\beta)^{-\frac{1}{2}},$$

et, en dérivant les deux membres de cette égalité par rapport à α et β,

$$(6) \qquad \int_0^{\frac{\pi}{2}} \frac{\cos^2 \theta \, d\theta}{\Delta^2} = -\frac{\pi}{2} \frac{d(\alpha\beta)^{-\frac{1}{2}}}{d\alpha}, \qquad \int_0^{\frac{\pi}{2}} \frac{\sin^2 \theta d\theta}{\Delta^2} = -\frac{\pi}{2} \frac{d(\alpha\beta)^{-\frac{1}{2}}}{d\beta}.$$

Donc

$$\int_0^{\frac{\pi}{2}} \frac{d\theta}{\Delta^2} = \int_0^{\frac{\pi}{2}} \frac{\cos^2 \theta d\theta}{\Delta^2} + \int_0^{\frac{\pi}{2}} \frac{\sin^2 \theta d\theta}{\Delta^2} = -\frac{\pi}{2} \left[\frac{d(\alpha\beta)^{-\frac{1}{2}}}{d\alpha} + \frac{d(\alpha\beta)^{-\frac{1}{2}}}{d\beta} \right].$$

En dérivant maintenant les deux membres des équations (6) par rapport à α et β, on trouve

$$\int_0^{\frac{\pi}{2}} \frac{\cos^4 \theta d\theta}{\Delta^3} = \frac{1}{2} \cdot \frac{\pi}{2} \frac{d^2(\alpha\beta)^{-\frac{1}{2}}}{d\alpha^2}, \qquad \int_0^{\frac{\pi}{2}} \frac{\cos^2 \theta \sin \theta d^4 \theta}{\Delta^3} = \frac{1}{2} \cdot \frac{\pi}{2} \frac{d^2(\alpha\beta)^{-\frac{1}{2}}}{d\alpha d\beta},$$

$$\int_0^{\frac{\pi}{2}} \frac{\sin^4 \theta d\theta}{\Delta^3} = \frac{1}{2} \cdot \frac{\pi}{2} \frac{d^2(\alpha\beta)^{-\frac{1}{2}}}{d\beta^2},$$

et par conséquent

$$\int_0^{\frac{\pi}{2}} \frac{d\theta}{\Delta^3} = \int_0^{\frac{\pi}{2}} \frac{(\cos^2\theta + \sin^2\theta)^2 d\theta}{\Delta^3} = \int_0^{\frac{\pi}{2}} \frac{\cos^4\theta\, d\theta}{\Delta^3} + 2\int_0^{\frac{\pi}{2}} \frac{\cos^2\theta\sin^2\theta\, d\theta}{\Delta^3} + \int_0^{\frac{\tau}{2}} \frac{\sin^4\omega\, d\omega}{\Delta^3}$$

$$= \frac{1}{2}\,\frac{\pi}{2}\left[\frac{d^2(\alpha\beta)^{-\frac{1}{2}}}{d\alpha^2} + 2\frac{d^2(\alpha\beta)^{-\frac{1}{2}}}{d\alpha d\beta} + \frac{d^2(\alpha\beta)^{-\frac{1}{2}}}{d\beta^2}\right],$$

ou *symboliquement*

$$\int_0^{\frac{\pi}{2}} \frac{d\theta}{\Delta^3} = \frac{1}{2}\,\frac{\pi}{2}\left[\frac{d(\alpha\beta)^{-\frac{1}{2}}}{d\alpha} + \frac{d(\alpha\beta)^{-\frac{1}{2}}}{d\beta}\right]^2.$$

En continuant de la même manière, on obtient par induction la formule symbolique

$$\int_0^{\frac{\pi}{2}} \frac{d\theta}{\Delta^n} = (-1)^{n-1}\frac{1}{(n-1)!}\,\frac{\pi}{2}\left[\frac{d(\alpha\beta)^{-\frac{1}{2}}}{d\alpha} + \frac{d(\alpha\beta)^{-\frac{1}{2}}}{d\beta}\right]^{n-1},$$

qu'on démontre aisément, en dérivant ses deux membres par rapport à α et β et en tenant ensuite compte de l'identité

$$\int_0^{\frac{\pi}{2}} \frac{d\theta}{\Delta^{n+1}} = \int_0^{\frac{\pi}{2}} \frac{\cos^2\theta\, d\theta}{\Delta^{n+1}} + \int_0^{\frac{\pi}{2}} \frac{\sin^2\theta\, d\theta}{\Delta^{n+1}};$$

on obtient, en effet, une nouvelle égalité qui fait voir que la formule considérée a encore lieu quand on remplace n par $n+1$.

Remarquons maintenant qu'on a

$$\frac{d^{n-1}(\alpha\beta)^{-\frac{1}{2}}}{d\alpha^{n-1}} = (-1)^{n-1}\frac{1.3\ldots(2n-3)}{2^{n-1}}\,\alpha^{-\frac{2n-1}{2}}\beta^{-\frac{1}{2}},$$

$$\frac{d^{n-1}(\alpha\beta)^{-\frac{1}{2}}}{d\alpha^{n-2}d\beta} = (-1)^{n-1}\frac{1.3\ldots(2n-5)}{2^{n-2}}\cdot\frac{1}{2}\,\alpha^{-\frac{2n-3}{2}}\beta^{-\frac{3}{2}},$$

$$\frac{d^{n-1}(\alpha\beta)^{-\frac{1}{2}}}{d\alpha^{n-3}d\beta^2} = (-1)^{n-1}\frac{1.3\ldots(2n-7)}{2^{n-3}}\frac{1.3}{2^2}\,\alpha^{-\frac{2n-5}{2}}\beta^{-\frac{5}{2}},$$

. . . .

Donc ([1])

$$(8) \quad \begin{cases} \displaystyle\int_0^{\frac{\pi}{2}} \frac{d\theta}{\Delta^n} = \frac{1}{(n-1)!}\, \frac{\pi}{2^n} (\alpha\beta)^{-\frac{1}{2}} \left[\frac{1.3\ldots(2n-3)}{\alpha^{n-1}} + \binom{n-1}{1} \frac{1.3\ldots(2n-5)}{\alpha^{n-2}} \cdot \frac{1}{\beta} \right. \\[2ex] \left. \qquad + \binom{n-1}{2} \frac{1.3\ldots(2n-7)\,1.3}{\alpha^{n-3}}\frac{}{\beta^2} + \ldots + \frac{1.3\ldots(2n-3)}{\beta^{n-1}} \right]. \end{cases}$$

L'aire A de l'espace limité par la courbe représentée par l'équation (5) est donc déterminée par la formule

$$\begin{cases} \displaystyle A = \frac{K}{(n-1)!}\, \frac{\pi}{2^{n-1}} \cdot \frac{1}{ab} \left[\frac{1.3\ldots(2n-3)}{a^{2(n-1)}} + \binom{n-1}{1} \frac{1.3\ldots(2n-5)}{a^{2(n-2)}}\frac{1}{b^2} \right. \\[2ex] \left. \qquad + \binom{n-1}{2} \frac{1.3\ldots(2n-7)\,1.3}{a^{2(n-3)}}\frac{}{b^4} + \ldots + \frac{1.3\ldots(2n-3)}{b^{2(n-1)}} \right]. \end{cases}$$

En particulier, dans le cas de la radiale de l'ellipse, on a

$$A = \frac{\pi}{8}\, a^3 b^3 \left(\frac{3}{a^4} + \frac{1}{a^2 b^2} + \frac{3}{b^4} \right).$$

On trouve, au moyen d'une analyse semblable, la formule *symbolique*

$$\int_0^\theta \frac{d\theta}{\Delta^n} = \frac{(-1)^{n-1}}{(n-1)!} \left(\frac{d\varphi}{d\alpha} + \frac{d\varphi}{d\beta} \right)^{n-1},$$

où

$$\varphi = \int_0^\theta \frac{d\theta}{\Delta} = (\alpha\beta)^{-\frac{1}{2}} \arctan\left(\sqrt{\frac{\beta}{\alpha}} \tang\theta \right);$$

et l'aire S balayée par le vecteur d'un point de la courbe (5), quand θ varie depuis $\theta = 0$, est donc donnée par la formule *symbolique*

$$S = \frac{(-1)^{n-1}}{(n-1)!} \frac{K}{2} \left(\frac{d\varphi}{d\alpha} + \frac{d\varphi}{d\beta} \right)^{n-1},$$

où $\alpha = a^2$, $\beta = b^2$.

([1]) Nous remarquerons, en passant, comme conséquence de la formule (8), cette identité arithmétique :

$$- (n-1)! = 1.3\ldots(2n-3) + \binom{n-1}{1} 1.3\ldots(2n-5) \times 1 + \binom{n-2}{2} 1.3\ldots(2n-7)\times1.3 + \ldots + 1.3\ldots(2n-3),$$

qu'on obtient en faisant $\alpha = 1$, $\beta = 1$.

De même, l'aire S_1 balayée par le vecteur d'un point de la courbe définie par l'équation

$$\rho^2 = \frac{K}{(a^2\cos^2\theta - b^2\sin^2\theta)^n} \, ,$$

quand θ varie depuis θ' jusqu'à θ'', est donnée par la formule

$$S_1 = \frac{(-1)^{n-1}}{(n-1)!} \frac{K}{2} \left(\frac{d\psi}{d\alpha} - \frac{d\psi}{d\beta}\right)^{n-1},$$

où $\alpha = a^2$, $\beta = b^2$ et

$$\psi = \int_{\theta'}^{\theta''} \frac{d\theta}{\alpha\cos^2\theta - \beta\sin^2\theta} = \frac{1}{2}(\alpha\beta)^{-\frac{1}{2}} \log \frac{(\sqrt{\beta}\sin\theta'' + \sqrt{\alpha}\cos\theta'')(\sqrt{\beta}\sin\theta' - \sqrt{\alpha}\cos\theta')}{(\sqrt{\beta}\sin\theta'' - \sqrt{\alpha}\cos\theta'')(\sqrt{\beta}\sin\theta' + \sqrt{\alpha}\cos\theta')} \, ,$$

3. Considérons maintenant la parabole définie par l'équation

$$y^2 = 2px.$$

On trouve, au moyen des équations

$$p^2 R = (2px + p^2)^{\frac{3}{2}}, \qquad ds = \sqrt{\frac{2px + p^2}{2px}} \, dx \, ,$$

que l'équation différentielle de cette parabole, rapportée aux coordonnées intrinsèques R et s, est

$$p\,dR = 3\sqrt{(p^2 R)^{\frac{2}{3}} - p^2} \, ds \, .$$

Nous avons donc, en tenant compte de la relation $R\,d\omega = ds$,

$$p\,dR = 3R\sqrt{(p^2 R)^{\frac{2}{3}} - p^2} \, d\omega \, ,$$

ω étant l'angle de la tangente au point (R, s) et de l'axe des abscisses.

En intégrant cette équation et en déterminant la constante arbitraire par la condition $R = p$, quand $\omega = 0$, il vient

$$(p^2 R)^{\frac{2}{3}} - p^2 = p^2 \operatorname{tang}^2 \omega \, .$$

Donc l'équation polaire de la *radiale de la parabole* est

$$(p^2 \rho)^{\frac{2}{3}} - p^2 = p^2 \operatorname{tang}^2 \theta,$$

et l'équation cartésienne de la même courbe est par suite

$$x^3 = \pm p(x^2 + y^2).$$

La radiale de la parabole est donc formée par deux trisectrices de Longchamps (Traité des courbes, t. I, p. 124).

XVII.

Sur quelques courbes qui figurent dans la théorie du quadrilatère articulé.

1. Considérons *(fig. 14)* un quadrilatère ABCD articulé aux points A, B, C, D et supposons que la tige AB soit fixe. Les droites AC et BD se coupent en un point M, et le

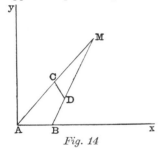

Fig. 14

lieu des positions que prend ce point, quand les tiges tournent autour des points A, B, C, D, est une courbe envisagée par M. Ebner, dans son *Leitfaden der technisch wichtigsten Kurven* (Leipzig, 1906), et par M. Cardinaal, dans un écrit inséré aux *Archives Teyler* (1910, série II, t. XII). Nous allons étudier cette ligne par une méthode où l'analyse joue un rôle plus considérable que dans les méthodes employées par ces géomètres et ajouter quelques nouvelles propositions à celles qu'ils ont données.

On trouve aisément l'équation de cette courbe. En prenant pour axe des coordonnées la droite AB et la perpendiculaire à cette droite au point A, en posant $AB = k$, $AC = a$, $BD = b$, $CD = l$, $AMB = \varphi$, $AM = \rho_1$, $BM = \rho_2$, on a

$$l^2 = (\rho_1 - a)^2 + (\rho_2 - b)^2 - 2(\rho_1 - a)(\rho_2 - b)\cos\varphi,$$

$$k^2 = \rho_1^2 + \rho_2^2 - 2\rho_1\rho_2\cos\varphi,$$

et ensuite, en éliminant φ entre ces équations,

(1) $\quad (a^2 + b^2 + k^2 - l^2)\rho_1\rho_2 - b(\rho_2^2 - \rho_1^2 + k^2)\rho_1 + a(\rho_2^2 - \rho_1^2 - k^2)\rho_2 - ab(\rho_1^2 + \rho_2^2 - k^2) = 0$

ou

$$(P\rho_1\rho_2 + M)^2 = (K\rho_1 + L\rho_2)^2,$$

où

$$P = a^2 + b^2 + k^2 - l^2, \qquad M = -ab(\rho_1^2 + \rho_2^2 - k^2),$$

$$K = b(\rho_2^2 - \rho_1^2 + k^2), \qquad L = -a(\rho_2^2 - \rho_1^2 - k^2),$$

ou

$$(P^2\rho_1^2\rho_2^2 - K^2\rho_1^2 - L^2\rho_2^2 + M^2)^2 = 4(KL - PM)^2\rho_1^2\rho_2^2.$$

Mais, en désignant par (x, y) les coordonnées du point M, nous avons

$$\rho_1^2 = x^2 + y^2, \qquad \rho_2^2 = (x-k)^2 + y^2,$$

et par suite

$$K = 2bk(k-x), \qquad L = 2kax, \qquad M = -2ab(x^2+y^2-kx).$$

Donc l'équation de la courbe considérée est

$$(2) \quad \begin{cases} [A(x^2+y^2)^2 + (B+Cx+Dx^2)(x^2+y^2) + (E+Fx)x^2]^2 \\ \qquad - 16(x^2+y^2)[(x-k)^2+y^2][Pab(x^2+y^2)+Gx+Hx^2]^2, \end{cases}$$

où

$$A = P^2 + 4a^2b^2, \qquad B = k^2(P^2 - 4b^2k^2),$$

$$C = 2k(4b^2k^2 - 4a^2b^2 - P^2), \qquad D = -4k^2(a^2+b^2), \qquad E = 4a^2k^2(b^2-k^2),$$

$$F = 8a^2k^3, \qquad G = abk(2k^2 - P), \qquad H = -2abk^2.$$

2. On trouve au moyen de cette équation les propriétés suivantes de la courbe:

1°. La courbe passe par les points circulaires de l'infini, et elle a, en chacun de ces points, un rebroussement.

En effet, en posant dans l'équation (2) $y = ix + d$ et en faisant ensuite $x = \infty$, on trouve, pour déterminer d, l'équation

$$(a^2-b^2)^2 d^2 + 2ia^2k(a^2-b^2)d - a^4k^2 = 0,$$

laquelle donne pour d deux valeurs égales à $\dfrac{a^2ki}{b^2-a^2}$. La droite définie par l'équation

$$y = i\left(x + \frac{a^2k}{b^2-a^2}\right)$$

est donc une *asymptote double,* ainsi que la droite définie par celle-ci:

$$y = -i\left(x + \frac{a^2k}{b^2-a^2}\right).$$

2°. La courbe a six asymptotes réelles ou imaginaires.

Pour voir cela, remarquons que l'équation (2) peut être mise sous la forme

$$P_8(x, y) + P_7(x, y) + \ldots + P_4(x, y) = 0,$$

où $P_8(x, y)$, $P_7(x, y)$, etc. désignent les polynômes du $8^{\text{ème}}$, $7^{\text{ème}}$, etc. degré suivants:

$$P_8(x, y) = (x^2 + y^2)^2 \{[A(x^2 + y^2) - 4k^2(a^2 + b^2)x^2]^2 - 16[Pab(x^2 + y^2) - 2abk^2x^2]^2\}$$

$$= (x^2 + y^2)^2[(P - 2ab)^2(x^2 + y^2) - 4k^2(a - b)^2x^2][(P + 2ab)^2(x^2 + y^2) - 4k^2(a + b)^2x^2],$$

$$P_7(x, y) = 2x(x^2 + y^2)\{[A(x^2 + y^2) + Dx^2][C(x^2 + y^2) + Fx^2]$$

$$- 32[Pab(x^2 + y^2) + Hx^2][G(x^2 + y^2)^2 - Pabk(x^2 + y^2) - kHx^2]\},$$

. . . .

$$P_4(x, y) = [B(x^2 + y^2) + Ex^2]^2 - 16k^2G^2x^2(x^2 + y^2).$$

Aux facteurs $y + ix$ et $y - ix$ de $P_8(x, y)$ correspondent les asymptotes isotropes déjà trouvées.

Aux facteurs $y + px$ et $y - px$ du même polynôme, où

$$p = \sqrt{\frac{4k^2(a - b)^2 - (P - 2ab)^2}{(P - 2ab)^2}},$$

correspondent les asymptotes représentées par l'équation

$$y = \pm px + q,$$

où

$$q = \mp \frac{P_7(1, \pm p)}{2p(1 + p^2)(P - 2ab)^2[(P + 2ab)^2(1 + p^2) - 4k^2(a + b)^2]},$$

lesquelles sont réelles quand

$$4k^2(a - b)^2 > [(a - b)^2 + k^2 - l^2]^2.$$

Aux facteurs $y + p_1x$ et $y - p_1x$ de $P_8(x, y)$, où

$$p_1 = \sqrt{\frac{4k^2(a + b)^2 - (P + 2ab)^2}{(P + 2ab)^2}},$$

correspondent les asymptotes représentées par l'équation

$$y = \pm p_1x + q_1,$$

où

$$q_1 = \mp \frac{P_7(1, \pm p_1)}{2p_1(1 + p_1^2)(P + 2ab)^2[(P - 2ab)^2(1 + p_1^2) - 4k^2(a - b)^2]},$$

qui sont réelles quand

$$4k^2(a+b)^2 > [(a+b)^2+k^2-l^2]^2.$$

3°. Comme l'équation de la courbe n'a pas de termes de degré inférieur à 4, on voit qu'elle a un point quadruple à l'origine A des coordonnées.

Pour déterminer les tangentes en ce point, posons dans l'équation de la courbe $y = x \tang \omega$, et ensuite $x = 0$. Il vient, pour déterminer les angles ω que ces tangentes font avec AB, l'équation

$$[B(1+\tang^2\omega)+E]^2 = 16k^2G^2(1+\tang^2\omega),$$

ou

$$B + E\cos^2\omega = \pm 4kG\cos\omega,$$

qui donne

$$\cos\omega = \pm \frac{2kG \pm \sqrt{4k^2G^2-BE}}{E},$$

ou

$$\cos\omega = \pm \frac{b(k^2-a^2-b^2+l^2) \pm k(a^2+k^2-b^2-l^2)}{2a(b^2-k^2)}$$

ou

$$\cos\omega = \pm \frac{(k \pm b)^2 + a^2 - l^2}{2a(k \pm b)}.$$

On peut construire aisément l'angle ω. En considérant un triangle ayant pour côtés trois segments égaux à a, l et $b+k$ ou $b-k$, ou voit que ω est l'angle opposé au second côté, ou le supplément de cet angle. Les tangentes considérées sont donc imaginaires quand on ne peut pas construire un triangle avec les trois segments mentionnés.

Si l'on prend pour origine des coordonnées le point B, on obtient évidemment, pour représenter la courbe, une équation qui résulte de l'équation (2) en changeant a en b et b en a. La courbe a donc un autre point quadruple en B, et les tangentes en ce point font avec la droite BA des angles ω déterminés par l'équation

$$\cos\omega = \pm \frac{(k \pm a)^2 + b^2 - l^2}{2b(k \pm a)}.$$

On peut voir dans le mémoire de M. Cardinaal mentionné ci-dessus l'étude des circonstances géométriques du mouvement du quadrilatère articulé qui figure dans la définition de la courbe et le nombre des asymptotes réelles et des tangentes réelles aux points quadruples.

4°. Le cercle de rayon nul $x^2+y^2=0$ coupe la courbe aux points circulaires de l'infini et aux points ayant pour coordonnées $\left(-\dfrac{E}{F}, i\dfrac{E}{F}\right)$, $\left(-\dfrac{E}{F}, -i\dfrac{E}{F}\right)$, et il est tangent à la même courbe en ces derniers points. Donc le point A en est un *foyer*.

On voit de la même manière, en prenant pour origine le point B, que ce point est aussi un *foyer* de la courbe. Ces deux foyers sont *ordinaires*. On voit au moyen des équations des asymptotes isotropes, trouvées ci-dessus, que la courbe a un foyer *singulier* au point $\left(\dfrac{a^2 k^2}{a^2 - b^2}, 0\right)$.

3. Le nombre des points doubles des courbes du 8e ordre ne peut pas être supérieur à 21. La courbe représentée par l'équation (2) est symétrique par rapport à l'axe des abscisses et n'a pas sur cet axe des points multiples différents des points A et B, qui sont quadruples; donc le nombre de ses points doubles doit être pair, et par conséquent ne peut pas être supérieur à 20. Or les points quadruples A et B équivalent à 12 points doubles et elle a deux points doubles à l'infini. Donc elle ne peut pas posseder plus de 6 autres points multiples. On va voir qu'elle les possède.

Remarquons d'abord que l'équation (1) peut être mise sous la forme

$$P_{\rho_1 \rho_2} - K_{\rho_1} - L_{\rho_2} + M = 0,$$

ou

$$(P_{\rho_2} - K)_{\rho_1} = L_{\rho_2} - M$$

ou enfin

$$(P^2 \rho_1^2 \rho_2^2 + K^2 \rho_1^2 - L^2 \rho_2^2 - M^2)^2 = 4(PK\rho_1^2 - LM)^2 \rho_2^2.$$

On voit au moyen de cette équation que les points d'intersection de la courbe considérée avec la ligne représentée par l'équation

$$LM - QK\rho_1^2 = 0$$

sont des points multiples de celle-là.

Or cette équation peut être mise sous la forme

$$(a^2 - b^2 - k^2 + l^2)(x^2 + y^2)x = k[(a^2 - b^2 - k^2 + l^2)x^2 - (a^2 + b^2 + k^2 - l^2)y^2],$$

et la ligne correspondante est une cubique *circulaire unicursale droite* C_1 *(cissoïde de Sluse)* ayant le point double en A et passant par le point B.

Cette cubique coupe la courbe (2) en 24 points, dont 4 coïncident avec les points circulaires de l'infini, 8 avec le point A (vu que ce point est double pour la cubique et quadruple pour la courbe envisagée) et quatre avec le point B. Donc la cubique doit encore couper la courbe (2) en quatre points doubles.

De même, il existe une cubique circulaire unicursale droite C_2 ayant le point double en B et le sommet en A, qui passe par quatre points doubles de la courbe donnée. Or deux de ces points doivent être nécessairement distincts de ceux qu'on a obtenus au moyen de la première cubique; car, comme les deux cubiques se coupent en deux points coïncidant avec A, en deux points coïncidant avec B et aux points circulaires de l'infini, elles doivent se couper en trois autres points, et, comme elles sont symétriques par rapport à l'axe des abscisses, un de ces points doit être situé à l'infini sur une asymptote réelle commune aux deux cubiques; donc ces lignes ne peuvent pas se couper en quatre points doubles de la courbe (2).

Nous pouvons par conséquent énoncer le théorème suivant:

Les cubiques circulaires C_1 *et* C_2 *coupent la courbe considérée en ses points multiples. Chacune de ces cubiques passe par les points quadruples, par les points doubles de l'infini et par quatre autres points doubles. Tous les points d'intersection des deux cubiques sont des points multiples de la courbe envisagée, le point réel qu'elles ont à l'infini excepté.*

On voit au moyen de l'équation (2) et de celles qu'on obtient en la dérivant par rapport à x et y, que les points d'intersection de la conique correspondant à l'équation

$$(3) \qquad Pab(x^2+y^2)+Hx^2+Gx=0,$$

laquelle passe par les points A et B, qui en sont des sommets, et de la quartique représentée par celle-ci:

$$A(x^2+y^2)+(B+Cx+Dx^2)(x^2+y^2)+(E+Fx)x^2=0$$

sont des points doubles de la courbe. Or ces lignes se coupent en 8 points et, comme elles sont tangentes aux points A et B, quatre de ces points coïncident avec les points quadruples de la courbe (2) et les autres en sont des points doubles. Nous avons donc le théorème suivant:

La conique représentée par l'équation (3), *laquelle a deux sommets en* A *et* B, *passe par quatre points doubles de la courbe* (2).

La conique considérée coupe chacune des cubiques circulaires C_1 et C_2 en six points. Quatre de ces points sont réunis aux points A et B, vu que l'un de ces points est double pour la cubique, et la cubique et la conique sont tangentes en l'autre. Les deux autres points d'intersection des deux courbes coïncident avec deux points doubles de la courbe (2), vu que, comme cette courbe ne peut pas avoir huit points doubles, deux des quatre points doubles situés sur la conique ne sont pas distincts de deux des quatre points doubles situés sur la cubique.

Donc *la conique* (3) *coupe chacune des cubiques circulaires* C_1 *et* C_2 *aux points quadruples de la courbe* (2) *et en deux points doubles de cette courbe.*

Les trois théorèmes qu'on vient de démontrer ne se trouvent pas dans le Mémoire de M. Cardinaal. Nous croyons qu'ils sont nouveaux.

4. On peut obtenir les points doubles de la courbe (2) au moyen des théorèmes précédents, comme on va le voir.

Posons, pour abréger,

$$P=a^2+b^2+k^2-l^2, \quad Q=a^2-b^2-k^2+l^2, \quad R=b^2-a^2-k^2+l^2.$$

On peut mettre l'équation de la cubique circulaire C_1 sous la forme

(4) $$Q(x^2 + y^2)x = k(Qx^2 - Py^2).$$

En remplaçant dans cette équation a par b, b par a, k par $-k$, on obtient l'équation de la cubique circulaire C_2, rapportée au point B, comme origine, et à des axes parallèles aux primitifs. En remplaçant ensuite x par $x - k$, on obtient l'équation de la même courbe rapportée aux axes primitifs, savoir:

(5) $$R(x^2 + y^2)x = k[2Rx^2 + (R + P)y^2 - Rkx].$$

En éliminant y^2 entre ces équations, on obtient celle-ci:

$$(R + Q)x^3 - k(Q + 2R)x^2 + k^2Rx = 0.$$

Deux des racines de cette équation sont 0 et k, et correspondent aux points A et B. **La troisième est**

$$x = \frac{R}{Q + R}k,$$

et à cette racine correspondent deux points doubles de la courbe (2). Les ordonnées de ces points sont déterminées par l'équation

$$y^2 = \frac{QRx(k - x)}{PQ + PR + QR}.$$

On détermine deux autres points doubles de la courbe (2) en cherchant les points d'intersection de la conique (3) avec la cubique (4). En posant en effet

$$S = a^2 + b^2 - k^2 - l^2,$$

on réduit l'équation de la conique à la forme

$$Py^2 + Sx^2 - Skx = 0.$$

En éliminant y^2 entre cette équation et l'équation (4), on trouve celle-ci:

$$2(P - S)x^3 + k(QS - PQ - PS)x^2 + k^2\,PSx = 0,$$

dont les racines sont

$$x = 0, \quad x = k, \quad x = \frac{PS}{Q(P - S)}k.$$

Aux deux premières racines correspondent les points quadruples A et B de la courbe (2), et à la troisième correspondent deux points doubles, dont les ordonnées sont déterminées par l'équation

$$y^2 = \frac{S}{P} x(k-x).$$

De même, la conique coupe la cubique (5) aux points doubles de la courbe (2), dont les coordonnées sont déterminées par l'équation

$$x = k - \frac{PS}{R(P-S)} k, \qquad y^2 = \frac{S}{P} x(k-x).$$

5. Nous croyons utile d'exposer, avant de terminer, la manière dont M. Cardinaal rend compte géométriquement de l'existence des points doubles, et les constructions simples qu'il a employées pour les obtenir.

Remarquons d'abord que la courbe peut être construite de la manière suivante. Considérons deux cercles, l'un (A) de rayon égal à a ayant le centre au point A, l'autre (B) de rayon égal à b ayant le centre au point B. Un cercle de rayon égal à l, ayant pour centre un point quelconque C de la circonférence d'un de ceux-là, coupe l'autre en deux points D et D_1, auxquels correspondent deux positions ACDB et ACD_1B du quadrilatère considéré, et par suite deux points de la courbe.

Cela posé, considérons deux points diamétralement opposés C et C_1 du cercle (A). En traçant deux cercles de rayon égal à l, ayant ces points pour centre, on obtient quatre points D, D_1, D_2, D_3 sur la circonférence de (B), auxquels correspondent quatre positions du quadrilatère et par conséquent quatre points de la courbe. Mais si les points D et D_1 du cercle ayant le centre en C coïncident avec deux points M et M' de (B) diamétralement opposés, deux des quatre points mentionnés de la courbe coïncident et forment un point double. Si les points D et D_2 des cercles ayant les centres respectivement aux points C et C_1 coïncident avec deux points de (B) diamétralement opposés, deux autres des points mentionnés de la courbe coïncident et forment un autre point double. Nous avons ainsi deux points doubles, et, comme la courbe est symétrique par rapport à l'axe des abscisses, on reconnait immédiatement l'existence de deux autres. En échangeant les rôles des cercles (A) et (B), on obtient aussi quatre points doubles, mais deux de ces derniers points coïncident évidemment avec deux des points antérieurement mentionnés.

6. Voyons maintenant comme M. Cardinaal effectue la construction de ces points.

Pour déterminer le point double correspondant aux points M et M', remarquons *(fig. 15)* que, comme CM = CM' = l, BM = BM' = b, la droite CB est perpendiculaire à MM' et on a CB = $\sqrt{l^2-b^2}$. Donc, si l'on trace une circonférence ayant le centre au point B et le rayon égal à $\sqrt{l^2-b^2}$, on a deux points C et C' auxquels correspondent, dans la construction de la courbe indiquée plus haut, un point double, qui coincide avec l'intersection de AC et MM' et un autre symétriquement placé par rapport à AB. En échangeant dans cette construction les rôles des cercles (A) et (B), on obtient deux autres points doubles.

On vient de construire quatre points doubles. Il nous reste encore à en construire deux,

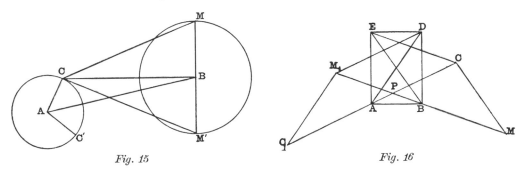

Fig. 15   Fig. 16

et, pour les obtenir, on doit déterminer deux droites CC_1 et MM_1, passant respectivement par A et B, tels qu'on ait *(fig. 16)* $AC = AC_1 = a$, $BM = BM_1 = b$, $CM = C_1M_1 = l$.

Construisons pour cela les deux parallélogrammes ADM_1C_1 et $BECM$. Comme dans les triangles AEC et DBM_1 le côté CE est égal et parallèle à BM_1 et le côté AC, égal et parallèle à M_1D, ces triangles sont égaux et les côtés AE et BD sont égaux et parallèles. Les triangles ABE et ABD sont donc aussi égaux et les angles EAB et DBA sont droits. Mais on a $AB = k$, $AD = M_1C_1 = l$, et par conséquent $AE = BD = \sqrt{l^2 - k^2}$. Donc, pour obtenir les droites CC_1 et MM_1, il suffit de construire les triangles égaux AEC et DM_1B ayant pour côtés a, b, $\sqrt{l^2 - k^2}$. Ensuite les droites CC_1 et MM_1 déterminent par son intersection le point double P. En tenant compte de la symétrie de la courbe par rapport à AB, on trouve immédiatemment l'autre point double.

7. M. Cardinaal a considéré dans son Mémoire les cas singuliers où le lieu de M se réduit à des courbes d'ordre inférieur au huitième. Parmi ces cas, nous ferons remarquer d'abord ceux où $a = l$, $k = b$, ou $a = k$, $l = b$, et ensuite celui où le point B est à l'infini.

On peut vérifier aisément que, dans le premier cas, l'équation (1) prend la forme

$$(\rho_1 + \rho_2 + b)(b\rho_1 - a\rho_2 - ab)(\rho_1 - \rho_2 + b) = 0.$$

Chacune des équations

$$\rho_1 + \rho_2 - b = 0, \quad \rho_1 - \rho_2 + b = 0.$$

représente la droite AB.

L'équation

$$b\rho_1 - a\rho_2 - ab = 0$$

représente *(Traité,* t. I, p. 220) un *limaçon de Pascal* ayant le point double en A.

On voit aisément (*Traité*, t. I, p. 207) que le diamètre r du cercle dont ce limaçon est la conchoïde et l'intervalle h sont donnés par les équations

$$r = \frac{2a^2b}{a^2 - b^2}, \qquad h = \frac{2ab^2}{a^2 - b^2}.$$

Si $a > b$, on a $r > h$, et le limaçon est *hyperbolique* (*Traité*, t. I, p. 204).

On démontre de la même manière que, si $a = k$, $l = b$, le lieu de M se réduit à la droite AB et à un *limaçon elliptique*.

Ces deux cas ont été considérés par Burmester dans son *Lehrbuch des Kinematik* (1888).

8. L'autre cas singulier important que nous croyons devoir signaler ici, est celui où le point B est à l'infini.

Posons dans l'équation (2) $k = b + c$ et ensuite $b = \infty$. On a l'équation de la courbe engendrée par le point P *(fig. 17)* où se coupent la droite DP, parallèle à AX, et AC, quand les tiges AC et CD, égales respectivement à a et l, tournent autour des points A et C et le point D décrit une droite DF parallèle à AY, telle que AF $= c$. L'équation de cette courbe est

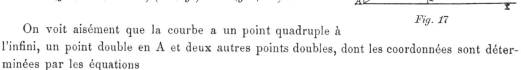

$$(y^2 + a^2 + c^2 - l^2)^2(x^2 + y^2) = 4a^2(y^2 + cx)^2.$$

Fig. 17

On voit aisément que la courbe a un point quadruple à l'infini, un point double en A et deux autres points doubles, dont les coordonnées sont déterminées par les équations

$$y^2 + a^2 + c^2 - l^2 = 0, \qquad y^2 + cx = 0,$$

qui donnent

$$x = \frac{a^2 + c^2 - l^2}{c}, \qquad y = \pm \sqrt{l^2 - (a^2 + c^2)}.$$

Le mouvement qu'on vient de considérer est celui de la bielle et de la manivelle.

CHAPITRE II

SUR QUELQUES COURBES TRASCENDANTES.

I.

Digression sur quelques notions générales.

Avant de continuer l'étude des courbes spéciales, nous allons exposer quelques définitions et notions générales, qui seront appliquées ensuite en plusieurs occasions.

1. *Courbes de Mannheim.* Considérons une courbe représentée par l'équation intrinsèque

$$(1) \qquad\qquad F(R, s) = 0.$$

A cette courbe correspond une autre courbe définie par l'équation cartésienne

$$(2) \qquad\qquad F(y, x) = 0,$$

qui a été nommée *courbe de Mannheim* par M. Wölffing (*Zeitschrift für Mathematik und Physik,* 1899, p. 139), pour avoir été envisagée par l'illustre géomètre français dans ses *Principes et développements de Géométrie cinématique* (Paris, 1894), où il en a donné cette propriété évidente:

Si la courbe C définie par l'équation (1) *roule sur une droite, le lieu du centre de courbure correspondant au point de contact avec la droite est la courbe représentée par l'équation* (2).

Nous avons énoncé des cas particuliers de cette proposition aux n.ᵒˢ 412 (t. II, p. 15), 434 (t. II, p. 29), 486 (t. II, p. 177), etc. du *Traité des courbes.*

La notion de courbe de Mannheim a été généralisée par M. Wieleitner (*Mathematisch-naturwissenschaftliche Mitteilungen,* 1907) et par M. Ernst (*Monatshefte für Mathematik und Physik,* 1907), qui ont considéré le cas où la courbe C roule sur un cercle. Alors le lieu des positions que prend le centre de courbure de C correspondant au point de contact est dit la *courbe de Mannheim de C par rapport au cercle.*

Il résulte de cette définition que, si *a* est le rayon du cercle et $F(R, s) = 0$ l'équation intrinsèque de la courbe C, et si la courbe roule sur le cercle de manière que sa concavité dans le voisinage du point de contact avec le cercle soit tournée dans le sens opposé au centre, l'équation polaire de la courbe de Mannheim de C, rapportée au centre du cercle, comme pôle, et à la droite qui passe par le point de tangence initial de la courbe C et du cercle, comme axe, est

$$F(\rho - a,\ a\theta) = 0,$$

et cette courbe est donc une conchoïde de la courbe représentée par l'équation $F(\rho,\ a\theta) = 0$.

La courbe définie par l'équation $F(R + a,s) = 0$ a été nommée par M. Wieleitner *conchoïde naturelle de la courbe C* (*Spezielle ebene Kurven,* p. 320). La courbe de Mannheim correspondante, par rapport au cercle, est représentée par l'équation $F(\rho,\ a\theta) = 0$. Donc *la conchoïde naturelle de C a pour courbe de Mannheim une conchoïde ordinaire de la courbe de Mannheim de C.*

La notion de courbe de Mannheim a été généralisée de nouveau par M. Braude, dans la Dissertation: *Ueber einige Verallgemeinerungen der Regriffes der Mannheimschen Kurve* (Pirmasens, 1911), qui a étudié le lieu décrit par le centre de courbure d'une courbe C_2 qui roule sur une courbe C_1, correspondant au point de contact. On appelle la courbe engendrée de cette manière *la courbe de Mannheim de C_2 par rapport à C_1.*

2. *Développées intermédiaires.* Soient $x = \varphi(t)$, $y = \psi(t)$ les équations paramétriques d'une courbe donnée. On sait que les équations paramétriques de sa développée sont

$$x_1 = x + \frac{y'(x'^2 + y'^2)}{y'x'' - x'y''}, \qquad y_1 = y - \frac{x'(x'^2 + y'^2)}{y'x'' - x'y''}.$$

Cela posé, on appele *développées intermédiaires* de la courbe considérée les lignes définies par les équations

$$(1) \qquad x_2 = x + \lambda \frac{y'(x'^2 + y'^2)}{y'x'' - x'y''}, \qquad y_2 = y - \lambda \frac{x'(x'^2 + y'^2)}{y'x'' - x'y''},$$

λ désignant une constante.

Le point $(x_2,\ y_2)$ est placé, comme le point $(x_1,\ y_1)$, sur la normale à la courbe donnée au point $(x,\ y)$, puisqu'on a

$$(2) \qquad \frac{x_2 - x}{x_1 - x} = \frac{y_2 - y}{y_1 - y} = \lambda.$$

On déduit de ces relations que, si M est le point $(x,\ y)$, C le point $(x_1,\ y_1)$ et A le point $(x_2,\ y_2)$, nous avons

$$AM = \lambda MC\ ;$$

c'est-à-dire que *les distances de M à A et C sont proportionnelles.*

On voit, au moyen des mêmes relations, que $\lambda > 0$ quand les points C et A sont placés du même côté du point M, et $\lambda < 0$ dans le cas contraire.

Les développées intermédiaires ont été étudiées par M. Braude dans la Dissertation mentionnée ci-dessus. Voici une remarque simple, mais importante, faite par ce géomètre.

Soient C_1 et C_2 deux courbes représentées par les équations intrinsèques

$$R_1 = f(s), \qquad R_2 = cf(s),$$

c désignant une constante, et supposons que la seconde courbe roule sur la première; la courbe de Mannheim de C_2 est une développée intermédiaire de C_1. En effet, en prenant pour variable indépendante l'arc s de C_2, les équations de sa courbe de Mannheim sont

$$x_2 = x + R_2 \frac{dy}{ds}, \qquad y_2 = y - R_2 \frac{dx}{ds},$$

ou

$$x_2 = x + cR_1 \frac{dy}{ds}, \qquad y_2 = y - cR_1 \frac{dx}{ds}.$$

Comme les équations de la développée ordinaire de C_1 sont

$$x_1 = x + R_1 \frac{dy}{ds}, \qquad y_1 = y - R_1 \frac{dx}{ds},$$

on voit que la courbe de Mannheim mentionnée est la développée intermédiaire de C_1 correspondant à $\lambda = c$.

Avant de terminer cette doctrine, nous chercherons encore les développées intermédiaires de la parabole du second ordre. On donnera plus loin celles d'autres courbes remarquables.

Prenons l'équation $y^2 = 2px$ et appliquons à cette équation les formules (1), en faisant $t = y$. On trouve que l'équation des développées intermédiaires de la parabole résulte de l'élimination de y entre les équations

$$x_2 = \lambda p + \frac{1+2\lambda}{2p} y^2, \quad y_2 = \frac{p^2 - \lambda(p^2 + y^2)}{p^2} y,$$

qui donne, quand $1 + 2\lambda \gtrless 0$,

$$y_2^2 = \frac{8\lambda^2}{p(1+2\lambda)^3} \left[x_2 - \lambda p - \frac{p(1-\lambda)(1+2\lambda)}{2\lambda} \right]^2 (x_2 - \lambda p),$$

ou, en faisant $x_2 - \lambda p = X$, $y_2 = Y$,

$$Y^2 = \frac{8\lambda}{p(1+2\lambda)^3} \left[X - \frac{p(1-\lambda)(1+2\lambda)}{2\lambda} \right]^2 X.$$

On voit donc que, si $p > 0$, *la développée intermédiaire de la parabole du second ordre est une parabole divergente à noeud quand* λ *est compris entre* 0 *et* 1, *une parabole divergente à point isolé quand* $\lambda < 0$ *ou* $\lambda > 1$.

On voit aisément que, si $\lambda = -\dfrac{1}{2}$, la développée intermédiaire correspondante est la droite représentée par l'équation $x_2 = -\dfrac{1}{2} p$.

3. *Roulettes.* Cherchons l'équation de la roulette engendrée par le point M du plan d'une courbe C *(fig. 18)*, quand cette courbe roule sur une droite ON.

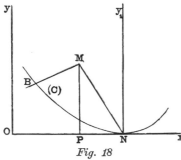

Fig. 18

Rapportons la courbe roulante à un système de coordonnées polaires mobiles ayant le pôle au point décrivant M et ayant pour axe une droite arbitraire MB, et rapportons la roulette à un système de coordonnées cartésiennes orthogonales ayant pour origine la position initiale O du point B et pour axe des abscisses la droite donnée ON. En supposant que N soit le point où la courbe mobile touche la droite fixe, quand le point décrivant prend la position M, et en faisant $\nu = \text{MNO}$, $\rho = \text{MN}$, $\theta = \text{AMN}$, nous avons

$$y = \rho \sin \nu, \quad \tang \nu = \frac{\rho d\theta}{d\rho},$$

y étant l'ordonnée MP du point M, et par conséquent

$$(3) \qquad y = \frac{\rho^2 d\theta}{\sqrt{\rho^2 d\theta^2 + d\rho^2}}.$$

D'un autre côté, il résulte de la définition de la roulette, s désignant l'arc NB et x l'abscisse OP du point décrivant M,

$$x = s - \text{PN} = s - y \cot \nu$$

et par suite

$$(4) \qquad x = \int_0^\theta \sqrt{\rho^2 + \left(\frac{d\rho}{d\theta}\right)^2} d\theta - \frac{\rho d\rho}{\sqrt{\rho^2 d\theta^2 + d\rho^2}}.$$

Cette équation et l'équation (2) déterminent les coordonnées x et y des points de la roulette en fonction du paramètre θ.

Rappelons que nous avons déjà employé cette méthode dans le *Traité des courbes* (t. II, p. 285) pour chercher la roulette du pôle des spirales sinusoïdes.

Remarquons, en passant, que ces équations donnent

$$dy = \frac{\rho\,\dfrac{d\rho}{d\theta}\left[\rho^2 + 2\left(\dfrac{d\rho}{d\theta}\right)^2 - \rho\,\dfrac{d^2\rho}{d\theta^2}\right]}{\left[\rho^2 + \left(\dfrac{d\rho}{d\theta}\right)^2\right]^{\frac{3}{2}}}\,d\theta, \qquad dx = \frac{\rho^2\left[\rho^2 + 2\left(\dfrac{d\rho}{d\theta}\right)^2 - \rho\,\dfrac{d^2\rho}{d\theta^2}\right]}{\left[\rho^2 + \left(\dfrac{d\rho}{d\theta}\right)^2\right]^{\frac{3}{2}}}\,d\theta,$$

d'où il résulte d'abord

$$\frac{dy}{dx} = \frac{1}{\rho}\,\frac{d\rho}{d\theta} = \cot \nu,$$

et ensuite le théorème de Descartes: *la normale à la roulette au point* M *passe par le point* N.

On peut donner à cette méthode une forme plus générale en supposant que la courbe C est représentée par les équations paramétriques polaires

$$\rho = \varphi(u), \qquad \theta = \psi(u).$$

On a alors, en représentant par ρ' et θ' les dérivées de ρ et θ par rapport à u,

$$(5) \qquad x = \int_{u_0}^{u} \sqrt{\rho^2\theta'^2 + \rho'^2}\; du - \frac{\rho\rho'}{\sqrt{\rho^2\theta'^2 + \rho'^2}}, \qquad y = \frac{\rho^2\theta'}{\sqrt{\rho^2\theta'^2 + \rho'^2}},$$

u_0 étant le valeur de u correspondant au point B.

Nous allons nous occuper maintenant de l'étude générale de la roulette engendrée par un point du plan d'une courbe quelconque C roulant sur une autre courbe arbitraire Ci. Cette étude a été commencée en 1638 par Descartes (*Œuvres*, t. II, p. 308 et 312), qui a démontré que, en toutes les roulettes, la normale au point décrivant passe par le point de contact de la courbe mobile et de la courbe fixe, et a été continuée par La Hire et Nicole dans les *Mémoires de l'Académie des Sciences de Paris* (1706 et 1707). On a ensuite consacré à ce sujet de nombreux travaux, parmi lesquels nous signalerons un remarquable opuscule de M. Besant intitulé *Notes on roulettes and glissettes* (Cambridge, 1890) et un beau et importante Mémoire de M. Haton de La Goupillière inséré au *Journal de l'École Polytechnique de Paris* (1911, 2e. série, cah. xv).

Rapportons, comme ci-dessus, la courbe roulante à un système de coordonnées polaires ayant pour pôle le point décrivant et la courbe fixe et la roulette à un même système de coordonnées cartésiennes.

Soit N le point de contact de C et C₁ et soient (θ, ρ) les coordonnées polaires de ce point de la courbe mobile, (x, y) les coordonnées cartésiennes du même point de la courbe fixe et (X, Y) les coordonnées du point M correspondant de la roulette. En vertu du théorème de Descartes, dont un cas particulier a été rappelé ci-dessus, la droite MN est normale à la roulette au point (X, Y) et on a par conséquent

$$(6) \qquad (X - x)dX + (Y - y)dY = 0.$$

La distance des points **M** et **N** de cette normale est égale à ρ, et on a par suite

(7)
$$(X - x)^2 + (Y - y)^2 = \rho^2.$$

Nous avons enfin, en vertu de la condition de roulement,

(8)
$$\sqrt{\rho^2 + \rho'^2}\, d\theta = \sqrt{1 + y'^2}\, dx,$$

y' désignant la dérivée de y par rapport à x et θ' la dérivée de ρ par rapport à θ.

Or l'équation (7) donne, en tenant compte de l'équation (6),

$$(X - x)dx + (Y - y)dy = -\rho d\rho = -\rho\rho' d\theta,$$

et par suite, à cause de l'équation (6),

(9)
$$X - x + (Y - y)y' = -\rho\rho'\sqrt{\frac{1 + y'^2}{\rho^2 + \rho'^2}}.$$

En éliminant maintenant $X - x$ et $Y - y$ entre cette équation et l'équation (5), on trouve

(10)
$$X - x = \frac{\rho(-\rho' \pm \rho y')}{\sqrt{(1 + y'^2)(\rho^2 + \rho'^2)}}, \quad Y - y = \frac{\rho(-y'\rho' \pm \rho)}{\sqrt{(1 + y'^2)(\rho^2 + \rho'^2)}}.$$

Ces équations et l'équation

(11)
$$\int_a^\theta \sqrt{\rho^2 + \rho'^2}\, d\theta = \int_b^x \sqrt{1 + y'^2}\, dx,$$

où a et b désignent deux constantes dont les valeurs dépendent de la position initiale du point de contact des courbes C et C_1, donnent par l'élimination de x, y, θ, ρ l'équation de la roulette.

La double solution que donnent ces formules correspond aux deux positions que les courbes C et C_1 peuvent prendre par rapport à la tangente commune, en restant les deux du même côté de cette tangente ou chacune de son côté de la même tangente.

Les formules (10) ont été données par M. Haton de La Goupillière dans le Mémoire mentionné ci-dessus; nous venons de les obtenir par une méthode différente, que nous avons indiquée dans un article publié dans la *Revista de la Sociedad mathematica española* (1913).

4. On peut résoudre par la même méthode le problème suivant, considéré aussi par le même géomètre:

Déterminer la courbe C_1 sur laquelle doit rouler une courbe donnée C pour qu'un point du plan de la première décrive une droite donnée D.

Continuons à rapporter la courbe roulante à un système de coordonnées polaires ayant pour pôle le point décrivant M, et la courbe fixe et la roulette à un système de coordonnées cartésiennes ayant pour axe des abscisses la droite donné D, et supposons que $\theta = f(\rho)$ est l'équation de la première courbe.

On voit au moyen du théorème de Descartes que le vecteur MN du point de contact N des deux courbes C et C_1 est perpendiculaire à la droite D. On a donc $y = \rho$.

D'un autre côté, on a, par la condition de roulement,

$$dx^2 + dy^2 = d\rho^2 + \rho^2 d\theta^2,$$

et par conséquent

$$dx^2 = y^2 d\theta^2 = y^2 f'^2(y) dy^2.$$

Donc la courbe demandée doit vérifier l'équation

(12)
$$dx = y f'(y) dy.$$

En considérant maintenant la question réciproque, nous allons démontrer que, si la courbe représentée par l'équation $\theta = f(\rho)$ roule sur la courbe définie par l'équation (10), le pôle de la première décrit une droite.

Nous avons, par la condition de roulement de C_1 sur C, l'équation

$$\left[1 + \left(\frac{dx}{dy}\right)^2\right] dy^2 = \left[1 + \rho^2 \left(\frac{d\theta}{d\rho}\right)^2\right] d\rho^2,$$

ou, à cause de la relation (10),

$$[1 + y^2 f'^2(y)] dy^2 = [1 + \rho^2 f'^2(\rho)] d\rho^2,$$

à laquelle satisfait la solution $y = \rho$.

Désignons maintenant par X, Y les coordonnées cartésiennes du point décrivant de la roulette. Nous avons

(13)
$$(X - x)^2 + (Y - y)^2 = \rho^2 = y^2$$

et, vu que, d'après le théorème de Descartes, la droite qui passe par les points (x, y) et (X, Y) est normale à la roulette,

$$(X - x) dX + (Y - y) dY = 0.$$

Mais, en différentiant la première équation et en tenant compte de la deuxième, nous avons

$$(X - x) dx + Y dy = 0.$$

Ces équations et les équations (9) et (10) donnent

$$yf'(y)(\mathrm{X} - x) + y = 0$$

et ensuite

$$\mathrm{Y}^2[1 + y^2 f'^2(y)] - 2Py3f'^2(y) = 0.$$

Une des solutions de cette équation est $\mathrm{Y} = 0$, et on a alors $\mathrm{X} = x$. A cette solution correspond une droite coïncidant avec l'axe des abscisses.

Les mêmes équations donnent celles-ci:

$$\mathrm{X} = x - \frac{2y^2 f'(y)}{1 + y^2 f'^2(y)}, \qquad \mathrm{Y} = \frac{2y^3 f'^2(y)}{1 + y^2 f'^2(y)},$$

qui déterminent la seconde roulette.

Inutile d'ajouter que la position initiale des courbes C et C_1 n'est pas arbitraire; les coordonnées du point de tangence doivent vérifier la condition initiale $\rho_0 = y_0$.

5. On voit comme au n.º 3 que, si la courbe C *(fig. 18)* roule et glisse sur la droite OX de manière que le segment ON soit proportionnel à la longueur de l'arc BN, la courbe décrite par M peut être représentée par les équations paramétriques

$$(14) \qquad x = \lambda \int_{u_0}^{u} \sqrt{\rho^2\theta'^2 + \rho'^2}\, du - \frac{\rho\rho'}{\sqrt{\rho^2\theta'^2 + \rho'^2}}, \qquad y = \frac{\rho^2\theta'}{\sqrt{\rho^2\theta'^2 + \rho'^2}},$$

où λ désigne une constante. Nous appellerons cette ligne *roulette à glissement proportionnel*.

Quand λ tend vers zéro, la courbe représentée par ces équations tend vers la courbe engendrée par le point M du plan de la courbe C, quand cette courbe glisse sur la droite OX de manière qu'elle soit toujours tangente à cette droite en un même point N. On appelle cette courbe *glissette de la courbe* C *par rapport à la droite* et ses équations paramétriques, rapportées à la droite NX et à une perpendiculaire à cette droite menée par le point N, sont

$$(15) \qquad x = - \frac{\rho\rho'}{\sqrt{\rho^2\theta'^2 + \rho'^2}}, \qquad y = \frac{\rho^2\theta'}{\sqrt{\rho^2\theta'^2 + \rho'^2}}.$$

6. *Arcuides.* Prenons sur le plan d'une courbe donnée C un point O et une droite D. Sur cette droite prenons à partir du point O un segment OP égal à la longueur de l'arc s de la courbe C compris entre un point qu'on prend pour origine des arcs et un point variable M, et par P menons une droite D_1 parallèle à la normale à C au point M. L'enveloppe de D_1 est une courbe qui a été étudiée par M. Köstlin dans sa *Dissertation inaugurale* (Tübingen, 1907) et à laquelle il a donné le nom *d'arcuide de la courbe* C.

En prenant pour origine des coordonnées orthogonales le point O et pour axe des abscisses la droite OP et en supposant que l'équation de la courbe C soit $y = f(x)$, l'équation de la droite D_1 est

$$y'Y + X - \int \sqrt{1 + y'^2}\, dx = 0,$$

y' désignant la dérivée de y par rapport à x; et les équations paramétriques de l'enveloppe de cette droite résultent de cette équation et de celle-ci:

$$y''Y - \sqrt{1 + y'^2} = 0,$$

qui donnent

(16) $$Y = \frac{\sqrt{1 + y'^2}}{y''}, \quad X = \int \sqrt{1 + y'^2}\, dx - \frac{y'}{y''} \sqrt{1 + y'^2},$$

ou

(17) $$X = R \cos^2\omega, \quad Y = \int \sqrt{1 + y'^2}\, dx - R \sin\omega \cos\omega,$$

R étant le rayon de courbure de C correspondant au point M et ω l'angle de la tangente en ce point avec l'axe des abscisses.

En représentant par s_1 l'arc de l'arcuide de C, on a

$$ds_1 = \frac{(1 + y'^2)y''' - y'y''}{y''^2}\, dx.$$

Donc, si la courbe C est algébrique, s_1 dépend de l'intégrale d'une fonction rationnelle de x et y.

Si la courbe C est représentée par les équations paramétriques $x = \varphi(t)$, $y = \psi(t)$, les coordonnées X, Y des points de l'arcuide sont déterminées par les équations

$$Y = \frac{x'^2 \sqrt{x'^2 + y'^2}}{y'x'' - x'y''}, \quad X = \int \sqrt{x'^2 + y'^2}\, dt - \frac{x'y' \sqrt{x'^2 + y'^2}}{y'x' - x'y''},$$

x', x'', y', y'' représentant maintenant les dérivées de x et y par rapport à t.

Si la courbe C est définie par l'équation $R = f(\omega)$, on a $ds = f(\omega)d\omega$, les équations paramétriques de l'arcuide prennent la forme

(18) $$Y = f(\omega) \cos^2\omega, \quad X = \int f(\omega)d\omega - f(\omega) \sin\omega \cos\omega.$$

Si la courbe C est définie par l'équation intrinsèque $s = f_1(R)$, nous avons

$$ds = f_1'(R)dR$$

et par suite, en tenant compte de la relation $R = \dfrac{ds}{d\omega}$,

$$Rd\omega = f'_1(R)dR.$$

Donc

$$\omega = \int \frac{f'(R)}{R}\, dR,$$

et nous sommes ramené au cas précédent.

7. *Notions succintes sur la classification des courbes transcendantes.* La question importante de la classification des courbes transcendantes a été considérée par M. Loria, dans *Spezielle ebenen Kurven* (2e. éd., 1911, t. II, p. 1) et par M. Turrière, dans divers écrits publiés dans *l'Enseignement mathématique* (1912, 1913) et dans deux autres insérés aux *Annaes Scientificos da Academia Polytechnica do Porto* (1913).

Un nombre considérable de courbes transcendantes envisagées jusqu'à présent satisfont à des équations différentielles algébriques par rapport aux coordonnées cartésiennes x et y et aux dérivées de y par rapport à x, et par suite à toutes les équations qu'on obtient en dérivent celles-là. Si, pour une courbe transcendante donnée l'équation d'ordre minimum (unique, comme M. Turrière l'a fait remarquer) à laquelle elle satisfait est d'ordre ω, cette courbe est dite *une courbe d'ordre ω*. Les courbes du premier ordre ont été nommées par M. Loria *courbes panalgébriques;* cette classe de lignes jouit de quelques propriétés générales, qui ont été données par ce géomètre dans l'ouvrage mentionné ci-dessus. La courbe qui ne satisfait pas à une équation différentielle de la forme considérée, est dite une courbe *hypertrancendante*.

Nous avons considéré dans le chapitre VIII du tome II du *Traité des courbes* quelques classes de lignes représentées par des équations de la forme

$$(19) \qquad\qquad f(x, y, m) = 0,$$

où figure un paramétre m, et qui sont algébriques ou transcendantes suivant la valeur du paramètre m. En reprenant et généralisant une désignation employée antrefois par Leibniz, M. Turrière a appelé les courbes non algébriques qui satisfont à l'équation (1) *courbes interscendantes* de la *famille* de lignes représentées par cette équation et a montré l'intérêt de l'introduction de cette notion. Bien des propriétés d'une telle famille subsistent quand le paramètre m est imaginaire, et il convient donc de donner à m des valeurs réelles et imaginaires.

Si la fonction $f(x, y, m)$ est indéterminée pour une certaine valeur a du paramètre, mais tend vers une fonction déterminée, quand m tend vers a, l'équation (1) représente une courbe *singulière* de la famille. Le nombre a peut être infini. M. Turrière a appelé l'attention sur l'avantage de signaler dans l'étude de chaque famille de courbes ses courbes singulières; quelques propriétés de la famille subsistent en effet bien des fois pour les courbes limites.

Pour constituer des familles de courbes transcendantes les plus générales, M. Turrière tient compte des transformations auxquelles correspondent des constructions élémentaires par lesquelles on dérive de chaque point ou trangente d'une courbe un point ou une tangente de l'autre; ces deux courbes sont des membres de la même famille.

II.

Sur la spirale logarithmique.

1. Nous allons reproduire ici premièrement une réponse que nous avons donnée dans *l'Intermédiaire des mathématiciens* (t. XIX, 1912, p. 154) à la question suivante, proposée dans ce recueil: *déterminer les courbes semblables à leurs courbes parallèles.*

Rappelons d'abord qu'on dit que deux courbes sont semblables quand entre les coordonnées (x, y) d'un point de l'une et les coordonnées (X, Y) d'un point correspondant de l'autre existent les relations $x = kX$, $y = kY$, k étant constant. Il résulte immédiatement de cette définition que le rapport des rayons de courbure des deux courbes aux points correspondants et le rapport des arcs des mêmes courbes compris entre deux points correspondants sont égaux à k.

Cela posé, représentons par R et s le rayon de courbure et l'arc d'une courbe et supposons que

$$(1) \qquad \frac{ds}{dR} = f(R)$$

soit son équation intrinsèque.

En désignant par s' et R' l'arc et le rayon de courbure d'une courbe parallèle à la courbe (1), par ω l'angle que les tangentes aux points correspondants des deux courbes font avec un même axe et par h la distance constante de ces tangentes, on a

$$\frac{1}{R} = \frac{d\omega}{ds}, \qquad \frac{1}{R'} = \frac{d\omega}{ds'}, \qquad R' = R + h,$$

et par conséquent

$$(2) \qquad ds' = \frac{R + h}{R} ds, \qquad R' = R + h,$$

d'où il résulte que l'équation différentielle intrinsèque de la courbe parallèle à la courbe donnée est

$$\frac{ds'}{dR'} = \frac{R'}{R' - h} f(R' - h).$$

La condition pour que toutes les courbes parallèles à la courbe (1) soient égales ou semblables à celle-ci, est donc

$$\frac{R'}{R'-h} f(R'-h) = f(kR')$$

ou

(3)
$$\frac{R+h}{R} f(R) = f[k(R+h)],$$

quelle que soit la valeur de h.

Dans cette équation, k est constante ou une fonction de h; et, comme $f(kR')$ doit se réduire à $f(R)$ quand $h=0$, on voit que dans le premier cas on a $k=1$, et dans le second $\lim_{h=0} k = 1$.

Si $k=1$, les courbes parallèles à la courbe (1) sont égales à celle-ci, et l'équation (3) donne

$$\frac{f(R)}{R} = \frac{f(R+h)}{R+h},$$

quelle que soit la valeur de h, et par conséquent

$$\frac{f(R)}{R} = a,$$

a désignant une constante. Donc l'équation (1) prend la forme

$$\frac{ds}{dR} = aR,$$

et on a, en intégrant,

$$s = \frac{1}{2} aR^2.$$

Donc *la développante du cercle est la seule courbe égale à toutes ses courbes parallèles.*

Supposons maintenant que k soit une fonction de h. On a alors, en dérivant l'équation (3) par rapport à h et en faisant ensuite $h=0$,

$$\frac{f(R)}{R} = f'(R) (k'_0 R + 1),$$

k'_0 représentant la valeur que prend la dérivée de k par rapport à h quand on fait $h=0$.
Donc

$$\frac{f'(R)}{f(R)} = \frac{1}{R} - \frac{k'_0}{k'_0 R + 1},$$

et, en intégrant,

$$f(\mathrm{R}) = \mathrm{C}\,\frac{\mathrm{R}}{k'_0\mathrm{R}+1},$$

C étant une constante arbitraire.

En substituant cette valeur dans l'équation (3), il vient cette autre :

$$k = \frac{1}{1 - k'_0 h},$$

qui détermine k.

Ensuite l'équation (1) donne

(4) $$\frac{ds}{d\mathrm{R}} = \mathrm{C}\,\frac{\mathrm{R}}{k'_0\mathrm{R}+1}.$$

Chaque courbe représentée par cette équation est semblable à toutes ses courbes parallèles, exceptant celle qui correspond à $h = \dfrac{1}{k'_0}$, vu que cette valeur de h rend la fonction k infinie. La première des relations (2), en remplaçant ds par la valeur donnée par l'équation (4) et en posant $h = \dfrac{1}{k'_0}$, fait voir que l'équation de cette dernière ligne est

$$\frac{ds'}{d\mathrm{R}'} = \mathrm{C};$$

donc elle est identique à la spirale logarithmique (*Traité des courbes,* t. II, p. 78).

De tout ce qui précède on conclut, en observant que le cercle n'est pas compris dans l'équation (1) et qu'il satisfait évidemment à la question proposée :

Toutes les courbes parallèles à une spirale logarithmique sont semblables, mais elles ne sont pas semblables à cette spirale.

Le cercle est l'unique courbe semblable à toutes ses courbes parallèles.

On doit remarquer que la condition (3) peut être satisfaite en quelques cas par des valeurs particulières de h. Dans ces cas, la courbe (1) est égale ou semblable à quelques-unes de ses courbes parallèles. Un de ces cas est celui de la roulette de Delaunay, comme l'on verra plus loin.

2. Cherchons les trajectoires des spirales logarithmiques ayant le même pôle :

(5) $$\rho = \mathrm{C}e^{c\theta}, \qquad c = \tang\alpha,$$

C étant le paramètre arbitraire, ν l'angle que les trajectoires font avec les courbes données et α l'angle que la normale en un point (θ, ρ) d'une de ces spirales fait avec le vecteur du même point.

En représentant par α_1 l'angle que la normale au point (θ, ρ) à la trajectoire qui passe par ce point fait avec le vecteur du même point, nous avons

$$\alpha_1 = \pm \nu \pm \alpha.$$

Or, d'après une propriété de la spirale logarithmique, l'angle α est constant, et par conséquent l'angle α_1 est aussi constant et les trajectoires considérées sont donc des spirales logarithmiques représentées par l'équation

$$\rho = C_1 e^{h\theta}, \qquad h = \operatorname{tang}(\alpha \mp \nu).$$

Donc *les trajectoires des spirales logarithmiques qui ont un même pôle et dont la tangente fait un même angle avec le vecteur du point de contact, sont des spirales logarithmiques ayant le même pôle que les spirales données.*

3. *La développée intermédiaire d'une spirale logarithmique est une spirale logarithmique* (Braude).

La spirale logarithmique peut être représentée par les équations paramétriques

$$(6) \qquad\qquad x = C e^{c\theta} \cos\theta, \qquad y = C e^{c\theta} \sin\theta,$$

qui donnent

$$x'^2 + y'^2 = C^2 e^{2c\theta}(1 + c^2), \qquad y'x'' - x'y'' = - C^2 e^{2c\theta}(1 + c^2).$$

Donc, x_1 et y_1 étant les coordonnées du point de la développée correspondant au point $(\boldsymbol{x}, \boldsymbol{y})$ de la spirale, nous avons (p. 88)

$$x_1 = x + \lambda \frac{y'(x'^2 + y'^2)}{y'x'' - x'y''} = C\left[(1 - \lambda)\cos\theta - c\lambda\sin\theta\right] e^{c\theta},$$

$$y_1 = y - \lambda \frac{x'(x'^2 + y'^2)}{y'x'' - x'y''} = C\left[(1 - \lambda)\sin\theta + c\lambda\cos\theta\right] e^{c\theta},$$

et par conséquent, en faisant $\dfrac{c\lambda}{1 - \lambda} = \operatorname{tang}\omega_1$, $x_1 = \rho_1 \cos\theta_1$, $y_1 = \rho_1 \sin\theta_1$,

$$\rho_1^2 = x_1^2 + y_1^2 = \frac{C^2 (1 - \lambda)^2}{\cos^2\omega_1} e^{2c\theta}, \qquad \frac{y_1}{x_1} = \operatorname{tang}\theta_1 = \operatorname{tang}(\theta + \omega_1).$$

Donc

$$(7) \qquad\qquad \rho_1 = \frac{C(1 - \lambda)}{\cos\omega_1} e^{c(\theta_1 - \omega_1)}$$

est l'équation polaire de la développée considérée, et le théorème est démontré.

4. *La développoïde d'une spirale logarithmique est une autre spirale logarithmique.*

En appliquant, en effet, les formules générales (p. 67) aux équations (6), on trouve, X_1 et Y_1 étant les coordonnées du point de la développoïde correspondant au point (x, y) de la spirale,

$$X = Ce^{c\theta}\left[\cos\theta - c\cos(\theta - \omega)\sin\omega + \sin(\theta - \omega)\sin\omega\right],$$

$$Y = Ce^{c\theta}\left[\sin\theta - c\sin(\theta - \omega)\sin\omega - \cos(\theta - \omega)\sin\omega\right],$$

ou

$$X = Ce^{c\theta}(\cos\omega - c\sin\omega)\cos(\theta - \omega),$$

$$Y = Ce^{c\theta}(\cos\omega - c\sin\omega)\sin(\theta - \omega).$$

Donc la développoïde considérée peut être représentée par l'équation polaire

$$\rho = C(\cos\omega - c\sin\omega)e^{c(\theta_1 + \omega)}$$

ou

$$\rho = C\frac{\cos(\alpha + \omega)}{\cos\alpha}e^{c(\theta_1 + \omega)}.$$

5. En appliquant les formules (6) et (7) de la page 69, on voit que les courbes ayant pour développoïde la spirale logarithmique donnée sont représentées par les équations paramétriques

$$X = \frac{Ce^{c\theta}}{1 - cm}(\cos\theta - m\sin\theta) + he^{\frac{\theta}{m}}(c\cos\theta - \sin\theta),$$

$$Y = \frac{Ce^{c\theta}}{1 - cm}(\sin\theta + m\cos\theta) + he^{\frac{\theta}{m}}(c\sin\theta + \cos\theta),$$

h étant une constante arbitraire, ou, en tenant compte des égalités $m = \tang\omega$, $c = \tang\alpha$,

$$X = \frac{C\cos\alpha}{\cos(\alpha + \omega)}e^{c\theta}\cos(\theta + \omega) + \frac{h}{\cos\alpha}e^{\frac{\theta}{m}}\operatorname{sen}(\alpha - \theta),$$

$$Y = \frac{C\cos\alpha}{\cos(\alpha + \omega)}e^{c\theta}\sin(\theta + \omega) + \frac{h}{\cos\alpha}e^{\frac{\theta}{m}}\cos(\alpha - \theta).$$

En faisant $\omega = \dfrac{\pi}{2}$, ces équations deviennent

$$X = Ce^{c\theta}\cot\alpha\sin\theta + \frac{h}{\cos\alpha}\operatorname{sen}(\alpha - \theta),$$

$$Y = -Ce^{c\theta}\cot\alpha\cos\theta + \frac{h}{\cos\alpha}\cos(\alpha - \theta),$$

et représentent, quand $h = 0$, la spirale logarithmique

$$\rho_1 = C e^{c\left(\theta_1 - \frac{\pi}{2}\right)} \cot \alpha$$

et, quand h est différent de zéro, les courbes parallèles à cette spirale.

6. Comme l'équation intrinsèque de la spirale logarithmique est

$$R = cs,$$

on voit que *la courbe de Mannheim de cette spirale est une droite.*

Pour trouver la radiale de la même spirale, différentions l'équation précédente et posons ensuite $R = \dfrac{ds}{d\omega}$, ce qui donne

$$dR = cR d\omega,$$

et par conséquent

$$R = C e^{c\omega}.$$

Donc *la radiale de la spirale logarithmique donnée est une autre spirale logarithmique.*

7. En appliquant à l'équation (5) les équations générales des roulettes rectilignes (p. 90), et en supposant que la position initiale du pôle de la spirale coïncide avec l'origine des coordonnées, on obtient les équations

$$x = \frac{C}{\sqrt{1 + c^2}} \frac{\lambda(1 + c^2) - c^2}{c} e^{c\theta}, \qquad y = \frac{C e^{c\theta}}{\sqrt{1 + c^2}},$$

d'où il résulte, en éliminant $e^{c\theta}$,

$$cx = [\lambda(1 + c^2) - c^2] y.$$

Donc *les roulettes ordinaires ou à glissement uniforme du pôle d'une spirale logarithmique, roulant sur une droite, sont des droites.*

Si la spirale roule sur la droite sans glisser ($\lambda = 1$), l'équation de la roulette prend la forme

(8) $$x = y \cot \alpha.$$

En faisant $\lambda = 0$, on voit que *la glissette du pôle de la même spirale est une droite perpendiculaire à celle que l'équation (8) représente.*

8. Nous allons maintenant chercher la courbe engendrée par un point du plan d'une spirale logarithmique, quand elle roule sur une courbe quelconque donnée.

Soient

$$x = \varphi(t), \qquad y = \psi(t)$$

les équations de cette courbe. En appliquant les formules (7) et (8) de la page 91, on trouve

$$X - x = \frac{C(-cx' \mp y')}{\sqrt{(1+c^2)(x'^2+y'^2)}} e^{c\theta}, \qquad Y - y = \frac{C(-cy' \pm x')}{\sqrt{(1+c^2)(x'^2+y'^2)}} e^{c\theta},$$

$$C \frac{\sqrt{1+c^2}}{c} \left(e^{c\theta} - e^{c\theta_0} \right) = \int_{t_0}^{t} \sqrt{x'^2 + y'^2}\, dt,$$

et par conséquent

$$(9) \quad \begin{cases} X = x + \dfrac{C(-cx' \mp y')}{\sqrt{(1+c^2)(x'^2+y'^2)}} \left[e^{c\theta_0} + \dfrac{c}{C\sqrt{1+c^2}} \displaystyle\int_{t_0}^{t} \sqrt{x'^2+y'^2}\, dt \right], \\[3mm] Y = y + \dfrac{C(-cy' \pm x')}{\sqrt{(1+c^2)(x'^2+y'^2)}} \left[e^{c\theta_0} + \dfrac{c}{C\sqrt{1+c^2}} \displaystyle\int_{t_0}^{t} \sqrt{x'^2+y'^2}\, dt \right]. \end{cases}$$

Supposons maintenant que la courbe fixe est une autre spirale logarithmique définie par l'équation

$$\rho = C_1 e^{a\omega}.$$

On peut représenter cette spirale par les équations paramétriques

$$x = C_1 e^{a\omega} \cos \omega, \qquad y = C_1 e^{a\omega} \sin \omega,$$

et on a par conséquent

$$x' = C_1 e^{a\omega}(a \cos \omega - \sin \omega), \qquad y' = C_1 e^{a\omega}(a \sin \omega + \cos \omega),$$

$$\int_{\omega_0}^{\omega} \sqrt{x'^2 + y'^2}\, dt = \frac{C_1 \sqrt{1+a^2}}{a} \left(e^{a\omega} - e^{a\omega_0} \right).$$

Si les pôles des deux spirales coïncident dans sa position initiale, on a $\theta_0 = -\infty$, $\omega_0 = -\infty$, et les formules précédentes donnent

$$X = C_1 \frac{a \mp c}{a(1+c^2)} (\cos \omega \mp c \sin \omega) e^{a\omega}, \qquad Y = C_1 \frac{a \mp c}{a(1+c^2)} (\sin \omega \pm c \cos \omega) e^{a\omega},$$

ou, en faisant $c = \tang \alpha$,

$$X = C_1 \frac{a \mp c}{a(1+c^2)\cos\alpha} e^{a\omega} \cos(\omega \pm \alpha), \qquad Y = C_1 \frac{a \mp c}{a(1+c^2)\cos\alpha} e^{a\omega} \sin(\omega \pm \alpha).$$

Donc *la roulette décrite par le pôle d'une spirale logarithmique roulant sur une autre, en partant de la coïncidence des pôles, est une troisième spirale logarithmique.*

Ce théorème a été démontré par M. Haton de La Goupillière, dans le Mémoire sur les roulettes déjà mentionné, au moyen des équations intrinsèques de ces spirales.

9. Cherchons maintenant l'arcuide de la spirale logarithmique.

En appliquant pour cela la méthode générale, exposée dans la page 94, à la spirale logarithmique définie par l'équation

$$R = Ce^{c\omega},$$

on trouve les équations paramétriques de l'arcuide de cette spirale, savoir:

(10) $$X = Ce^{c\omega} \cos^2\omega, \qquad Y = C \frac{e^{c\omega}}{c} \left(1 - \frac{c}{2}\sin 2\omega\right).$$

Ces équations donnent

(11) $$\begin{cases} X' = Ce^{c\omega}(c\cos^2\omega - \sin 2\omega) = Ce^{c\omega}(c\cos\omega - 2\sin\omega)\cos\omega, \\ Y' = Ce^{c\omega}\left(1 - \frac{c}{2}\sin 2\omega - \cos 2\omega\right) = Ce^{c\omega}(2\sin\omega - c\cos\omega)\sin\omega. \end{cases}$$

On peut déterminer au moyen de ces équations et des précédentes la forme de la courbe.

Soit $C > 0$, $c > 0$. La première des équations (10) fait voir que la courbe est placée à droite de l'axe des ordonnées, et la première des équations (11) fait voir qu'elle est **tangente** à cet axe aux points, en nombre infini, où $\cos\omega = 0$.

Aux valeurs de ω qui vérifient l'équation $\tang\omega = \frac{c}{2}$ correspondent des points de rebroussement de la même courbe.

La droite ayant pour équation

$$Y = AX$$

coupe l'arcuide considérée en un nombre infini de points déterminés par l'équation

$$\tang^2\omega - c\,\tang\omega + 1 - Ac = 0,$$

qui sont réels quand A est compris entre $A = \infty$ et $A = \dfrac{4 - c^2}{4c}$. A cette dernière valeur de A correspondent les valeurs de ω déterminées par l'équation $\tan \omega = \dfrac{1}{2} c$; et par conséquent la droite correspondant à cette valeur de A passe par les points de rebroussement. La courbe est comprise entre cette droite et l'axe des ordonnées.

La première des équations (10) fait voir que la distance entre deux points de contact successifs de la courbe avec l'axe des ordonnées augmente indéfiniment avec la distance de ces points à l'origine des coordonnées.

Les tangentes à la courbe considérée aux points de rebroussement sont parallèles et l'angle constant β qu'elles font avec l'axe des abscisses est déterminé par l'équation $\tan \beta = \dfrac{c}{2}$.

La longueur des arcs de la même ligne est déterminée par l'équation

$$s_1 = C \int e^{c\omega} (c \cos \omega - 2 \sin \omega) d\omega,$$

et peut donc être calculée par les méthodes classiques.

L'arcuide de la spirale logarithmique a été étudiée, sous le nom de *logarithmoïde*, par M. Köstlin dans la Dissertation que nous avons citée dans la page 94 et dans un article inséré au *Mathematische-Naturwissenchaften Mitteilungen* (1909). Il a démontré qu'elle est l'enveloppe d'une droite passant par le pôle d'une spirale logarithmique qui roule sur une droite. M. Turrière (*L'Enseignement mathématique,* 1913) a remarqué que sa podaire par rapport au pôle est représentée par l'équation

$$a\rho = C e^{a\theta} \cos \theta$$

et que cette podaire est identique à la courbe qu'on obtient en appliquant à la spirale logarithmique la transformation par laquelle M. Brocard a fait dériver le trifolium du cercle (*Traité des courbes,* t. I, p. 302).

10. Nous allons terminer cette étude de la spirale logarithmique en cherchant le lieu des pôles des spirales logarithmiques osculatrices à une courbe quelconque donnée (C).

Désignons par (x, y) les coordonnées d'un point de C et par (x_1, y_1) celles du pôle de la spirale logarithmique osculatrice en ce point. On peut représenter cette spirale par l'équation

$$(x - x_1)^2 + (y - y_1)^2 = C e^{2cu},$$

où

$$u = \operatorname{arc\,tang} \frac{y - y_1}{x - x_1},$$

et on a, en dérivant cette équation par rapport à x,

$$[(x - x_1) + (y - y_1)y'][(x - x_1)^2 + (y - y_1)^2] = c C e^{2cu}[(x - x_1)y' - (y - y_1)],$$

et par conséquent, en éliminant e^{2cu} entre ces équations,

$$x - x_1 + (y - y_1)y' = c[(x - x_1)y' - (y - y_1)].$$

En dérivant cette équation deux fois par rapport à x, il vient

$$1 + y'^2 + (y - y_1)y'' = c(x - x_1)y'',$$

$$3y'y'' + (y - y_1)y''' = c[y'' + (x - x_1)y'''].$$

Eliminons maintenant c entre les trois dernières équations. On trouve

(12) $$y''[(x - x_1)^2 + (y - y_1)^2] = (1 + y'^2)\,(x - x_1)y' - (y - y_1)],$$

$$[3y'y''^2 - (1 + y'^2)y'''](x - x_1) - y''^2(y - y_1) = y''(1 + y'^2).$$

La seconde de ces équations peut être remplacée par celle qui résulte de la division des deux, membre à membre, savoir:

(13) $$[y'^2 - 3y'^2y''^2 + (1 + y'^2)y'y'''](x - x_1) + [4y'y''^2 - (1 + y'^2)y''](y - y_1) = 0.$$

Les équations (12) et (13) déterminent les coordonnées x_1 et y_1 des pôles des spirales logarithmiques osculatrices à la courbe donnée en fonction des coordonnées des points de cette courbe.

D'un autre côté, en considérant x_1 et y_1 comme variables, l'équation (12) représente un cercle ayant pour diamètre le segment de la normale à la courbe donnée compris entre le point (x, y) et le centre de courbure correspondant à ce point; et, en dérivant cette équation par rapport à x, on trouve l'équation

$$y'''[(x - x_1)^2 + (y - y_1)^2] + 2y''[x - x_1 + (y - y_1)y']$$

$$= 2y'y''[(x - x_1)y' - (y - y_1)] + (1 + y'^2)y''(x - x_1),$$

d'où il résulte, en éliminant $(x - x_1)^2 + (y - y_1)^2$ au moyen de l'équation (12), une autre équation identique à l'équation (13). Donc les équations (12) et (13) déterminent les coordonnées x_1 et y_1 des points de l'enveloppe du cercle (12), quand le point (x, y) varie.

Il résulte de tout ce qui précède le théorème suivant:

Le lieu du pôle de la spirale logarithmique osculatrice à une courbe donnée en un point variable (x, y) est identique à l'enveloppe d'un cercle ayant pour diamètre le segment de la normale à cette courbe compris entre le point (x, y) et le centre de courbure correspondant à ce point.

Ce théorème a été donné par M. Turrière dans *L'Enseignement mathématique* (1913, p. 123). Nous venons de l'obtenir au moyen d'une analyse différente.

Les équations paramétriques du lieu du pôle de la spirale logarithmique considérée sont

$$x_1 = x - \frac{[4y'y''^2 - (1+y'^2)y''' \, (1+y'^2)y''}{y''^4 + [(1+y'^2)y''' - 3y'y''^2]^2} \, ,$$

$$y_1 = y + \frac{[y''^2 - 3y'^2y''^2 + (1+y'^2)y'y'''](1+y'^2)y''}{y''^4 + [(1+y'^2)y''' - 3y'y''^2]^2} \, .$$

III.

Spirales paraboliques et hyperboliques.

Nous avons considéré dans le *Traité des courbes* (t. II, p. 130) sous le nom de *spirales paraboliques* et *hyperboliques* les courbes définies par l'équation polaire

$$(1) \qquad \qquad \rho = a\theta^k.$$

Nous allons maintenant appliquer à ces lignes les doctrines exposées dans le commencement de ce chapitre.

1. *Roulettes.* En appliquant à l'équation (1) les formules (14) de la page 94, on trouve que les équations de la roulette à glissement uniforme de la courbe qu'elle représente sur une droite sont

$$x = \lambda a \int \theta^{k-1}(\theta^2 + k^2)^{\frac{1}{2}} d\theta - \frac{ka\theta^k}{\sqrt{\theta^2 + k^2}} \, , \qquad y = \frac{a\theta^{k+1}}{\sqrt{\theta^2 + k^2}} \, .$$

Si k est un nombre entier, on peut exprimer x par des fonctions élémentaires. Si $\lambda = 0$, nous avons

$$x = -\frac{ka\theta^k}{\sqrt{\theta^2 + k^2}} \, , \qquad y = \frac{a\theta^{k+1}}{\sqrt{\theta^2 + k^2}} \, ,$$

et par conséquent l'équation de la glissette de la courbe considérée est

$$(x^2 + y^2)x^{2k} = k^{2k}a^2y^{2k}$$

ou

$$\rho = k^k a \tang^k\theta,$$

qui représente une courbe algébrique ou interscendante que nous appellerons *la spirale des puissances de la tangente.*

En particulier, si $k = 1$, nous avons les équations de la roulette de la *spirale d'Archimède,* savoir:

$$x = \lambda a \log (\theta + \sqrt{\theta^2 + k^2}) - \frac{a\theta}{\sqrt{\theta^2 + 1}}, \qquad y = \frac{a\theta^2}{\sqrt{\theta^2 + 1}}.$$

L'équation de la *glissette* de la même spirale est.

$$\rho = a \tang \theta,$$

qui représente le *cappa.*

Si $k = -1$, la courbe (1) est une *spirale hyperbolique,* et nous avons

$$x = \lambda a \int \theta^{-2} \sqrt{\theta^2 + 1} \, d\theta + \frac{a}{\theta \sqrt{\theta^2 + 1}}, \qquad y = \frac{a}{\sqrt{\theta^2 + 1}},$$

et par conséquent

$$x = \frac{y^2 - a^2 \lambda}{\sqrt{a^2 - y^2}} + \lambda a \log \frac{a + \sqrt{a^2 - y^2}}{y}.$$

Si $\lambda = 1$, cette équation représente la tractrice; donc *la roulette de la spirale hyperbolique est la tractrice.*

En faisant $\lambda = 0$, il vient

$$(x^2 + y^2)y^2 = a^2 x^2;$$

donc la *glissette de la spirale hyperbolique est le cappa.*

2. En appliquant la formule (12) de la page 93, on voit que la courbe sur laquelle doit rouler la spirale (1) pour que son pôle décrive une droite est une *parabole* ou *hyperbole* représentée par l'équation (Haton de La Goupillière, *l. c.*)

$$(k + 1)ax^k = y^{k+1}.$$

3. *Radiales.* En désignant par R le rayon de courbure de la spirale (1) et par s la longueur de ses arcs, on a

$$\frac{ds}{d\theta} = a\theta^{k-1} \sqrt{\theta^2 + k^2}, \qquad \mathrm{R} = \frac{a\theta^{k-1}(\theta^2 + k^2)^{\frac{3}{2}}}{\theta^2 + k^2 + k}.$$

Donc, en faisant $R = \dfrac{ds}{d\omega}$ et en appliquant la doctrine exposée dans les pages 69 et 70, on voit que la courbe peut être représentée par les équations intrinsèques paramétriques

$$\omega = \theta + \operatorname{arc\,tang} \frac{\theta}{k}, \qquad R = \frac{a\theta^{k-1}(\theta^2 + k^2)^{\frac{3}{2}}}{\theta^2 + k^2 + k},$$

et par conséquent la radiale de la spirale (1) peut être représentée par les équations paramétriques

$$\theta = t + \operatorname{arc\,tang} \frac{t}{k}, \qquad \rho = \frac{at^{k-1}(t^2 + k^2)^{\frac{3}{2}}}{t^2 + k^2 + k},$$

4. *Trajectoires orthogonales.* L'équation (1) peut être mise sous la forme

$$x^2 + y^2 = a^2 \left[\operatorname{arc\,tang} \frac{y}{x} \right]^{2k},$$

et, en appliquant à cette équation la méthode classique pour la détermination des trajectoires orthogonales, on voit que l'équation différentielle des trajectoires des spirales considérées, a étant le paramètre, résulte de l'élimination de a, x, y entre l'équation

$$\left[x(x^2 + y^2) + ka^2 y \left(\operatorname{arc\,tang} \frac{y}{x} \right)^{2k-1} \right] dy - \left[y(x^2 + y^2) - ka^2 x \left(\operatorname{arc\,tang} \frac{y}{x} \right)^{2k-1} \right] dx = 0$$

et celles-ci:

$$x = \rho \cos \theta, \qquad y = \rho \sin \theta, \qquad \rho = a\theta^k.$$

On obtient ainsi l'équation

$$\frac{d\rho}{\rho} + \frac{1}{k} \theta d\theta = 0,$$

qui donne, en intégrant,

$$\rho = Ce^{-\frac{\theta^2}{2k}}.$$

IV.

Pseudo-spirales. Développantes du cercle. Clothoïde.

Considérons les courbes définies par l'équation intrinsèque

$$(1) \qquad R = a^{1-m}s^{m},$$

nommées par M. Pirondini *pseudo-spirales*, que nous avons étudiées dans le tome II, p. 106, du *Traité des courbes*.

1. *Radiales.* On a, en tenant compte de la relation $R = \dfrac{ds}{d\omega}$,

$$dR = ma^{1-m}s^{m-1}ds = ma^{1-m}R s^{m-1}d\omega,$$

et par conséquent

$$R^{\frac{1-2m}{m}}dR = ma^{\frac{1-m}{m}}d\omega,$$

et ensuite, en intégrant,

$$R = (1-m)^{\frac{m}{1-m}}a\omega^{\frac{m}{1-m}}.$$

Les courbes définies par l'équation (1) ont donc pour radiales les courbes déterminées par l'équation (p. 69-70)

$$\rho = (1-m)^{\frac{m}{1-m}}a\theta^{\frac{m}{1-m}}.$$

Donc *les radiales des pseudo-spirales sont des spirales paraboliques* (Santangelo, *Rendiconti del Circolo matematico di Palermo,* 1910, p. 43).

Cette analyse est en défaut quand $m=1$; mais alors l'équation (1) représente une spirale logarithmique et on a déjà obtenu (p. 102) sa radiale.

En posant $m = -1$, on voit que *la radiale de la clothoïde est le lituus* (*Traité,* t. II, p. 74, 102).

2. La développante d'ordre n du cercle a pour équation intrinsèque (*Traité,* t. II, p. 202)

$$R = (n+1)^{\frac{n}{n+1}}\left(\frac{r}{n!}\right)^{\frac{1}{n+1}}s^{\frac{n}{n+1}} = a^{\frac{1}{n+1}}s^{\frac{n}{n+1}},$$

r étant le rayon du cercle.

En appliquant le théorème précédent, on trouve que la radiale de la développante considérée est la spirale parabolique représentée par l'équation

$$\rho = \left(\frac{1}{n+1}\right)^n a\theta^n.$$

En faisant $n = 1$, on voit que *la radiale de la première développante du cercle est la spirale d'Archimède.*

3. *Courbes de Mannheim.* Les courbes de Mannheim des lignes définies par l'équation (1) sont représentées par l'équation

$$y = a^{1-m}x^m,$$

donc *les courbes de Mannheim des pseudo-spirales sont des paraboles ou des hyperboles.*

En particulier, en faisant $m = -1$, on voit que *la courbe de Mannheim de la clothoïde est l'hyperbole du second ordre.*

La courbe de Mannheim de la développante d'ordre n du cercle est la parabole définie par l'équation

$$y = a^{\frac{1}{n+1}} x^{\frac{n}{n+1}}, \qquad a = \frac{(n+1)^n}{n!}r.$$

4. *Arcuides.* Appliquons à l'équation (1) la théorie générale exposée dans les pages 94-96. Nous avons d'abord, comme au n°. 1,

$$R = (1-m)^{\frac{m}{1-m}} a(\omega+c)^{\frac{m}{1-m}},$$

c étant une constante arbitraire.

En appliquant maintenant les formules (18) de la page 95, on voit que les arcuides des courbes considérées peuvent être représentées par les équations

$$X = (1-m)^{\frac{m}{1-m}} a(\omega+c)^{\frac{m}{1-m}} \cos^2\omega,$$

$$Y = (1-m)^{\frac{1}{1-m}} a(\omega+c)^{\frac{1}{1-m}} - \frac{1}{2}(1-m^{\frac{m}{1-m}} a(\omega+c)^{\frac{m}{1-m}} \sin 2\omega.$$

5. *Clothoïde.* Nous profiterons de cette occasion pour ajouter quelques renseignements à ceux qu'on a donnés au tome II, page 102, du *Traité des courbes* sur l'histoire de la clothoïde.

Cette courbe a été considérée par Euler dans un Appendice à son *Methodus inveniendi lineas curvas maxime minimive proprietate gaudentes* (1744, p. 276). Il l'a rencontrée en cherchant la forme que doit prendre une lame élastique, dont une extrémité est fixe, pour qu'elle puisse être développée dans une ligne horizontale par un poids suspendu à l'autre extrémité. L'éminent géomètre a trouvé la forme de la courbe et il a reconnu qu'elle possède deux points asymptotiques, mais il n'a pas déterminé alors les valeurs des intégrales $\int_0^\infty \frac{\sin \nu}{\sqrt{\nu}} d\nu$ et $\int_0^\infty \frac{\cos \nu}{\sqrt{\nu}} d\nu$ dont dépendent leurs coordonnées. Plus tard il a donné ces valeurs dans un Mémoire présenté en 1718 à l'Académie des Sciences de Saint-Petersbourg et publié dans ses *Institutiones Calculi integralis* (t. ɪᴠ, p. 338).

Le problème d'Euler a été étudié de nouveau par Laplace dans le *Journal de l'École Polytechnique de Paris* (1809, t. ᴠɪɪɪ, p. 251), où il a retrouvé la forme de la courbe et les valeurs des integrales mentionnées ci-dessus.

Les méthodes employées par Euler et Laplace pour calculer les valeurs de ces intégrales se réduisent à une extension aux quantités complexes d'un résultat démontré d'abord pour les quantités réelles; et, pour rendre rigoureuse cette démonstration, il faut recourir à des considérations qui appartiennent à la théorie des fonctions de variables complexes. On a obtenu plus tard ces valeurs par la méthode des résidus de Cauchy et encore par une méthode plus élémentaire basée sur l'inversion de l'ordre des intégrations d'une certaine intégrale double à limites infinies. On peut voir cette dernière méthode, avec tous les développements nécessaires pour la rendre rigoureuse, dans un article que nous avons inséré aux *Annaes da Academia Polytechnica do Porto* (1909, t. ᴠ, p. 69).

V.

Alysoïde. Chaînette et pseudo-chaînette. Tractrice et pseudo-tractrice.

1. Considérons l'équation intrinsèque des *alysoïdes* (*Traité,* t. ɪɪ, p. 15)

$$cR = s^2 + a^2,$$

laquelle comprend comme cas particulier celle de la chaînette, qui correspond à $c = a$.

En différentiant cette équation et en faisant ensuite $R = \dfrac{ds}{d\omega}$, on trouve

$$2d\omega = \frac{cdR}{R\sqrt{cR - a^2}}.$$

Donc l'équation différentielle des *radiales* des courbes considérées est

$$2d\theta = \frac{cd\rho}{\rho\sqrt{c\rho - a^2}}.$$

En intégrant cette équation, on trouve l'équation polaire de la radiale de l'alysoïde:

(1)
$$c\rho \cos^2 \frac{a}{c}\theta = a^2.$$

En particulier, en posant $a = c,$ on voit que *la radiale de la chaînette est la kampile* (*Traité,* t. II, p. 436).

Si $a = 0$, l'équation de l'alysoïde se réduit à celle d'une pseudo-spirale, dont l'alysoïde est une conchoïde naturelle. Cette pseudo-spirale a été étudiée, sous le nom *d'antiloga,* **par** Krause (*Novae theoriae linearum curvarum,* 1835).

2. En partant de l'équation de la *pseudo-chaînette* (*Traité,* t. II, p. 108) et en donnant à cette équation la forme

$$cR = a^2 - s^2,$$

on trouve, par une analyse semblable, que la radiale de cette courbe a pour équation

$$e^{2\frac{a}{c}\theta} = \frac{a + \sqrt{a^2 - c\rho}}{a - \sqrt{a^2 - c\rho}},$$

à laquelle on peut donner la forme

(2)
$$c\rho = \frac{4a^2}{\left(e^{\frac{a}{c}\theta} + e^{-\frac{a}{c}\theta}\right)^2} = \frac{a^2}{\operatorname{ch}^2\frac{a}{c}\theta}.$$

On passe de l'équation (1) à l'équation (2) en remplaçant a par ia et c par $-c$. Donc les courbes représentées par ces équations appartiennent à une même famille de courbes algébriques ou interscendantes.

3. Aux renseignements sur l'histoire de la chaînette que nous avons donnés dans le *Traité des courbes,* nous ajouterons ce qui suit. Cette courbe a été rencontrée par Euler à l'occasion de quelques problèmes de maxima et minima, dans son *Methodus inveniendi lineas curvas maximi minimive proprietate gaudentes* (1744, p. 194, 198, 208, 220), savoir:

1°. Déterminer, entre les courbes planes joignant deux points et qui, en tournant autour d'un axe, engendrent des solides d'égale surface, celle qui produit le solide de volume maximum.

2°. Déterminer, entre les courbes planes joignant deux points, celle qui, en tournant autour d'un axe, engendre un solide de surface maxima ou minima.

3°. Définir, entre les courbes de même longueur joignant deux points, ayant pour abscisses x_0 et x, celle qui rend l'intégrale $\int_{x_0}^{x} s^n dx$ maxima ou minima.

4°. Déterminer, entre les courbes de même longueur joignant deux points, celle dont le centre de gravité est le plus bas.

4. Parmi les courbes dont la chaînette est un cas particulier, nous signalerons celles qui ont été rencontrées par M. Turrière (*Nouvelles Annales,* 1911) en cherchant la surface de révolution qui jouit de la propriété suivante: le segment MA compris entre le point M de la surface et le milieu du segment CC′, C et C′ désignant les centres de courbure principaux au point M, se projette sur une droite fixe suivant un segment de longueur constante.

La méridienne de cette surface de révolution peut être représentée par les équations

$$x = \frac{2m\sqrt{1+t^2}-a}{t}, \qquad y = \log\left[t^a\left(\frac{\sqrt{1+t^2}+1}{\sqrt{1+t^2}-1}\right)^m\right],$$

en fonction du paramètre t.

En posant

$$\frac{\sqrt{1+t^2}+1}{\sqrt{1+t^2}-1} = z^2$$

et en faisant un changement de l'origine des coordonnées, on peut encore donner à ces équations la forme

$$x = \frac{2m(z^2+1)-a(z^2-1)}{2z}, \qquad y = \log\frac{z^{2m+a}}{(z^2-1)^a}.$$

Si $a = 0$ ces équations donnent celle-ci:

$$x = m\left(e^{\frac{y}{2m}} + e^{-\frac{y}{2m}}\right),$$

qui représente la chaînette.

5. L'équation intrinsèque

(3)
$$R^2 + a^2 = a^2 e^{\frac{2s}{c}}$$

comprend celle de la *tractrice,* qui correspond (*Traité,* t. II, p. 22) à $a = c$.

On a donc, en tenant compte de la relation $R = \dfrac{ds}{d\omega}$,

$$dR = \frac{R^2+a^2}{c}\, d\omega,$$

et, en intégrant,

$$R = a\,\tan\frac{a}{c}\,\omega.$$

Donc *la radiale de la courbe* (3) *est le noeud* représenté par l'équation

(4)
$$\rho = a\,\tan\frac{a}{c}\,\theta.$$

En faisant $a = c$, on voit que *la radiale de la tractrice est le cappa*.

En appliquant la même méthode à l'équation de la *pseudo-tractrice,* qu'on peut mettre sous la forme (*Traité,* t. II, p. 111)

$$(5) \qquad R^2 = a^2 \left(1 - e^{\frac{2s}{c}} \right),$$

on voit que la radiale des courbes représentées par cette équation a pour équation polaire

$$(6) \qquad \rho = a \frac{e^{-\frac{a}{c}\theta} + e^{\frac{a}{c}\theta}}{e^{-\frac{a}{c}\theta} - e^{\frac{a}{c}\theta}},$$

et cette radiale est par conséquent une *spirale des cotangentes hyperboliques.*

En changeant la direction de l'axe des coordonnées, on peut représenter les courbes correspondant à l'équation (4) par celle-ci:

$$\rho = a \cot \frac{a}{c}\theta \,;$$

et par conséquent les lignes (4) et (6) appartiennent à une même famille algébrico-interscendante de courbes définies par l'équation (4) en donnant à a une valeur réelle ou imaginaire.

6. On a vu, dans le tome II, p. 22-23, du *Traité des courbes* que la tractrice est la solution du problème qui a pour but de déterminer les trajectoires orthogonales des cercles tangents à deux droites parallèles données. Ce problème a été généralisé par M. Turrière dans les *Annaes scientificos da Academia Polytechnica do Porto* (t. VIII, 1913), où il a considéré le problème de la détermination des trajectoires orthogonales des cercles tangents à deux droites faisant un angle quelconque α. M. Brocard avait étudié antérieurement le cas où $\alpha = \frac{\pi}{2}$, dans le *Journal de mathématiques spéciales* (1908). M. Turrière a démontré que, dans le cas général, les courbes qui satisfont au problème appartiement à une famille algébrico-interscendante représentée par l'équation tangentielle polaire

$$\overline{\omega} = \overline{\omega}_0 \cos \varphi \, \mathrm{tang}^k \left(\frac{\varphi}{2} + \frac{\pi}{4} \right),$$

ou par les équations cartésiennes paramétriques

$$x = \overline{\omega}_0 (1 - k \sin \varphi) \, \mathrm{tang}^k \left(\frac{\varphi}{2} + \frac{\pi}{4} \right), \qquad y = \overline{\omega}_0 k \cos \varphi \, \mathrm{tang}^k \left(\frac{\varphi}{2} + \frac{\pi}{4} \right),$$

$\overline{\omega}_0$ étant une constante arbitraire, et correspondent aux valeurs de k qui vérifient la condition

$k = \sin \alpha$. En partant de la première de ces équations, M. Turrière a encore constitué une famille particulière de courbes qui admet pour courbe singulière limite la tractrice.

On peut encore constituer aisément en suivant une voie générale, une famille algébrico-interscendante de courbes ayant pour courbe limite la tractrice, et même la courbe plus générale représentée par l'équation (*Traité*, t. II, p. 24)

$$x + \sqrt{a^2 - y^2} = c \log \frac{a + \sqrt{a^2 - y^2}}{y},$$

c'est-à-dire la *syntactrice*. Cette courbe peut, en effet, être représentée par les équations paramétriques

$$x = -a \frac{t^2 - 1}{t^2 + 1} + c \log t, \quad y = \frac{2at}{t^2 + 1},$$

d'où il résulte que la syntractrice est une courbe limite de la famille algébrico-interscendante représentée par les équations

$$x = -a \frac{t^2 - 1}{t^2 + 1} + cm \left(t^{\frac{1}{m}} - 1 \right), \quad y = \frac{2at}{t^2 + 1},$$

correspondant à $m = \infty$.

Nous profiterons de cette occasion pour ajouter aux renseignements historiques sur le syntractrice, donnés dans le *Traité des courbes,* que la syntractrice spéciale correspondant à $a = 2c$ (t. II, p. 26) est une des courbes de l'énumération des lignes élastiques donnée par Euler dans un Appendice à son *Methodus inveniendi lineas curvas maximi minimive proprietate gaudentes* (1744, p. 274).

VI.

Courbes de Sumner.

1. Considérons une sphère de rayon égal à l'unité et, sur sa surface, un point M dont la latitude soit θ et la longitude soit φ. Prenons un plan et sur ce plan un point M_1, dont les coordonnées x et y soient déterminées par les conditions suivantes: l'abscisse x est égale à l'arc φ; et, quand M décrit une courbe sur la sphère, le point M_1 décrit sur le plan une courbe correspondante telle que, en chacune de ses positions, l'angle que la tangente fait avec l'axe des ordonnées est égal à l'angle que la tangente à la courbe décrite par M sur la sphère fait avec le méridien qui passe par ce point. Les coordonnées x, y, θ, φ doivent dont vérifier les équations

$$x = \varphi, \quad \frac{dx}{dy} = \frac{\cos \theta \, d\varphi}{d\theta}.$$

ou

(1)
$$x = \varphi, \quad y = \int \frac{d\theta}{\cos \theta} = \frac{1}{2} \log \frac{1 + \sin \theta}{1 - \sin \theta}.$$

Cette transformation est connue sous le nom de *transformation de Mercator,* pour avoir été employée par ce géomètre pour les cartes géographiques; et il résulte immédiatement de sa définition que les transformées des méridiens et des loxodromies sont des droites. Les courbes qui correspondent aux autres cercles de la sphère sont nommées *courbes de Sumner.*

Soit

$$AX + BY + CZ + D = 0$$

l'équation d'un plan coupant la sphère.

En posant

$$X = \cos \varphi \cos \theta, \quad Y = \sin \varphi \cos \theta, \quad Z = \sin \theta,$$

l'équation précédente prend la forme

$$(A \cos \varphi + B \sin \varphi) \cos \theta + C \sin \theta + D = 0.$$

Mais la seconde des équations (1) donne

$$\sin \theta = \frac{e^y - e^{-y}}{e^y + e^{-y}}.$$

Donc l'équation du plan considéré peut être mise sous la forme

(2) $$\qquad D(e^y + e^{-y}) + C(e^y - e^{-y}) + 2 (A \cos x + B \sin x) = 0,$$

ou

$$D \cos iy + Ci \sin iy + A \cos x + B \sin x = 0.$$

Posons maintenant

$$A = B \cot \alpha, \quad D = Ci \tang i\eta = C \frac{e^{-\eta} - e^{\eta}}{e^{\eta} + e^{-\eta}},$$

et remarquons que la dernière équation donne

$$e^{2\eta} = \frac{C - D}{C + D},$$

et par conséquent que η est réel quand $D^2 < C^2$. Alors l'équation de la courbe considérée prend la forme

$$\frac{Ci}{\cos i\eta} \sin i(y + \eta) + \frac{B}{\sin \alpha} \cos (x - \alpha) = 0,$$

ou, en changeant l'origine des coordonnées,

$$\frac{Ci}{\cos i\eta} \sin iy + \frac{B}{\sin \alpha} \cos x = 0,$$

ou

$$e^y - e^{-y} = \frac{B \cos x}{C \sin \alpha}(e^\eta + e^{-\eta}),$$

ou enfin

(3) $$e^y - e^{-y} = K_1 \cos x,$$

où

$$K_1 = \frac{B(e^\eta + e^{-\eta})}{C \sin \alpha} = \pm 2\sqrt{\frac{A^2 + B^2}{C^2 - D^2}},$$

le signe de K_1 dépendant des signes de B, C et sin α.

2. Si $D^2 > C^2$, l'équation employée pour déterminer η donne, pour ce nombre, une valeur imaginaire; mais on pose alors

$$D = Ci \cot i\eta,$$

ce qui donne

$$e^{2\eta} = \frac{C + D}{D - C},$$

et il vient

$$e^y + e^{-y} = \frac{B(e^{-\eta} - e^\eta)}{C \sin \alpha} \cos x,$$

ou

(4) $$e^y + e^{-y} = K_2 \cos x,$$

où

$$K_2 = \frac{B(e^{-\eta} - e^\eta)}{C \sin \alpha} = -\frac{B(e^\eta + e^{-\eta})}{D \sin \alpha} = \pm 2\sqrt{\frac{A^2 + B^2}{D^2 - C^2}},$$

le signe de K_2 dépendant des signes de B, D et sin α.

3. Si $D = C$, l'équation (2) donne

$$e^y = -\frac{B}{C \sin \alpha} \cos (x - \alpha),$$

ou

$$e^y = K \cos (x - \alpha), \quad K = -\frac{B}{C \sin \alpha},$$

ou, si K est un nombre positif,

$$y = \log K + \log \cos (x - \alpha),$$

ou enfin, en changeant l'origine des coordonnées

$$y = \log \cos x.$$

Si K est négatif, nous avons

$$y = \log(-K) + \log[-\cos(x-\alpha)] = \log(-K) + \log\cos(\pi + x - \alpha),$$

ou, en changeant l'origine des coordonnées,

$$y = \log\cos x.$$

La courbe est donc, dans les deux cas, une *chaînette d'égale résistance* (*Traité*, t. II, p. 27).

4. L'équation (3) donne,

$$y' = -\frac{K_1 \sin x}{e^y + e^{-y}}, \qquad e^y + e^{-y} = \sqrt{K_1^2 \cos^2 x + 4},$$

et par conséquent la longueur de l'arc de la courbe déterminée par cette équation est donnée par celle-ci:

$$\frac{ds}{dx} = \sqrt{\frac{4 + K_1^2}{K_1^2 \cos^2 x + 4}},$$

ou

$$ds = \frac{dx}{\sqrt{1 - \frac{K_1^2}{K_1^2 + 4} \sin^2 x}}.$$

Donc la rectification de la courbe (3) dépend d'une intégrale elliptique de Legendre de première espèce.

De même, la rectification de la courbe (4) dépend de l'intégrale

$$s = \int \frac{dx}{\sqrt{1 - \frac{K_2^2}{K_2^2 - 4} \sin^2 x}},$$

qui, en supposant $K_2^2 > 4$ et en faisant

$$\sin x = \frac{\sqrt{K_2^2 - 4}}{K_2} \sin x_1$$

prend la forme

$$s = \frac{\sqrt{K_2^2 - 4}}{K_2} \int \frac{dx_1}{\sqrt{1 - \frac{K_2^2 - 4}{K_2^2} \sin^2 x_1}},$$

et s dépend donc encore d'une intégrale de première espèce.

Si on a $K_2^2 < 4$, la courbe est imaginaire.

5. On trouve aisément la forme des courbes représentées par les équations (3) et (4). On peut, pour cela, supposer que les nombres K_1 et K_2 sont positifs, puisque, quand ces nombres changent de signe, les courbes (3) et (4) changent seulement de position.

La courbe représentée par l'équation (2) est formée d'une seule branche ayant l'axe des ordonnées pour axe de symétrie et qui fait une suite d'ondulations d'amplitude égale à π entre les deux droites correspondant aux équations

$$y = \pm \log \frac{1}{2} \left(\sqrt{K_1^2 + 4} + K_1 \right),$$

auxquelles elle est respectivement tangente aux points où $x = 0$, $\pm 2\pi$, $\pm 4\pi, \ldots$ et aux points où $x = \pm \pi$, $\pm 3\pi$, $\pm 5\pi, \ldots$ Les points où la courbe coupe l'axe des abscisses sont des points d'inflexion.

La courbe représentée par l'équation (4), où $K_2^2 > 4$, est composée d'une suite d'ovales égaux disposés de manière qu'on passe de chaque point de l'une au point correspondant de celui qui suit en changeant x en $x \pm 2\pi$. Un de ces ovales est symétrique par rapport aux axes des coordonnées et coupe l'axe des abscisses aux points où $x = \pm \arccos \dfrac{2}{K_2}$. Tous les ovales sont tangents aux droites représentées par les équations

$$y = \pm \log \frac{1}{2} \left(K_2 - \sqrt{K_2^2 - 4} \right).$$

L'équation (3) donne

$$1 + y'^2 = \frac{4 + K_1^2}{(e^y + e^{-y})^2}, \qquad y'' = -\frac{(4 + K_1^2)(e^y - e^{-y})}{(e^y + e^{-y})^3},$$

et par conséquent le rayon de courbure R de la courbe qu'elle représente est déterminé par l'équation

$$R = \frac{\sqrt{4 + K_1^2}}{e^y - e^{-y}} = \frac{\sqrt{4 + K_1^2}}{K_1 \cos x}.$$

De même, le rayon de courbure de la courbe (4) est déterminé par l'équation

$$R = \frac{\sqrt{K_2^2 - 4}}{K_2 \cos x}.$$

6. Pour déterminer les trajectoires orthogonales des courbes (3), K_1 étant le paramètre, nous devons éliminer K_1 entre cette équation et celle-ci:

$$\frac{dy}{dx} = \frac{e^y + e^{-y}}{K_1 \sin x},$$

ce qui donne

$$\frac{dy}{dx} = \frac{e^y + e^{-y}}{e^y - e^{-y}} \cdot \frac{\cos x}{\sin x}.$$

En intégrant, on trouve

$$e^y + e^{-y} = K_2 \sin x,$$

qui est l'équation des courbes (5), rapportée à une autre origine. Donc *les trajectoires des courbes de Sumner ouvertes sont des courbes de Sumner fermées et réciproquement.*

VII.

Courbes de Mannheim des coniques.

1. On a déjà vu (p. 70) que l'équation différentielle intrinsèque de l'ellipse

$$\frac{x^2}{a^2} + \frac{y^2}{b^2} = 1,$$

où $a > b$, est

$$abd\mathrm{R} = 3 \sqrt{\left[(ab\mathrm{R})^{\frac{2}{3}} - a^2 \right]\left[b^2 - (ab\mathrm{R})^{\frac{2}{3}} \right]} \, ds;$$

donc l'équation de la courbe de Mannheim de la même ellipse est

$$abdy = 3 \sqrt{\left[(aby)^{\frac{2}{3}} - a^2 \right]\left[b^2 - (aby)^{\frac{2}{3}} \right]} \, dx.$$

Les points réels de la courbe correspondent aux valeurs de y qui vérifient les conditions $b^2y^2 < a^4$, $a^2y^2 > b^4$. Elle possède deux branches qui s'étendent jusqu'à l'infini dans les sens des abscisses positives et négatives, en faisant une suite d'ondulations, et qui sont respectivement placées dans les espaces limités par les droites $y = -\dfrac{b^2}{a}$ $y = -\dfrac{a^2}{b}$ et par les droites $y = \dfrac{b^2}{a}$, $y = \dfrac{a^2}{b}$, lesquelles sont tangentes à la courbe considérée en une infinité de points. Les deux branches sont symétriquement situées par rapport à l'axe des abscisses.

Posons $a^2b^2y^2 = z^3$. Il vient

(1)
$$\frac{zdz}{\sqrt{z(z - a^2)(b^2 - z)}} = 2dx.$$

Donc la courbe peut être représentée par les équations paramétriques:

$$x = \frac{1}{2} \int_{z_0}^{z} \frac{zdz}{\sqrt{z(z - a^2)(b^2 - z)}}, \qquad y = \frac{1}{ab} z^{\frac{3}{2}},$$

qui donnent pour x et y des valeurs réelles, quand z et z_0 sont compris entre b^2 et a^2.

On peut encore exprimer x et y par des fonctions elliptiques, comme on va le voir.

En faisant pour cela $z = z_1 + \dfrac{1}{3}\,(a^2 + b^2)$, on obtient une équation de la forme

$$i\,\frac{z_1 + \dfrac{1}{3}\,(a^2 + b^2)}{\sqrt{4z_1^3 - g_1 z - g_2}}\,dz_1 = -\,dx,$$

où

$$4z_1^3 - g_1 z_1 - g_2 = 4(z_1 - e_1)\,(z_1 - e_2)\,(z_1 - e_3),$$

$$e_1 = a^2 - \frac{1}{3}\,(a^2 + b^2), \qquad e_2 = b^2 - \frac{1}{3}\,(a^2 + b^2), \qquad e_3 = -\frac{1}{3}\,(a^2 + b^2)$$

et par conséquent $e_1 > e_2 > e_3$.

Posons dans l'équation (1) $z_1 = \mathrm{p}u$, $\mathrm{p}u$ étant la fonction de Weierstrass correspondant aux valeurs des invariantes g_1 et g_2 déterminées par la dernière équation. On trouve

$$i\left[\mathrm{p}u + \frac{1}{3}\,(a^2 + b^2)\right]du = dx,$$

et, en intégrant,

$$i\left[\zeta u - \frac{1}{3}\,(a^2 + b^2)u\right] = c - x,$$

c étant une constante arbitraire.

La courbe de Mannheim de l'ellipse peut donc être représentée par les équations paramétriques

$$x = c - i\left[\zeta u - \frac{1}{3}\,(a^2 + b^2)u\right], \qquad y = \frac{1}{ab}\left[\mathrm{p}u + \frac{1}{3}\,(a^2 + b^2)\right]^{\frac{3}{2}}.$$

L'expression de y peut encore être mise sous la forme

$$y = \frac{1}{ab}\left[\mathrm{p}u - \mathrm{p}\,(i\omega')\right]^{\frac{3}{2}} = -\,ab\,\frac{\sigma^{\frac{3}{2}}(u - i\omega')\,\sigma^{\frac{3}{2}}(u + i\omega')}{\sigma^3 u\,\sigma^3\,(i\omega')} = \frac{1}{ab}\,\frac{\sigma^3\,(u + i\omega')}{\sigma^3 u\,\sigma^3\,(i\omega')}\,e^{-3\eta u},$$

où $\eta = \zeta\,(i\omega')$, $2i\omega'$ étant la période imaginaire de la fonction $\mathrm{p}u$ considérée. De cette manière y est exprimé par une fonction uniforme de u.

On doit remarquer que, afin d'obtenir pour x et y des valeurs réelles, il faut donner à u des valeurs complexes de la forme $i\nu + \omega$, ν étant un nombre réel et 2ω désignant la période réelle de $\mathrm{p}u$.

2. On trouve de la même manière que l'équation différentielle de la courbe de Mannheim de l'hyperbole est

$$\frac{abdy}{\sqrt{\left[(aby)^{\frac{2}{3}}+a^2\right]\left[(aby)^{\frac{2}{3}}-b^2\right]}}=3dx.$$

Les points réels de cette courbe correspondent aux valeurs de y qui vérifient la condition $a^2y^2>b^4$, et par conséquent elle possède deux branches infinies tangentes aux droites $y=-\frac{b^2}{a}$ et $y=\frac{b^2}{a}$ en une infinité de points, symétriquement situées par rapport à l'axe des abscisses.

On peut représenter la même courbe par les équations paramétriques

$$x=\frac{1}{2}\int_{z_0}^{z}\frac{zdz}{\sqrt{z(z+a^2)(z-b^2)}},\qquad y=\frac{1}{ab}z^{\frac{3}{2}},$$

où $z_0>b^2$, $z>b^2$.

En introduisant, comme ci-dessus, les fonctions elliptiques, on obtient les équations

$$x=c+\left[\zeta u-\frac{1}{3}(a^2-b^2)u\right],\qquad y=\frac{1}{ab}\left[pu-\frac{1}{3}(a^2-b^2)\right]^{\frac{3}{2}},$$

onction elliptique pu correspondant aux valeurs des invariantes g_1 et g_2 données par l'équation

$$4z_1^3-g_1z-g_2=4(z-e_1)(z-e_2)(z-e_3),$$

où

$$e_1=b^2+\frac{1}{3}(a^2-b^2),\qquad e_2=\frac{1}{3}(a^2-b^2),\qquad e_3=-a^2+\frac{1}{3}(a^2-b^2).$$

On peut encore donner á l'expression de y la forme

$$y=\frac{1}{ab}\frac{\sigma^3(u+\omega_1)}{\sigma^3u\sigma^3(\omega_1)}e^{-3\eta_1u},$$

où $\eta_1=\zeta\omega_1$, $2\omega_1=2\omega+2i\omega'$, 2ω et $2i\omega'$ étant les périodes réelle et imaginaire de pu.

Dans le cas qu'on vient de considérer, les points réels de la courbe correspondent aux valeurs réelles du paramètre u.

3. L'équation différentielle intrinsèque de la parabole du second ordre est (p. 75)

$$pdR=3\sqrt{(p^2R)^{\frac{2}{3}}-p^2}\,ds.$$

On en déduit que l'équation de la courbe de Mannheim de cette ligne est

$$x = \frac{p}{4}\left[\log\frac{\sqrt{1-\left(\frac{p}{y}\right)^{\frac{2}{3}}}+1}{\sqrt{1-\left(\frac{p}{y}\right)^{\frac{2}{3}}}-1}+2\left(\frac{y}{p}\right)^{\frac{2}{3}}\sqrt{1-\left(\frac{p}{y}\right)^{\frac{2}{3}}}\right].$$

On peut encore représenter cette courbe par les équations paramétriques

$$x = \frac{p}{4}\left[\log\frac{t+1}{t-1}+\frac{2t}{(1-t^2)^{\frac{3}{2}}}\right], \qquad y = \frac{p}{(1-t^2)^{\frac{3}{2}}}.$$

VIII.

Sur les roulettes de Delaunay. Sur les anti-radiales du cercle.

1. L'équation différentielle des cercles de rayon égal à a est

$$\left[\rho^2+\left(\frac{d\rho}{d\theta}\right)^2\right]^{\frac{3}{2}}+a\left[\rho^2-\rho\frac{d^2\rho}{d\theta^2}+2\left(\frac{d\rho}{d\theta}\right)^2\right]=0,$$

et par conséquent l'équation différentielle intrinsèque, en coordonnées R et ω (rayon de courbure et angle de la tangente avec une droite fixe), de la courbe dont le cercle est la radiale est (p. 69)

$$\left[R^2+\left(\frac{dR}{d\omega}\right)^2\right]^{\frac{3}{2}}+a\left[R^2-R\frac{d^2R}{d\omega^2}+2\left(\frac{dR}{d\omega}\right)^2\right]=0.$$

Mais on a

$$R=\frac{ds}{d\omega}, \qquad \frac{dR}{d\omega}=\frac{dR}{ds}R, \qquad \frac{d^2R}{d\omega^2}=\frac{d^2R}{ds^2}R^2+\left(\frac{dR}{ds}\right)^2R.$$

Donc l'équation différentielle intrinsèque de la même courbe, en coordonnées R et s, est

(1)
$$R\frac{d^2R}{ds^2}=1+\left(\frac{dR}{ds}\right)^2+\frac{R}{a}\left[1+\left(\frac{dR}{ds}\right)^2\right]^{\frac{3}{2}}.$$

En remplaçant dans cette équation R et s par y et x, on obtient l'équation différentielle des courbes de Mannheim des anti-radiales du cercle, savoir:

$$\frac{\dfrac{d^2y}{dx^2}}{\left[1+\left(\dfrac{dy}{dx}\right)^2\right]^{\frac{3}{2}}} - \frac{1}{y\left[1+\left(\dfrac{dy}{dx}\right)^2\right]^{\frac{1}{2}}} = \frac{1}{a},$$

ou, en désignant par R_1 et N_1 le rayon de courbure et la longueur de la normale de ces courbes,

$$\frac{1}{R_1} - \frac{1}{N_1} = \frac{1}{a}.$$

Donc (*Traité des courbes*, t. II, p. 228) *les courbes de Mannheim des anti-radiales du cercle sont les roulettes de Delaunay.*

2. Il résulte de cette proposition et de l'équation (*l. c.*, p. 225)

$$(2) \qquad \frac{dx}{dy} = \frac{y^2 \pm b^2}{\sqrt{4a^2y^2 - (y^2 \pm b^2)^2}}$$

que les anti-radiales du cercle peuvent être représentées par l'équation différentielle intrinsèque

$$(3) \qquad ds = \frac{R^2 \pm b^2}{\sqrt{4a^2R^2 - (R^2 \pm b^2)^2}}\, dR,$$

où b^2 est une constante arbitraire. Le signe supérieur correspond au cas où la courbe de Mannheim de l'anti-radiale du cercle est une roulette elliptique, et le signe inférieur au cas où elle est une roulette hyperbolique.

Considérons dans l'équation (3) les signes supérieurs et supposons $R > 0$ et $b < a$. Alors ds est réel quand R est compris entre les nombres

$$\alpha = a - \sqrt{a^2 - b^2}, \qquad \beta = a + \sqrt{a^2 - b^2}$$

et est imaginaire dans le cas contraire. L'équation

$$s = \int_\alpha^R \frac{(R^2 + b^2)\, dR}{\sqrt{4a^2R^2 - (b^2 + R^2)^2}}$$

fait voir que s augmente quand la limite supérieure de l'intégrale varie depuis α jusqu'à β, et que par conséquent le point décrivant parcourt un arc dont la courbure diminue depuis $\dfrac{1}{\alpha}$ jusqu'à $\dfrac{1}{\beta}$. En procédant ensuite, comme en bien des questions analogues considérées dans le *Traité des courbes,* on voit que la courbe définie par l'équation différentielle (3) est composée d'une suite infinie d'arcs égaux successifs.

On considère de la même manière le cas où l'on prend en (3) les signes inférieurs. Alors, pour que ds soit réel, il faut que R soit compris entre les nombres $a - \sqrt{a^2 + b^2}$ et $a + \sqrt{a^2 + b^2}$.

3. Si l'on veut intégrer les équations (3), il faut recourir aux fonctions elliptiques.

En posant pour cela $R^2 = t$, il vient

$$ds = \frac{i\,(t \pm b^2)\,dt}{2\sqrt{t\,(t - a_1)\,(t - a_2)}},$$

où a_1 et a_2 sont les racines de l'équation

$$t^2 - 2\,(2a^2 \mp b^2)\,t + b^4 = 0.$$

En faisant maintenant

$$t = z + h, \qquad h = \frac{2}{3}\,(2a^2 \mp b^2),$$

l'expression de ds prend la forme

(4)
$$ds = \frac{i\,(z \pm b^2 + h)}{\sqrt{4z^3 - g_1 z - g_2}},$$

où

$$4z^2 - g_1 z - g_2 = 4\,(z - e_1)\,(z - e_2)\,(z - e_3),$$

$$e_1 = \frac{1}{3}(2a^2 \mp b^2) + 2a\sqrt{a^2 \mp b^2}, \qquad e_2 = \frac{1}{3}(2a^2 \mp b^2) - 2a\sqrt{a^2 \mp b^2},$$

$$e_3 = -\frac{2}{3}(2a^2 \mp b^2),$$

et on a $e_1 > e_2 > e_3$.

En introduisant maintenant la fonction $\mathrm{p}u$ définie par les valeurs des invariantes g_1 et g_2 qui résultent de l'équation précédente, posons $z = \mathrm{p}u$. L'équation (4) prend alors la forme

$$ds = -i\,[\mathbf{P}u + (h \pm b^2)]\,du,$$

et nous avons donc les équations intrinsèques paramétriques de la courbe considérée

$$s = i\zeta u - i\,(h \pm b^2)\,u + c, \qquad R = \sqrt{\mathrm{p}u + h},$$

c désignant une constante arbitraire.

La variable R peut être encore représentée par une fonction uniforme de u. Nous avons, en effet, $\mathrm{p}(i\omega') = -h$, $i\omega'$ étant la période imaginaire de p, et par conséquent

$$\mathrm{p}u + h = \mathrm{p}u - \mathrm{p}(i\omega') = \frac{\sigma(u - i\omega')\,\sigma(u + i\omega')}{\sigma^2 u\,\sigma^2(i\omega')} = \frac{\sigma^2(u + i\omega')}{\sigma^2 u\,\sigma^2(i\omega')}\,e^{-2\eta_1 u},$$

où $\eta_1 = \zeta(i\omega')$. Donc

$$\mathrm{R} = \frac{\sigma(u + i\omega')}{\sigma u\,\sigma(i\omega')}\,e^{-\eta_1 u}.$$

Afin d'obtenir pour s et R des valeurs réelles, on doit donner à u des valeurs complexes de la forme $i\nu + \omega$, ν étant réel et 2ω désignant la période réelle de $\mathrm{p}u$.

Dans le cas où $b^2 = 0$, l'équation (3) peut être intégrée par des fonctions élémentaires et on trouve

$$\mathrm{R}^2 + s^2 = 4a^2;$$

l'anti-radiale est donc, dans ce cas, une cycloïde engendrée par un cercle de rayon égal à $\frac{1}{2}a$ (*Traité des courbes*, t. II, p. 137). La courbe de Mannheim correspondante est un cercle.

Les anti-radiales du cercle ont été étudiées par M. Mineo dans les *Rendiconti del Circolo Matematico di Palermo* (t. XXIV, 1907, p. 258), où il a donné pour ds et R les expressions

$$ds = a\,\frac{1 + c\cos\varphi}{\sqrt{1 + c^2 + 2c\cos\varphi}}\,d\varphi, \qquad \mathrm{R} = a\sqrt{1 + c^2 + 2c\cos\varphi}\,,$$

où c est une constante arbitraire. Ces équations déterminent R et s en fonction du paramètre φ. On les vérifie aisément en éliminant φ entre les deux équations; on obtient, en effet, une équation identique à l'équation (3).

4. On voit au moyen de l'équation (2) que les cosinus des angles formés par la normale à une roulette de Delaunay elliptique au point (x, y) avec les axes des coordonnées sont égaux aux nombres

$$\frac{\sqrt{4a^2 y^2 - (y^2 + b^2)^2}}{2ay}, \qquad -\frac{y^2 + b^2}{2ay}\,.$$

Donc les coordonnées (X, Y) du point d'une courbe parallèle à celle-là, correspondant au point (x, y), sont déterminées par les équations

$$X = x + h\,\frac{\sqrt{4a^2 y^2 - (y^2 + b^2)^2}}{2ay}, \qquad Y = y - h\,\frac{y^2 + b^2}{2ay}\,,$$

h étant la distance des deux points.

On a donc, en tenant compte de la valeur de $\dfrac{dx}{dy}$ donnée par l'équation (2),

$$dX = dx - \frac{h}{2a} \cdot \frac{(y^2 + b^2)(y^2 - b^2)}{y^2 \sqrt{4a^2 y^2 - (y^2 + b^2)^2}} \, dy = \frac{(y^2 + b^2)[2ay^2 - h(y^2 - b^2)]}{2ay^2 \sqrt{4a^2 y^2 - (y^2 + b^2)^2}} \, dy,$$

$$dY = \frac{2ay^2 - h(y^2 - b^2)}{2ay^2} \, dy,$$

et par conséquent, s_1 représentant les arcs décrits par le point (X, Y),

$$ds_1 = \sqrt{dX^2 + dY^2} = \frac{2ay^2 - h(y^2 - b^2)}{y \sqrt{4a^2 y^2 - (y^2 + b^2)^2}} \, dy,$$

ou, en éliminant y au moyen de l'équation (*Traité*, t. II, p. 226)

$$R = \frac{2ay^2}{y^2 - b^2},$$

R désignant le rayon de courbure de la roulette considérée,

$$ds_1 = \frac{a^2 b (R - h) \, dR}{R (R - 2a) \sqrt{(a^2 - b^2) R (R - 2a) - a^2 b^2}}.$$

Mais on a, R_1 désignant le rayon de courbure de la courbe décrite par (X, Y),

$$R_1 = R - h.$$

Donc

$$ds_1 = \frac{a^2 b R_1 dR_1}{(R_1 + h)(R_1 + h - 2a) \sqrt{(a^2 - b^2)(R_1 + h)(R_1 + h - 2a) - a^2 b^2}}.$$

Nous avons ainsi l'équation différentielle intrinsèque des courbes parallèles à la roulette de Delaunay considérée.

En faisant $h = 0$, on obtient l'équation différentielle intrinsèque de cette roulette, savoir

$$ds = \frac{a^2 b \, dR}{(R - 2a) \sqrt{(a^2 - b^2) R (R - 2a) - a^2 b^2}},$$

d'où l'on déduit par intégration l'équation obtenue à la page 226 du tome II du *Traité des courbes*.

En posant $h = 2a$, on trouve l'équation

$$ds_1 = \frac{a^2 b \, dR_1}{(R_1 + 2a) \sqrt{[(a^2 - b^2)(R_1 + 2a) R_1 - a^2 b^2]}},$$

laquelle fait voir qu'à *chaque roulette de Delaunay correspond une autre roulette qui est parallèle à celle-là.*

Il suffit de changer dans cette analyse b en $b\sqrt{-1}$ pour étendre cette proposition à la roulette hyperbolique.

La proposition qu'on vient de démontrer, a été donnée par Cesàro dans ses *Lezioni di Geometria intrinseca* (1896).

5. Cherchons la courbe sur laquelle doit rouler un cercle pour qu'un point de son plan décrive une droite.

On peut donner à l'équation du cercle la forme

$$\rho^2 = \pm b^2 + 2a\,\rho\cos\theta,$$

d'où il résulte

$$\frac{d\theta}{d\rho} = \frac{\rho^2 \pm b^2}{\rho\sqrt{4a^2\rho^2 - (\rho^2 \mp b^2)^2}}.$$

En appliquant maintenant la formule (12) de la page 93, on trouve l'équation différentielle de la courbe demandée, savoir:

$$\frac{dx}{dy} = \frac{y^2 \pm b^2}{\sqrt{4a^2y^2 - (y^2 \mp b^2)^2}}$$

ou, en posant $a^2 = a_1^2 \mp b^2$,

$$\frac{dx}{dy} = \frac{y^2 \pm b^2}{\sqrt{4a_1^2 y^2 - (y^2 \pm b^2)^2}}.$$

Donc *la courbe sur laquelle doit rouler un cercle pour qu'un point de son plan, non situé sur la circonférence, décrive une droite, est une roulette de Delaunay.*

Nous retrouvons ainsi une proposition qu'on avait démontrée dans le *Traité des courbes* (t. II, p. 228) au moyen du théorème d'Habich.

Si le point décrivant est situé sur la circonférence du cercle roulant, on a $b = 0$ et par conséquent

$$\frac{dx}{dy} = \frac{y\,dy}{\sqrt{4a^2 - y^2}}.$$

La courbe cherchée est donc alors un cercle, de rayon égal à *2a,* et on retrouve ainsi le théorème de Cardan (*Traité,* t. II, p. 169).

CHAPITRE III

SUR QUELQUES CLASSES DE COURBES.

I.

Courbes anharmoniques. Paraboles et hyperboles.

1. Considérons une parabole ou hyperbole représentée par l'équation

(1)
$$y = ax^k,$$

rapportée à un système de coordonnées orthogonales. Nous allons ajouter aux propriétés de ces courbes exposées dans le tome II, p. 115-130, du *Traité des courbes* celles qui suivent.

1.º Menons la tangente à la courbe considérée au point M ayant pour coordonnées x et y et désignons par A et B les points où cette tangente coupe respectivement l'axe des abscisses et celui des ordonnées. Prenons sur cette tangente un point arbitraire C et appelons Q sa projection sur l'axe des abscisses, P celle de M et α l'abscisse OQ. On a

$$\frac{MB \cdot AC}{MC \cdot AB} = \frac{OP \cdot AQ}{PQ \cdot OA} = \frac{x\left[(k-1)x - k\alpha\right]}{(k-1)x(x-\alpha)},$$

et par conséquent, en faisant $\alpha = \infty$,

$$\lim \frac{MB \cdot AC}{MC \cdot AB} = \frac{k}{k-1}.$$

Donc *le double rapport des segments déterminés par le point de contact de la tangente à une parabole ou hyperbole et par les points où elle coupe les axes des coordonnées et la droite de l'infini est constant* (Klein).

2.º L'équation de la tangente à la courbe considérée au point M peut être mise sous la forme

$$x(Y - y) = ky(X - x),$$

d'où il résulte que *les points de contact des tangentes menées à la courbe* (1) *par un point*

(X, Y) *sont situés sur une hyperbole passant par ce point et ayant pour asymptotes deux droites parallèles aux axes des coordonnées* (Fouret, *Comptes rendus de l'Académie des Sciences de Paris*, 1874, t. LXXVIII, p. 1693).

3.º De même, *les pieds des normales menées à la courbe d'un point* (X, Y) *sont situés sur la conique à centre représentée par l'équation*.

$$x^2 + ky^2 - Xx - kYy = 0,$$

laquelle passe par le point (X, Y) (Painvin, *Nouvelles Annales de Mathématiques*, 1874).

4.º En faisant

(2) $$x = \lambda_1 X, \quad y = \lambda_2 Y,$$

l'équation (1) prend la forme

$$\lambda_2 Y = a\lambda_1^k X^k.$$

Or cette équation est identique à l'équation (1) quand $\lambda_2 = \lambda_1^k$. Donc *on peut transformer d'une infinité de manières la courbe* (1) *en elle-même au moyen de la transformation linéaire* (2).

5.º Cherchons la polaire de la courbe (1) par rapport à la conique définie par l'équation

$$AX^2 + BXY + CY^2 + DX + EY + F = 0.$$

L'équation de la polaire du point (x, y) de la courbe considérée par rapport à cette conique est

$$(2CY + BX + E)y + (2AX + BY + D)x + 2F + DX + EY = 0,$$

ou, en éliminant y au moyen de l'équation (1),

$$(2CY + BX + E)ax^k + (2AX + BY + D)x + 2F + DX + EY = 0.$$

En dérivant cette équation par rapport à x, on trouve

$$(2CY + BX + E)akx^{k-1} + 2AX + BY + D = 0.$$

En éliminant enfin x entre ces deux équations, on obtient l'équation de la polaire réciproque de la parabole ou hyperbole (1) par rapport à la conique, savoir:

$$(1-k)^{k-1}(2AX + BY + D)^k + ak^k(EY + DX + 2F)^{k-1}(2CY + BX + E) = 0.$$

Donc *la polaire de la courbe* (1) *par rapport à une conique quelconque est identique à une transformée homographique de la même courbe.*

Si la courbe (1) est algébrique, le nombre k est rationnel; alors la polaire est aussi algébrique et son ordre est égal à celui de la courbe (1). Donc, dans ce cas, la classe et l'ordre de la courbe (1) sont égaux.

2. Les transformées homographiques des courbes représentées par l'équation (1) ont pour équation

$$(3) \qquad\qquad u^a v^b w^c = h, \qquad (a+b+c=0)$$

u, v et w étant des fonctions linéaires de x et y. Les propriétés projectives des courbes (3) peuvent être déduites de celles des courbes (1) au moyen des théorèmes concernant la transformation homographique. On trouve ainsi les propositions suivantes:

1.º *Le double rapport des segments déterminés par le point M d'une courbe* (3) *et par les points où la tangente à cette courbe en ce point coupe les droites* $u=0$, $v=0$, $w=0$ *est constant, quel que soit le point M.*

2.º *Les points de contact des tangentes à une courbe* (3) *issues d'un point donné sont situés sur une conique passant par ce point.*

3.º *La courbe* (3) *peut être transformée en elle même par une infinité de transformations homographiques.*

4.º *La polaire réciproque d'une courbe* (3) *par rapport à une conique est une autre courbe* (3).

En particulier, *si la courbe* (3) *est algébrique, la polaire est aussi une courbe algébrique de même ordre que celle-là. Dans ce cas, la classe et l'ordre de la courbe* (3) *sont égaux.*

Les courbes représentées par l'équation (3) ont été rencontrées par Jacobi (*Journal de Crelle*, t. XXIV, 1842) en cherchant l'intégrale de l'équation différentielle

$$L\,(xdy - ydx) + Mx + Ny = 0,$$

L, M, N étant des fonctions linéaires de x et y. La même équation a été intégrée de nouveau par Fouret (*l. c.*, p. 1837) à l'aide d'une méthode géométrique basée sur le premier des théorèmes précédents.

Les courbes considérées ont encore été étudiées en 1871 par M. Klein et par S. Lie dans les *Mathematische Annalen;* ils les ont rencontrées à l'occasion de ses recherches sur les transformations linéaires, où elles jouent un rôle important. À cause de la seconde des propriétés énoncées, ces géomètres les ont appelées *courbes* W *(Wurf)* et Halphen les a appelées *courbes anharmoniques,* dans l'Appendice ajouté à la traduction de l'ouvrage de Salmon sur les courbes planes.

3. L'équation (3) représente une famille de courbes algébriques ou interscendantes, qui, comme l'on vient de voir, est une généralisation de celle des paraboles et hyperboles. À la même famille appartiennent la spirale logarithmique et ses transformées homographiques. En effet, M. Klein a remarqué que cette spirale peut être représentée par l'équation

$$(x+iy)^{i-a}(x-iy)^{i+a}=c^{2i}, \quad i=\sqrt{-1},$$

résultat qu'on vérifie aisément en observant que, en faisant $x=\rho\cos\theta$, $y=\rho\sin\theta$, on a

$$x+iy=\rho e^{i\theta}, \quad x-iy=\rho e^{-i\theta},$$

et par conséquent

$$\rho^{2i}e^{-2ia\theta}=c^{2i},$$

ou enfin

$$\rho=ce^{a\theta}.$$

M. Turrière a associé à la famille des paraboles, comme courbe limite, la logarithmique, définie par l'équation $y=a\log x$. En effet, cette courbe peut être considérée comme limite, pour $m=\infty$, des paraboles représentées par l'équation

$$(y+am)^m=(ma)^m x.$$

On vérifie aisément que la logarithmique jouit des propriétés des paraboles démontrées au n.º 1, la première exceptée.

De même, les transformées homographiques de la courbe $y=a\log x$ sont des courbes limites des courbes anharmoniques, et elles jouissent des propriétés 2.ᵉ et 3.ᵉ de ces courbes énoncées au n.º 2 et de celle-ci, correspondant à la 4.ᵉ: *la polaire d'une transformée homographique de la logarithmique par rapport à une conique est une autre transformée homographique de la même logarithmique.*

4. La courbe anharmonique particulière représentée par l'équation

$$y=ax^k,$$

rapportée à un système d'axes obliques, est connue encore sous le nom de *parabole* $(k>0)$ ou *hyperbole* $(k<0)$. Nous pouvons supposer, sans particulariser, que la valeur absolue de k est supérieure à l'unité.

La courbe considérée peut être encore représentée par une équation de la forme

$$(4) \qquad\qquad y=hx+ax^k,$$

rapportée à des axes orthogonaux.

Nous allons chercher les foyers de cette courbe et leurs polaires par rapport à un cercle.

Pour résoudre le premier problème, il suffit d'éliminer x et y entre les équations

$$y = hx + ax^k, \quad h + akx^{k-1} = i, \quad y - y_1 = i(x - x_1),$$

(x_1, y_1) étant les coordonnées d'un foyer réel.

On obtient ainsi l'équation

(5)
$$k^k ai (x_1 + iy_1)^{k-1} + (k-1)^{k-1} (1 + hi)^k = 0,$$

qui détermine $x_1 + iy_1$ et par suite x_1 et y_1.

Si la parabole considérée est algébrique, c'est-à-dire si $k = \dfrac{m}{n}$, m et n étant deux nombres entiers, cette équation prend la forme

$$a^n m^n (x_1 + iy_1)^{m-n} = n^n (m-n)^{m-n} i^n (1 + hi)^m.$$

Si la courbe considérée est une parabole, les nombres m et n sont positifs et on a $m > n$. Donc *la parabole algébrique d'ordre m possède $m - n$ foyers réels.* Ce théorème doit remplacer celui que nous avons énoncé dans le tome II, p. 120, du *Traité des courbes*, qui n'est pas exact.

Si la courbe (4) est une hyperbole, on peut supposer que m est un nombre positif et n négatif, et il résulte de la dernière équation que *le nombre des foyers réels de l'hyperbole algébrique* (4) *est egal à son ordre.*

Cherchons maintenant la polaire de la courbe (4) par rapport à un cercle de rayon égal à r ayant son centre au point (α, β).

En transportant l'origine des coordonnées à ce point, l'équation de la courbe prend la forme

$$y + \beta = h(x + \alpha) + a(x + \alpha)^k,$$

et l'équation de la polaire de cette courbe par rapport au cercle représenté par l'équation

$$X^2 + Y^2 = r^2$$

résulte de l'élimination de x entre les équations

$$Y[-\beta + h(x + \alpha) + a(x + \alpha)^k] + Xx = r^2,$$

$$Y[h + ak(x + \alpha)^{k-1}] + X = 0,$$

qui donne

(6)
$$ak^k Y(r^2 + \alpha X + \beta Y)^{k-1} + (k-1)^{k-1} (hY + X)^k = 0.$$

C'est l'équation cherchée, et nous en allons considérer deux cas particuliers

Supposons premièrement qu'on a $\alpha = 0$, $\beta = 0$. Cette équation devient

$$ak^k r^{2\,(k-1)}\, \mathrm{Y} + (k-1)^{k-1}\,(h\mathrm{Y}+\mathrm{X})^k = 0;$$

donc la polaire de la parabole ou hyperbole (4) par rapport à un cercle ayant son centre à l'origine des coordonnées est une parabole ou hyperbole du même degré.

Pour considérer un autre cas particulier, posons dans l'équation (6) $\mathrm{Y} = i\mathrm{X}$, et ensuite $\mathrm{X} = \infty$. On trouve

$$k^k ai\,(\alpha + i\beta)^{k-1} + (k-1)^{k-1}\,(1+hi)^k = 0.$$

Cette équation et l'équation (5) donnent $x_1 = \alpha$, $y_1 = \beta$; par conséquent *la condition pour que la polaire de la courbe (4) par rapport à un cercle passe par les points circulaires de l'infini, est que le centre du cercle coïncide avec un foyer de (4).*

Nous avons considéré déjà (p. 6) un cas particulier de ce théorème.

5. En revenant au cas où $h = 0$, cherchons la caustique par réflexion de la parabole ou hyperbole définie par l'équation

$$y = ax^k,$$

rapportée à des axes orthogonaux, pour les rayons perpendiculaires à l'axe des abscisses.

En désignant par α l'angle que la tangente à la courbe donnée au point (x, y) fait avec l'axe des abscisses et par β l'angle que le rayon réflechi fait avec le même axe, nous avons $\beta = 2\alpha + \dfrac{\pi}{2}$, et par conséquent

$$\tan \beta = -\cot 2\alpha = \frac{y'^2 - 1}{2y'} = \frac{k^2 a^2 x^{2k-2} - 1}{2kax^{k-1}}\,.$$

Donc l'équation du rayon réflechi est

$$2kax^{k-1}\mathrm{Y} - (k^2 a^2 x^{2k-2} - 1)\,\mathrm{X} = k\,(2-k)\,a^2 x^{2k-1} + x.$$

En dérivant maintenant cette équation par rapport à x, il vient

$$2k\,(k-1)\,ax^{k-2}\mathrm{Y} - 2k^2\,(k-1)\,a^2 x^{2k-3}\mathrm{X} = k\,(2-k)\,(2k-1)\,a^2 x^{2k-2} + 1.$$

La caustique cherchée est l'enveloppe des droites représentées par la première de ces équations, x étant le paramètre arbitraire, et les coordonnées (X, Y) de ses points sont déterminées par les deux équations, qui donnent

$$\mathrm{X} = \frac{k-2}{k-1}\,x, \qquad \mathrm{Y} = \frac{k\,(k-2)\,a^2 x^{2k-2} + 1}{2k\,(k-1)\,ax^{k-2}}\,.$$

En éliminant x entre ces équations, on trouve celle-ci:

$$(5) \qquad Y = \frac{1}{2}\left[AX^k + \frac{1}{Ak\,(k-2)\,X^{k-2}}\right],$$

laquelle exprime (*Traité*, t. II, pag. 255) que *la caustique par réflexion de la parabole ou hyperbole donnée, pour les rayons perpendiculaires à l'axe des abscisses, est une courbe de poursuite de Bouguer* (Wieleitner, *Spezielle Ebene Kurven*, p. 390).

En mettant l'équation de la courbe donnée sous la forme

$$x = \left(\frac{y}{a}\right)^{\frac{1}{k}},$$

on obtient un théorème analogue pour la caustique de cette courbe correspondant aux rayons perpendiculaires à l'axe des ordonnées.

6. L'équation (5) représente une famille algébrico-interscendante de courbes, et peut être mise sous la forme, en changeant l'origine des coordonnées,

$$Y = \frac{1}{2}\left[\frac{cx^k}{k} + \frac{1}{c\,(k-2)}\,(x^{2-k} - 1)\right],$$

d'où il résulte, en posant $k = 2$, que la courbe représentée par l'équation

$$Y = \frac{1}{2}\left(\frac{cx^2}{2} - \frac{1}{c}\log x\right)$$

est une courbe singulière de la famille. Cette dernière ligne est aussi (*l. c.*) une *courbe de poursuite.*

Cela posé, comme la logarithmique

$$y = a \log x$$

est une courbe limite de la famille des paraboles et hyperboles, nous sommes conduits naturellement à chercher si la caustique par réflexion de cette logarithmique pour les rayons perpendiculaires à l'axe des abscisses est identique à la courbe de poursuite limite des courbes (5).

Or on voit comme ci-dessus que l'équation du rayon réfléchi au point (x, y) de cette logaritmique est

$$2axY - (a^2 - x^2)\,X = 2a^2x \log x - (a^2 - x^2)\,x,$$

et on a, en dérivant cette équation par rapport à x,

$$2a\mathrm{Y} + 2x\mathrm{X} = 2a^2 \log x + a^2 + 3x^2.$$

Ces équations donnent les équations paramétriques de la caustique:

$$\mathrm{X} = 2x, \quad \mathrm{Y} = a \log x - \frac{x^2}{2a} + \frac{1}{2}\,a.$$

En changeant l'origine des coordonnées et en éliminant x entre ces équations, on trouve l'équation cartésienne de la courbe, savoir:

$$\mathrm{Y} = a \log \mathrm{X} - \frac{\mathrm{X}^2}{8a},$$

ou, en faisant $a = \dfrac{1}{2c}$,

$$\mathrm{Y} = \frac{1}{2}\left(\frac{\log \mathrm{X}}{c} - \frac{c\mathrm{X}^2}{2}\right).$$

Donc nous avons ce théorème peut-être nouveau: *la caustique par réflexion de la logarithmique $y = a \log x$, pour les rayons perpendiculaires à l'axe des abscisses, est la courbe de poursuite de Bouguer singulière.*

7. Parmi les courbes représentées par l'équation (4), celles qu'on obtient en faisant $k = 4$, $h = 0$, ou $k = \dfrac{3}{4}$, $h = -1$ offrent un intérêt spéciale.

1.° La courbe

$$y = ax^4$$

a été rencontrée par Mariotte, dans son ouvrage sur le *Mouvement des eaux*, à l'occasion de ses recherches sur la forme qu'on doit donner à un vase plein d'eau, ayant au fond une petite ouverture, par laquelle elle s'écoule, pour que la surface livre de ce liquide descende avec une vitesse constante. Le même problème a été résolu de nouveau par Varignon dans le volume des *Mémoires de l'Académie des Sciences de Paris* correspondant à 1699.

2.° La parabole définie par l'équation

$$y + x = ax^{\frac{3}{4}}$$

offre aussi quelque intérêt historique. Cette quartique est, en effet, une des trois courbes vers lesquelles Schooten a appellé l'attention d'Huygens, dans une lettre du 29 octobre 1657 (*Oeuvres de C. Huygens*, t. II, p. 73), en lui demandant la valeur de leur aire et la détermination de leurs tangentes. Huygens a obtenu les solutions de ces problèmes pour la parabole envisagée, et il a communiqué ces solutions à Schooten, dans une lettre du 23 novembre 1657 (*l. c.*, p. 90), et à Sluse, dans une lettre du 7 décembre du même an (*l. c*, p. 93). Il a trouvé que l'aire de l'espace limité par la courbe et par le segment de l'axe des abscisses compris entre les deux points où elle coupe cet axe, est égal à $\dfrac{a^8}{14}$; et, pour déterminer les tangentes à la même courbe, le grand géomètre a donné le théorème suivant: *la tangente au point* (x, y) *passe par le point* $\left(-\dfrac{x}{3}, \dfrac{x}{3}\right)$. On démontre aisément ces resultats au moyen de l'équation cartésienne ou des équations paramétriques

$$x = t^4, \qquad y = -at^3(t-a)$$

de la courbe. On voit aussi: 1.º qu'elle a une seule branche infinie ayant pour diamètre la droite représentée par l'équation $y + x = 0$; 2.º qu'elle a un point triple, qui coïncide avec l'origine des coordonnées, et que les tangentes en ce point coïncident avec l'axe des ordonnées.

II.

Sur les arcs des paraboles et des hyperboles ([1]).

1. La propriété des arcs de la parabole cubique, découverte par Jean Bernoulli, que nous avons mentionnée dans le tome II, p. 123, du *Traité des courbes spéciales,* fut généralisée par Fagnano, dans un Mémoire inséré en 1714 au *Giornale de'letterati d'Italia* et reproduit dans le tome II de ses *Opere matematiche* (1750), où il a donné quatre groupes de paraboles ou hyperboles qui jouissent de la même propriété. Nous allons nous occuper de cette question; mais, en donnant à l'analyse employée par Fagnano une disposition différente de celle qu'il a employée, nous obtiendrons, en même temps que les résultats donnés par l'éminent géomètre, un autre qu'il n'a pas mentionné.

Soit $y = f(x)$ l'équation d'une courbe donnée et supposons que, s étant la longueur de ses arcs, on ait

$$s = \int \sqrt{1 + y'^2}\, dx = F(x) + A \int \Phi(x\, dx),$$

A désignant une constante, $F(x)$ une fonction algébrique connue et $\Phi(x)$ une autre fonction qui vérifie la condition

$$\Phi(x)\, dx = -\Phi(z)\, dz,$$

quand $z = \varphi(x)$, $\varphi(x)$ étant aussi une fonction algébrique.

([1]) Reproduction d'un article que nous avons publié dans les *Annaes scientificos da Academia Polytechnica do Porto* (t. IX, 1914) sous ce titre : *Sobre os arcos das parabolas e hyperboles.*

Nous avons alors, en représentant par s_1 et s_2 les longueurs des arcs de la courbe compris entre un point fixe correspondant à l'abscisse x_0 et les points ayant pour abscisses x et z,

$$s_1 = F(x) - F(x_0) + A\int_{x_0}^{x} \Phi(x)\,dx,$$

$$s_2 = F(z) - F(x_0) + A\int_{x_0}^{z} \Phi(x)\,dx,$$

$$\int_{x_0}^{x} \Phi(x)\,dx + \int_{x_0}^{z} \Phi(z)\,dz = C,$$

où C est une constante; et par conséquent

$$s_1 + s_2 = F(x) + F(z) - 2F(x_0) + AC.$$

De même, si s'_1 et s'_2 représentent les arcs de la même courbe compris entre le point ayant pour abscisse x_0 et les points dont les abscisses sont x_1 et z_1, nous avons

$$s'_1 + s'_2 = F(x_1) + F(z_1) - 2F(x_0) + AC.$$
Donc
$$s_1 - s'_1 - (s'_2 - s_2) = F(x) + F(z) - F(x_1) - F(z_1).$$

Donc on *peut déterminer algébriquement sur la courbe donnée deux arcs $s_1 - s'_1$ et $s'_2 - s_2$ dont la différence soit rectifiable algébriquement.*

2. L'application que Fagnano a fait de cette doctrine est basée sur le théorème suivant: *Si*

(1) $$z^n = \frac{b - pa - px^n}{x^n + p},$$

on a

(2) $$\frac{x^{n-1}(x^n + p)^{h-1}}{(x^{2n} + ax^n + b)^h}\,dx = -\frac{z^{n-1}(z^n + p)^{h-1}}{(z^{2n} + az^n + b)^h}\,dz.$$

On vérifie aisément cette proposition, en posant, comme Fagnano, premièrement

$$x^n = s - p$$

et ensuite

$$s = \frac{b - ap + p^2}{z^n + p}$$

où $b - ap + p^2 \gtreqless 0$.

Cela posé, appliquons ce théorème aux paraboles et hyperboles représentées par l'équation

$$y = \frac{e}{k}\left(\frac{x}{e}\right)^k,$$

rapportée à des axes orthogonaux, ou, en prenant le segment e pour unité,

$$y = \frac{1}{k}x^k.$$

La longueur des arcs d'une de ces courbes est déterminée par la formule

$$s = \int \sqrt{1 + x^{2(k-1)}}\, dx,$$

et nous avons, en appliquant les formules classiques de réduction des intégrales binomes,

$$s = \mathrm{F}(x) + \mathrm{A}\int x^{2c(k-1)}\left(1 + x^{2(k-1)}\right)^{\frac{1}{2}+t} dx,$$

c et t désignant deux nombres entiers positifs ou négatifs, ou zéro.

Pour appliquer le théorème énoncé, il faut chercher les conditions pour qu'on ait

$$(3) \qquad \frac{x^{n-1}(x^n+p)^{h-1}}{(x^{2u}+ax^n+b)^h} = x^{2c(k-1)}\left(1 + x^{2(k-1)}\right)^{\frac{1}{2}+t}.$$

1.º Cette identité est vérifiée quand

$$p = 0, \quad a = 0, \quad b = 1, \quad hn - 1 = 2c(k-1), \quad n = k-1, \quad h = -\left(\frac{1}{2}+t\right),$$

et on a alors

$$k = \frac{4c + 2t - 1}{4c + 2t + 1}, \qquad z = \frac{1}{x}.$$

Il est facile de voir que les valeurs de k données par la première égalité sont identiques à celles que donnent les égalités

$$k = \frac{4c-1}{4c+1}, \qquad k = \frac{4c-3}{4c-1},$$

correspondant à $t = 0$ et $t = -1$.

Ces deux cas ont été considérés par Fagnano dans les corollaires I et II de son théorème.

2.º L'identité (3) est encore vérifiée quand

$$p = 0, \quad a = 1, \quad b = 0, \quad 2c(k-1) = -1, \quad 2(k-1) = n, \quad h = -\left(\frac{1}{2} + t\right),$$

mais le théorème n'a pas alors lieu.

3.º La même identité (3) est satisfaite par les valeurs

$$p = 0, \quad a = 2, \quad b = 1, \quad 2c(k-1) = nh - 1, \quad n = 2(k-1), \quad 2h = -\left(\frac{1}{2} + t\right),$$

mais les courbes qu'on obtient sont identiques à celles qu'on a trouvées dans le premier cas.

4.º L'identité considérée est aussi satisfaite par les valeurs

$$a = 0, \quad b = 0, \quad p = 1, \quad n - 1 - 2nh = 2c(k-1), \quad n = 2(k-1), \quad h = \frac{3}{2} + t,$$

qui donnent

$$k = \frac{2c + 4t + 3}{2c + 4t + 4},$$

ou, en faisant $t = 0$,

$$k = \frac{2c + 3}{2c + 4},$$

vu que l'ensemble des valeurs que cette égalité donne pour k est identique à celui que donne l'antérieure.

Dans ce cas la relation (1) devient

$$z^n = -\frac{x^n}{x^n + 1}, \quad n = -\frac{1}{c + 2}.$$

5.º Un autre système de solutions de l'égalité (3) est celui-ci:

$$p = 1, \quad h = \frac{1}{2}, \quad a = -1, \quad b = 1, \quad n - 1 = 2c(k-1), \quad 3n = 2(k-1), \quad t = -1.$$

Alors nous avons

$$k = \frac{6c - 5}{2(3c - 1)}$$

et la relation (1) devient

$$z^n = \frac{2 - x^n}{x^n + 1}, \quad n = \frac{1}{1 - 3c}.$$

C'est le cas considéré par Fagnano dans le corollaire IV de son théorème.

6.º L'identité (3) est vérifiée quand

$$h = \frac{1}{2}, \quad a+p=0, \quad b=0, \quad ap=1, \quad n-2=4c\,(k-1), \quad n=k-1, \quad t=-1.$$

Nous avons alors

$$k = \frac{4c-3}{4c-1},$$

et

$$z^n = \frac{-1-ix^n}{x^n-i}, \quad n = -\frac{2}{4c-1}.$$

La transformation est imaginaire.

7.º L'identité (3) est encore vérifiée quand

$$h = \frac{1}{2}, \quad p=1, \quad a=0, \quad b=0, \quad 1=2c\,(1-k), \quad n=2\,(k-1), \quad t=-1.$$

On a dans ce cas

$$k = \frac{2c-1}{2c}, \quad z^n = -\frac{x^u}{1+x^n}, \quad n = -\frac{1}{c}.$$

En changeant c en $c+2$, on reconnait que ce cas est identique au cas 4.º.

8.º Soit maintenant

$$p=1, \quad h=\frac{1}{2}, \quad a=-1, \quad b=1, \quad n-1-3nh=2c\,(k-1), \quad 3n=2\,(1-k), \quad t=-1.$$

L'identité (3) est vérifiée, et on a

$$k = \frac{4-6c}{1-6c}, \quad z^n = \frac{2-x^n}{x^n+1}, \quad n = \frac{2}{6c-1}.$$

Ce cas fut considéré par Fagnano dans le corollaire V de son théorème.

9.º L'identité (3) est enfin vérifiée quand

$$h = \frac{1}{2}, \quad p=1, \quad a=0, \quad b=0, \quad 1+\frac{n}{2}=2c\,(1-k), \quad n=2\,(1-k), \quad t=-1,$$

et nous avons alors, quand c est différent de zéro,

$$k = \frac{2c-2}{2c-1}, \quad z^n = -\frac{x^n}{1+x^n}, \quad n = \frac{2}{2c-1},$$

mais le résultat est imaginaire.

Il résulte de tout ce qui précède le théorème suivant:

Si l'on donne deux points d'une parabole ou hyperbole représentée par l'équation

$$y = \frac{1}{k} x^k,$$

où k a l'un des valeurs

$$\frac{4c-1}{4c+1}, \quad \frac{4c-3}{4c-1}, \quad \frac{6c-5}{6c-2}, \quad \frac{4-6c}{1-6c}, \quad \frac{2c-1}{2c},$$

on peut déterminer algébriquement deux autres points tels que la différence entre l'arc compris entre les points donnés et l'arc compris entre ceux-ci soit rectifiable algébriquement.

3. Le cas où $k = \frac{2c-1}{2c}$, c'est-à-dire la cas où la courbe donnée est représentée par l'équation

$$y = \frac{2c}{2c-1} x^{\frac{2c-1}{2c}}$$

n'a pas été considéré par Fagnano dans le travail mentionné ci-dessus; mais, dans un autre Mémoire publié plus tard dans la même revue et reproduit aussi dans les *Opere matematiche* (t. II, p. 283), il a démontré que, si l'on donne un arc d'une des paraboles ou hyperboles considérées, on peut déterminer algébriquement un autre tel que la différence entre le premier et le double du second soit rectifiable algébriquement. Nous allons nous occuper de cette question, mais nous emploierons pour l'étudier une méthode différente plus générale.

Nous avons dans ce cas

$$s = \int \sqrt{1 + x^{-\frac{1}{c}}}\, dx,$$

ou, en posant

$$1 + x^{-\frac{1}{c}} = t^2,$$

$$s = -2c \int \frac{t^2 dt}{(t^2-1)^{c+1}} = -2c \left[\int \frac{dt}{(t^2-1)^c} + \int \frac{dt}{(t^2-1)^{c+1}} \right].$$

Mais

$$\frac{1}{(t^2-1)^c} = \frac{A_1}{t-1} + \frac{A_2}{(t-1)^2} + \cdots + \frac{A_c}{(t-1)^c} + \frac{B_1}{t+1} + \frac{B_2}{(t+1)^2} + \cdots + \frac{B_c}{(t+1)^c},$$

$$\frac{1}{(t^2-1)^{c+1}} = \frac{A'_1}{t-1} + \frac{A'_2}{(t-1)^2} + \cdots + \frac{A'_{c+1}}{(t-1)^{c+1}} + \frac{B'_1}{t+1} + \frac{B'_2}{(t+1)^2} + \cdots + \frac{B'_{c+1}}{(t+1)^{c+1}},$$

où

$$A_1 = \frac{(-1)^{c-1}}{2^{2c-1}} \cdot \frac{c(c+1)\cdots(c+c-2)}{1\cdot 2\cdots(c-1)}, \ldots, \qquad A_{c-1} = -\frac{c}{2^{c+1}}, \qquad A_c = \frac{1}{2^c};$$

$$B_1 = \frac{(-1)^c}{2^{2c-1}} \cdot \frac{c(c+1)\cdots(c+c-2)}{1\cdot 2\cdots(c-1)}, \ldots, \qquad B_{c-1} = \frac{(-1)^c c}{2^{c+1}}, \qquad B_c = \frac{(-1)^c}{2^c};$$

$$A'_1 = \frac{(-1)^c}{2^{2c+1}} \cdot \frac{(c+1)(c+2)\cdots(c+c)}{1\cdot 2\cdots(c+1)}, \ldots, \qquad B'_1 = \frac{(-1)^{c+1}}{2^{2c+1}} \cdot \frac{(c+1)(c+2)\cdots(c+c)}{1\cdot 2\cdots(c+1)}, \ldots$$

Donc $A_1 = -B_1$, $A'_1 = -B'_1$, et par conséquent

$$s = F(t) - 2c(A_1 + A'_1) \log \frac{t-1}{t+1},$$

où $F(t)$ représente une fonction algébrique de t.

Nous avons donc

$$s = F_1(x) - 2c(A_1 + A'_1) \log \frac{\sqrt{1+x^{\frac{1}{c}}} - \sqrt{x^{\frac{1}{c}}}}{\sqrt{1+x^{\frac{1}{c}}} + \sqrt{x^{\frac{1}{c}}}} + C,$$

C désignant une constante, dont la valeur dépend du point qu'on prend pour origine des arcs.

Considérons un autre arc s_1 de la même courbe compris entre la même origine et le point dont l'abscisse est z. Il vient

$$s_1 = F_1(z) - 2c(A_1 + A'_1) \log \frac{\sqrt{1+z^{\frac{1}{c}}} - \sqrt{z^{\frac{1}{c}}}}{\sqrt{1+z^{\frac{1}{c}}} + \sqrt{z^{\frac{1}{c}}}} + C.$$

Donc

$$s - ms_1 = F_1(x) - mF_1(z) - (m-1)C,$$

quand

$$\frac{\sqrt{1+x^{\frac{1}{c}}} - \sqrt{x^{\frac{1}{c}}}}{\sqrt{1+x^{\frac{1}{c}}} + \sqrt{x^{\frac{1}{c}}}} = \left(\frac{\sqrt{1+z^{\frac{1}{c}}} - \sqrt{z^{\frac{1}{c}}}}{\sqrt{1+z^{\frac{1}{c}}} + \sqrt{z^{\frac{1}{c}}}} \right)^m.$$

Quand x et z vérifient cette condition, l'arc s peut être divisé algébriquement en m parties égales.

Considérons le cas où $m = 2$. La dernière équation prend la forme

$$4\left(1+x^{\frac{1}{c}}\right)z^{\frac{1}{c}}\left(1+z^{\frac{1}{c}}\right) = x^{\frac{1}{c}}\left(1+2z^{\frac{1}{c}}\right)^2,$$

d'où il résulte

$$x^{\frac{1}{c}} = 4z^{\frac{1}{c}}\left(1+z^{\frac{1}{c}}\right),$$

résultat qui est identique à celui que Fagnano a obtenu par une autre voie.

On trouve de la même manière, en faisant $m = 3$,

$$x^{\frac{1}{c}} = z^{\frac{1}{c}}\left(9 + 24z^{\frac{1}{c}} + 16z^{\frac{2}{3}}\right)$$

et

$$s - 3s_1 = F_1(x) - 3F_1(z) - 2C.$$

4. Appliquons la doctrine exposée au n.° 2 à la parabole cubique

$$y = \frac{1}{3}\,x^3.$$

On a

$$\frac{4c-3}{4c-1} = 3$$

quand $c = 0$, et par conséquent cette parabole est comprise dans les courbes appartenant au 1.er cas et on peut faire $t = -1$, $h = \frac{1}{2}$.

Il vient alors, en appliquant une des formules de réduction des intégrales binomes,

$$s = \int\sqrt{1+x^4}\,dx = \frac{1}{3}\,x\,\sqrt{1+x^4} + \frac{2}{3}\int\frac{dx}{\sqrt{1+x^4}},$$

et, en faisant $z = \frac{1}{x}$,

$$\frac{dx}{\sqrt{1+x^4}} = -\frac{dz}{\sqrt{1+z^4}}.$$

Donc

$$s_1 - s'_1 - (s_2 - s'_2) = \frac{1}{3}\left[x\sqrt{1+x^4} + z\sqrt{1+z^4}\right] - \frac{1}{3}\left[x_1\sqrt{1+x_1^4} + z_1\sqrt{1+z_1^4}\right],$$

ou, en représentant par T_1, T_2, T'_1, T'_2 les longueurs de la tangente aux points de la courbe où l'abscisse prend les valeurs x, z, x_1, z_1,

$$s_1 - s'_1 - (s'_2 - s_2) = T_1 + T_2 - T'_1 - T'_2,$$

ce qui est le résultat, dû à Jean Bernoulli, mentionné ci-dessus.

III.

Sur les trajectoires des paraboles, des hyperboles et des leurs courbes inverses ([1]).

1. Nous allons nous occuper premièrement des trajectoires des courbes représentées par l'équation

$$y = ax^k,$$

rapportée à des axes obliques, ou

(1)
$$y - hx = ax^k,$$

rapportée à des axes orthogonaux, a étant le paramètre arbitraire. Pour obtenir ces trajectoires, on n'a besoin d'employer que la méthode classique, mais les résultats auxquels on arrive offrent quelque intérêt.

Les trajectoires des courbes (1) sont identiques à quelques courbes rencontrées par M. M. d'Ocagne en appliquant une transformation générale étudiée dans un mémoire inséré dans l'*American Journal of Mathematics* (t. XI, 1888). Nous considérons cette transformation dans la seconde partie de cet article, en ajoutant quelques résultats à ceux qui ont été obtenus par le savant géomètre.

Nous nous occuperons enfin des trajectoires des courbes inverses des courbes (1).

2. On obtient l'équation différentielle de ces trajectoires en éliminant a entre l'équation (1) et celle-ci:

$$m\left[dy - (kax^{k-1} + h)\,dx\right] = dx + (kax^{k-1} + h)\,dy,$$

où $m = \cot v$, v étant l'angle constant des courbes données et de leurs trajectoires; ce qui donne

$$m\left[x\,dy - k(y - h_1 x)\,dx\right] = x\,dx + k(y - h_1 x)\,dy,$$

où $h_1 = h\dfrac{k-1}{k}$.

([1]) Reproduction d'un article que nous avons publié dans le *Giornale di Matematiche* (Naples, t. L, 1912).

Cette équation est homogène et, en faisant, pour l'intégrer, $y = ux$, on trouve

$$\frac{dx}{x} + \frac{[k(u - h_1) - m]\, du}{ku^2 + [(k-1)m - kh_1]\, u - kh_1 m + 1} = 0,$$

Cela posé, nous allons considérer trois cas.

1.º Supposons que les racines α et β de l'équation

$$(2) \qquad ku^2 + [(k-1)m - kh_1]\, u - kh_1 m + 1 = 0$$

soient réelles et inégales. Alors, en intégrant la dernière équation différentielle et en remplaçant ensuite u par $\frac{y}{x}$, on obtient l'équation

$$(3) \qquad \frac{(y - \alpha x)^{\alpha - e}}{(y - \beta x)^{\beta - e}} = c,$$

c désignant la constante arbitraire et e la quantité

$$e = \frac{m}{k} + h_1.$$

Donc, *si les racines de l'équation* (2) *sont réelles, les trajectoires des courbes* (1) *sont des paraboles ou des hyperboles.*

2.º Si les racines de l'équation (2) sont égales, l'équation des trajectoires est

$$(4) \qquad \log[c(y - \alpha x)] = \frac{(\alpha - e)x}{y - \alpha x},$$

et ces courbes sont donc des transformées homographiques de la *logarithmique*.

3.º Si les racines de (2) sont imaginaires et si on les désigne par $p + iq$ et $p - iq$, l'équation des trajectoires est

$$(5) \qquad \log\{c[(y - px)^2 + q^2 x^2]\} = \frac{2(e - p)}{q} \operatorname{arc\,tang} \frac{y - px}{qx},$$

et ces trajectoires sont des transformées homographiques de la *spirale logarithmique*.

On voit donc que, dans les trois cas, les trajectoires des courbes (1) sont des *courbes anharmoniques.*

3. Cherchons les conditions pour que les trajectoires des courbes (1) soient des lignes du second ordre.

1.º L'équation (3) représente une *courbe algébrique* quand l'exposant $\dfrac{\beta - e}{\alpha - e}$ est un nombre rationnel, et cette courbe est une *conique* quand α et β sont réels et une des conditions

(6) $$\frac{\beta - e}{\alpha - e} = -1, \qquad \frac{\beta - e}{\alpha - e} = 2$$

est satisfaite.

Le premier cas a lieu quand

$$\alpha + \beta = 2e,$$

et alors cette équation et l'équation (2) donnent, en tenant compte de la valeur de e,

$$(1 + k)\, m = -kh_1 = h\,(1 - k)$$

et les racines de (2) sont réelles quand $k < 0$.

Quand h, k et m vérifient ces deux conditions, les trajectoires des courbes (1) sont des hyperboles représentées par l'équation

$$(y - \alpha x)\,(y - \beta x) = c.$$

Le second cas a lieu quand h, k et m vérifient les conditions suivantes:

(7) $$(2k^2 - 5k + 2)\, m^2 + 4h_1 k\,(1 + k)\, m + 2h_1^2 k^2 + 9k = 0,$$

(8) $$(1 - k)^2 m^2 + 2kh_1\,(1 + k)\, m + k^2 h_1^2 - 4k > 0,$$

dont la première résulte de la deuxième équation (6), en remplaçant α, β et e par leurs valeurs, et la seconde exprime que les racines de (2) sont réelles.

Si la courbe (1) est donnée et si les racines de l'équation (7) sont réelles, c'est-à-dire si l'on a

$$k\,[18\,(k^2 h_1^2 + k^2 + 1) - 45k] > 0,$$

on a deux systèmes de paraboles du second ordre qui sont des trajectoires des courbes (1).

2.º L'équation (4) représente une courbe algébrique quand $\alpha = e$, c'est-à-dire lorsque e est la racine double de l'équation (2), et seulement dans ce cas. Mais, comme cette équation donne alors

$$m^2 + 1 = 0,$$

m est imaginaire.

3.º Il résulte de l'équation (5) que les trajectoires des courbes (1) sont des ellipses représentées par l'équation

(9) $$c\,[(y - px)^2 + q^2 x^2] = 1$$

quand $e = p$, ou, à cause des relations

$$e = \frac{m}{k} + h_1, \qquad p = \frac{(1-k)\,m + kh_1}{2k},$$

quand on a

$$m\,(1+k) = -\,kh_1 = h\,(1-k).$$

Il est facile de voir que, si l'on donne à m la valeur déterminée par cette équation, l'inégalité qui exprime que les racines de (2) sont imaginaires se réduit à $k > 0$.

De tout ce qui précède résulte le théorème suivant:

Les trajectoires des hyperboles $(k < 0)$ représentées par l'équation (1) *sont des hyperboles du second ordre quand m, h et k vérifient la condition*

(10) $$m\,(1+k) = h\,(1-k);$$

et les trajectoires des paraboles $(k > 0)$ représentées par la même équation (1) *sont des ellipses quand m, h et k vérifient cette même condition* (10).

Les trajectoires des courbes (1) *sont des paraboles du second ordre quand m, h et k vérifient les conditions* (7) *et* (8).

La condition pour que les paraboles ou hyperboles (1) *aient un système de trajectoires orthogonales du second ordre est $h = 0$ (et ces trajectoires sont alors des hyperboles si $k < 0$, des ellipses si $k > 0$) ou*

$$2\,(k-1)^2 h^2 = 9k,$$

et ces trajectoires sont alors des paraboles.

Je crois que ce théorème est nouveau; il contient un théorème énoncé par Jacques Bernoulli en 1696 dans les *Acta eruditorum,* lequel correspond au cas où $m = 0$ et $h = 0$.

4. Considérons le cas particulier où l'équation (1) représente des hyperboles du second ordre. Alors l'équation (2) prend la forme

$$u^2 + 2\,(m-h)\,u - 2hm - 1 = 0$$

et ses racines sont réelles.

Donc *les trajectoires des hyperboles du second ordre qui ont les mêmes asymptotes sont d'autres hyperboles, et ces hyperboles sont du même ordre que celles-là quand $h = 0$. Le centre des trajectoires coïncide avec le centre des hyperboles données.*

Supposons maintenant que l'équation (1) représente des paraboles du second ordre. On a alors $k = 2$ et l'équation (2) prend la forme

$$2u^2 + (m-h)\,u - hm + 1 = 0.$$

Les racines de cette équation peuvent être réelles ou imaginaires, et les trajectoires des paraboles considérées sont des courbes algébriques ou transcendantes, suivant la nature de ces racines. Voyons les cas où ces trajectoires sont des courbes algébriques du second ordre.

Les trajectoires considérées sont des *ellipses* quand

$$(11) \qquad 3m + h = 0,$$

et ces trajectoires sont *orthogonales* quand $h = 0$.

Les trajectoires des mêmes paraboles sont d'autres *paraboles* du même ordre quand

$$(12) \qquad 6hm + h^2 - 9 = 0,$$

et ces trajectoires sont orthogonales quand $h = \pm 3$.

Donc *les trajectoires des paraboles du second ordre qui passent par un même point, qui ont la même tangente en ce point et dont les axes sont parallèles, sont des lignes du second ordre quand est satisfaite la condition (11) ou la condition (12). Ces conditions se réduisent à $h = 0$ ou à $h = \pm 3$, si l'on veut que les trajectoires soient orthogonales.*

5. La condition pour que l'équation (3) représente une parabole ou une hyperbole du même ordre que l'équation (1) est

$$\frac{\alpha - e}{\beta - e} = k,$$

ou

$$2(k+1)h_1 km + h_1^2 k^2 - (k+1)^2 = 0.$$

En particulier, si $k = -1$, on a $h = 0$, et, si $k = 2$, on a $6hm + h^2 - 9 = 0$, ce qui est d'accord avec les résultats obtenus ci-dessus.

Si l'on pose dans les équations (2) et (5) $k = 1$, $h = 0$, on a $p = 0$, $q = 1$, $e = m$, et par conséquent

$$\log [c(x^2 + y^2)] = 2m \text{ arc tang } \frac{y}{x},$$

ou, en employant les coordonnées polaires,

$$\rho = c_1 e^{m\theta}.$$

Donc on a le théorème bien connu:

Les trajectoires des droites passant par un même point sont des spirales logarithmiques.

6. Nous allons maintenant chercher les *polaires* des courbes définies par les équations (3), (4) et (5) par rapport au cercle ayant pour équation

$$x_1^2 + y_1^2 = r^2.$$

La polaire du point (x, y) d'une de ces courbes par rapport à ce cercle est

$$yy_1 + xx_1 = r^2,$$

ou, en posant $y = ux$,

(13)
$$uxy_1 + xx_1 = r^2.$$

L'enveloppe de la droite représentée par cette équation, x étant le paramètre variable, est déterminée par cette équation et par l'équation

(14)
$$\left(x \frac{du}{dx} + u\right) y_1 + x_1 = 0,$$

qui résulte de la dérivation de celle-là par rapport à x.

Nous allons chercher l'équation différentielle de cette enveloppe, et, pour cela, remarquons d'abord que l'équation différentielle des courbes (3), (4) et (5) peut être mise sous la forme

$$\frac{dx}{x} + \frac{(u+H)\,du}{u^2 + Ku + L} = 0,$$

ou

(15)
$$\frac{du}{dx} = -\frac{u^2 + Ku + L}{x\,(u+H)}.$$

En différentiant l'équation (13) et en tenant compte de l'équation (14), il vient

$$u\,dy_1 + dx_1 = 0,$$

ou, en posant $y_1 = u_1 x_1$,

(16)
$$u\,(x_1 du_1 + u_1 dx_1) + dx_1 = 0.$$

Mais, d'un autre côté, la même équation (14) donne, en éliminant $\dfrac{du}{dx}$ au moyen de l'équation (15),

$$\frac{(H-K)\,u - L}{u+H}\,y_1 + x_1 = 0,$$

et par conséquent

$$u = \frac{Ly_1 - Hx_1}{(H-K)\,y_1 + x_1} = \frac{Lu_1 - H}{(H-K)\,u_1 + 1}.$$

Donc l'équation (16) donne

$$\frac{du_1}{dx_1} = -\frac{uu_1 + 1}{ux_1} = -\frac{Lu_1^2 - Ku_1 + 1}{x_1\,(Lu_1 - H)},$$

ou, en faisant $K = -K_1 L,\ H = -H_1 L,\ LL_1 = 1,$

$$(17) \qquad \frac{du_1}{dx_1} = -\frac{u_1^2 + Ku_1 + L_1}{x_1 (u_1 + H_1)}.$$

Nous avons ainsi l'équation différentielle de la polaire des courbes définies par l'équation (15), par rapport au cercle considéré ci-dessus.

Comme l'on a

$$K_1^2 - 4L_1 = \frac{K^2 - 4L}{L^2},$$

on voit que les racines des équations

$$u^2 + Ku + L = 0, \qquad u_1^2 + K_1 u_1 + L_1 = 0$$

sont réelles ou imaginaires en même temps.

De tout ce qu'on vient de dire, on déduit, en observant que les équations (15) et (17) ont la même forme, le théorème suivant:

La polaire de chaque courbe représentée par une des équations (3), (4) et (5) est une autre courbe représentée par une équation de la même forme.

Si $L = 0$, on doit modifier l'analyse précédente. On a alors

$$\frac{du}{dx} = -\frac{u(u+K)}{x(u+H)}, \qquad \frac{du_1}{dx_1} = \frac{Ku_1 - 1}{Hx_1},$$

qui représentent des paraboles ou des hyperboles. Donc le théorème a encore lieu.

7. Nous allons envisager maintenant une autre question où l'on rencontre les courbes qu'on vient de considérer.

Prenons dans un plan deux points O et O' (que nous appelerons *pôle* O et *pôle* O') et une courbe (C). Traçons la normale en un point quelconque M de cette courbe et par le point O' menons une parallèle à cette droite. Le point M' où cette parallèle coupe la droite OM, décrit, quand M varie, une ligne (C₁) dont les propriétés ont été étudiées par M. M. d'Ocagne dans le Mémoire mentionné plus haut, où il a encore déterminé la courbe que le point M doit parcourir pour que le point M' décrive une droite. Nous allons considérer cette dernière question.

Prenons pour origine des coordonnées orthogonales le point O et pour axe des abscisses une droite arbitraire, et désignons par (x, y) les coordonnées du point M' et par (λ, μ) celles de O'. Nous avons

$$\frac{y}{x} = \frac{y_1}{x_1}, \qquad \frac{dy}{dx} = \frac{\lambda - x_1}{y_1 - \mu}.$$

En supposant maintenant que l'équation de la droite décrite par M' est

$$Ay_1 + Bx_1 + C = 0,$$

on obtient l'équation différentielle du lieu de M en éliminant x_1 et y_1 entre les trois équations précédentes, ce qui donne

$$(A\mu y + B\mu x + Cy)\, dy + (A\lambda y + B\lambda x + Cx)\, dx = 0.$$

Cette équation est homogène et, en faisant $y = ux$, elle prend la forme

$$\frac{dx}{x} + \frac{[(A\mu + C)u + B\mu]\, du}{(A\mu + C)u^2 + (B\mu + A\lambda)u + B\lambda + C} = 0.$$

En intégrant cette équation, on obtient les résultats suivants:

1.º Si les racines α_1 et β_1 de l'équation

$$(A\mu + C)u^2 + (B\mu + A\lambda)u + B\lambda + C = 0$$

sont réelles et inégales, la courbe (C) a pour équation

$$(18) \qquad \frac{(y - \alpha_1 x)^{\alpha_1 - e_1}}{(y - \beta_1 x)^{\beta_1 - e_1}} = c, \qquad e_1 = -\frac{B\mu}{A\mu + C},$$

où c est une constante arbitraire.

2.º Si $A\mu + C = 0$, on a

$$(19) \qquad y + \frac{B\lambda - A\mu}{B\mu + A\lambda}\, x = cx^{-\frac{A\lambda}{B\mu}},$$

équation qui représente les mêmes courbes que celle qui précède, rapportées à un nouveau système d'axes passant par la même origine.

3.º Si $\alpha_1 = \beta_1$, l'équation de la courbe (C) est

$$(20) \qquad \log\left[c\,(y - \alpha_1 x)\right] = \frac{(\alpha_1 - e_1)\, x}{y - \alpha_1 x}.$$

3.º Si $\alpha_1 = p_1 + iq_1$ $\beta_1 = p_1 - iq_1$, l'équation de la courbe (C) est

$$(21) \qquad \log\left\{c\left[(y - p_1 x)^2 + q_1^2 x^2\right]\right\} = 2\,\frac{e_1 - p_1}{q_1}\,\text{arc tang}\,\frac{y - p_1 x}{q_1 x}.$$

8. En considérant maintenant la question inverse de celle qu'ont vient de voir, supposons qu'une des courbes (18), (19), (20), (21) soit donnée et déterminons le pôlo O' et la droite qui est la transformée de cette courbe. Alors on donne les valeurs de α_1, β_1 et e_1 et on cherche les coordonnées (λ, μ) de O' et les paramètres de la droite.

Posons

$$(u - \alpha_1)(u - \beta_1) = u^2 + Ku + L.$$

Les quantités K et L sont connues, et par conséquent les équations

$$(22) \qquad e_1 = -\frac{B\mu}{A\mu + C}, \qquad K = \frac{B\mu + A\lambda}{A\mu + C}, \qquad L = \frac{B\lambda + C}{A\mu + C}$$

déterminent trois des quantités λ, μ, $\dfrac{B}{A}$, $\dfrac{C}{A}$, l'autre restant arbitraire.

Donc nous avons le théorème suivant:

On peut déterminer d'une infinité de manières un point O' dans le plan d'une des courbes considérées tel que, si par ce point on mène une parallèle à la normale à cette courbe en un point variable M, le point d'intersection M' de cette parallèle avec la droite qui passe par l'origine O et par M décrive une droite, quand M parcourt la courbe.

Comme les équations (22) donnent, en éliminant B et C,

$$(23) \qquad (e_1 + K)\mu^2 + (L - 1)\mu\lambda + e_1\lambda^2 = 0,$$

on voit que *les pôles O' qui satisfont à la question sont situés sur les droites représentées par l'équation*

$$(24) \qquad (e_1 + K)y^2 + (L - 1)xy + e_1 x^2 = 0.$$

L'équation de la droite décrite par M' est

$$(25) \qquad \mu(e_1 + K)y - \lambda e_1 x - (e_1 + K)\mu^2 + \lambda\mu = 0,$$

λ et μ devant vérifier l'équation (23).

Nous désignerons par D les droites représentées par l'équation (24) et par D_1 la droite correspondant à l'équation (25).

En mettant l'équation (25) sous la forme

$$y = \frac{e_1\lambda}{\mu(e_1 + K)}x + \mu - \frac{\lambda}{e_1 + K},$$

et en remarquant que les valeurs de $\dfrac{\lambda}{\mu}$ données par l'équation (23) sont constantes, on conclut que, *quand le pôle O′ décrit une des droites* (24), *la droite* (25) *correspondante se déplace parallèlement á une droite fixe.*

M. M. d'Ocagne a signalé l'existence d'une droite sur laquelle le pôle O′ peut être arbitrairement placé; mais, ayant pris pour axe des abscisses la droite qui passe par O′, il n'a pas remarqué que ce pôle peut être situé sur *deux* droites différentes.

Le théorème de M. M. d'Ocagne peut être appliqué immédiatement, comme il a remarqué, à la construction des normales à une des courbes représentées par les équations (18), (19), (20), (21) en un point donné et des normales à la même courbe parallèles à une droite donnée.

9. L'équation différentielle des trajectoires des courbes représentées par l'équation (1), donnée au n.º 2, est identique à l'équation différentielle

$$(26) \qquad \frac{dx}{x} + \frac{u - e_1}{u^2 + \mathrm{K}u + \mathrm{L}} = 0,$$

quand

$$e_1 = h_1 + \frac{m}{k}, \qquad \mathrm{K} = \frac{(k-1)\,m - h_1 k}{k}, \qquad \mathrm{L} = \frac{1 - h_1 km}{k}.$$

Donc ces trajectoires jouissent des propriétés énoncées au n.º 8. Alors l'équation (24) des droites D sur lesquelles le pôle O′ peut être pris, prend la forme

$$kmy^2 + (1 - h_1 km - k)\,xy + (h_1 k + m)\,x^2 = 0,$$

et l'équation (25) des transformées de ces trajectoires prend la forme

$$m\mu y - \lambda\left(h_1 + \frac{m}{k}\right)x - m\mu^2 + \lambda\mu = 0.$$

10. Toutes les paraboles et hyperboles d'ordre quelconque jouissent des propriétés énoncées au n.º 8.

En effet, l'équation

$$y = hx + ax^k$$

et l'équation (19) sont identiques quand

$$a = c, \qquad h = \frac{\mathrm{A}\mu - \mathrm{B}\lambda}{\mathrm{B}\mu + \mathrm{A}\lambda}, \qquad \frac{\mathrm{A}\lambda}{\mathrm{B}\mu} = -k,$$

ou

(27)
$$\lambda^2 + h(1-k)\lambda\mu + k\mu^2 = 0,$$

$$B = -\frac{A\lambda}{k\mu}.$$

Ces équations et l'équation

$$A\mu + C = 0$$

déterminent $\dfrac{B}{A}$, $\dfrac{C}{A}$ et une des quantités λ ou μ, l'autre restant arbitraire.

Donc la transformée de la courbe (1) est la droite représentée par l'équation

(28)
$$k\mu y - \lambda x - k\mu^2 = 0,$$

quand le pôle O' est placé sur une des droites représentées par l'équation (27); mais ces droites peuvent être *réelles* ou *imaginaires*.

On peut vérifier directement cette conclusion au moyen des équations

$$\frac{Y}{X} = \frac{y}{x}, \qquad (Y-\mu)(h + akx^{k-1}) + X - \lambda = 0,$$

dont la première représente la droite qui passe par l'origine O des coordonnées et par le point (x, y) de la courbe (1) et l'autre représente la parallèle à la normale à la même courbe en ce point, menée par le point O', dont les coordonnées sont (λ, μ).

Nous avons en effet

$$\frac{Y}{X} = h + ax^{k-1}$$

et, en éliminant dans la deuxième des équations précédentes x^{k-1} au moyen de celle-ci,

(29)
$$(Y-\mu)[hX + k(Y - hX)] + X(X-\lambda) = 0.$$

Donc *les transformées des paraboles et hyperboles* (1) *sont des coniques qui passent par* O *et* O'.

En cherchant maintenant la condition pour que cette conique se réduise à deux droites, on obtient, par un calcul facile, que nous ne reproduirons pas ici, l'équation (27). On peut voir aussi aisément, par le même calcul, que l'une de ces droites coïncide avec la droite représentée par l'équation (28) et que l'autre est identique à l'une des droites déterminées par l'équation (27).

11. *La droite qui passe par O et O′ est normale à la courbe (1) en les points, différents de O, où elle coupe cette courbe.*

En effet, l'équation (27) donne

$$\frac{y}{x} = \frac{\mu}{\lambda} = \frac{h(k-1) \pm \sqrt{h^2(k-1)^2 - 4k}}{2k},$$

et, en éliminant y au moyen de l'équation (1), on a cette autre:

$$x^{k-1} = \frac{-(k+1)h \pm \sqrt{h^2(k-1)^2 - 4k}}{2ak},$$

qui détermine les abscisses des points d'intersection de la droite OO′ avec la courbe (1).

Mais on a, en ces points,

$$\frac{dy}{dx} = h + akx^{k-1} = \frac{h(1-k) \pm \sqrt{h^2(k-1)^2 - 4k}}{2}.$$

Donc

$$\frac{y}{x} \cdot \frac{dy}{dx} + 1 = 0.$$

12. Il résulte immédiatement de la définition de la transformation de M. d'Ocagne que la conique représentée par l'équation (29) détermine par son intersection avec la courbe (1) les pieds des normales à cette courbe issues du point O′. Si ce point O′ est placé sur une des droites D, représentées par l'équation (27), la construction de ces normales dépend de la construction de la droite représentée par l'équation (28).

13. Appliquons la doctrine précédente aux coniques.

Considérons premièrement la parabole représentée par l'équation

$$x^2 = 2py,$$

ou, en transportant l'origine des coordonnées au point O de la courbe dont l'abscisse est égale à l,

$$y = \frac{l}{p}x + \frac{1}{2p}x^2.$$

L'équation (27) donne, en faisant $h = \dfrac{l}{p}$, $k = 2$,

$$p\lambda^2 - l\lambda\mu + 2p\mu^2 = 0,$$

et les racines $\dfrac{\lambda}{\mu}$ de cette équation sont réelles quand $l^2 \geq 8p^2$, et sont imaginaires quand $l^2 < 8p^2$. On voit aisément que les points de la parabole qui séparent les positions du point O auxquelles correspondent les racines réelles de l'équation précédente de celles auxquelles correspondent les racines imaginaires coïncident avec les points d'intersection de cette courbe avec sa développée. Nous avons donc le théorème suivant:

Par chaque point O de la parabole du second ordre passent deux droites telles que, si l'on prend sur une de ces droites un point arbitraire O′ et si par O′ on mène une parallèle à la normale à la parabole au point M, l'intersection de OM avec cette parallèle décrit une droite, quand M décrit la parabole. Cette droite est imaginaire quand le point O appartient à l'un des arcs de la parabole compris entre le sommet et un point d'intersection avec sa développée, elle est réelle dans le cas contraire.

On déduit de ce qui précède la méthode suivante pour déterminer les normales à la parabole considérée, qui passent par un point donné O′. Prenons le point O de la parabole dont l'abscisse l est donnée par l'équation

$$l = \frac{p\,(2\mu^2 + \lambda^2)}{\lambda\mu},$$

$(\lambda,\ \mu)$ étant les coordonnées du point donné O′. La droite OO′ est une des normales cherchées. Les autres passent par les points d'intersection de la parabole avec la droite D_1 correspondant au point $(\lambda,\ \mu)$, c'est-à-dire avec la droite représentée par l'équation (n.º 10)

$$2\mu y - \lambda x - 2\mu^2 = 0.$$

14. Supposons maintenant que l'équation (1) représente une hyperbole du second ordre, c'est-à-dire qu'on ait $k = -1$.

En comparant cette équation aux équations (18) et (19), on voit que le pôle de O de la transformation doit coïncider avec le centre de l'hyperbole. Comme la droite OO′ doit être normale (n.º 11) à l'hyperbole, le pôle O′ doit être situé sur un des axes de cette courbe et les droites D coïncident donc avec ces axes. La droite D_1 doit être évidemment perpendiculaire à l'axe sur lequel le point O′ est placé.

15. Considérons enfin le cas où l'on donne l'ellipse

$$y^2 + q_1^2 x^2 = c_1.$$

L'équation (21) représente une ellipse quand $e_1 = p_1$ et cette ellipse a son centre à l'origine des coordonnées. Donc le pôle O de la transformation coïncide nécessairement avec ce centre. Cette dernière ellipse se réduit à l'ellipse donnée en faisant $e_1 = 0$, $p_1 = 0$.

En appliquant maintenant la doctrine exposée au n.º 8 et en observant qu'on a

$$(u - \alpha_1)\,(u - \beta_1) = (u - iq_1)\,(u + iq_1) = u^2 + q_1^2,$$

et par conséquent $K = 0$, $L = q_i^2$, on déduit des formules (22) les équations

$$B\mu = 0, \quad B\mu + A\lambda = 0, \quad B\lambda + C = q_i^2 (A\mu + C),$$

d'où il résulte que les droites D, sur lesquelles le pôle O' doit être situé, ont pour équations

$$\mu = 0, \quad \lambda = 0$$

et coïncident par conséquent avec les axes de l'ellipse donnée.

Les mêmes équations et l'équation

$$Ay + Bx + C = 0$$

font voir que les droites D_1 correspondantes ont respectivement pour équations

$$(q_i^2 - 1)\, x + \lambda = 0, \quad (q_i^2 - 1)\, y - q_i^2 \mu = 0.$$

Donc, *si l'on prend pour pôle O le centre d'une ellipse ou d'une hyperbole et pour pôle O' un point quelconque de l'un de ses axes, la transformée de cette courbe est une droite perpendiculaire à l'axe sur lequel le point O' est placé.*

Ajoutons à ce théorème, donné par M. d'Ocagne, que les axes sont les seules droites jouissant de la propriété énoncée.

16. Les courbes inverses des paraboles et des hyperboles définies par l'équation (1) sont représentées par l'équation

$$(30) \qquad (x^2 + y^2)^{k-1} (y - hx) = ax^k.$$

En se basant sur la propriété de conservation des angles dont jouit la transformation par rayons vecteurs réciproques, on voit que les trajectoires des courbes (30), quand a est le paramètre arbitraire, sont représentées par l'équation (n.º 2)

$$(31) \qquad (x^2 + y^2)^{\beta - \alpha} (y - \alpha x)^{\alpha - e} = c\, (y - \beta x)^{\beta - e},$$

où $e = \dfrac{m}{k} + h - \dfrac{h}{k}$, quand les racines α et β de l'équation (2) sont réelles et inégales, par l'équation

$$(32) \qquad \log \left(c\, \frac{y - \alpha x}{x^2 + y^2} \right) = \frac{(\alpha - e) x}{y - \alpha x},$$

quand ces racines sont égales, par l'équation

$$(33) \qquad \log\left[c\, \frac{(y-px)^2 + q^2 x^2}{(x^2+y^2)^2} \right] = 2\,\frac{e-p}{q}\, \text{arc tang}\, \frac{y-px}{qx},$$

quand $\alpha = p+iq$, $\beta = p - iq$.

La courbe représentée par l'équation (31) est *algébrique* quand $\dfrac{\beta - e}{\alpha - e}$ est un nombre rationnel. Dans ce cas, en supposant que ce nombre est égal à $\dfrac{f}{g}$, f et g désignant deux entiers positifs, cette équation prend la forme

$$(x^2 + y^2)^{f-g}\,(y - \alpha x)^g = c\,(y - \beta x)^f.$$

Si $f > g$, cette équation représente une *cyclique* d'ordre égal à $2f - g$. Cette cyclique a un point multiple d'ordre $f - g$ à l'origine des coordonnées, passe $f - g$ fois par chaque point circulaire de l'infini et possède un point multiple d'ordre égal à g à l'infini. La droite correspondant à l'équation $y - \beta x = 0$ est tangente à la courbe à l'origine des coordonnées et le nombre des points communs à cette tangente et à la courbe réunis au point de contact est égal à $2f - g$.

Si $f < g$, on peut donner à l'équation précédente la forme

$$(x^2 + y^2)^{g-f}\,(y - \beta x)^f = c_1\,(y - \alpha x)^g,$$

et on voit que la courbe est encore une cyclique.

Si $\dfrac{\beta - e}{\alpha - e} = -\dfrac{f}{g}$, l'équation (31) prend la forme

$$(x^2 + y^2)^{f+g} = c\,(y - \alpha x)^g\,(y - \beta x)^f,$$

et représente une *courbe de puissance constante* (*Traité des courbes,* t. II, p. 301) d'ordre égal à $2(f+g)$. Cette courbe a un point multiple d'ordre égal à $f+g$ à l'origine des coordonnées, et les droites représentées par les équations $y - \alpha x = 0$, $y - \beta x = 0$ en sont les tangentes en ce point; elle passe $f+g$ fois par chaque point circulaire de l'infini.

17. Les trajectoires des courbes (30) sont des *cubiques circulaires* ou des *quartiques bicirculaires* quand l'équation (3) représente une conique.

1.º Si l'on a

$$\frac{\beta - e}{\alpha - e} = -1,$$

c'est-à-dire si m, h et k vérifient les conditions (n.º 3)

$$(1+k)m = h(1-k), \quad k < 0,$$

l'équation (31) prend la forme

$$(y - \alpha x)(y - \beta x) = c(x^2 + y^2)^2.$$

On voit, au moyen d'un changement de la direction des axes des coordonnées, que les trajectoires sont alors identiques aux courbes nommées par Booth *lemniscates hyperboliques* (*Traité des courbes,* t. I, p. 179).

2.º Si

$$\frac{\beta - e}{\alpha - e} = 2,$$

c'est-à-dire si m, h et k vérifient les relations (7) et (8) du n.º 3, l'équation (31) prend la forme

$$(x^2 + y^2)(y - \alpha x) = c(y - \beta x)^2,$$

et les trajectoires sont des *cissoïdes*.

3.º Quand m, h et k vérifient les conditions

$$(1+k)m = h(1-k), \quad k > 0,$$

l'équation (33) prend la forme

$$(y - px)^2 + q^2 x^2 = c_1 (x^2 + y^2)^2$$

et les trajectoires sont identiques aux courbes appelées par Booth *lemniscates elliptiques* (*Traité des courbes,* t. I, p. 179).

18. Considérons le cas particulier où $k = -1$.
Dans ce cas l'équation (30) prend la forme

$$x(y - hx) = a(x^2 + y^2)^2$$

et représente les lemniscates hyperboliques inverses des coniques ayant les même asymptotes.

Les trajectoires de ces courbes sont représentées par l'équation (31), où α et β sont les racines de l'équation (n.° 4)

$$u^2 + 2\,(m - h)\,u - 2mh - 1 = 0.$$

Si $h = 0$, l'équation (31) prend la forme

$$(x^2 + y^2)^2 = c\,(y - \alpha x)\,(y - \beta x),$$

où $\alpha = -m + \sqrt{m^2 + 1}$, $\beta = -m - \sqrt{m^2 + 1}$, ou

$$(x^2 + y^2)^2 = c\,(y^2 + 2mxy - x^2).$$

En passant aux coordonnées polaires et en posant $m = \cot V$, on obtient l'équation

$$\rho^2 = c\,(\cos 2\theta + \cot V \sin 2\theta)$$

ou

$$\rho^2 = c_1 \sin(2\theta + V)$$

ou, en faisant $2\theta + V = 2\theta_1$,

$$\rho^2 = c_1 \sin 2\theta_1.$$

Donc *les trajectoires des lemniscates de Bernoulli ayant le même centre et les mêmes axes de symétrie, qui coupent ces courbes sous un angle V, sont d'autres lemniscates de Bernoulli ayant le même centre que les lemniscates données et ayant pour axes de symétrie deux droites faisant des angles égaux à $\frac{1}{2} V$ avec ceux de celles-ci.*

Ce théorème est bien connu.

19. Considérons enfin le cas où $k = 2$.

Alors l'équation (30) représente des cissoïdes (droites ou obliques) et ses trajectoires sont déterminées par les équations (31), (32) et (33), où α et β représentent les racines de l'équation

$$2u^2 + (m - h)\,u - hm + 1 = 0.$$

La condition pour que ces trajectoires soient d'autres cissoïdes est (n.° 4)

$$h^2 + 6mh - 9 = 0.$$

En particulier, dans le cas des trajectoires orthogonales, cette équation donne $h = 3$ et $h = -3$. On a donc le théorème suivant:

Les trajectoires orthogonales des cissoïdes obliques ayant le même point de rebroussement, la même tangente en ce point et des asymptotes parallèles sont d'autres cissoïdes obliques.

Dans ce cas, on a $\alpha = 1$, $\beta = \dfrac{1}{2}$, $e = \dfrac{3}{2}$, quand $h = 3$, et $\alpha = -\dfrac{1}{2}$, $\beta = -1$, $e = -\dfrac{3}{2}$, si $h = -3$. Donc les trajectoires orthogonales des cissoïdes sont représentées par l'équation

$$(x^2 + y^2)(y - x) = c \left(y - \frac{1}{2} x\right)^2,$$

quand $h = 3$, ou par l'équation

$$(x^2 + y^2)(y + x) = c \left(y + \frac{1}{2} x\right)^2,$$

si $h = -3$.

Les trajectoires des cissoïdes données sont des *lemniscates elliptiques* quand (n.º 4)

$$3m + h = 0,$$

et seulement dans ce cas. Ces cissoïdes ne peuvent pas avoir pour trajectoires des lemniscates hyperboliques.

En faisant $h = 0$, $m = 0$, on voit que *les trajectoires orthogonales des cissoïdes droites ayant le même point de rebroussement, la même tangente en ce point et des asymptotes parallèles sont des lemniscates elliptiques représentées par l'équation*

$$x^2 + 2y^2 = c\,(x^2 + y^2)^2.$$

Les trajectoires non orthogonales des mêmes cissoïdes droites sont des courbes d'ordre supérieur au quatrième ou des courbes transcendantes.

20. Appliquons la transformation par rayons vecteurs réciproques à la doctrine exposée aux n.ᵒˢ 7 et 8, en prenant pour centre d'inversion l'origine O des coordonnées.

Désignons par (C) une des courbes représentées par les équations (1), (3), (4), (5), et par (C₁) celle des courbes représentées par les équations (30), (31), (32), (33) qui en est la transformée. La parallèle à la normale à la courbe (C) en un point M, menée par O′, se transforme en un cercle passant par O et O′ et coupant perpendiculairement le cercle qui passe par O et est tangent à (C₁) au point M′, correspondant à M. Les droites D, où le point O′ doit être situé, ne varient pas, ainsi que la droite OM.

Donc, *si par l'origine O des coordonnées auxquelles la courbe (C₁) est rapportée et par le point* M′ *de cette courbe on mène la droite* OM′, *et si par un point* O′ *placé sur une des droites* D *on trace une circonférence passant par* O *et coupant perpendiculairement le cercle qui passe par* O *et est tangent à cette courbe au point* M′, *le point d'intersection, différent de* O, *de* OM′ *avec ce cercle décrit une circonférence* (C′), *quand* M′ *décrit la courbe* (C₁).

Si (C₁) est une des courbes représentées par les équations (31), (32), (33), α, β et e étant des nombres donnés, l'équation des droites D, sur lesquelles le point O′ doit être pris, est (n.º 8)

$$(e+\mathrm{K})\,y^2+(\mathrm{L}-1)\,xy+ex^2=0,$$

K et L étant déterminés par l'équation

$$(u-\alpha)\,(u-\beta)=u^2+\mathrm{K}u+\mathrm{L};$$

et l'équation de la circonférence (C′) est

$$[\lambda\mu-(e+\mathrm{K})\,\mu^2]\,(x^2+y^2)-\lambda ex+\mu\,(e+\mathrm{K})\,y=0.$$

Si la courbe (C₁) est représentée par l'équation (30), l'équation des droites D est (n.º 10)

$$ky^2+h\,(1-k)\,xy+x^2=0$$

et celle du cercle (C₁) est

$$k\mu^2\,(x^2+y^2)+\lambda x-k\mu y=0.$$

On déduit de la proposition précédente une méthode pour tracer la tangente à la courbe (C₁) en un point donné M′. Menons par ce point la droite OM′, laquelle coupe le cercle (C′) au point O et en un autre point N. Par les points O, O′ et N traçons une circonférence et par les points O et M′ traçons en une autre qui coupe perpendiculairement celle-là. La tangente à cette dernière circonférence au point M′ est la tangente à la courbe (C₁) demandée.

IV.

Courbe de Newton. Courbes de M. Turrière.

1. Le problème qui a pour but de déterminer, parmi les courbes planes passant par deux points donnés, celle qui, en tournant autour d'un axe passant par un de ces points, engendre le solide de révolution de résistance minima dans un milieu homogène, la direction du mouvement étant celle de l'axe considéré et la vitesse étant constante, a été envisagé pour la première fois par Newton, sous une forme géométrique, dans les *Principia mathematica* (1686, liv. II, sect. VII, prop. XXXIV), où il en a donné une propriété caractéristique, et ensuite par Jean Bernoulli, dans les *Acta eruditiorum* (1699 et 1700), et par L'Hospital, dans les *Mémoires de l'Académie des sciences de Paris* (1699), qui ont démontré le théorème de Newton et l'ont représenté par une équation différentielle du premier ordre, dont ils ont déduit par intégration les équations cartésiennes paramétriques de la courbe et ensuite sa forme. Le même problème a été étudié par Euler dans son *Methodus inveniendi lineas curvas maximi minimive proprietate gaudentes* (1744, p. 51) et plus tard par Legendre, qui a appliqué à ce problème la méthode des variations. On peut voir une étude complète du problème sous une forme rigoureuse moderne dans les *Vorlesungen über Variationsrechnung* (1909, p. 410).

2. On démontre en Mécanique que, pour résoudre ce problème par la méthode des variations, on doit appliquer cette méthode à l'intégrale

$$\int_{y_0}^{y_1} \frac{y y'^3}{1+y'^2}\, dx,$$

y_0 et y_1 désignant les ordonnées des points donnés.

On trouve ainsi que la courbe cherchée peut être représentée par l'équation

$$y'^2(1+y'^2)+y(3-y'^2)y''=0,$$

ou, en posant $y''=\dfrac{y'dy'}{dy}$,

$$\frac{dy}{y}+\frac{3-y'^2}{y'(1+y'^2)}\,dy'=0,$$

ou, en intégrant,

(1) $$y=a\,\frac{(1+y'^2)^2}{y'^3},$$

a étant la constante arbitraire.

Pour intégrer cette dernière équation, différentions ses deux membres et remplaçons ensuite dy par $y'dx$, ce qui donne

$$dx=a\,\frac{y'^4-2y'^2-3}{y'^5}\,dy'$$

et par conséquent

$$x=a\left(\log y'+\frac{1}{y'^2}+\frac{3}{4}\frac{1}{y'^4}\right)+b,$$

b étant la constante arbitraire.

La courbe peut donc être représentée par les équations paramétriques (Euler, *l. c.*)

$$x = a\left(\log y' + \frac{1}{y'^2} + \frac{3}{4}\frac{1}{y'^4}\right), \quad y = a\frac{(1+y'^2)^2}{y'^3},$$

ou, en faisant $y' = \dfrac{1}{t}$,

$$x = a\left(t^2 + \frac{3}{4}t^4 - \log t\right), \quad y = a\frac{(1+t^2)^2}{t}.$$

Le paramètre t désigne dans ces équations la tangente trignométrique de l'angle que la tangente à la courbe au point (x, y) fait avec l'axe des ordonnées.

3. Pour déterminer la forme de la courbe, employons les formules

$$x' = \frac{dx}{dt} = a\frac{(3t^2-1)(1+t^2)}{t}, \quad y' = \frac{dy}{dt} = a\frac{(3t^2-1)(1+t^2)}{t^2},$$

$$\frac{d^2y}{dx^2} = \frac{x'y'' - y'x''}{x'^3} = \frac{1}{at(1-3t^2)(1+t^2)},$$

et remarquons que les points réels de la courbe correspondent aux valeurs positives de *t*.

On voit, au moyen des premières équations, que la courbe de Newton a un point de rebroussement réel correspondant à $t = \dfrac{1}{3}\sqrt{3}$ et on voit ensuite, au moyen de l'équation $\dfrac{dx}{dy} = t = \dfrac{1}{3}\sqrt{3}$, que la tangente en ce point fait un angle de 30° avec l'axe des ordonnées. On voit aussi, au moyen des équations de la courbe et au moyen de l'expression de $\dfrac{d^2y}{dx^2}$, que le point de rebroussement est formé par deux arcs infinis, dont l'un, correspondant à $t > \dfrac{1}{3}\sqrt{3}$, a la concavité tournée dans le sens des ordonnées négatives, et l'autre, correspondant à $t < \dfrac{1}{3}\sqrt{3}$, a la concavité tournée dans le sens des ordonnées positives.

4. L'équation (1) est un cas particulier de l'équation

$$(2) \qquad\qquad y = a(1+y'^2)^2 y'^k,$$

envisagée par M. Turrière, dans les *Annaes scientificos da Academia Polytechnica do Porto* (t. VIII, 1913), qui a remarqué que cette équation définit une famille de courbes algébriques ou interscendantes dont la courbe de Newton est une courbe singulière limite et que la même famille a encore deux autres courbes limites.

En effet, en supposant d'abord que k est un nombre réel différent de 1, -1 et -3 et en intégrant par la méthode employée ci-dessus pour intégrer l'équation (1), on voit que les courbes définies par l'équation (2) peuvent être représentées par les équations paramétriques

$$(3) \qquad x = a \left[\frac{k}{k-1} y'^{k-1} + 2\frac{k+2}{k+1} y'^{k+1} + \frac{k+4}{k+3} y'^{k+3} \right], \qquad y = a(1+y'^2)^2 y'^k,$$

qui représentent une courbe algébrique quand le nombre k est rationnel, et une courbe interscendante quand il est irrationnel.

En changeant l'origine des coordonnées, on peut mettre la première des équations précédentes sous la forme

$$x = a \left[\frac{k}{k-1} y'^{k-1} + 2\frac{k+2}{k+1} y'^{k+1} + \frac{k+4}{k+3}(y'^{k+3} - 1) \right],$$

et, en tenant compte de la relation

$$\log y' = \lim_{k=-3} \frac{y'^{k+3} - 1}{k+3},$$

on voit que la courbe de Newton est une courbe limite de la famille (3) correspondant à $k = -3$.

On voit de la même manière que la famille (3) a encore deux autres courbes limites correspondant à $k = 1$ et $k = -1$, représentées respectivement par les équations:

$$x = a\left(\log y' + 3y'^2 + \frac{5}{4} y'^4 \right), \qquad y = a(l+y'^2)^2 y';$$

$$x = a\left(2\log y' + \frac{1}{2y'^2} + \frac{3}{2} y'^2 \right), \qquad y = a\frac{(1+y'^2)^2}{y'}.$$

M. Turrière a encore considéré dans le travail mentionné l'équation plus générale

$$y = (1+y'^2)^m y'^k,$$

où m est un nombre entier. Cette équation définit une famille algébrico interscendante de courbes ayant $m+1$ courbes limites correspondant aux valeurs $k = 1, -1, -3 \ldots, -(2m-1)$.

5. Le problème de Newton a été considéré par divers auteurs, qui ont admis pour la resistance des lois différentes de celle de Newton. Une étude générale de cette question a été faite par M. Miles dans le *Bulletin of the American Mathematical Society* (1912, t. xix, p. 1), où il a déterminé en particulier les courbes correspondant aux lois de résistance de Kirchhoff (*Journal de Crelle*, t. lxx, 1869), Duchemin (*Experimentaluntersuchungen über den Widerstand der Flüssigkeiten*, 1844) et Von Lossl (*Die Luftwiderstandsgesetze*, 1896).

Les équations des courbes de Kirchhoff, Duchemin et Von Lossl sont respectivement

$$\begin{cases} x = a\left[-\frac{4}{3}(y'^2+1)^{\frac{3}{2}} + (1+2y'^2)(y'^2+1)^{\frac{1}{2}} + \frac{\pi}{4}y'^2 + \left(1+\frac{\pi^2}{16}\right)\log\frac{1+\sqrt{1+y'^2}}{y'} - \frac{\pi}{2}\log y' \right., \\[2mm] \qquad y = a\,\dfrac{\sqrt{1+y'^2}\left(\sqrt{1+y'^2}+\dfrac{\pi}{4}\right)^2}{y'}; \end{cases}$$

$$x = a\left[\frac{1}{3}(2y'^2-1)(y'^2+1)^{\frac{1}{2}} + \frac{6(y'^2+1)^{\frac{1}{2}}}{y'^2} + 6\log\frac{1+\sqrt{1+y'^2}}{y'} \right], \quad y = a\,\frac{(y'^2+2)^2(y'^2+1)^{\frac{1}{2}}}{y'^3};$$

$$x = a\left[\frac{2}{3}(y'^2+1)^{\frac{3}{2}} - (y'^2+1)^{\frac{1}{2}} + \log\frac{1+\sqrt{1+y'^2}}{y'} \right], \quad y' = a\,\frac{(y'^2+1)^{\frac{3}{2}}}{y'}.$$

V.

Épicycloïdes et hypocycloïdes.

1. *Radiales.* L'équation intrinsèque des épicycloïdes et hypocycloïdes ordinaires est (*Traité des courbes spéciales*, t. ii, p. 168)

$$R^2 s^2 + (R+2r)^2 R_1^2 = 16(R+r)^2 r^2,$$

r et R désignant respectivement le rayon du cercle mobile et du cercle fixe et R_1 le rayon de courbure.

Cette équation donne, en différentiant et en tenant compte de la relation $R_1 = \dfrac{ds}{d\omega}$, ω étant l'angle de la tangente et de l'axe des abscisses,

$$R^2 s\,d\omega + (R+2r)^2 dR_1 = 0,$$

et par conséquent, en éliminant s,

$$R\,d\omega = \frac{(R+2r)^2 dR_1}{\sqrt{16(R+r)^2 r^2 - (R+2r)^2 R_1^2}}.$$

En intégrant, on trouve

$$R_1 = \frac{4\,(R+r)\,r}{R+2r}\sin\frac{R}{R+2r}\,\omega.$$

Donc *les radiales de l'épicycloïde et de l'hypocycloïde sont des rosaces représentées par l'équation*

$$\rho = \frac{4\,(R+r)\,r}{R+2r}\sin\frac{R}{R+2r}\,\theta.$$

On sait (*Traité*, t. II, p. 211) que chaque rosace est une épicycloïde allongée ou raccourcie. En appliquant des formules connues (*l. c.*), on voit que les rayons R' et r' du cercle fixe et du cercle mobile de cette courbe et la distance a' du point décrivant au centre de celui-ci sont donnés par les formules

$$R' = \frac{2Rr}{R+2r}, \qquad r' = \frac{2r^2}{R+2r}, \qquad a' = \frac{2\,(R+r)\,r}{R+2r}.$$

2. En partant de l'équation intrinsèque de la pseudo-cycloïde (*l. c.*, p. 218):

$$s^2 - k^2 R_1^2 = a^2,$$

nous avons déjà trouvé (*l. c.*, p. 219) l'équation suivante:

$$R_1 = \frac{a}{2k}\left(e^{\frac{\omega}{k}} - e^{-\frac{\omega}{k}}\right).$$

Donc *la radiale de la pseudo-cycloïde considérée est la spirale des sinus hyperboliques représentée par l'équation* (*l. c.*, p. 89)

$$\rho = \frac{a}{2k}\left(e^{\frac{\theta}{k}} - e^{-\frac{\theta}{k}}\right).$$

En considérant la pseudo-cycloïde définie par l'équation (*l. c.*, p. 218)

$$k^2 R_1^2 - s^2 = a^2,$$

on trouve de la même manière l'équation

$$\rho = \frac{a}{2k}\left(e^{\frac{\theta}{2}} + e^{-\frac{\theta}{2}}\right).$$

Donc *la radiale de cette pseudo-cycloïde est la spirale des cosinus hyperboliques.*

Ajoutons encore que *les courbes de Mannheim des épicycloïdes, des hypocycloïdes et des pseudo-cycloïdes sont des coniques.*

3. *Développées intermédiaires.* En appliquant aux équation des épicycloïdes et hypocycloïdes (*Traité*, t. II, p. 156):

$$
(1) \quad
\begin{cases}
x = (R + r)\cos\alpha - r\cos\dfrac{R+r}{r}\alpha, \\[2mm]
y = (R + r)\sin\alpha - r\sin\dfrac{R+r}{r}\alpha
\end{cases}
$$

les formules générales (1) de la page 88 de ce volume, on obtient les équations paramétriques des développées intermédiaires des épicycloïdes et hypocycloïdes, savoir:

$$
x_1 = \left(R + r\right)\left(1 - 2\lambda\frac{r}{R+2r}\right)\cos\alpha - \left[r - 2\lambda\frac{r(R+r)}{R+2r}\right]\cos\frac{R+r}{r}\alpha,
$$

$$
y_1 = \left(R + r\right)\left(1 - 2\lambda\frac{r}{R+2r}\right)\sin\alpha - \left[r - 2\lambda\frac{r(R+r)}{R+2r}\right]\sin\frac{R+r}{r}\alpha.
$$

En posant maintenant

$$
(R + r)\left(1 - 2\lambda\frac{r}{R+2r}\right) = R' + r', \qquad \frac{R+r}{r} = \frac{R'+r'}{r'}, \qquad a = -r + 2\lambda\frac{r(R+r)}{R+2r},
$$

on peut mettre les équations précédentes sous la forme

$$
x_1 = (R' + r')\cos\alpha + a\cos\frac{R'+r'}{r'}\alpha,
$$

$$
y_1 = (R' + r')\sin\alpha - a\sin\frac{R'+r'}{r'}\alpha.
$$

Il en résulte que *les développées intermédiaires des épicycloïdes et hypocycloïdes ordinaires sont des épicycloïdes ou hypocycloïdes allongées ou raccourcies* (Braude).

Les rayons R' et r' du cercle fixe et du cercle mobile de ces courbes sont déterminés par les équations

$$
R' = R\left(1 - 2\lambda\frac{r}{R+2r}\right), \qquad r' = r\left(1 - 2\lambda\frac{r}{R+2r}\right).
$$

Si l'on donne à λ une des valeurs

$$\lambda = \frac{(R+2r)}{2(R+r)}, \qquad \lambda = \frac{R+2r}{2r}$$

on a

$$x_1 = R \cos \alpha, \qquad y_1 = R \sin \alpha,$$

ou

$$x_1 = R \cos \frac{R+r}{r} \alpha, \qquad y_1 = R \sin \frac{R+r}{r} \alpha$$

Dans ce cas, la développée intermédiaire coïncide avec le cercle fixe.
Comme l'on a

$$\frac{R}{r} = \frac{R'}{r'},$$

on voit que le paramètre dont dépend la nature de l'épicycloïde ou hypocycloïde est le même pour la courbe donnée et pour ses développées.

La condition pour qu'on ait $a = r'$, est $\lambda = 1$; donc seulement dans ce cas, la développée de la courbe donnée est une épicycloïde ou hypocycloïde ordinaire.

4. *Arcuides.* Cherchons les arcuides des épicycloïdes et hypocycloïdes.
Nous avons (n.º 1)

$$R_1 = \frac{4(R+r)r}{R+2r} \sin \frac{R}{R+2r} \omega.$$

En appliquant à cette équation les formules générales de la *Théorie des arcuides* (p. 95), on trouve les équations paramétriques de ces lignes, savoir:

$$X = \frac{4(R+r)r}{R+2r} \sin \frac{R}{R+2r} \omega \cos^2 \omega,$$

$$Y = -\frac{4(R+r)r}{R} \cos \frac{R}{R+2r} \omega - \frac{4(R+r)r}{R+2r} \sin \frac{R}{R+2r} \omega \sin \omega \cos \omega,$$

ou

$$X = \frac{2(R+r)r}{R+2r} \left[\sin \frac{R}{R+2r} \omega + \frac{1}{2} \sin \frac{3R+4r}{R+2r} \omega - \frac{1}{2} \sin \frac{R+4r}{R+2r} \omega \right],$$

$$Y = -\frac{4(R+r)r}{R} \cos \frac{R}{R+2r} \omega + \frac{(R+r)r}{R+2r} \left[\cos \frac{3R+4r}{R+2r} \omega - \cos \frac{R+4r}{R+2r} \omega \right].$$

Supposons en particulier que la courbe donnée est l'hypocycloïde à quatre rebroussements. En changeant dans les formules précédentes r en $-r$ et en faisant ensuite $R = 4r$, on trouve

$$X = -\frac{3}{2}\, r\,(2\sin 2\omega + \sin 4\omega),$$

$$Y = \frac{3}{2}\, r\,(2\cos 2\omega - \cos 4\omega + 1),$$

ou, en changeant l'origine des coordonnées et en faisant $2\omega = \pi - \omega_1$,

$$X_1 = \frac{3}{2}\, r\,(-2\sin \omega_1 + \sin 2\omega_1),$$

$$Y_1 = -\frac{3}{2}\, r\,(2\cos \omega_1 + \cos 2\omega_1).$$

Donc (*Traité*, t. II, p. 174) *l'arcuide de l'astroïde est l'hypocycloïde à trois rebroussements* (Wieleitner, *Spezielle Ebene Kurven*, 1908, p. 383).

5. *Équation polaire des épicycloïdes et hypocycloïdes.* Cherchons l'équation polaire des épicycloïdes et hypocycloïdes.

Les équations (1) donnent

(2) $$\rho^2 = x^2 + y^2 = (R + r)^2 + r^2 - 2\,(R + r)\,r\cos\frac{R}{r}\,\alpha.$$

Nous avons encore, en faisant $x = \rho\cos\theta$, $y = \rho\sin\theta$,

$$\cos\theta\, d\rho - \rho\sin\theta\, d\theta = (R + r)\left(\sin\frac{R + r}{r}\,\alpha - \sin\alpha\right)d\alpha,$$

$$\sin\theta\, d\rho + \rho\cos\theta\, d\theta = (R + r)\left(\cos\alpha - \cos\frac{R + r}{r}\right)d\alpha,$$

et par suite, en tenant compte de l'équation précédente,

$$d\rho^2 + \rho^2 d\theta^2 = 2\,(R + r)^2\left(1 - \cos\frac{R}{r}\,\alpha\right)d\alpha^2 = (R + r)\frac{\rho^2 - R^2}{r}\,d\alpha^2.$$

Mais l'équation (2) donne

$$\rho d\rho = (R + r) R \sin \frac{R}{r} \, \alpha d\alpha,$$

et par suite

$$d\alpha^2 = \frac{4r^2 \rho^2 d\rho^2}{R^2 (\rho^2 - R^2) \left[(R + 2r)^2 - \rho^2\right]}.$$

Donc

$$d\rho^2 + \rho^2 d\theta^2 = \frac{4 (R + r) r \rho^2 d\rho^2}{R^2 \left[(R + 2r)^2 - \rho^2\right]},$$

et par suite

(3)
$$d\theta = \frac{\sqrt{R^2 - \rho^2}}{\rho \sqrt{m^2 \rho^2 - R^2}} \, d\rho, \qquad m = \frac{R}{R + 2r}.$$

Cette équation peut être intégrée par les méthodes classiques, et l'on trouve

$$\theta = \frac{1}{m} \left[\arctan \sqrt{\frac{m^2 \rho^2 - R^2}{m^2 (R^2 - \rho^2)}} - m \arctan \sqrt{\frac{m^2 \rho^2 - R^2}{R^2 - \rho^2}} \right]$$

ou

$$\theta = \frac{1}{m} \left(\arctan \frac{u}{m} - m \arctan u \right),$$

en posant

$$u = \sqrt{\frac{m^2 \rho^2 - R^2}{R^2 - \rho^2}}.$$

Donc les épicycloïdes et hypocycloïdes peuvent être représentées par les équations polaires paramétriques

(4)
$$\theta = \frac{1}{m} \left(\arctan \frac{u}{m} - m \arctan u \right), \qquad \rho^2 = \frac{R^2 (u^2 + 1)}{u^2 + m^2}.$$

Le rayon de courbure R_1 des épicycloïdes peut être exprimé en fonction de ρ au moyen d'une expression très simple. En effet, nous avons (*Traité*, t. II, p. 164)

$$R_1 = \frac{4 (R + r) r}{R + 2r} \sin \frac{R}{2r} \alpha,$$

et par conséquent, en éliminant α au moyen de l'équation (2),

$$R_1 = \frac{2}{R + 2r} \sqrt{(R + r) r (\rho^2 - R^2)}.$$

6. *Roulettes et glissettes.* Cherchons maintenant la roulette à glissement proportionnel, la roulette ordinaire et la glissette du centre du cercle fixe d'une épicycloïde ou hypocycloïde quelconque qui roule ou glisse sur une droite.

En appliquant pour cela les formules générales données au commencement de ce chapitre (p. 94) et en tenant compte des relations

$$\theta' = \frac{1 - m^2}{(u^2 + m^2)(u^2 + 1)}, \qquad \rho' = \frac{R^2 (m^2 - 1) u}{\rho (u^2 + m^2)^2},$$

on obtient les équations

$$x = \lambda R (m^2 - 1) \int \frac{du}{(u^2 + m^2)^{\frac{3}{2}}} - \frac{Ru}{(u^2 + m^2)^{\frac{1}{2}}}, \qquad y = \frac{R}{\sqrt{u^2 + m^2}}$$

ou

$$x = R \left(\lambda \frac{m^2 - 1}{m^2} - 1 \right) \frac{u}{\sqrt{u^2 + m^2}}, \qquad y = \frac{R}{\sqrt{u^2 + m^2}}.$$

En éliminant *u* entre ces équations on obtient celle-ci:

$$(5) \qquad x^2 + \left(\lambda \frac{m^2 - 1}{m^2} - 1 \right)^2 m^2 y^2 = R^2 \left(\lambda \frac{m^2 - 1}{m^2} - 1 \right)^2.$$

Donc on a le théorème suivant:

La roulette ordinaire et la roulette à glissement proportionnel décrites par le centre du cercle fixe d'une épicycloïde ou hypocycloïde ordinaire, roulant sur une droite, sont des ellipses.

Cette propriété des roulettes ordinaires des épicycloïdes et hypocycloïdes a été démontrée par une méthode différente par Besant dans l'ouvrage intitulé *Roulettes and glissettes.* Nous en avons donné l'extension aux épicycloïdes et hypocycloïdes à glissement proportionnel dans un article inséré au *Journal de Mathématiques pures et appliqués,* 6.ᵉ série, t. IX, 1913, où nous avons aussi signalé le cas particulier suivant, qu'on obtient en faisant $\lambda = 0$:

La glissette du centre du cercle fixe d'une épicycloïde quelconque est l'ellipse représentée par l'équation

$$x^2 + m^2 y^2 = R^2.$$

7. *Pseudo-épicycloïdes.* On a vu (*Traité des courbes,* t. II, p. 222) que la pseudo-épicycloïde représentée par l'équation

$$s^2 - k^2 R_1^2 = a^2$$

peut être considérée comme une épicycloïde correspondant aux valeurs suivants de R et *r*:

$$R = -\frac{a}{1 + k^2}, \qquad r = \frac{a(1 - ki)}{2(1 + k^2)}, \qquad i = \sqrt{-1}.$$

En remplaçant ces valeurs dans l'équation (3), on voit que la courbe considérée peut être représentée par l'équation polaire

(6)
$$d\theta = \frac{\sqrt{\rho^2 - \dfrac{a^2}{(1+k^2)^2}}}{\rho\sqrt{\dfrac{k^2}{\rho^2} + \dfrac{\rho^2}{(1+k^2)^2}}}\, d\rho.$$

De même, en faisant

$$R = -\frac{ai}{1+k^2}, \qquad r = \frac{a(k+i)}{2(1+k^2)},$$

on voit que la pseudo-épicycloïde correspondant à l'équation

$$k^2 R_1^2 - s^2 = a^2$$

peut être représentée par l'équation

(7)
$$d\theta = \frac{\sqrt{\rho^2 + \dfrac{a^2}{(1+k^2)^2}}}{\rho\sqrt{\dfrac{\rho^2}{k^2} - \dfrac{a^2}{(1+k^2)^2}}}\, d\theta.$$

Dans le premier cas le rayon de courbure a pour expression, en fonction de ρ,

$$R_1 = \frac{1}{k}\sqrt{(1+k^2)\left[\rho^2 - \frac{a^2}{(1+k^2)^2}\right]};$$

et dans le second cas

$$R_1 = \frac{1}{k}\sqrt{(1+k^2)\left[\rho^2 + \frac{a^2}{(1+k^2)^2}\right]}.$$

En remplaçant les mêmes valeurs de R et r dans l'équation (5), on obtient un théorème que nous avons donné dans la *Revista da Universidade de Coimbra* (1913, t. II, p. 323), savoir:

La roulette ordinaire, la roulette à glissement proportionel et la glissette décrites par le pôle des courbes (6) *ou* (7) *sont des hyperboles représentées respectivement par les équations*

$$k^2 x^2 - [\lambda(1+k^2) - 1]^2 y^2 = \pm \frac{k^2 a^2}{(1+k^2)^2}[\lambda(1+k^2) - 1].$$

VI.

Sur les courbes à développée intermédiaire circulaire ([1]).

1. Nous allons nous occuper de la question suivante : *Déterminer les courbes ayant une développée intermédiaire circulaire.*

Cette question a été envisagée par M. Braude dans un travail inséré au *Monatshefte für Mathematik und Physik* (t. XXIII, 1912), où il a donné l'équation intrinsèque de ces courbes. Nous allons chercher leurs équations en coordonnées polaires paramétriques, question qui dépend d'une seule quadrature. Ensuite nous déduirons des résultats obtenus ceux qui ont été donnés par M. Braude.

2. Représentons par R le rayon de courbure d'une des courbes cherchées C au point (x, y) et par Δ la distance de ce point à l'un des points (x_1, y_1) d'intersection de la normale à C au point (x, y) avec un cercle donné.

L'équation qui représente le problème proposé est

$$(1) \qquad\qquad R = m\Delta,$$

m désignant une constante positive ou négative.

En prenant pour origine des coordonnées le centre du cercle donné, les équations de ce cercle et de la normale à C au point (x, y) sont respectivement

$$X^2 + Y^2 = k^2, \qquad (Y - y)\, dy + (X - x)\, dx = 0$$

et par conséquent on a, en représentant par θ et ρ les coordonnées polaires du point (x, y) et par x' et y' les dérivées de x et y par rapport à θ,

$$(y_1 - y)\, y' + (x_1 - x)\, x' = 0, \qquad x_1^2 + y_1^2 = k^2.$$

([1]) Reproduction d'un article que nous avons publié dans le *Monatsheft für Mathematik und Physik* (Vienne, t XXIV, 1913). M. Turrière a étudié ces courbes par une analyse différente, en même temps que nous, et il a publié les résultats qu'il a obtenus dans les *Rendiconti del Circolo matematico di Palermo* (1913, t. XXXVI) et dans les *Nouvelles Annales de Mathématiques* (1913, 4ᵉ série, t. XIII). Ajoutons encore que M. P. Ernst, d'après une communication qu'il nous a faite, va publier dans le volume du *Monatsheft für Mathematik und Physik* pour 1914 un article où il fait connaître un appareil pour tracer les mêmes courbes.

Les coordonnées x_1, y_1 sont déterminées par ces équations, qui donnent

$$x_1 = x + \frac{y'}{x'}(y - y_1),$$

$$y = y_1 + x' \frac{yx' - xy' \pm \sqrt{(yx' - xy')^2 - (x'^2 + y'^2)(x^2 + y^2 - k^2)}}{x'^2 + y'^2}$$

Donc

$$\Delta^2 = (x - x_1)^2 + (y - y_1)^2 = (y - y_1)^2 \cdot \frac{x'^2 + y'^2}{x'^2}$$

$$= \frac{1}{x'^2 + y'^2}\left[2(yx' - xy')^2 - (x'^2 + y'^2)(x^2 + y^2 - k^2) \pm 2(yx' - xy')\sqrt{(yx' - xy')^2 - (x'^2 + y'^2 - k^2)}\right].$$

Posons maintenant $x = \rho \cos \theta$. $y = \rho \sin \theta$. On trouve

$$xy' - yx' = \rho^2, \qquad x'^2 + y'^2 = \rho^2 + \rho'^2,$$

ρ' désignant la dérivée de ρ par rapport à θ.

Donc

$$\Delta^2 = \frac{1}{\rho^2 + \rho'^2}\left[2\rho^4 - (\rho^2 + \rho'^2)(\rho^2 - k^2) \mp 2\rho^2\sqrt{\rho^4 - (\rho^2 + \rho'^2)(\rho^2 - k^2)}\right]$$

$$= \frac{1}{\rho^2 + \rho'^2}\left[\rho^2 \mp \sqrt{\rho^4 - (\rho^2 + \rho'^2)(\rho^2 - k^2)}\right]^2.$$

On peut donc mettre l'équation (1) sous la forme

$$\frac{(\rho^2 + \rho'^2)^2}{\rho^2 + 2\left(\frac{d\rho}{d\theta}\right)^2 - \rho\frac{d^2\rho}{d\theta^2}} = m\left[\rho^2 \mp \sqrt{\rho^4 - (\rho^2 + \rho'^2)(\rho^2 - k^2)}\right].$$

Représentons maintenant par V l'angle de la tangente à la courbe C au point (θ, ρ) avec le vecteur de ce point. On a

$$\rho' = \rho \cot V, \qquad \rho'' = \rho \cot^2 V - \rho^2 \frac{\cos V}{\sin^3 V}\frac{dV}{d\rho},$$

et l'équation précédente prend la forme

$$(2) \qquad \rho\, d\rho = m\left[\rho \sin V \mp \sqrt{\rho^2 \sin^2 V - (\rho^2 - k^2)}\right] d(\rho \sin V).$$

Faisons encore

$$\rho \sin V = z, \qquad \rho^2 = u^2 + k^2.$$

Il vient

$$u\,du = m\left[z \mp \sqrt{z^2 - u^2}\right] dz.$$

Cette équation est homogène et, en faisant $u = tz$, elle devient

$$\frac{dz}{z} + \frac{dt}{t^2 - m\left(1 \mp \sqrt{1-t^2}\right)} = 0,$$

ou, en posant $\sqrt{1-t^2} = \pm v,$

$$\frac{dz}{z} + \frac{v\,dv}{v^2 - mv + m - 1} = 0,$$

où

(3) $$v^2 - mv + m - 1 = (v-1)(v - m + 1).$$

3. Soit d'abord $m \gtrless 2$, et intégrons cette équation. On trouve

$$\frac{(v-1)\,z^{2-m}}{(v - m + 1)^{m-1}} = c,$$

et par conséquent

(4) $$\frac{\pm\sqrt{\rho^2 \sin^2 V - (\rho^2 - k^2)} - \rho \sin V}{\left[\pm\sqrt{\rho^2 \sin^2 V - (\rho^2 - k^2)} - (m-1)\,\rho \sin V\right]^{m-1}} = c,$$

c désignant une constante arbitraire.

Posons maintenant

$$\pm\sqrt{\rho^2 \sin^2 V - (\rho^2 - k^2)} - \rho \sin V = t_2,$$

$$\pm\sqrt{\rho^2 \sin^2 V - (\rho^2 - k^2)} - (m-1)\,\rho \sin V = t_1.$$

Il vient

$$t_2 = c t_1^{m-1}$$

et

$$\rho \sin V = \frac{t_2 - t_1}{m - 2}, \qquad \rho^2 - k^2 = \frac{2t_1 - mt_2}{m-2}\, t_2,$$

ou

$$\rho \sin V = \frac{c t_1^{m-1} - t_1}{m-2}, \qquad \rho^2 - k^2 = c\,\frac{2t_1{}^m - mct_1^{2(m-1)}}{m-2}$$

D'un autre côté, nous avons

$$\frac{d\theta}{dt_1} = \frac{d\theta}{d\rho}\frac{d\rho}{dt_1} = \frac{\sin V}{\rho\sqrt{1-\sin^2 V}}\frac{d\rho}{dt_1},$$

et par conséquent, en tenant compte des équations précédentes,

$$\frac{d\theta}{dt_1} = \frac{mc\,(ct_1^{m-1}-t_1)\,[t_1^{m-1}-(m-1)\,ct_1^{2m-3}]}{[(m-2)\,k^2+c\,(2t_1^m-mct_1^{2(m-1)})]\,\sqrt{F(t_1)}},$$

où

$$F(t_1) = (m-2)^2\,k^2 - [(m-1)\,ct_1^{m-1}-t_1]^2.$$

Les courbes considérées peuvent donc être représentées par les équations paramétriques

(5)
$$\begin{cases} \rho^2 = k^2 + c\,\dfrac{2t_1^m - mct_1^{2(m-1)}}{m-2}, \\[3mm] \theta = \displaystyle\int \dfrac{mc\,(ct_1^{m-1}-t_1)\,[t_1^{m-1}-(m-1)\,ct_1^{2m-3}]}{(m-2)\,k^2+c\,(2t_1^m-mct_1^{2(m-1)})} \cdot \dfrac{dt}{\sqrt{F(t_1)}} \end{cases}$$

Le paramètre t_1 a une signification géométrique remarquable. En effet, l'égalité

$$R = \frac{\rho d\rho}{d\,(\rho\sin V)} = \frac{\rho dt_1}{d\,(\rho\sin V)}\frac{d\rho}{dt_1}$$

donne, en remplaçant ρ et $\rho\sin V$ par leurs valeurs données ci-dessus,

(6)
$$R = mct_1^{m-1}.$$

4. Les formules précédentes n'ont pas lieu quand $m = 2$. Alors les racines de l'équation (3) sont égales et l'intégrale de l'équation (2) est

$$\log\left\{c\left[\sqrt{\rho^2\sin^2 V - (\rho^2-k^2)} - \rho\sin V\right]\right\} = \frac{\rho\sin V}{\sqrt{\rho^2\sin^2 V - (\rho^2-k^2)} - \rho\sin V}.$$

En faisant maintenant

$$\sqrt{\rho^2\sin^2 V - (\rho^2-k^2)} - \rho\sin V = t_1, \qquad \rho\sin V = t_2,$$

on a

$$t_2 = t_1 \log(ct_1),$$

et par suite

$$\rho^2 = k^2 - t_1^2 - 2t_1^2 \log(ct_1).$$

On a ensuite

$$\frac{d\theta}{dt_1} = \frac{d\theta}{d\rho}\frac{d\rho}{dt_1} = \frac{\sin V}{\sqrt{\rho^2 - \rho^2 \sin^2 V}}\frac{d\rho}{dt_1}.$$

Donc les équations paramétriques polaires de la courbe qui satisfait à la condition (1) quand $m = 2$, sont

(7)
$$\begin{cases} \rho^2 = k^2 - t_1^2[1 + 2\log(ct_1)], \\ \theta = 2\int \frac{t_1^2[1 + \log(ct_1)]\log(ct_1)\,dt_1}{\{k^2 - t_1^2[1 + 2\log(ct_1)]\}\sqrt{k^2 - t_1^2[1 + \log.(ct_1)]^2}} \end{cases}$$

Entre t_1 et le rayon de courbure R il existe une relation très simple. On a en effet

$$R = \frac{\rho dt_1}{d(\rho \sin V)}\cdot\frac{d\rho}{dt_1},$$

et par suite

$$R = 2t_1.$$

5. L'analyse employée au n.º 3 n'a pas lieu quand $c = \infty$. Nous allons considérer ce cas.

L'équation (4) donne alors, en supposant m différent de 1 et 2,

$$k^2 - \rho^2 = m(m-2)\rho^3 \sin^2 V$$

et par suite

$$\sin V = \frac{1}{\rho}\sqrt{\frac{k^2 - \rho^2}{m(m-2)}}.$$

On a aussi

(8)
$$R = \frac{\rho d\rho}{d(\rho \sin V)} = \sqrt{m(m-2)(k^2 - \rho^2)},$$

et

(9)
$$\frac{d\theta}{d\rho} = \frac{\sin V}{\rho \cos V} = \frac{\sqrt{k^2 - \rho^2}}{\rho\sqrt{(m-1)^2\rho^2 - k^2}}.$$

Cette équation peut être intégrée par des fonctions élémentaires.

Nous avons d'abord, en faisant $\rho^2 = t$,

$$\frac{d\theta}{dt} = \frac{k^2 - t}{2t\,\sqrt{(k^2 - t)\,[(m-1)^2\,t - k^2]}}$$

et ensuite, en intégrant

$$\theta = \frac{1}{m-1}\,\operatorname{arctang}\sqrt{\frac{(m-1)^2\,\rho^2 - k^2}{(m-1)^2\,(k^2 - \rho^2)}} - \operatorname{arctang}\sqrt{\frac{(m-1)^2\,\rho^2 - k^2}{k^2 - \rho^2}}\,,$$

ou

$$\theta = \frac{1}{m-1}\,\operatorname{arctang}\frac{u}{m-1} - \operatorname{arctang} u\,, \qquad u = \sqrt{\frac{(m-1)^2\,\rho^2 - k^2}{k^2 - \rho^2}}\,.$$

Donc la courbe considérée peut être représentée par les équations paramétriques

$$(10) \qquad \begin{cases} \theta = \dfrac{1}{m-1}\,\operatorname{arctang}\dfrac{u}{m-1} - \operatorname{arctang} u\,, \\[2em] \rho^2 = \dfrac{k^2\,(1 + u^2)}{(m-1)^2 + u^2} \end{cases}$$

Nous avons donc (p. 174) le théorème suivant, obtenu déjà précédemment (p. 172) par une analyse différente:

Toute épicycloïde ou hypocycloïde a une développée intermédiaire circulaire, qui coïncide avec le cercle fixe.

6. On peut déduire aisément des formules données au n.º 3 l'équation intrinsèque des courbes que représentent les équations (5).

On a trouvé déjà l'équation

$$R = mct_1{}^{m-1},$$

et nous avons

$$\frac{ds}{d\theta} = \frac{\rho}{\sin V}$$

et par suite,

$$\frac{ds}{dt_1} = \frac{ds}{d\rho}\frac{d\theta}{d\rho}\frac{d\rho}{dt_1} = \frac{1}{\sqrt{1 - \sin^2 V}}\frac{d\rho}{dt_1}$$

ou, en remplaçant $\sin V$ et $\dfrac{d\rho}{dt_1}$ par leurs valeurs en fonction de t_1 (n.º 3),

$$\frac{ds}{dt_1} = \frac{mc\,[(m-1)\,ct_1{}^{m-2} - 1]\,t_1{}^{m-1}}{\sqrt{(m-2)^2\,k^2 - [(m-1)\,ct_1{}^{m-2} - 1]^2\,t_1^2}}\,.$$

Donc

$$\frac{ds}{dR} = \frac{\left[(m-1)\,ct_1{}^{m-2}-1\right]t_1}{(m-1)\,\sqrt{(m-2)^2\,k^2-\left[(m-1)\,ct_1{}^{m-2}-1\right]^2\,t_1^2}}.$$

En éliminant maintenant t_1 au moyen de l'expression de R, ou obtient l'équation intrinsèque cherchée, savoir:

$$\frac{ds}{dR} = \frac{R}{\sqrt{\dfrac{m^2\,(m-2)^2 k^2}{\left[\left(\dfrac{R}{c_1}\right)^{\frac{2-m}{m-1}}-1\right]^2}-(m-1)^2\,R^2}},$$

qui et identique à celle que M. Braude a obtenue au moyen d'une méthode très différente.

7. Considérons le cas où $m = 2$. Alors on a (n.° 4)

$$R = 2t_1,$$

et

$$\frac{ds}{dt_1} = \frac{1}{\sqrt{1-\sin^2 V}}\,\frac{d\rho}{dt_1} = \frac{2\left[1+\log\,(ct_1)\right]t_1}{\sqrt{k^2-\left[1+\log\,(ct_1)\right]^2\,t_1^2}}.$$

Donc

$$\frac{ds}{dR} = \frac{\left[1+\log\left(\dfrac{cR}{2}\right)\right]R^2}{\sqrt{4k^2-\left[1+\log\left(\dfrac{cR}{2}\right)\right]R^2}},$$

ou, en faisant $c_1 = \dfrac{ec}{2}$, e étant la base des logarithmes naturels,

$$\frac{ds}{dR} = \frac{R}{\sqrt{\dfrac{4k^2}{\left[\log\,(c_1 R)\right]^2}-R^2}}.$$

C'est l'équation intrinsèque de la courbe, identique à celle qui a été obtenue par M. Braude.

8. Si $m = 1$, l'équation (2) a la solution singulière

$$\rho^2-k^2 = \rho^2\sin^2 V.$$

On a donc alors

$$\frac{d\theta}{d\rho} = \frac{\sin V}{\rho \cos V} = \frac{\sqrt{\rho^2 - k^2}}{k\rho}.$$

C'est l'équation de la développante du cercle de rayon égal à k, qui, comme l'on pouvait s'y attendre, est une solution de la question.

VII.

Sur les spirales sinusoïdes et les courbes de Ribaucour.

1. La spirale sinusoïde est définie par l'équation (*Traité*, t. II, p. 259)

$$(1) \qquad \rho^n = a^n \sin n\theta,$$

ou, en changeant la direction de l'axe des coordonnées polaires,

$$(2) \qquad \rho^n = a^n \cos n\theta.$$

Nous allons chercher premièrement les développées intermédiaires de cette courbe et pour cela nous la représenterons par les équations paramétriques

$$x = a \left(\cos n\theta\right)^{\frac{1}{n}} \cos \theta, \qquad y = a \left(\cos n\theta\right)^{\frac{1}{n}} \sin \theta,$$

qui donnent, en désignant par x', y', x'', y'' les dérivées de x et y par rapport à θ,

$$x' = -a \left(\cos n\theta\right)^{\frac{1}{n}-1} \sin (n+1)\theta, \qquad y' = a \left(\cos n\theta\right)^{\frac{1}{n}-1} \cos (n+1)\theta,$$

$$x'' = -a \left(\cos n\theta\right)^{\frac{1}{n}-2} \left[\cos (2n+1)\theta + n \cos \theta\right],$$

$$y'' = -a \left(\cos n\theta\right)^{\frac{1}{n}-2} \left[\sin (2n+1)\theta + n \sin \theta\right].$$

En représentant maintenant par x_1 et y_1 les coordonnées du point d'une développée intermédiaire correspondant au point (x, y) de la spirale sinusoïde et en appliquant les formules générales données précédemment (p. 88), on trouve

$$x_1 = a \left(\cos n\theta\right)^{\frac{1-n}{n}} \left[\cos n\theta \cos \theta - \frac{\lambda}{n+1} \cos (n+1)\theta\right],$$

$$y_1 = a \left(\cos n\theta\right)^{\frac{1-n}{n}} \left[\cos n\theta \sin \theta - \frac{\lambda}{n+1} \sin (n+1)\theta\right].$$

Mais

$$\cos n\theta \cos \theta = \frac{1}{2}\left[\cos (n+1)\theta + \cos (n-1)\theta\right],$$

$$\cos n\theta \sin \theta = \frac{1}{2}\left[\sin (n+1)\theta - \sin (n-1)\theta\right].$$

Donc on peut encore mettre les expressions de x_1 et y_1 sous la forme

$$x_1 = \frac{1}{2} a \left(\cos n\theta\right)^{\frac{1-n}{n}} \left[\left(1 - \frac{2\lambda}{1+n}\right)\cos (n+1)\theta + \cos (n-1)\theta\right],$$

$$y_1 = \frac{1}{2} a \left(\cos n\theta\right)^{\frac{1-n}{n}} \left[\left(1 - \frac{2\lambda}{1+n}\right)\sin (n+1)\theta - \sin (n-1)\theta\right].$$

Ce sont les équations qui déterminent les coordonnées des points de la développée intermédiaire de la spirale sinusoïde en fonction de θ.

Soit en particulier

$$\lambda = \frac{1+n}{2}.$$

Nous avons alors

$$x_1 = \frac{1}{2} a \left(\cos n\theta\right)^{\frac{1-n}{n}} \cos (n-1)\theta, \qquad y_1 = -\frac{1}{2} a \left(\cos n\theta\right)^{\frac{1-n}{n}} \sin (n-1)\theta,$$

ou, en faisant $\theta = \dfrac{\varphi}{1-n}$,

$$x_1 = \frac{1}{2} a \left(\cos \frac{n\varphi}{1-n}\right)^{\frac{1-n}{n}} \cos \varphi, \qquad y_1 = \frac{1}{2} a \left(\cos \frac{n\varphi}{1-n}\right)^{\frac{1-n}{n}} \sin \varphi,$$

et par conséquent, en faisant $x_1 = \rho_1 \cos \theta_1$, $y_1 = \rho_1 \sin \theta_1$, et par suite $\theta_1 = \varphi$,

$$(3) \qquad \rho_1 = \sqrt{x_1^2 + y_1^2} = \frac{a}{2} \left(\cos \frac{n\theta_1}{1-n} \right)^{\frac{1-n}{n}}.$$

Donc *la développée intermédiaire correspondant à* $\lambda = \dfrac{1+n}{2}$ *de la spirale sinusoïde* (2) *est une autre spirale sinusoïde représentée par l'équation* (3).

Ce théorème a été donné par M. Braude dans le *Giornale di Matematiche* (Naples, t. L, 1912, p. 312), où il est obtenu par une analyse différente.

Une autre développée intermédiaire remarquable est celle qui correspond à $\lambda = n+1$. Il résulte en effet de la relation (*Traité*, t. II, p. 262)

$$(n+1)\, \mathrm{R} = \mathrm{N},$$

où R désigne le rayon de courbure et N la normale polaire, que le lieu du point d'intersection de la normale en un point avec la perpendiculaire au vecteur de ce point menée par le pôle est identique à cette développée (Braude).

2. Nous allons appliquer cette doctrine à la cardioïde définie par l'équation

$$\rho = a \cos^2 \frac{1}{2} \theta.$$

Nous avons

$$x_1 = \frac{1}{2} a \cos \frac{\theta}{2} \left[\left(1 - \frac{4\lambda}{3} \right) \cos \frac{3}{2} \theta + \cos \frac{1}{2} \theta \right].$$

$$y_1 = \frac{1}{2} a \cos \frac{\theta}{2} \left[\left(1 - \frac{4\lambda}{3} \right) \sin \frac{3}{2} \theta + \sin \frac{1}{2} \theta \right],$$

ou

$$x_1 = \frac{1}{4} a \left[\left(1 - \frac{4\lambda}{3} \right) \cos 2\theta + 2 \left(1 - \frac{2\lambda}{3} \right) \cos \theta + 1 \right],$$

$$y_1 = \frac{1}{4} a \left[\left(1 - \frac{4\lambda}{3} \right) \sin 2\theta + 2 \left(1 - \frac{2\lambda}{3} \right) \sin \theta \right],$$

ou, en transportant l'origine des coordonnées au point $\left(\dfrac{1}{4} a, 0 \right)$,

$$x_1 = \frac{1}{4} a \left[\left(1 - \frac{4\lambda}{3} \right) \cos 2\theta + 2 \left(1 - \frac{2\lambda}{3} \right) \cos \theta \right],$$

$$y_1 = \frac{1}{4} a \left[\left(1 - \frac{4\lambda}{3} \right) \sin 2\theta + 2 \left(1 - \frac{2\lambda}{3} \right) \sin \theta \right].$$

Donc (*Traité*, t. ii, p. 205) *les développées intermédiaires de la cardioïde sont des limaçons de Pascal* (Braude). *Celle de ces développées qui correspond à* $\lambda = \dfrac{3}{4}$, *est un cercle*, ce qui est d'accord avec une propriété générale des épicycloïdes donnée antérieurement (p. 172).

3. Cherchons maintenant la roulette à glissement proportionnel engendrée par le pôle de la spirale sinusoïde (1) en roulant sur une droite.

En appliquant pour cela les formules générales données antérieurement (p. 94), on obtient les équations paramétriques de cette roulette, savoir:

$$x = a\left[-(\sin n\theta)^{\frac{1}{n}}\cos n\theta + \lambda \int (\sin n\theta)^{\frac{1}{n}-1}\,d\theta\right], \qquad y = a\,(\sin n\theta)^{\frac{1}{n}+1},$$

d'où il résulte, par l'élimination de θ, l'équation cartésienne de la même roulette.

En faisant $\lambda = 1$, on obtient les équations de la roulette ordinaire de la spirale considérée, qu'on avoit déjà données dans le tome ii, p. 285, du *Traité des courbes*.

En faisant $\lambda = 0$, on trouve

$$x = -a\,(\sin n\theta)^{\frac{1}{n}}\cos n\theta, \qquad y = a\,(\sin n\theta)^{\frac{1}{n}+1},$$

et par conséquent, en faisant $x = \rho_1 \cos \omega$, $y = \rho_1 \sin \omega$,

$$\rho_1^2 = a^2\,(\sin n\theta)^{\frac{2}{n}}, \qquad \operatorname{tang} \theta_1 = \operatorname{tang} n\theta.$$

Donc *la glissette de la spirale sinusoïde donnée est la courbe représentée par l'équation* (Aubry, *Journal de Mathématiques spéciales*, 1895, p. 234)

$$\rho_1 = a\,(sin\,\theta_1)^{\frac{1}{n}}.$$

On désigne souvent la spirale représentée par cette équation sous le nom de *courbe de Clairaut*. Nous reviendrons sur cette courbe.

4. Les équations de la développée ordinaire d'une spirale sinusoïde (2) sont (n.° 1)

$$x_1 = \frac{1}{2}\,a\,(\cos n\theta)^{\frac{1}{n}-1}\left[\frac{n-1}{n+1}\cos (n+1)\,\theta + \cos (n-1)\,\theta\right],$$

$$y_1 = \frac{1}{2}\,a\,(\cos n\theta)^{\frac{1}{n}-1}\left[\frac{n-1}{n+1}\sin (n+1)\,\theta - \sin (n-1)\,\theta\right].$$

Nous allons chercher la roulette engendrée par le pôle de la spirale considérée, quand sa développée roule sur une droite.

En substituant aux coordonnées polaires de la courbe roulante les coordonnées cartésiennes (x_1, y_1), les équations (3) et (4) de la page 90 prennent la forme

$$X = s_1 - \frac{x_1 dx_1 + y_1 dy_1}{ds_1}, \qquad Y = \frac{x_1 dx_1 - y_1 dx_1}{ds_1},$$

X, Y étant les coordonnées d'un point de la roulette cherchée et s_1 l'axe de la courbe roulante.

Or nous avons

$$x_1 y'_1 - y_1 x'_1 = x_1^2 d\frac{y_1}{x_1} = \frac{1-n}{1+n} a^2 \sin^2 n\theta \, (\cos n\theta)^{\frac{2}{n}-2}$$

et, comme

$$x_1^2 + y_1^2 = \frac{1}{4} a^2 (\cos n\theta)^{\frac{2}{n}-2} \left[\frac{2(n^2+1)}{(n+1)^2} + 2\frac{n-1}{n+1} \cos 2n\theta \right],$$

ou a aussi

$$x_1 dx_1 + y_1 dy_1 = a^2 \frac{1-n}{1+n} (\cos n\theta)^{\frac{2-3n}{n}} \sin n\theta \left[\cos^2 n\theta - \frac{1}{n+1} \right] d\theta.$$

Mais l'expression du rayon de courbure R de la spirale sinusoïde (2) est

$$R = \frac{a}{n+1} (\cos n\theta)^{\frac{1-n}{n}},$$

et par conséquent, en tenant compte d'un théorème général bien connu, on a

$$s_1 = R + c = \frac{a}{n+1} (\cos n\theta)^{\frac{1}{n}-1} + c, \qquad ds_1 = - a \frac{1-n}{1+n} (\cos n\theta)^{\frac{1-2n}{n}} \sin n\theta \, d\theta$$

et ensuite

$$X - a (\cos n\theta)^{\frac{1}{n}} \cos n\theta, \qquad Y = a (\cos n\theta)^{\frac{1}{n}} \sin n\theta.$$

Ces équations donnent

$$X^2 + Y^2 = a^2 (\cos n\theta)^{\frac{2}{n}}, \qquad \frac{Y}{X} = \operatorname{tang} n\theta.$$

Donc, en faisant $X = \rho_1 \cos \theta_1$, $Y = \rho_1 \sin \theta_1$, on a

$$\rho_1 = a \, (\cos \theta_1)^{\frac{1}{n}}.$$

Donc *la roulette engendrée par le pôle d'une spirale sinusoïde, quand sa développée roule sur une droite, est une courbe de Clairaut.*

Cette proposition a été donnée par M. Braude dans les *Rendiconti del Circolo matematico di Palermo* (t. XXXIV, 1912, p. 286), où elle est obtenue d'une manière différente.

5. La propriété des arcs de certaines paraboles ou hyperboles obtenue par Fagnano dont nous nous sommes occupé antérieurement (p. 139) peut être étendue à quelques spirales sinusoïdes. Fagnano a consacré à ces dernières lignes quelques écrits publiés dans les *Opusculi Calogierà* (*Opere matematiche*, t. II, p. 319-353), où il les a définies par la propriété d'avoir constant le rapport de l'angle formée par la normale en un point quelconque avec l'axe des coordonnées polaires et de l'angle formé par le vecteur de ce point avec le même axe, et où il a donné l'expression de la longueur de ses arcs; mais l'illustre géomètre n'a pas remarqué que, en plusieurs de ces courbes, les arcs jouissent de la propriété qu'il avait obtenue précédemment pour les paraboles, l'expression des arcs qu'il a trouvée n'étant pas propre pour le faire voir. Nous allons nous occuper de cette extension.

La rectification des arcs de la spirale sinusoïde définie par l'équation (1) peut être obtenue au moyen de la formule (*Traité*, t. II, p. 267)

$$s = \frac{a}{n} \int t^{\frac{1}{n}-1} (1-t^2)^{-\frac{1}{2}} \, dt,$$

où $t = \sin V$, V désignant l'angle que la tangente en un point quelconque fait avec le vecteur de ce point, et nous avons, en appliquant les formules de réduction des intégrales binomes,

$$s = F(t) + A \int t^{\frac{1}{n}-1+2c} (1-t^2)^{-\frac{1}{2}+\lambda} \, dt,$$

où $F(t)$ représente une fonction algébrique de t, A une constante et c et λ deux nombres entiers positifs ou négatifs.

On a donc, s_1 et s_2 représentant les longueurs des arcs compris entre les points où t prend la valeur t_0 et respectivement les valeurs t_1 et t_2, et C étant une constante arbitraire,

$$s_1 + s_2 = F(t_1) + F(t_2) - 2F(t_0) + AC,$$

quand t_2 est déterminé par une relation algébrique $t_2 = \varphi(t_1)$ vérifiant l'équation différentielle

$$t_1^{\frac{1}{n} - 1 + 2c} (1 - t_1^2)^{-\frac{1}{2} + \lambda} dt_1 = - t_2^{\frac{1}{n} - 1 + 2c} (1 - t_2^2)^{-\frac{1}{2} + \lambda} dt_2,$$

vu que cette équation donne

$$\int_{t_0}^{t_1} t^{\frac{1}{n} - 1 + 2c} (1 - t^2)^{-\frac{1}{2} + \lambda} dt + \int_{t_0}^{t_2} t^{\frac{1}{n} - 1 + 2c} (1 - t^2)^{-\frac{1}{2} + \lambda} dt = C.$$

De même, si s'_1 et s'_2 représentent les arcs de la même courbe compris entre le point où t prend la valeur t_0 et les points où t prend respectivement les valeurs t'_1 et t'_2, on a

$$s'_1 + s'_2 = F(t'_1) + F(t'_2) - 2F(t_0) + AC.$$

Donc

$$s_1 - s'_1 - (s'_2 - s_2) = F(t_2) + F(t_1) - F(t'_1) - F(t'_2).$$

Par conséquent *on peut déterminer algébriquement deux arcs $s_1 - s_1'$ et $s'_2 - s_2$ dont la différence soit rectifiable algébriquement.*

Appliquons maintenant la transformation de Fagnano (p. 140):

$$\frac{t_2^{k-1}(t_2^k + p)^{h-1} dt}{(t_2^{2k} + \alpha t_2^k + \beta)^h} = - \frac{t_1^{k-1}(t_1^k + p)^{h-1} dt_1}{(t_1^k + \alpha t_1^n + \beta)^h},$$

quand

$$t_2^k = \frac{\beta - \alpha p - p t_1^k}{t_1^k + p},$$

Pour cela cherchons les conditions pour qu'on ait

$$\frac{t^{k-1}(t^k + p)^{h-1}}{(t^{2k} + \alpha t^k + p)^h} = K t^{\frac{1}{n} - 1 + 2c} (1 - t^2)^{-\frac{1}{2} + \lambda},$$

K désignant une constante.

Nous ne considérerons pas tous les cas où cette identité est satisfaite; nous allons seulement voir ceux qui mènent à des résultats offrant quelque intérêt.

1.° L'identité précédente est satisfaite quand

$$p = 0, \quad \alpha = 0, \quad \beta = -1, \quad hk - 1 = \frac{1}{n} - 1 + 2c, \quad k = 1, \quad h = \frac{1}{2} - \lambda,$$

et on a alors

$$n = -\frac{2}{4c + 2\lambda - 1}, \quad t_2 = -\frac{1}{t_1}.$$

Les valeurs que donne pour n la première de ces égalités sont identiques aux valeurs de n données par les égalités

$$n = \frac{2}{1 - 4c}, \qquad n = \frac{2}{3 - 4c},$$

correspondant à $\lambda = 0$ et $\lambda = -1$.

2.° L'identité considérée est également satisfaite quand on fait

$$p = -1, \quad h = \frac{1}{2}, \quad \alpha = 1, \quad \beta = 1, \quad k - 1 = \frac{1}{n} - 1 + 2c, \quad 3k = 2, \quad \lambda = 0,$$

et on a

$$n = \frac{3}{2 - 6c}, \qquad t_2^{\frac{2}{3}} = \frac{2 + t_1^{\frac{2}{3}}}{t_1^{\frac{2}{3}} - 1}.$$

3.° Si

$$p = -1, \quad h = \frac{1}{2}, \quad \alpha = 1, \quad \beta = 1, \quad \lambda = 0, \quad k - 1 - 3kh = \frac{1}{n} - 1 + 2c, \quad 3k = -2,$$

l'identité est satisfaite, et on a

$$n = \frac{3}{1 - 6c}, \qquad t_2^{\frac{2}{3}} = \frac{1 - t_1^{\frac{2}{3}}}{2t_1^{\frac{2}{3}} + 1}.$$

En résumé, nous pouvons énoncer le théorème suivant, pas encore signalé, croyons-nous:
Si l'on donne deux points d'une spirale sinusoïde représentée par l'équation (1), *où* n **ait** *un des valeurs*

$$n = \frac{2}{1 - 4c}, \qquad n = \frac{2}{3 - 4c}, \qquad n = \frac{3}{2 - 6c}, \qquad n = \frac{3}{1 - 6c},$$

c étant un nombre entier, on peut déterminer algébriquement deux autres points tels que la différence entre l'arc compris entre les points donnés et l'arc compris entre les deux autres soit rectifiable algébriquement.

6. Les équations différentielles intrinsèques des *spirales sinusoïdes* et des *courbes de Ribaucour* sont des cas particuliers de l'équation (*Traité,* t. II, p. 264 et 284)

(4)
$$ds = h \frac{dR}{\sqrt{\left(\dfrac{R}{b}\right)^m - 1}},$$

considérée par Cesàro (*Nouvelles Annales de Mathématiques,* 1900), qui, en posant $R = \dfrac{ds}{d\omega}$, prend la forme

$$d\omega = h \, \frac{dR}{R\sqrt{\left(\dfrac{R}{b}\right)^m - 1}} \cdot$$

Les équations différentielles polaires des *radiales des spirales sinusoïdes et des courbes de Ribaucour* sont donc des cas particuliers de celle-ci :

$$d\theta = h \, \frac{d\rho}{\rho\sqrt{\left(\dfrac{\rho}{b}\right)^m - 1}} \cdot$$

En intégrant cette équation, on obtient cette autre :

$$\rho^m \cos^2 \frac{m}{2h} \, \theta = b^m,$$

qui est l'équation polaire des radiales des courbes représentées par l'équation (4).

En faisant (*l. c.,* p. 264)

$$h = \frac{n+1}{n-1}, \qquad m = \frac{2n}{n-1},$$

on a l'équation de la radiale de la spirale sinusoïde

$$\rho^n = (n+1)^n \, b^n \sin n\theta \, ;$$

et, en faisant (*l. c.,* p. 284)

$$h = \frac{1}{n+1}, \qquad m = \frac{2}{n+1},$$

on voit que la radiale de la courbe de Ribaucour définie par l'équation différentielle

$$dx = \frac{dy}{\sqrt{\left(\dfrac{ny}{b}\right)^{\frac{2}{n}} - 1}}$$

est la *courbe de Clairaut* représentée par l'équation (Ernst, *Archiv der Mathematik und Physik,* 1909)

$$\rho \cos^{n+1} \theta = b.$$

En faisant $n = 1$, $n = -2$, et $n = 2$, on obtient (*Traité,* t. II, p. 283) les équations de la *chaînette,* de la *cycloïde* et de la *parabole du second ordre;* et, en appliquant la doctrine précédente on trouve que les radiales de ces courbes sont respectivement la *kampile* (p. 113), le *cercle* et la *trisectrice de Longchamps* (p. 76).

7. L'équation (4) comprend encore celle de la *chaînette d'égale résistance* et l'équation plus générale (*Traité,* t. II, p. 27)

$$(5) \qquad\qquad R = b_1 \left(e^{\frac{s}{c}} + e^{-\frac{s}{c}} \right).$$

En effet, en éliminant $e^{\frac{s}{c}}$ entre cette équation et celle-ci:

$$dR = \frac{b_1}{c} \left(e^{\frac{s}{c}} - e^{-\frac{s}{c}} \right) ds,$$

on obtient l'équation

$$ds = \frac{c}{2b_1} \frac{dR}{\sqrt{\left(\frac{R}{2b_1} \right)^2 - 1}},$$

qui est identique à celle qui résulte de (4) en faisant $h = \frac{c}{2b_1}$, $b = 2b_1$, $m = 2$. L'équation des radiales des courbes représentées par l'équation (5) est donc

$$\rho \cos \frac{2b_1}{c} \theta = 2b_1,$$

et ces radiales sont donc identiques aux *épis* (*Traité,* t. II, p. 237).

Si l'on pose $\frac{1}{c} = c_1 i$ dans l'équation (5), cette équation prend la forme

$$(6) \qquad\qquad R = 2b_1 \cos c_1 s,$$

et la radiale de la courbe correspondante a pour équation

$$\rho \operatorname{coshy} 2b_1 c_1 \theta = 2b_1,$$

et elle est par conséquent identique à la spirale de Poinsot.

8. On voit au moyen des équations générales bien connues

$$ds = \frac{R dR}{R_1}, \qquad R = s_1,$$

où (R, s) désignent les coordonnées intrinsèques des points d'une courbe quelconque et (R_1, s_1) celles des points correspondants de sa développée, que l'équation intrinsèque de la développée de la courbe (4) est

$$(7) \qquad s_1^2 \left[\left(\frac{s_1}{b} \right)^m - 1 \right] = h^2 R_1^2.$$

Cette équation comprend les équations intrinsèques des développées des spirales sinusoïdes et des courbes de Ribaucour.

9. Les équations différentielles cartésiennes des développées ordinaire et intermédiaires des courbes de Ribaucour peuvent être obtenues aisément de la manière suivante.

Considérons l'équation différentielle de ces courbes

$$(8) \qquad \frac{dx}{dy} = \frac{1}{\sqrt{(cy)^{\frac{2}{n}} - 1}},$$

et rappelons qu'on a (*Traité*, t. II, p. 284)

$$(9) \qquad R = nc^{\frac{1}{n}} y^{1 + \frac{1}{n}}, \qquad \frac{ds}{dy} = \frac{(cy)^{\frac{1}{n}}}{\sqrt{(cy)^{\frac{2}{n}} - 1}}.$$

Remarquons encore qu'on peut donner aux équations qui déterminent les coordonnées d'un point (x_1, y_1) d'une développée intermédiaire correspondant au point (x, y) d'une courbe quelconque donnée, la forme

$$x_1 = x - \lambda R \frac{dy}{ds}, \qquad y_1 = y + \lambda R \frac{dx}{ds},$$

en prenant s pour variable indépendante.

On a donc

$$(10) \qquad x_1 = x - n\lambda y \sqrt{(cy)^{\frac{2}{n}} - 1}, \qquad y_1 = (1 + n\lambda) y.$$

En différentiant ces équations et en éliminant ensuite y, dx et dy entre les équations qu'on obtient de cette manière, l'équation (8) et la seconde des équations (10), on en trouve deux autres, d'où il résulte

$$(11) \qquad \frac{dx_1}{dy_1} = \frac{1 + n\lambda - \lambda (1 + n) (c_1 y_1)^{\frac{2}{n}}}{(1 + n\lambda) \sqrt{(c_1 y_1)^{\frac{2}{n}} - 1}}.$$

où

$$c_1 = \frac{c}{1+n\lambda} \cdot$$

C'est l'équation différentielle des développées des courbes de Ribaucour.

10. En faisant dans cette analyse $\lambda = \dfrac{1}{n}$, on trouve $y_1 = 0$. Donc les courbes de Ribaucour ont une développée intermédiaire rectiligne.

Cherchons, réciproquement, les courbes ayant une développée intermédiaire rectiligne.

Représentons par R le rayon de courbure d'une des courbes cherchées au point (x, y), par Δ la distance de ce point à l'intersection (x_1, y_1) de la normale au point (x, y) avec la droite donnée et par c une constante. L'équation qui traduit le problème est

$$R = c\Delta.$$

Mais, en prenant pour axe des abscisses la droite donnée, nous avons

$$x_1 = x + yy'^2, \qquad y_1 = 0,$$

et par conséquent

$$\Delta = y\,(1+y'^2)^{\frac{1}{2}}.$$

Donc

$$cyy'' = 1 + y'^2$$

est l'équation différentielle des courbes cherchées.

En observant maintenant que cette équation est identique à l'équation différentielle du second ordre des courbes de Ribaucour (*Traité,* t. II, p. 282), nous pouvons énoncer le théorème suivant :

Les courbes ayant une développée intermédiaire rectiligne sont identiques aux courbes de Ribaucour (Braude).

11. En faisant dans l'équation (11) $\lambda = 1$, on voit que la développée ordinaire d'une courbe de Ribaucour peut être représentée par l'équation différentielle

$$\frac{dx_1}{dy_1} = \sqrt{(c_1 y_1)^{\frac{2}{n}} - 1}.$$

En tenant compte de cette équation, on trouve

$$\frac{ds_1}{dy_1} = (c_1 y_1)^{\frac{1}{n}},$$

et ensuite, en intégrant,

$$s_1 = \frac{n}{n+1} c_1^{\frac{1}{n}} y_1^{\frac{1}{n}+1} = k y_1^{\alpha},$$

où $k = \dfrac{n}{n+1} c_1^{\frac{1}{n}}$, $\alpha = \dfrac{1}{n} + 1$.

Réciproquement, si l'on donne cette dernière équation, nous avons celle-ci:

$$\frac{dx_1}{dy_1} = \sqrt{\left(\frac{ds_1}{dy_1}\right)^2 - 1} = \sqrt{k^2 \alpha^2 y_1^{2(\alpha-1)} - 1},$$

qui définit une courbe de Ribaucour.

Donc *les développées ordinaires des courbes de Ribaucour sont identiques aux courbes qu'on obtient en cherchant une ligne telle que l'arc compris entre une origine fixe et un point variable (x_1, y_1) soit proportionnel à une puissance de l'ordonnée y_1 de ce dernier point* (Cesàro, *Nouvelles Annales de Mathématiques*, 1894).

12. Les développées des courbes de Ribaucour sont identiques aux lignes trouvées par Varignon (*Mémoires de l'Académie des Sciences de Paris*, 1720, p. 198) en une question sur la forme des ressorts des horloges, qui l'a amené au problème suivant:

Déterminer une courbe telle que le produit de l'aire de la surface de révolution engendrée par un arc de cette courbe compris entre un point fixe et un autre variable, en tournant autour d'un axe, par une puissance quelconque de la distance du point variable à cet axe soit constant.

En prenant pour axe des abscisses la droite donnée, l'équation de la courbe qui satisfait au problème est

$$y^{\beta} \int_{x_0}^{x} y \sqrt{1 + \left(\frac{dy}{dx}\right)^2}\, dx = c.$$

Or, en dérivant cette équation par rapport à x, on a

$$\beta y^{\beta-1} \frac{dy}{dx} \int_{x_0}^{x} y \sqrt{1 + \left(\frac{dy}{dx}\right)^2}\, dx + y^{\beta+1} \sqrt{1 + \left(\frac{dy}{dx}\right)^2} = 0,$$

et par suite, en éliminant l'intégrale entre les deux équations,

$$dx = \sqrt{\beta^2 c^2 y^{-2(\beta+2)} - 1}\, dy.$$

Or, s étant l'arc d'une de ces courbes, on a

$$s = \frac{\beta c y^{-(\beta+1)}}{\beta + 1},$$

d'où il résulte que la courbe cherchée est la développée d'une courbe de Ribaucour.

13. On voit au moyen des équations différentielles

$$\left[(cy)^{\frac{2}{n}} - 1\right] dx^2 = dy^2, \qquad cyy'' = 1 + y'^2$$

des courbes de Ribaucour que ces courbes sont en général *panalgébriques,* quand n est rationnel, et qu'elles sont *transcendentes du second ordre,* quand n est irrationel.

Ossian Bonnet *(Journal de Liouville)* a remarqué que la chaînette d'égale résistance est une courbe limite de la famille des courbes de Ribaucour. Cette remarque a été démontrée d'une manière bien simple par M. Turrière *(L'Enseignement mathématique,* 1913) en observant que l'équation

$$x = \int_a^y \frac{dy}{\sqrt{(1 + my)^{\frac{2}{m}} - 1}}$$

représente une classe de courbes de Ribaucour et qu'on a, en faisant $m = \infty$,

$$x = \int_a^y \frac{dy}{\sqrt{e^{2y} - 1}} = \arccos e^{-y} - \arccos e^{-a}$$

et par conséquent, en changeant l'origine des coordonnées,

$$e^y \cos x = 1.$$

14. M. Turrière a encore obtenu, dans le travail mentionné ci-dessus, l'équation tangentielle polaire des courbes de Ribaucour.

On trouve aisément cette équation en observant que la tangente à une courbe peut être représentée par l'équation

$$y \cos \omega - x \sin \omega = p(\omega)$$

ω désignant l'angle de la tangente et de l'axe des abscisses et $p(\omega)$ la distance de cette tangente à l'origine. La courbe est l'enveloppe de cette droite, et son équation résulte donc de l'élimination de ω entre cette équation et l'équation

$$y \sin \omega + x \cos \omega = - p'(\omega)$$

qui donne

$$x = - p(\omega) \sin \omega - p'(\omega) \cos \omega, \qquad y = p(\omega) \cos \omega - p'(\omega) \sin \omega.$$

En remplaçant ces valeurs de x et y dans l'équation

$$\left(\frac{dy}{dx}\right)^2 = (cy)^{\frac{2}{n}} - 1,$$

on trouve l'équation différentielle linéaire

$$p'(\omega) - \frac{\cos \omega}{\sin \omega} p(\omega) = \frac{1}{c \sin \omega \cos^n \omega},$$

dont l'intégrale est

$$p(\omega) = \sin \omega \left[\frac{1}{c} \int_{\omega_0}^{\omega} \frac{d\omega}{\sin^2 \omega \cos^n \omega} + A \right].$$

C'est l'équation demandée, et, en transportant l'origine des coordonnées à un point de l'axe des abscisses dont la distance à l'origine primitive soit égale à A, on peut la mettre sous la forme

$$p_1(\omega) = \frac{\sin \omega}{c} \int_{\omega_0}^{\omega} \frac{d\omega}{\sin^2 \omega \cos^n \omega}.$$

Il résulte de cette équation, en représentant par θ l'angle de la normale avec l'axe des abscisses et en observant qu'on a $\theta = \omega - \frac{\pi}{2}$, que l'équation polaire des *podaires* des courbes de Ribaucour, rapportée à la nouvelle origine, est

$$\rho = \frac{\cos \theta}{c} \int_{\theta_0}^{\theta} \frac{d\theta}{\cos^2 \theta (- \operatorname{sen} \theta)^n}.$$

VIII.

Généralisation des spirales sinusoïdes.

1. La conclusion à laquelle nous sommes arrivé (*Traité,* t. II, p. 263) à l'égard des courbes dont le rayon de courbure au point (θ, ρ) est inversement proportionnel à la puissance de degré $n-1$ du vecteur ρ de ce point doit être completée et corrigée.

On a, en désignant par ρ' et ρ'' les dérivées de ρ par rapport à θ,

$$(1) \qquad \frac{(\rho^2+\rho'^2)^{\frac{3}{2}}}{\rho^2+2\rho'^2-\rho\rho''} = \frac{C}{\rho^{n-1}},$$

et, en réprésentant par V l'angle de la tangente au point (θ, ρ) avec le vecteur du point de contact,

$$\rho' = \rho \cot V, \qquad \rho'' = \rho \cot^2 V - \rho^2 \frac{\cos V}{\sin^3 V}\frac{dV}{d\rho}.$$

En éliminant ρ' et ρ'' entre ces équations, on trouve

$$(2) \qquad \rho^n d\rho = C d (\rho \sin V),$$

et, en intégrant et en désignant par c une constante arbitraire,

$$(3) \qquad \rho^{n+1} = C (n+1) \rho \sin V + c,$$

quand n est différent de -1.

En faisant en particulier $c = 0$, on a l'équation

$$(4) \qquad \rho^n = C (n+1) \sin V,$$

qui représente (*l. c.,* p. 259) une *spirale sinusoïde*.

Si $n = 0$, la dernière équation donne pour V une valeur constante et la courbe correspondante est une *spirale logarithmique* (*l. c.,* p. 76), courbe qui peut être considérée comme une spirale sinusoïde (*l. c.,* p. 273).

Donc, *à toute valeur de n différente de -1 correspond une spirale sinusoïde jouissant de la propriété exprimée par l'équation* (1).

Pour obtenir toutes les courbes jouissant de cette propriété, il suffit d'éliminer V entre l'équation (3) et l'équation

$$\operatorname{tang} V = \frac{\rho}{\rho'} \, ,$$

ce qui donne

(5)
$$\theta = \int \frac{(\rho^{n+1} - c)\, d\rho}{\rho \, \sqrt{C^2 (n+1)^2 \rho^2 - (\rho^{n+1} - c)^2}} \, .$$

En représentant par R le rayon de courbure et en tenant compte des relations

$$R = \frac{C}{\rho^{n-1}} \, , \qquad ds^2 = \left[1 + \rho^2 \left(\frac{d\theta}{d\rho} \right)^2 \right] d\rho^2,$$

ou déduit de l'équation (1) l'équation différentielle intrinsèque des courbes considérées, savoir:

(6)
$$ds = \frac{n+1}{n-1} \frac{dR}{\sqrt{(n+1)^2 \, C^{\frac{2}{1-n}} R^{\frac{2n}{n-1}} - \left(1 - c_1 R^{\frac{n+1}{n-1}} \right)^2}} \, ,$$

où $c_1 = c C^{\frac{1+n}{1-n}}$.

Remarquons, en passant, que la courbe particulière dont l'équation résulte de (1) en faisant $n = -2$ est identique à une courbe rencontrée par Em. Weyr pour solution d'un problème sur l'électro-magnétisme (*Bulletin de la Société R. des Sciences de Prague,* 1869), et qu'il a nommée *courbe électromagnétique.*

2. L'équation (5) est intégrable par des fonctions élémentaires, quelle que soit la valeur de *c,* quand $n = 0$. On a alors l'équation

(7)
$$d\theta = \frac{(\rho - c)\, d\rho}{\rho \, \sqrt{C^2 \rho^2 - (\rho - c)^2}} \, .$$

Si $C^2 > 1$, l'intégrale de cette équation est

$$\theta - \theta_0 = \frac{1}{\sqrt{C^2 - 1}} \log \left[c + (C^2 - 1)\, \rho + \sqrt{C^2 - 1} \sqrt{C^2 \rho^2 - (\rho - c)^2} \right]$$

$$- 2 \arctan \frac{\sqrt{C^2 \rho^2 - (\rho - c)^2} - \rho \sqrt{C^2 - 1}}{c} \, ,$$

et, si $C^2 < 1$,

$$\theta - \theta_0 = 2 \arctan \sqrt{\frac{c - (C+1)\rho}{(1-C)\rho - c}} - \frac{2}{\sqrt{1-C^2}} \arctan \sqrt{\frac{1-C}{1+C} \cdot \frac{(C+1)\rho - c}{c - (1-C)\rho}} .$$

Ce sont les équations des courbes dont le rayon de courbure au point (θ, ρ) est proportionnel au vecteur ρ de ce point.

La dernière équation peut encore être mise sous la forme

$$(8) \quad \rho = \frac{c(u^2+1)}{(1-C)u^2+1+C}, \qquad \theta - \theta_0 = 2\left[\arctan u - \frac{2}{\sqrt{1-C^2}} \arctan mu\right],$$

où

$$m = \sqrt{\frac{1-C}{1+C}} .$$

Si $C^2 = 1$, les équations précédentes n'ont pas lieu. Alors l'équation (7) donne, en intégrant,

$$\theta - \theta_0 = \sqrt{\frac{2\rho}{c} - 1} - \arccos \frac{\rho - c}{\rho} .$$

Donc la courbe considérée est alors identique à une *seconde développante du cercle,* ce qui s'accorde avec le résultat obtenu au n.ᵉ 593 du *Traité des courbes* (t. II, p. 201), où ce cas particulier du problème qu'on vient d'étudier avait été considéré.

3. Considérons maintenant le cas où $n = -1$. Alors l'équation (2) devient

$$d\rho = C\rho\, d(\rho \sin V),$$

et par conséquent on a, en intégrant,

$$\log \rho = C\rho \sin V + \log c,$$

c désignant encore la constante arbitraire. Ensuite, en éliminant V au moyen de la relation $\tan V = \frac{\rho}{\rho'}$, il vient

$$(9) \qquad d\theta = \frac{\log \frac{\rho}{c}\, d\rho}{\rho \sqrt{C^2\rho^2 - \left(\log \frac{\rho}{c}\right)^2}} .$$

Les courbes représentées par cette équation ont été considérées par Euler dans un mémoire inséré aux *Mémoires de l'Académie de Saint-Petersbourg* (1824).

L'équation intrinsèque des mêmes courbes est

$$ds = \frac{d\mathrm{R}}{\sqrt{4\mathrm{CR} - \log(c_1\mathrm{R})^2}},$$

où $c_1 = \dfrac{1}{\mathrm{C}c^2}$

4. Les courbes (1) sont comprises parmi les courbes représentées par l'équation

(10)
$$\rho^2 = \mathrm{A} + \frac{\mathrm{B}^m}{\mathrm{R}^m},$$

ou

$$(\rho^2 - \mathrm{A})^{\frac{1}{m}} (\rho^2 + \rho'^2)^{\frac{3}{2}} = \mathrm{B}(\rho^2 + 2\rho'^2 - \rho\rho''),$$

qui, en procédant comme au n.º 1, donne

$$(\rho^2 - \mathrm{A})^{\frac{1}{m}} \rho d\rho = \mathrm{B}d(\rho \sin \mathrm{V}),$$

et par conséquent, en intégrant et en supposant m différent de -1,

$$(\rho^2 - \mathrm{A})^{\frac{m+1}{m}} = \frac{2(m+1)}{m}\mathrm{B}\rho \sin \mathrm{V} + c.$$

En éliminant V entre cette équation et la relation $\rho' = \rho \cot \mathrm{V}$ et en intégrant l'équation résultante, on a l'équation différentielle en coordonnées polaires des courbes jouissant de la propriété exprimée par l'équation (10), savoir:

(11)
$$\frac{d\theta}{d\rho} = \frac{m\left[(\rho^2 - \mathrm{A})^{\frac{m+1}{m}} - c\right]}{\rho\sqrt{4(m+1)^2\mathrm{B}^2\rho^2 - m^2\left[(\rho^2 - \mathrm{A})^{\frac{m+1}{m}} - c\right]^2}}.$$

Les arcs de ces courbes sont déterminés par l'équation

$$\frac{ds}{d\rho} = \frac{2(m+1)\mathrm{B}\rho}{\sqrt{4(m+1)^2\mathrm{B}^2\rho^2 - m^2\left[(\rho^2 - \mathrm{A})^{\frac{m+1}{m}} - c\right]^2}},$$

d'où il résulte, en éliminant ρ au moyen de l'équation (10),

$$\frac{ds}{dR} = \frac{m\,(m+1)\,B^{m+1}}{\sqrt{4\,(m+1)^2B^2\,(AR^m+B^m)\,R^{m+2}-m^2\,(B^{m+1}-cR^{m+1})^2}}.$$

C'est l'équation intrinsèque des courbes considérées.

5. L'équation (10) comprend non seulement celle des courbes considérées au n.º 1, mais encore celles de quelques autres courbes remarquables.

1.º En supposant $m=1$, nous avons l'équation d'une courbe envisagée par Euler dans un Appendice sur les courbes élastiques ajouté à son célèbre ouvrage: *Methodus inveniendi lineas curvas maximi minimive proprietate gaudentes* (1744, p. 282). Le grand géomètre a rencontré cette courbe en cherchant la forme que prend une lame élastique sous la pression d'une masse liquide de hauteur infinie. La détermination de θ dépend dans ce cas des fonctions elliptiques, quand l'une des quantités A et c est différente de zéro.

Si $A=0$ et $c=0$, l'équation (11) devient

$$\frac{d\theta}{d\rho} = \frac{\rho^2}{\sqrt{16B^2-\rho^6}},$$

et elle peut être intégrée algébriquement, comme Euler l'a remarqué. On trouve alors

$$\rho^3 = 4B\cos 3\theta.$$

La courbe représentée par cette équation, ou par l'équation cartésienne

$$(x^2+y^2)^3 = 4Bx\,(x^3-3y^2),$$

est connue sous le nom de courbe de Kiepert, pour avoir été considérée par ce géomètre, qui s'est occupé de ses arcs dans une Dissertation: *De curvis quorum arcus integralibus ellipticis primi generis exprimitur* (1870) et dans un mémoire inséré au *Journal de Crelle* (t. LXXIV, 1872); mais, comme nous l'avons dit dans le *Traité des courbes* (t. II, p. 272), cette ligne avait été déjà envisagée par W. Roberts en 1847 dans un mémoire inséré au *Journal de Liouville*. Nous pouvons maintenant ajouter que la même courbe fut spécialement signalée par Euler dans l'ouvrage mentionné ci-dessus.

2.º Un autre cas particulier de la doctrine precedente qui offre d'intérêt est celui où $A \gtrless 0$, et $c=0$. Alors l'équation (11) représente les courbes trouvées par Cesàro pour solution de la question suivante: déterminer une ligne telle que, en chaque point, le rayon de courbure soit proportionnel au segment de la normale compris entre le même point et sa polaire réciproque par rapport à un cercle. Nous avons considéré ce problème dans le *Traité des courbes* (t. II, p. 273).

L'équation intrinsèque des courbes défine par l'équation (10) prend dans ce cas particulier la forme

$$\frac{ds}{dR} = \frac{m\,(m+1)\,B^m}{\sqrt{4\,(m+1)^2\,(AR^m+B^m)\,R^{m+2} - m^2B^{2m}}}\,.$$

Les courbes de Cesàro ont été étudiées recemment par M. Braude, dans les *Annaes scientificos da Academia Polytechnica do Porto* (t. IX, 1914), et par M. Turrière, au moyen des coordonnées tangentielles polaires, dans le *Giornale di Matematiche* (Napoli, 1914).

3.° Nous devons encore signaler le cas où $m = -2$. Alors l'équation intrinsèque de la courbe correspondant à $c = 0$ prend la forme

$$\frac{ds}{dR} = \frac{R}{\sqrt{AB^4 + (B^2-1)\,R^2}}\,,$$

et on a, en intégrant,

$$s^2 + \frac{R^2}{B^2-1} = \frac{AB^4}{(B^2-1)^2}\,,$$

d'où il résulte que la courbe est alors une *épicycloïde*, une *hypocycloïde* ou une *pseudocycloïde* (*Traité*, t. II, p. 168 e 218).

IX.

Sur les causticoïdes de la spirale logarithmique.

1. Nous allons nous occuper des courbes représentées par l'équation intrinsèque

(1) $$R = Ae^{c\omega}\sin n\omega,$$

où R désigne le rayon de courbure en un point et ω l'angle que la tangente en ce point fait avec un axe fixe.

Ces courbes se sont présentées à Euler, dans ses recherches sur les courbes semblables à leurs développées, publiées en 1750 dans les *Comment. Petrop.* et en 1787 dans les *Nova Acta Academiae Petropolitanae,* et à Puiseux, qui s'est occupé du même problème dans le *Journal de Liouville* (1.ᵉ série, t. IX, 1844). Récemment M. Braude a étudié les mêmes courbes dans un écrit inséré aux *Annaes scientificos da Academia Polytechnica do Porto* (t. ix, 1914).

En changeant la direction de l'axe des inclinaisons, les mêmes courbes peuvent être représentées par une équation de la forme

$$(2) \qquad R = Ae^{c\omega} \cos n\omega.$$

On peut rattacher à cette famille de courbes celles dont les équations résultent des précédentes en faisant $A = -A_1 i$ en (2) et $n = mi$ dans les deux équations, c'est-à-dire les courbes correspondant aux équations

$$(3) \qquad R = \frac{1}{2} A_1 e^{c\omega} \left(e^{m\omega} - e^{-m\omega} \right),$$

$$(4) \qquad R = Ae^{c\omega} \left(e^{m\omega} + e^{-m\omega} \right).$$

2. Parmi les courbes (1), (3) et (4) sont comprises quelques-unes que nous avons considérées précédemment. Ainsi, en faisant $n = 0$, on a la *spirale logarithmique*; en faisant $c = 0$, on obtient (p. 170) les *courbes cycloïdales*. En faisant dans les équations (3) et (4) $c = 0$, on a les *pseudo-cycloïdes* (*Traité*, t. ii, p. 219 et 221).

L'équation (1) comprend encore la *logarithmoïde*. En effet, on a (p. 104), X représentant l'abscisse d'un point quelconque de cette courbe,

$$X' = \frac{dX}{d\omega} = Ce^{c\omega} \left(c \cos \omega - 2 \sin \omega \right) \cos \omega$$

et par conséquent, en tenant compte de la relation $X' = R \cos \omega$,

$$R = Ce^{c\omega} \left(c \cos \omega - 2 \sin \omega \right).$$

En faisant maintenant $c = 2 \operatorname{tang} \alpha$, cette équation prend la forme

$$R = - \frac{2C}{\cos \alpha} e^{c\omega} \sin (\omega - \alpha),$$

ou, en changeant la direction de l'axe des inclinaisons,

$$R = - \frac{2C}{\cos \alpha} e^{\alpha\omega} e^{c\omega} \sin \omega = Ae^{c\omega} \sin \omega.$$

Donc *la logarithmoïde est le cas particulier des courbes* (1) *correspondant à* $n = 1$.

3. Nous allons chercher les expressions des coordonnées (x, y) des points de la courbe (1) en fonction de ω.

On a, à cause de la relation $R = \dfrac{ds}{d\omega}$,

$$x = \int \cos \omega \, ds = \int R \cos \omega \, d\omega, \qquad y = \int \sin \omega \, ds = \int R \sin \omega \, d\omega$$

et par conséquent

$$x = \frac{A}{2} \int e^{c\omega} \left[\sin (n+1) \, \omega + \sin (n-1) \, \omega \right] d\omega$$

$$= \frac{A}{2} e^{c\omega} \left[\frac{c \sin (n+1) \, \omega - (n+1) \cos (n+1) \, \omega}{c^2 + (n+1)^2} + \frac{c \sin (n-1) \, \omega - (n-1) \cos (n-1) \, \omega}{c^2 + (n-1)^2} \right].$$

De même

$$y = \frac{A}{2} \int e^{c\omega} \left[\cos (n-1) \, \omega - \cos (n+1) \, \omega \right] d\omega$$

$$= -\frac{A}{2} e^{c\omega} \left[\frac{c \cos (n+1) \, \omega + (n+1) \sin (n+1) \, \omega}{c^2 + (n+1)^2} - \frac{c \cos (n-1) \, \omega + (n-1) \sin (n-1) \, \omega}{c^2 + (n-1)^2} \right].$$

En posant maintenant $\dfrac{n+1}{c} = \tang \alpha, \qquad \dfrac{n-1}{c} = \tang \beta$, il vient

$$(5) \qquad \begin{cases} x = \dfrac{A}{2c} e^{c\omega} \left\{ \cos \alpha \sin \left[(n+1) \, \omega - \alpha \right] + \cos \beta \sin \left[(n-1) \, \omega - \beta \right] \right\}, \\[2mm] y = -\dfrac{A}{2c} e^{c\omega} \left\{ \cos \alpha \cos \left[(n+1) \, \omega - \alpha \right] - \cos \beta \cos \left[(n-1) \, \omega - \beta \right] \right\}. \end{cases}$$

Ce sont les équations cherchées.

Il résulte imédiatemment de ces formules que les courbes (1) correspondant aux mêmes valeurs de c et n, mais à des valeurs différentes de A, sont semblables.

4. *La développée d'une courbe* (1) *est une courbe semblable à celle-là, quand n est réel.*

Pour voir cela, remarquons d'abord que, si une courbe est représentée par une équation intrinsèque $R = f(s)$, les courbes semblables sont représentées par l'équation $\lambda R = f(\lambda s)$, λ étant une constante.

Remarquons ensuite que l'équation (1) peut être représentée par les équations paramétriques intrinsèques

(6) $$R = Ae^{c\omega} \sin n\omega, \quad s = A\int e^{c\omega} \sin n\omega d\omega.$$

En désignant maintenant par R_1 le rayon de courbure de la développée de (1) en un point correspondant au point ω de (1) et par ω_1 l'angle que la tangente en ce point de la développée fait avec l'axe fixe, nous avons

$$R_1 = \frac{dR}{d\omega}, \quad \omega_1 = \omega - \frac{\pi}{2},$$

et ensuite, en faisant $n = c \tang n\alpha$,

$$R_1 = Ae^{c\omega}(c \sin n\omega + n \cos n\omega)$$

$$= \frac{cA}{\cos n\alpha} e^{c\omega} \sin n(\omega + \alpha) = A_1 e^{c\omega_1} \sin n\left(\omega_1 + \alpha + \frac{\pi}{2}\right).$$

Nous avons encore, s_1 désignant la longeur des arcs de la développée de (1),

$$s_1 = A_1 \int e^{c\omega_1} \sin n\left(\omega_1 + \alpha + \frac{\pi}{2}\right) d\omega_1.$$

En faisant maintenant $\omega_1 + \alpha + \frac{\pi}{2} = \omega_2$, les équations précédentes devienent

$$R_1 = A_2 e^{c\omega_2} \sin n\omega_2, \quad s_1 = A_2 \int e^{c\omega_2} \sin n\omega_2 d\omega_2.$$

En comparant ces équations aux équations (6), on conclut que, si $\frac{R}{A} = f\left(\frac{s}{A}\right)$ est l'équation intrinsèque de (1), celle de sa développée est $\frac{R_1}{A_2} = f\left(\frac{s_1}{A_2}\right)$. Le théorème est donc démontré.

En particulier, la spirale logarithmique et les courbes cycloïdales jouissent de la propriété énoncée dans le théorème, comme l'on avait d'ailleurs déjà vu.

5. Le théorème précédent ne subsiste pas pour les courbes (3) et (4), mais on en a alors un autre que nous allons démontrer.

L'équation (3) donne

$$R_1 = \frac{dR}{d\omega} = \frac{1}{2} A_1 e^{c\omega} [(c + m) e^{m\omega} + (m - c) e^{-m\omega}],$$

et par conséquent, en supposant $\frac{c+m}{m-c}>0$ et en faisant $c+m=(m-c)\,e^{m\alpha}$,

$$R_1 = \frac{1}{2}\,A_1\,(m-c)\,e^{c\omega}\left[e^{m\,(\omega+\alpha)}+e^{-m\omega}\right]$$

$$=\frac{1}{2}\,A_1\,(m-c)\,e^{\frac{1}{2}m\alpha}\,e^{c\omega}\left[e^{m\left(\omega+\frac{1}{2}\alpha\right)}+e^{-m\left(\omega+\frac{1}{2}\alpha\right)}\right],$$

ou enfin, en faisant $\omega+\frac{1}{2}\alpha=\omega_1$,

$$R_1 = \frac{1}{2}\,A_2\,e^{c\omega_1}(e^{m\omega_1}+e^{-m\omega_1}).$$

Si $\frac{c+m}{m-c}<0$, on a de la même manière, en faisant $c+m=(c-m)\,e^{m\alpha}$

$$R_1 = \frac{1}{2}\,A_2\,e^{c\omega_1}\,(e^{m\omega_1}-e^{-m\omega_1}).$$

Donc *la développée d'une courbe* (3) *ou* (4) *est une courbe des mêmes familles.*

En particulier, les pseudo-cycloïdes jouissent de cette propriété, vu qu'elles peuvent être représentées (*Traité*, t. II, p. 219 et 221) par les équations (3) et (4) en faisant $c=0$.

6. Avant de continuer l'étude des courbes (1), considérons une question de géométrie générale.

Prenons une courbe (C) et sur cette courbe un point M. Menons par ce point deux droites D et D₁ et désignons par α et β les angles qu'elles forment avec la tangente à la courbe au point M. Quand ce point décrit la courbe et les droites D et D₁ se déplacent de manière que l'angle que D fait avec un axe fixe reste constant et l'angle β vérifie la condition $\beta=k\alpha$, k étant constant, la droite D₁ enveloppe une courbe qui a été nommée *causticoïde* par Grane (*Über Kurven mit gleichartige sukcessiven Developpoïden*, Lund, 1894).

Nous allons chercher les équations paramétriques de la causticoïde en fonction de l'angle ω que la tangente au point M fait avec l'axe des abscisses.

Pour cela, prenons pour axe des abscisses une droite parallèle à la droite D et représentons la courbe (C) par les équations paramétriques $x=\varphi(\omega)$, $y=\psi(\omega)$.

En représentant par ω_1 l'angle de D₁ avec l'axe des abscisses, nous avons $\omega_1=(k+1)\,\omega$, et par conséquent l'équation de la droite D₁ est

$$Y-y=(X-x)\tan(k+1)\,\omega,$$

ou

$$Y \cos (k+1)\,\omega - X \sin (k+1)\,\omega = y \cos (k+1)\,\omega - x \sin (k+1)\,\omega.$$

L'enveloppe de D_1 est déterminée par cette équation et par celle-ci:

$$(k+1)\,[Y \sin (k+1)\,\omega + X \cos (k+1)\,\omega] = x' \sin (k+1)\,\omega - y' \cos (k+1)\,\omega$$

$$+ (k+1)\,[x \cos (k+1)\,\omega + y \sin (k+1)\,\omega].$$

Ces équations donnent ces autres:

$$(7) \qquad
\begin{cases}
X = x + \dfrac{x' \sin (k+1)\,\omega - y' \cos (k+1)\,\omega}{k+1}\, \cos (k+1)\,\omega, \\[3mm]
Y = y + \dfrac{x' \sin (k+1)\,\omega - y' \cos (k+1)\,\omega}{k+1}\, \sin (k+1)\,\omega,
\end{cases}$$

qui déterminent les coordonnées X, Y des points de la causticoïde en fonction du paramètre ω.

On voit aisément que le rayon de courbure R_1 de la causticoïde considérée a pour expression:

$$R_1 = \frac{2\,(k+1)\,[x' \cos (k+1)\,\omega + y' \sin (k+1)\,\omega] + x'' \sin (k+1)\,\omega - y'' \cos (k+1)\,\omega}{(k+1)^2}$$

ou, en remplaçant l'angle ω des tangentes à la courbe donnée (C) par celui des tangentes à la causticoïde,

$$R_1 = \frac{2\,(k+1)\left[\varphi'\left(\dfrac{\omega_1}{k+1}\right) \cos \omega_1 + \psi'\left(\dfrac{\omega_1}{k+1}\right) \sin \omega_1\right] + \varphi''\left(\dfrac{\omega_1}{k+1}\right) \sin \omega_1 - \psi''\left(\dfrac{\omega_1}{k+1}\right) \cos \omega_1}{(k+1)^2}.$$

7. Cela posé, appliquons cette doctrine à la spirale logarithmique.

On peut représenter cette courbe par l'équation

$$R = C e^{a\omega}.$$

et la forme de cette équation ne varie pas quand on change la direction de l'axe des inclinaisons.

Nous avons donc

$$x' = \frac{dx}{d\omega} = \frac{dx}{ds}\frac{ds}{d\omega} = R\cos\omega = Ce^{a\omega}\cos\omega, \qquad y' = Ce^{a\omega}\sin\omega,$$

$$x'' = Ce^{a\omega}(a\cos\omega - \sin\omega), \qquad y'' = Ce^{a\omega}(a\sin\omega + \cos\omega).$$

Donc

(8) $$R_1 = \frac{Ce^{a\omega}}{(k+1)^2}[(2k+1)\cos k\omega + a\sin k\omega],$$

ou, en faisant $2k + 1 = a\,\mathrm{tang}\,\alpha$,

$$R_1 = \frac{Ca}{(k+1)^2\cos\alpha}e^{a\omega}\sin(k\omega + \alpha)$$

ou

$$R_1 = A_1 e^{a\omega_1}\sin\left(\frac{k}{k+1}\omega_1 + \alpha\right)$$

ou enfin, en changeant l'axe des inclinaisons,

$$R_1 = A_1 e^{a\omega_2}\sin\frac{k}{k+1}\omega_2.$$

Donc *la causticoïde de la spirale logarithmique est une courbe représentée par l'équation* (1) (Braude, *Annaes scientificos da Academia Polytechnica do Porto*, t. IX, 1914).

Si $k = -\frac{1}{2}$, la causticoïde considérée est une *logarithmoïde*. Par ce motif, les courbes représentées par l'équation (1) ont été nommées par M. Braude (*l. c.*) *courbes logarithmoïdales*.

Si $a = 0$, la courbe donnée est un cercle, et la formule (8) prend la forme

$$R_1 = C_1\cos k\omega = C_1\cos\frac{k}{k+1}\omega_1.$$

Donc *les causticoïdes du cercle sont des épicycloïdes* (Loria, *Spezielle Ebene Kurven*, t. II, p. 311).

8. Reprenons, en changeant les notations, une des équations paramétriques des développoïdes données précédemment (p. 67): celle, par exemple, qui détermine l'abscisse X du point correspondant au point (x, y) de la courbe représentée par les équations $x = \varphi(t)$, $y = \psi(t)$, savoir:

$$X = x - \frac{x' \cos \alpha + y' \sin \alpha}{y'x'' - x'y''} (x'^2 + y'^2) \sin \alpha,$$

α étant l'angle constant des tangentes en deux points correspondants de la courbe donnée et de la développoïde, et posons $t = \omega$, et par conséquent

$$x' = R \cos \omega, \qquad y' = R \sin \omega,$$

R étant le rayon de courbure de la courbe donnée.

Nous avons

$$X = x - R \cos(\omega - \alpha) \sin \alpha$$

et par suite

$$X' = x' - \left[\frac{dR}{d\omega} \cos(\omega - \alpha) - R \sin(\omega - \alpha)\right] \sin \alpha$$

$$= R \cos(\omega - \alpha) \cos \alpha - \frac{dR}{d\omega} \cos(\omega - \alpha) \sin \alpha.$$

Mais, en désignant par ω_1 l'angle de la tangente à la développoïde et de l'axe et par R_1 le rayon de courbure de cette courbe, on a

$$\omega_1 = \omega - \alpha, \qquad X' = \frac{dX}{d\omega} \cdot \frac{dX}{d\omega_1} = R_1 \cos \omega_1.$$

Donc

$$R_1 = R \cos \alpha - \frac{dR}{d\omega} \sin \alpha.$$

C'est la formule connue sous le nom de *formule d'Habich* (*Les Mondes*, t. xix, 1869).

Cela posé, appliquons cette formule aux courbes (1). On trouve un résultat de la forme

$$R_1 = He^{c\omega}(\sin n\omega + K \cos n\omega),$$

ou, en faisant $K = \operatorname{tang} \beta$,

$$R_1 = \frac{He^{c\omega}}{\cos \beta} \sin(n\omega + \beta) = H_1 e^{c\omega_1} \sin(n\omega_1 + n\alpha + \beta),$$

ou enfin, en changeant l'axe des inclinaisons,

$$R_1 = H_2 e^{c\omega_2} \sin n\omega_2.$$

Donc *les développoïdes des courbes* (1) *sont d'autres courbes de la même famille.*

En particulier, en faisant $c = 0$, on a le corollaire:

Les développoïdes d'une courbe cycloïdale sont d'autres courbes cycloïdales semblables à celle-là.

A ces théorèmes, donnés par M. Braude dans le mémoire mentionné plus haut, nous ajouterons un autre, qu'on va voir.

En appliquant la formule d'Habich aux équations (3) et (4), on a un résultat de la forme

$$R_1 = H e^{c\omega} (e^{m\omega} + h e^{-m\omega}),$$

et, en supposant $h > 0$ et en faisant $h = e^{m\beta}$,

$$R_1 = H e^{\frac{1}{2} m\beta} e^{c\omega} \left[e^{m \left(\omega - \frac{1}{2} \right)} + e^{-m \left(\omega - \frac{1}{2} \beta \right)} \right]$$

ou enfin, en posant $\omega - \frac{1}{2}\beta = \omega_1$,

$$R_1 = H e^{\frac{1}{2} m\beta} e^{c\omega} (e^{m\omega_1} + e^{-m\omega_1}).$$

Si $h < 0$, on a

$$R_1 = H e^{\frac{1}{2} m\beta} e^{c\omega} (e^{m\omega_1} - e^{-m\omega_1}).$$

Donc *les développoïdes d'une courbe* (3) *ou* (4) *sont des courbes des mêmes familles.*

Ce théorème est applicable en particulier aux *pseudo-cycloides*, qui correspondent à $c = 0$.

X.

Sur les Courbes de Clairaut.

1. Les courbes représentées par l'équation en coordonées polaires

(1)
$$\rho = a \sin^n \theta$$

ou par l'équation cartésienne

(2)
$$(x^2 + y^2)^{n+1} = a^2 y^{2n}$$

se sont déjà présentées en diverses questions considérées dans ce volume. Ainsi on a vu que chacune de ces courbes est la glissette d'une spirale sinusoïde (p. 187), la roulette du pôle d'une spirale sinusoïde dont la développée roule sur une droite (p. 189) et la radiale d'une courbe de Ribaucour (p. 192).

On désigne les lignes considérées sous le nom de *courbes de Clairaut* pour avoir été envisagées par A. C. Clairaut dans un mémoire lu en 1726 à l'Académie des Sciences de Paris (*Histoire de l'Académie royale des Sciences,* 1728, p. 45) et publié en 1734 dans la *Miscellanea Berolinensia* (t. IV, p. 143), où il s'est occupé de la détermination des tangentes, des points d'inflexion et des arcs de ces courbes et de leur application au problème des n moyennes proportionnelles entre deux segments de droite donnés. Cependant quelques cas particuliers de cette famille de courbes avaient été déjà considérées dès longtemps et Descartes avait même donné dans le livre III de sa *Géométrie* un appareil pour construire celles qui correspondent aux valeurs entieres, négatives et paires de n.

Les courbes (1) ont été rencontrées de nouveau par Boscovich (*Memorie sopra la Fisica,* Lucca, 1743) et Playfair (*Transactions of the royal Society of Edinburgh,* 1812) à l'occasion de ses recherches sur la figure du solide homogène d'attraction maximum ou minimum sur un point donné, et elles ont été étudiées par Munger (*Die eiförmigen Kurven,* Bern, 1894), qui a considéré le cas où n est un nombre entier, par M. Ernst (*Archiv der Mathematik und Physik,* 1909, 3.ᵉ série, t. XV, p. 177), et enfin par M. C. de Jans (*Les multiplicatrices de Clairaut,* Gand, 1912), qui a réuni dans une monographie ce qu'on connait sur ces courbes.

2. La courbe représentée par les équations (1) et (2) est algébrique quand le nombre n est rationnel et est interscendante quand n est irrationnel. La forme de cette courbe dépend de la valeur de n et peut être obtenue au moyen de ces équations, de la relation

$$\frac{dy}{dx} = \frac{(n+1)\sin\theta\cos\theta}{n\cos^2\theta - \sin^2\theta},$$

qui détermine la tangente au point (θ, ρ), et de la relation

$$R = \frac{a\sin^{n-1}\theta\,(1+n^2\cos^2\theta)^{\frac{3}{2}}}{(n+1)(\sin^2\theta + n\cos^2\theta)},$$

qui détermine le rayon de courbure R en ce point. On trouve ainsi les résultats suivants:

1.º Si $n = \dfrac{2p+1}{2q+1}$, p et q étant deux entiers positifs, la courbe est un ovale convexe, tangent à l'axe des abscisses à l'origine des coordonnées et symétrique par rapport à l'axe des ordonnées. La tangente à cet ovale au point $\left(\dfrac{\pi}{2},\ a\right)$ est parallèle à l'axe des abscisses et les tangentes au même ovale aux points où $\tan \theta = \sqrt{\dfrac{1}{n}}$, c'est-à-dire aux points

$$x_1 = a \sqrt{\frac{n}{(1+n)^{n+1}}}, \qquad y_1 = a \sqrt{\frac{1}{(1+n)^{n+1}}},$$

sont parallèles à l'axe des ordonnées. L'équation cartésienne de la courbe prend dans ce cas la forme

$$(x^2 + y^2)^{p+q+1} = a^{2q+1} y^{2p+1},$$

et elle fait voir que cette courbe a un point multiple d'ordre égal à $2p+1$ à l'origine des coordonnées et qu'au point de contact avec l'axe des abscisses sont réunies $2(p+q+1)$ intersections avec cet axe. Les autres points multiples de la courbe coïncident avec les points circulaires de l'infini. L'ordre de la courbe est égal à $2(p+q+1)$.

2.º Si $n = \dfrac{2p+1}{2q}$, la courbe est formée par deux ovales convexes égaux, symétriquement placés par rapport à l'axe des abscisses et ayant pour axe de symétrie l'axe des ordonnées. Ces ovales sont tangents à l'axe des abscisses à l'origine des coordonnées, et on voit au moyen de l'équation cartésienne de la courbe:

$$(x^2 + y^2)^{2p+2q+1} = a^{4p} y^{2\,(2p+1)}$$

que ce point est multiple d'ordre $2(2p+1)$ et qu'y sont réunies $2(2p+2q+1)$ intersections de la courbe avec l'axe mentionné. La courbe n'a pas d'autres points multiples à distance finie et son ordre est égal à $2(2p+2q+1)$.

3.º Si $n = \dfrac{2p}{2q+1}$, la courbe a la même forme que dans le cas précédent. Alors le degré de multiplicité du point de contact avec l'axe des abscisses est égal à $4p$ et le nombre d'intersections de la courbe réunies en ce point est égal à $2(2p+2q+1)$. L'ordre de la courbe est égal à $2(2p+2q+1)$.

4.º Si $n = -\dfrac{2p+1}{2q+1}$, on voit au moyen de l'équation (1) et de celle-ci:

$$y = \rho \sin \theta = a \sin^{n+1} \theta$$

que la courbe est infinie, que l'axe des abscisses en est un axe de symétrie, que la tangente au point $\left(\dfrac{\pi}{2}, \, a \right)$ est parallèle à l'axe des abscisses, que cet axe est une asymptote de la courbe, quand $|n| < 1$, et qu'elle n'a pas d'asymptotes quand $|n| > 1$. La courbe a toujours deux points d'inflexion réels, qui correspondent aux valeurs de θ données par l'équation

$$\tan \theta = \pm \sqrt{-\frac{1}{n}},$$

et dont les coordonnées sont déterminées par les équations

$$x_2 = \sqrt{-\frac{n}{(1-n)^{1-n}}}, \qquad y_2 = \sqrt{\frac{1}{(1-n)^{1-n}}}.$$

La courbe a un point isolé à l'origine des coordonnées quand $|n| > 1$. L'ordre de la courbe est égal à $2q + 1$ quand $|n| < 1$ et à $2p + 1$ quand $|n| > 1$.

5.° Si $n = -\dfrac{2p}{2q+1}$, la courbe a deux branches de la même forme que celles du cas précédent, symétriquement placées par rapport à l'axe des abscisses. Alors l'ordre de la courbe est égal à $2(2q + 1)$ quand $|n| < 1$ et égal à $4p$ quand $|n| > 1$.

6.° Si $n = -\dfrac{2p+1}{2q}$, la courbe a encore deux branches de la même forme que dans le cas précédent. Alors son ordre est égal à $4q$ quand $|n| < 1$ et égal à $2(2p+1)$ quand $|n| > 1$.

7.° Si n est un nombre irrationnel, la courbe a la même forme qu'au premier cas quand n est positif, et la même forme qu'au quatrième cas si n est négatif.

On peut voir dans l'opuscule de M. C. de Jans mentionné plus haut les résultats de l'application aux courbes de Clairaut de la doctrine sur la nature des points multiples et des points d'inflexion exposée par Halphen dans le mémoire ajouté à l'édition française de l'ouvrage de Salmon sur les courbes planes.

3. Si n est un nombre entier, la courbe (1) est *unicursale*.

En effet, on peut représenter cette courbe par les équations paramétriques

$$x = a \sin^n \theta \cos \theta, \qquad y = a \sin^{n+1} \theta,$$

et, comme $\sin \theta$ et $\cos \theta$ peuvent être exprimés par des fonctions rationnelles d'un paramètre t, x et y sont aussi des fonctions rationnelles de t.

M. C. de Jans a démontré (*l. c.*) que, réciproquement, les courbes de Clairaut correspondant aux valeurs entières de n sont les seules courbes de cette famille jouisssant de la propriété d'être unicursales.

4. Pour tracer les tangentes aux courbes de Clairaut, on peut employer la construction qui résulte de la relation (Ernst, *l. c.*)

$$\tan \nu = \rho \frac{d\theta}{d\rho} = \frac{\tan \theta}{n},$$

où ν désigne l'angle de la tangente au point (θ, ρ) avec le vecteur du même point.

Cette équation caractérise les courbes de Clairaut. En effet, en l'intégrant, on obtient l'équation (1).

On a une autre manière de construire la tangente en partant de l'expression suivante de la sousnormale polaire :

$$S_n = n\rho \cot \theta.$$

5. En appliquant à l'équation (2) la méthode classique pour la détermination des trajectoires orthogonales, on obtient l'équation différentielle

$$(n+1)\, xy\, dy = (y^2 - nx^2)\, dx,$$

qui, en intégrant, donne

$$(x^2 + y^2)^{n+1} = cx^2,$$

et, en passant aux coordonnées polaires,

$$\rho^n = \sqrt{c}\, \cos \theta.$$

Donc *les trajectoires orthogonales des courbes de Clairaut sont d'autres courbes de la même famille.*

6. On a vu (p. 194) que l'équation intrinsèque

$$s^2 \left[\left(\frac{s}{b} \right)^m - 1 \right] = h^2 R_1^2$$

peut représenter la développée d'une spirale sinusoïde et celle d'une courbe de Ribaucour, en donnant à m une valeur arbitraire et à h deux valeurs convenablement choisies.

L'équation de la courbe de Mannheim de ces développées est

$$y^2 \left[\left(\frac{y}{b} \right)^m - 1 \right] = h^2 x^2,$$

ou

$$b^m (y^2 + h^2 x^2) = y^{m+2}.$$

En faisant $x = \dfrac{x_1}{h}$ cette équation devient

$$b^m (x_1^2 + y^2) = y^{m+2},$$

ou, en coordonnées polaires,

$$\rho = b \sin^{-\frac{m+2}{m}} \theta.$$

Donc *les courbes de Clairaut sont affines des courbes de Mannheim des développées des spirales sinusoïdes ou des courbes de Ribaucour.*

7. L'aire du secteur compris entre une courbe de Clairaut, l'axe des ordonnées et le vecteur du point (θ, ρ) est déterminée par l'équation

$$A = \frac{a^2}{2} \int_{\theta}^{\frac{\theta}{2}} \sin^{2n} \theta \, d\theta$$

ou, en faisant $\sin \theta = t$,

$$A = \frac{a^2}{2} \int_0^t t^{2n} (1 - t^2)^{-\frac{1}{2}} \, dt.$$

Si n est un nombre entier, on peut déterminer A au moyen des fontions élémentaires. Si n est un nombre positif, on peut déterminer l'aire d'un ovale au moyen de la formule

$$A_1 = a^2 \int_0^1 t^{2n} (1 - t^2)^{-\frac{1}{2}} \, dt.$$

Cette intégrale est identique à celle dont dépend la rectification des spirales sinusoïdes (*Traité,* t. II, p. 267) et, en procédant comme nous avons fait dans ce cas, on trouve la formule (Ernst. *l. c.*)

$$A_1 = 2^{4n+1} a^2 \, \frac{\Gamma^2 (2n+1)}{\Gamma (4n+2)} \, .$$

8. La longueur de l'arc d'une courbe de Clairaut compris entre les points (θ_0, ρ_0) et (θ, ρ) est déterminée par l'équation

$$s = na \int_{\theta_0}^{\theta} \sin^{n-1} \theta \, \sqrt{1 - (n^2 - 1) \sin^2 \theta} \, d\theta$$

ou, en faisant $\sin \theta = t$, $n^2 - 1 = kn^2$,

$$s = na \int_{t_0}^{t_1} t^{n-1} \sqrt{\frac{1 - kt^2}{1 - t^2}} \, dt.$$

Si n est un entier pair, égal à $2m$, on a, en faisant $t^2 = z$,

$$s = \frac{1}{2} an \int_{z_0}^{z_1} z^{m-1} \sqrt{\frac{1 - kz}{1 - z}} \, d,$$

et par conséquent le calcul de s dépend des fonctions élémentaires.

Si n est un entier impair, le calcul de s dépend des intégrales elliptiques.

Si n est un nombre rationnel fractionaire égal à $\frac{p}{q}$, on a, en posant $t = z^q$

$$s = ap \int_{z_0}^{z_1} z^{p-1} \sqrt{\frac{1 - k\, z^{2q}}{1 - z^{2q}}}\; dz,$$

et s dépend des intégrales hyperelliptiques.

9. Parmi les courbes représentées par l'équation (1) sont comprises bien des courbes particulières remarquables.

1.º Si $n = -2$, on a la courbe connue sous le nom de *kampile* (*Traité*, t. II, p. 436).

2.º Si $n = 2$ on a une courbe qui, d'après Richarde (*Liber de inventione duarum rectarum continue proportionalium*, Antuerpiae, 1645), a été employée par Gruenberger pour résoudre le problème des deux moyennes. Villalpando (*In Ezechielem Explanationes*, 1606) l'a employée pour résoudre le même problème et l'a nommée *première courbe proportionnatrice*. Elle a été considérée ensuite par plusieurs auteurs, comme l'on peut voir dans l'opuscule de M. de Jans, où l'on a fait une étude compléte de cette ligne et des ses conchoïdes.

3.º Si $n = 3$, on a la courbe connue sous le nom de *folium simple*. Aux renseignements que nous avons donnés sur cette courbe (*Traité*, t. I, p. 297) nous ajouterons ceux qui suivent. Le folium simple a été employé, comme la courbe précédente, par Gruenberger (Richarde, *l. c.*) et Villalpando (*l. c.*) pour résoudre le problème des deux moyennes, et ce dernier auteur l'a nommée *seconde courbe proportionnatrice*. La même courbe s'est présentée à Kepler (*Astronomia nova*, Prague, 1609) dans un problème astronomique.

4.º La courbe correspondant à $n = \frac{1}{2}$ se présente dans le problème du solide d'attraction maximum ou minimum, quand il agit sur un point suivant la loi newtonienne. Playfair l'a nommée *courbe d'égale attraction* et M. de Jans l'a nommée courbe de Playfair, pour avoir été étudiée par cet auteur dans le travail mentionné plus haut.

5.º La courbe correspondant à $n = 4$ a été appelée par M. de Jans *courbe d'Encke,* pour avoir été employée par cet astronome pour résoudre graphiquement une équation rencontrée par Gauss dans un problème sur la détermination des orbites des planètes.

6.º La courbe correspondant à $n = -\frac{2}{3}$ fut nommée par M. de Jans *courbe de Roche,* pour s'être présentée à ce géomètre dans ses recherches sur la théorie des atmosphères des planètes (*Mémoires de l'Académie de Montpelier*, t. II).

10. Dans le Mémoire mentionné plus haut, Alexis Clairaut a considéré encore les courbes définies par l'équation

$$(3) \qquad\qquad y = h\,(a^2 - x^2)^n,$$

mais ces lignes offrent moins d'intérêt que celles qui précèdent. On peut les représenter encore par les équations paramétriques

$$x = a \cos t, \qquad y = ha^{2n} \sin^{2n} t.$$

On peut donc faire dépendre la construction de ces courbes de celle des courbes (1).

Le calcul des aires des courbes (3) dépend du calcul de la même intégrale que celui des aires des courbes (1). On a, en effet,

$$A = ha^{2n} \int_{x_0}^{x} y\,dx = ha^{2n+1} \int_{t_0}^{t} \sin^{2n+1} t\,dt.$$

XI.

Sur les courbes représentées par l'équation polaire [1]
$$\rho e^{n\theta} \sin^m \theta = c.$$

1. Considérons sur un plan une courbe (C) et deux points O et O'. Par le point O' menons une parallele O'K à la normale à la courbe (C) en un point quelconque M et par le point O traçons la droite OM, qui coupe la droite O'K en un point M'. Quand M décrit la courbe (C), le point M' décrit une courbe (C') dont les propriétés ont été considérées par M. d'Ocagne [2].

M. d'Ocagne a cherché la courbe (C) que le point M doit décrire pour que (C') soit une circonférence quelconque. Mais le calcul n'étant pas simple, et par ce motif n'offrant pas d'intérêt, il s'est spécialement arrêté au cas où le cercle passe par O et son centre est placé sur la droite OO', et il a fait voir qu'alors (C) est une courbe de Clairaut. Nous allons considérer le cas plus général où, le cercle passant encore par O, son centre a une position quelconque. Le calcul est encore simple, comme dans le cas considéré par M. d'Ocagne, et le résultat offre quelque intérêt.

2. Prenons pour origine des coordonnées le point O et désignons par (λ, μ) les coordonnées du point O', par (x, y) celles de M et par (x_1, y_1) celles de M'. Nous avons

$$\frac{dy}{dx} = \frac{\lambda - x_1}{y_1 - \mu}, \qquad \frac{y}{x} = \frac{y_1}{x_1}$$

---

[1] Reproduction d'un article que nous avons publié dans les *Rendiconti del Circolo Matematico di Palermo* (t. xxxvii, 1914).

[2] M. d'Ocagne, *Sur certaines courbes qu'on peut adjoindre aux courbes planes pour l'étude de leurs propriétés infinitésimales* [*American Journal of Mathematics*, vol. XI, 1888, p. 55-70].

et par conséquent

$$x_1 = \frac{(\lambda\,dx + \mu\,dy)\,x}{x\,dx + y\,dy}, \qquad y_1 = \frac{(\lambda\,dx + \mu\,dy)\,y}{x\,dx + y\,dy}.$$

Mais, en représentant par (α, β) les coordonnées du centre du cercle donné, l'équation de ce cercle est

$$x_1^2 + y_1^2 - 2\alpha x_1 - 2\beta y_1 = 0.$$

En éliminant maintenant x_1 et y_1 entre les dernières équations, on obtient l'équation différentielle de la courbe (C), savoir:

$$[\lambda\,(x^2 + y^2) - 2\,(\alpha x + \beta y)\,x]\,dx + [\mu\,(x^2 + y^2) - 2\,(\alpha x + \beta y)\,y]\,dy = 0.$$

Pour intégrer cette équation homogène, posons $y = ux$, ce qui donne

$$(1) \qquad \frac{dx}{x} + \frac{(\mu - 2\beta)\,u^2 - 2\alpha u + \mu}{[(\mu - 2\beta)\,u - (2\alpha - \lambda)]\,(u^2 + 1)}\,du = 0.$$

Supposons premièrement que la quantité $\mu - 2\beta$ est différente de zéro. En intégrant l'équation (1) par la méthode classique, et en posant pour cela

$$\frac{u^2 - \dfrac{2\alpha}{\mu - 2\beta}\,u + \dfrac{\mu}{\mu - 2\beta}}{\left(u - \dfrac{2\alpha - \lambda}{\mu - 2\beta}\right)(u^2 + 1)} = \frac{m}{u - \dfrac{2\alpha - \lambda}{\mu - 2\beta}} + \frac{pu + n}{u^2 + 1},$$

on trouve l'équation

$$(y - hx)^m\,(x^2 + y^2)^{\frac{p}{2}} = c_1 e^{-n\,\operatorname{arctg}\frac{y}{x}},$$

c_1 désignant la constante arbitraire, et m, n, p, h étant des constantes données par les équations

$$(2) \qquad \begin{cases} 2\alpha = [h\,(1 - m) - n]\,(\mu - 2\beta), \quad \mu = (m - nh)\,(\mu - 2\beta), \\ h\,(\mu - 2\beta) = 2\alpha - \lambda, \quad m + p = 1. \end{cases}$$

Nous venons de trouver l'équation cartésienne des courbes qui satisfont à la question considérée. En faisant

$$x = \rho\cos\theta_1, \qquad y = \rho\sin\theta_1,$$

nous en avons l'équation polaire:

$$\rho \left(\sin \theta_1 - h \cos \theta_1 \right)^m = c_1 e^{-n\theta_1},$$

ou, en posant $h = \operatorname{tang} \omega$,

$$\rho \sin^m \left(\theta_1 - \omega \right) = c_2 e^{-n\theta_1},$$

ou enfin, en changeant la direction de l'axe,

$$(3) \qquad\qquad \rho e^{n\theta} \sin^m \theta = c.$$

Réciproquement, si l'on donne une courbe représentée par cette équation et si l'on veut déterminer la position du point O' et du centre du cercle dont cette courbe est la transformée, nous pouvons employer les équations (2), en posant $h = 0$, c'est-à-dire les équations

$$\alpha = \frac{\lambda}{2}, \qquad \beta = \frac{m-1}{2m} \mu, \qquad m\lambda + n\mu = 0.$$

Ces équations font voir que le point O' peut prendre une position quelconque sur la droite représentée par la dernière équation.

Considérons maintenant le cas où $\mu - 2\beta = 0$.

Alors l'équation (1) prend la forme

$$\frac{dx}{x} + \frac{2\alpha u - \mu}{(2\alpha - \lambda)(u^2 + 1)} = 0,$$

et nous avons, en intégrant,

$$x^{(1-2p)} (x^2 + y^2)^p = c e^{-n \operatorname{arctg} \frac{y}{x}},$$

où

$$p = \frac{\alpha}{2\alpha - \lambda}, \qquad n = \frac{\mu}{\lambda - 2\alpha},$$

ou, en posant $x = \rho \sin \theta$, $y = \rho \sin \theta$, $1 - 2p = m$,

$$\rho \cos^m \theta = c e^{-n\theta}.$$

Nous avons ainsi encore la courbe trouvée précédemment.

De tout ce qui précède, il résulte le théorème suivant:

Si par un point quelconque O' d'une droite représentée par l'équation

$$m\lambda + n\mu = 0$$

on mène une parallèle à la normale au point M à la courbe représentée par l'équation (3), la droite qui passe par le pôle O et par M coupe cette parallèle en un point M' qui décrit une circonférence passant par O, quand M décrit la courbe (3).

Les valeurs des coordonnées (α, β) du centre du cercle sont

$$\alpha = \frac{\lambda}{2}, \qquad \beta = \frac{m-1}{2m}\mu.$$

3. Cherchons maintenant la transformée de la courbe (3), quand le point O' prend une position quelconque sur le plan de cette courbe.

Comme l'équation cartésienne de la courbe considérée est

$$(4) \qquad (x^2+y^2)^{1-m} = c^2 y^{-2m} e^{-2n \operatorname{arctg}\frac{y}{x}},$$

l'équation de la droite parallèle à la normale au point (x, y) menée par le point (μ, λ) est

$$(5) \qquad Y - \mu = \frac{(1-m)\, y^2 + nxy + m\,(x^2+y^2)}{(1-m)\, xy - ny^2}\,(X - \lambda).$$

Mais les coordonnées du point (X, Y) de la transformée de la même courbe (3), correspondant au point (x, y) de cette courbe, vérifient la condition

$$\frac{Y}{X} = \frac{y}{x}.$$

Cette équation et l'équation (4) donnent par élimination

$$x = \frac{c\,Y^{-m}\,X}{(X^2+Y^2)^{\frac{1-m}{2}}}\,e^{-n\operatorname{arctg}\frac{Y}{X}}, \qquad y = \frac{c\,Y^{1-m}}{(X^2+Y^2)^{\frac{1-m}{2}}}\,e^{-n\operatorname{arctg}\frac{Y}{X}}.$$

En substituant ces valeurs dans l'équation (5), on obtient l'équation de la transformée cherchée, savoir:

$$(6) \qquad (mX + nY)\,(X^2+Y^2) = (\lambda + n\mu)\,Y^2 - [(1-m)\,\mu - n\lambda]\,XY + m\lambda X^2.$$

Donc *la transformée de la courbe (3) est une cubique circulaire unicursale, indépendante de la valeur de c.*

Si $m\lambda + n\mu = 0$, cette équation se dédouble dans celles d'un cercle et d'une droite, ce qui s'accorde avec ce qu'on a vu précédemment.

4. Considérons deux cas particuliers.

1.° Supposons qu'on ait premièrement $n = 0$. Alors l'équation de la courbe prend la forme

$$(7) \qquad\qquad \rho \sin{}^m \theta = c,$$

et l'équation de la droite sur laquelle le point O' doit être pris pour que la transformée (C') soit une circonférence, coïncide avec l'axe des abscisses. C'est le cas considéré par M. d'Ocagne. Si O' occupe une autre position quelconque dans le plan de la courbe, la transformée de la courbe (7) est la cubique circulaire représentée par l'équation

$$m\mathrm{X}\,(\mathrm{X}^2 + \mathrm{Y}^2) = \lambda \mathrm{Y}^2 - (1-m)\,\mu \mathrm{X}\mathrm{Y} + m\lambda \mathrm{X}^2.$$

Si $m = -1$, l'équation (7) représente une circonférence ayant son centre sur l'axe des ordonnées et passant par l'origine, et la dernière équation représente unes *strophoïde*.

Donc, *si l'on trace une circonférence ayant son centre sur l'axe des abscisses et passant par l'origine des coordonnées O et si par un point O' non situé sur l'axe des abscisses on mène une parallèle OK' à la normale à cette circonférence en un point M, les droites OM et O'K se coupent en un point M' qui décrit une strophoïde, quand M décrit la circonférence.*

2.° Supposons maintenant $m = 0$. Alors l'équation (3) prend la forme

$$\rho = ce^{-n\theta},$$

et les équations (2) donnent

$$n = \frac{\mu}{\lambda - 2\alpha}, \qquad \lambda^2 + \mu^2 - 2\,(\alpha\lambda + \beta\mu) = 0.$$

Donc, *si par un point quelconque O' du plan d'une spirale logarithmique on mène une parallèle à la normale à cette ligne en un point M, la droite qui passe par son pôle et par M coupe cette parallèle en un point M' qui décrit un cercle (C'), quand M décrit la spirale.*

Cette proposition peut d'ailleurs être déduite directement de la propriété dont jouit la spirale logarithmique, de couper les droites qui passent par le pôle sous un angle constant.

Les coordonnées du centre de la circonférence mentionnée sont déterminées par les équations

$$\alpha = \frac{n\lambda - \mu}{2m}, \qquad \beta = \frac{\lambda + n\mu}{2n},$$

qui donnent

$$\alpha^2 + \beta^2 = \frac{1+n^2}{4n^2}(\lambda^2 + \mu^2), \qquad \frac{\alpha}{\beta} = \frac{n\lambda - \mu}{\lambda + n\mu}.$$

Donc, *si O' décrit la circonférence d'un cercle ayant son centre au pôle de la spirale, le centre du cercle (C) décrit une autre circonférence ayant le même centre; et, si O' décrit une droite passant par le pôle, le centre de (C) décrit une autre droite passant par le même pôle.*

5. Voici encore une autre propriété remarquable des courbes considérées. L'équation différentielle de leurs trajectoires orthogonales est

$$[(1-m)\,ny - ny^2]\,dy = [y^2 + nxy + mx^2]\,dx.$$

En l'intégrant, on obtient l'équation des trajectoires cherchées, savoir:

$$\left(y - \frac{m}{p}\right)^p (x^2 + y^2)^q = c_1 e^{k \operatorname{arctg} \frac{y}{x}},$$

où

$$p = \frac{m}{m^2 + n^2}, \qquad q = \frac{m^2 - m + n^2}{2(m^2+n^2)}, \qquad k = -\frac{n}{m^2+n^2},$$

ou, en passant aux coordonnées polaires,

$$\rho\left(\sin\theta - \frac{m}{p}\cos\theta\right)^p = c_1 e^{k\theta}.$$

En changeant la direction de l'axe polaire, on peut réduire cette équation à la forme

$$\rho \sin^p \theta = c_2 e^{k\theta}.$$

Donc *les trajectoires orthogonales des courbes représentées par l'équation (3) sont d'autres courbes représentées par la même équation.*

XII.

Sur les courbes de Lissajous.

1. On désigne sous le nom de *courbes de Lissajous* les lignes représentées par les équations paramétriques

$$(1) \qquad x = a \sin(m_1 z + n_1), \qquad y = b \sin(m_2 z + n_2),$$

où a, b, m_1, n_1, m_2, n_2 sont des nombres donnés, car ces courbes se présentent dans le problème qui a pour but de déterminer la position des noeuds des lames qui vibrent transversalement, problème considéré par Lissajous dans les *Annales de Physique* (3.e série, t. XXX, 1850). Mais, d'après W. Braun (*Die Singularitäten der Lissajous'schen Stimmgabelcurven*, Erlangen, 1875), ces courbes avaint été déjà envisagées par Thomas Young en 1800, et, d'aprés M. Loria (*Spezielle Ebene Kurven*, t. I, 1910, p. 482), elles s'étaient encore présentées à N. Bowditch (*Mem. of American Academy of Arts and Sciences*, t. III, 1815) dans l'étude d'une question concernant le mouvement d'un pendule. La théorie des mêmes courbes a été faite par Braun dans sa Dissertation inaugurale, mentionnée ci-dessus, et par Ekama dans les *Archiv der Mathematik un Physik* (2.e série, t. VI, 1887).

En faisant $m_2 z + n_2 = t$, $m = \dfrac{m_1}{m_2}$, $\alpha = \dfrac{n_1 m_2 - m_1 n_2}{m_2}$, on peut représenter les courbes de Lissajous par les équations

$$(2) \qquad x = a \sin(mt + \alpha), \qquad y = b \sin t,$$

où nous supposerons $0 < m < 1$, $0 \overline{<} \alpha < \pi$.

On voit au moyen de ces équations, en procédant comme dans le cas des épicycloïdes (*Traité*, t. II, p. 159), que les courbes de Lissajous sont *algébriques* et *unicursales* quand m est *rationnel* et qu'elles sont transcendantes quand m est *irrationnel*.

Dans le premier cas, si $m = \dfrac{p}{q}$, p et q étant deux nombres entiers et $q > p$, on doit donner à t, pour obtenir tous les points réels de la courbe correspondante, les valeurs réelles comprises entre 0 et $2q\pi$ et les valeurs imaginaires auxquelles correspondent des valeurs réelles de x et y. Ainsi, par exemple, si p et q sont deux nombres impairs et $\alpha = 0$, on doit donner à t les valeurs réelles comprises entre 0 et $2q\pi$ et les valeurs $q\dfrac{\pi}{2} + it_1$, t_1 étant un nombre réel quelconque.

2. Les points d'une courbe de Lissajous quelconque où les tangentes sont parallèles à l'axe des abscisses sont déterminés par l'équation $\cos t = 0$; donc ces points sont placés sur les droites correspondant aux équations $y = b$ et $y = - b$. De même, les points où les tangentes sont parallèles à l'axe des ordonnées sont placés sur les droites $x = a$ et $x = - a$.

En changeant dans les équations

$$(2') \qquad x = a \sin\left(\frac{p}{q} t + \alpha\right), \qquad y = b \sin t,$$

t en $t - q\pi$, on trouve

$$x_1 = a \sin\left(\frac{p}{q} t + \alpha\right) \cos p\pi, \qquad y_1 = b \sin t \cos q\pi.$$

Donc, si les nombres p et q sont impairs, nous avons $x = - x_1$, $y = - y_1$, et par conséquent l'origine des coordonnées est un *centre* de la courbe.

Si p est pair et q impair, on a $x = x_1$, $y = - y_1$, et par conséquent l'axe des abscisses est un axe de symétrie. Si p est impair et q pair, l'axe des ordonnées est un axe de symétrie.

3. On peut obtenir de la manière suivante les points doubles des courbes considérées.

Les valeurs de t auxquelles correspondent les mêmes valeurs de x et y qu'à une valeur t' donnée sont respectivement déterminées par les équations

$$mt + \alpha = h\pi + (-1)^h (mt' + \alpha), \qquad t = k\pi + (-1)^k t',$$

h et k désignant deux nombres entiers.

En éliminant t entre ces équations, on trouve celle-ci:

$$t' = \frac{(h - mk)\pi + [(-1)^h - 1]\alpha}{m[(-1)^k - (-1)^h]},$$

qui détermine les valeurs de t' auxquelles correspondent des points doubles de la courbe considérée. On voit que l'un des nombres h et k doit être pair et l'autre impair.

Si la courbe donnée est algébrique et si l'on a $m = \dfrac{p}{q}$, cette équation devient

$$t' = \frac{(qh - pk)\pi + q[(-1)^h - 1]\alpha}{p[(-1)^k - (-1)^h]},$$

et l'on a par conséquent, quand k est pair et h impair,

$$(3) \qquad x = a \sin\frac{(qh - pk)\pi}{2q}, \qquad y = b \sin\frac{(qh - pk)\pi - 2q\alpha}{2p},$$

et, quand k est impair et h pair,

$$(4) \qquad x = -a \sin \frac{(qh - pk)\pi - 2q\alpha}{2q}, \qquad y = -b \sin \frac{(qh - pk)\pi}{2p}.$$

Les formules (3) et (4) déterminent les points doubles de la courbe situés à distance finie. Il suffit pour cela de donner à h les valeurs 1, 2, ..., $2p-1$ et à k les valeurs 1, 2, ..., $2q-1$; en effet, si dans ces formules on pose respectivement

$$k = 2l + 2q, \qquad h = 2s + 1 + 2p,$$

$$k = 2l + 1 + 2q, \qquad h = 2s + 2p,$$

on obtient pour x et y des valeurs identiques à celles qu'elles donnent quand on pose $k = 2l$, $h = 2s + 1$ dans les premières et $k = 2l + 1$, $h = 2s$ dans les autres.

Il résulte de ce qui précède que *le nombre de points doubles de la courbe situés à distance finie est en général égal à $2pq - p - q$* (Braun, l. c.) *et ne peut pas être supérieur.*

4. Nous allons chercher maintenant les points de la courbe (2) où l'on a en même temps

$$(5) \qquad \frac{dx}{dt} = am \cos(mt + \alpha) = 0, \qquad \frac{dy}{dt} = b \cos t = 0.$$

Les valeurs de t qui vérifient en même temps les deux équations doivent vérifier aussi ces autres:

$$(6) \qquad mt + \alpha = \frac{\pi}{2} + h\pi, \qquad t = \frac{\pi}{2} + k\pi,$$

h et k désignant deux nombres entiers.

Or, en éliminant t entre ces équations, on trouve celle-ci:

$$\alpha = (h - mk)\pi + (1 - m)\frac{\pi}{2},$$

qui détermine les valeurs qu'on peut donner à α pour que les équations (5) aient une solution commune.

Soit t_0 une solution commune aux équations (6). Les développements de x et y suivant les puissances de $t - t_0$ ne contiennent pas de termes à degré impair, vu que les dérivées d'ordre impair de x et y sont nulles au point t_0 dans le cas considéré. Donc, aux valeurs $t_0 - \lambda$ et $t_0 + \lambda$ de t correspond un même point de la courbe, quelle que soit la valeur de λ. La courbe est donc *double*, et elle n'a pas de points de rebroussement à distance finie.

En particulier, si $m = \dfrac{p}{q}$, on a

$$\alpha = \frac{(2h+1)\,q - (2k+1)\,p}{2q}\,\pi,$$

et la courbe se réduit à deux courbes algébriques coïncidentes. Les valeurs que cette égalité donne pour α, comprises entre 0 et π, sont:

$$\alpha = 0, \quad \frac{\pi}{q}, \quad \frac{2\pi}{q}, \quad \ldots, \quad \frac{(q-1)\pi}{q},$$

quand les nombres p et q sont impairs, et

$$\alpha = \frac{\pi}{2q}, \quad \frac{3\pi}{2q}, \quad \ldots, \quad \frac{(2q-1)\pi}{2q},$$

quand un des nombres p ou q est pair.

Cette proposition a été obtenue par Braun (*l. c.*) au moyen de considérations de Cinématique.

5. Les valeurs de t auxquelles correspondent les points d'inflexion de la courbe (2) sont déterminées par l'équation

(7) $$\tang t = m \tang (mt + \alpha).$$

En éliminant t et $mt + \alpha$ au moyen des équations de la courbe, on obtient celle-ci:

$$m^2 x^2 (b^2 - y^2) = y^2 (a^2 - x^2).$$

Donc les points d'inflexion sont placés sur la quartique représentée par cette équation, c'est-à-dire sur une *puntiforme* (*Traité*, t. II, p. 286).

En faisant $e^{it} = u$, $\lambda = e^{2i\alpha}$ dans l'équation (7), on trouve

$$\frac{u^2 - 1}{u^2 + 1} = m \frac{\lambda u^{2m} - 1}{\lambda u^{2m} + 1},$$

et ensuite, en posant $m = \dfrac{p}{q}$,

$$\lambda^q u^{2p} [(q-p) u^2 - (q+p)]^q = [q - p - (q+p) u^2]^q.$$

Cette équation détermine les valeurs que u prend aux points d'inflexion et fait voir que le nombre de ces points situés à distance finie est en général égal à $2(p+q)$.

6. En remplaçant dans les équations (2′) t par qt, ou peut donner aux équations d'une courbe de Lissajous algébrique la forme

$$x = a \sin(pt + \alpha), \qquad y = b \sin qt.$$

En faisant maintenant $e^{it} = u$, $e^{i\alpha} = \lambda$, ces équations prennent la forme

$$x = a \frac{\lambda^2 u^{2p} - 1}{2i\lambda u^p}, \qquad y = b \frac{u^{2q} - 1}{2i u^q},$$

d'où il résulte, par élimination de u, l'équation cartésienne de la courbe considérée.

La droite représentée par l'équation

$$Ax + By + C = 0$$

coupe la courbe représentée par les équations précédentes en $2q$ points correspondant aux valeurs de u données par l'équation

$$Aa(\lambda^2 u^{2p} - 1) u^{q-p} + B\lambda b(u^{2q} - 1) + 2iC\lambda u^q = 0,$$

d'où il résulte que *l'ordre de la courbe est égal à* $2q$.

Si α est égal à un des nombres considérés au n.° 4, la *courbe se réduit à deux courbes coïncidentes d'ordre* q.

L'équation de la tangente à la même courbe est

$$2i\left[apu^q(\lambda^2 u^{2p}+1)\,Y - \lambda bqu^p(u^{2q}+1)\,X\right] = ab\left[p(u^{2q}-1)(\lambda^2 u^{2p}+1) - q(u^{2q}+1)(\lambda^2 u^{2p}-1)\right].$$

Donc *la classe de la courbe est en général égale à* $2(p+q)$.

Si α est un des nombres considérés au n.° 4, les équations

$$\lambda^2 u^{2p} + 1 = 0, \qquad u^{2q} + 1 = 0$$

ont deux racines communes. Donc, dans ce cas, le nombre des tangentes qu'on peut mener à la courbe par un point extérieur est égal à $2(p+q) - 2$, et, puisqu'elle est double, *sa classe est égale à $p + q - 1$.*

Comme l'on a

$$\frac{dy}{dx} = \frac{q}{p} \frac{\sqrt{b^2 - y^2}}{\sqrt{a^2 - x^2}},$$

on voit que la polaire d'un point (x_0, y_0) est une quartique représentée par l'équation (Loria, *l. c.*, t. II, p. 369)

$$p^2 (a^2 - x^2)(y_0 - y)^2 = q^2 (b^2 - y^2)(x_0 - x)^2,$$

et que les points de la courbe donnée où les tangentes forment un angle constant ν avec l'axe des abscisses sont placés sur une conique ayant pour équation

$$p^2 \tan^2 \nu \, (a^2 - x^2) = q^2 (b^2 - y^2).$$

XIII.

Sur les courbes orbiformes d'Euler et sur une généralisation de ces courbes [1].

1. Nous allons nous occuper des problèmes suivants:

1.° Déterminer une courbe telle que la tangente en un point A et la tangente en un point correspondant B soient parallèles et la distance de ces tangentes soit constante, quelle que soit la position du point A.

2.° Déterminer une courbe telle que toutes ses normales soient multiples.

3.° Déterminer une courbe telle que la normale en un point A_1 et la normale en un point correspondant B_1 soient parallèles et que la distance de ces normales soit constante, quelle que soit la position du point A_1.

Les deux premiers problèmes ont été considérés par Euler, dans les *Acta Academiae Petropolitanae*, 1778, et récemment par MM. C. Jordan et R. Fiedler, dans les *Archiv der*

---

[1] Reproduction d'un article que nous avons publié dans les *Archiv der Mathematik und Physik* (Leipzig, 1914).

Mathematik und Physik (3.ᵉ série, t. XXI, 1913). Nous allons les étudier par une analyse générale différente de l'analyse employée dans ce dernier travail, et qui nous méne aux équations obtenues par ces auteurs, qui représentent la plus importante classe de courbes satisfaisant à ces problèmes, et encore aux équations générales des courbes qui en sont les solutions.

Le dernier problème est une généralisation du second et il peut être rettaché au premier en vertu de la propriété dont jouit la tangente à une courbe, d'être normale à ses développantes.

2. Considérons le premier problème et représentons les courbes par les équations paramétriques

$$(1) \qquad x = \varphi(t), \quad y = \psi(t),$$

t étant l'angle que la tangente au point variable A fait avec l'axe des abscisses.

Si t_1 représente l'angle que la tangente au point B fait avec le même axe, on a tang $t =$ tang t_1, et par conséquent $t_1 = t + n\pi$, n désignant un nombre entier.

Considérons premièrement le cas où $n = 1$. Nous avons alors

$$(2) \qquad \frac{\psi'(t)}{\varphi'(t)} = \frac{\psi'(t+\pi)}{\varphi'(t+\pi)} = \text{tang } t.$$

C'est la première condition que $\varphi(t)$ et $\psi(t)$ doivent vérifier pour que la courbe représentée par les équations (1) satisfasse au problème considéré.

Les équations des tangentes à la même courbe aux points A et B sont

$$\text{Y} - \psi(t) = \text{tang } t\,[\text{X} - \varphi(t)],$$

$$\text{Y} - \psi(t+\pi) = \text{tang } t\,[\text{X} - \varphi(t+\pi)],$$

et par conséquent l'équation qui exprime que la distance de ces tangentes est constante, est

$$\psi(t+\pi)\cos t - \varphi(t+\pi)\sin t + \varphi(t)\sin t - \psi(t)\cos t = 2c_1,$$

c_1 désignant une constante.

En posant

$$(3) \qquad f(t) = \varphi(t)\sin t - \psi(t)\cos t - c_1,$$

cette relation prend la forme

$$(4) \qquad f(t+\pi) + f(t) = 0.$$

C'est la seconde condition à laquelle les fonctions $\varphi(t)$ et $\psi(t)$ doivent satisfaire. Mais on a

$$f'(t) = \varphi'(t)\sin t + \varphi(t)\cos t - \psi'(t)\cos t + \psi(t)\sin t$$

ou, à cause de la relation (2),

$$f'(t) = \varphi(t)\cos t + \psi(t)\sin t.$$

Cette équation et l'équation (3) donnent

$$(5) \quad \begin{cases} x = \varphi(t) = [f(t) + c_1]\sin t + f'(t)\cos t, \\ y = \psi(t) = f'(t)\sin t - [f(t) + c_1]\cos t. \end{cases}$$

Ces équations sont identiques à celles qui ont été obtenues par MM. Jordan et Fiedler. La courbe qu'elles déterminent satisfait au premier des problèmes énoncés ci-dessus, et on peut voir, au moyen de l'équation de ses normales aux points t et $t+\pi$, que la même courbe est aussi une solution du second problème.

Comme l'on a

$$x' = \frac{dx}{dt} = [f(t) + f''(t) + c_1]\cos t,$$

$$y' = \frac{dy}{dt} = [f(t) + f''(t) + c_1]\sin t,$$

on voit que les points de rebroussement de la courbe considérée sont déterminés par l'équation

$$f(t) + f''(t) + c_1 = 0.$$

On voit au moyen de l'équation

$$x'y'' - y'x'' = [f(t) + f''(t) + c_1]^2$$

que la même courbe n'a pas de points d'inflexion quand la fonction $f(t) + f''(t)$ est finie.

Euler a nommé *courbes orbiformes* les ovales convexes qui satisfont aux deux premiers problèmes énoncés au n.° 1. Pour que la courbe représentée par les équations (5) soit orbiforme, il faut donc: 1.° que la fonction $f(t)$ soit uniforme et continue; 2.° que la quantité

$$f(t) + f''(t) + c_1$$

soit finie et différente de zéro.

Les courbes représentées par l'équation (5) sont parallèles à la courbe correspondant aux équations

(5')
$$x = f(t) \sin t + f'(t) \cos t, \qquad y = f'(t) \sin t - f(t) \cos t.$$

Les points de cette dernière courbe correspondent aux valeurs de t comprises entre 0 et π, et ses points de rebroussement correspondent aux valeurs de t qui vérifient la condition

$$f(t) + f''(t) = 0.$$

Comme l'on a

$$f(t) + f(t+\pi) = 0, \qquad f'(t) + f''(t+\pi) = 0,$$

et par conséquent

$$f(0) + f''(0) = -[f(\pi) + f''(\pi)],$$

on conclut que *le nombre de points de rebroussement de la courbe* (5') *est impair* (Hurwitz, *Annales de l'École Normale Supérieure*, 1902, p. 379).

Comme les équations de la développée des courbes (5) sont

(5'')
$$x_1 = f'(t) \cos t - f''(t) \sin t, \qquad y_1 = f'(t) \sin t + f'(t) \cos t,$$

ces courbes sont identiques aux courbes correspondant à la fonction $f'(t)$, et par conséquent *le nombre des points de rebroussement de la développée d'une courbe orbiforme est impair.*

3. Supposons maintenant $t = t_1 + 2\pi$. On a alors

(6)
$$\frac{\psi'(t)}{\varphi'(t)} = \frac{\psi'(t+2\pi)}{\varphi'(t+2\pi)} = \operatorname{tang} t,$$

(7)
$$\psi(t+2\pi) \cos t - \varphi(t+2\pi) \sin t + \varphi(t) \sin t - \psi(t) \cos t = 2c_2.$$

Posons maintenant

$$f(t) = \varphi(t) \sin t - \psi(t) \cos t + \frac{c_2}{\pi} t - c_1.$$

La dernière identité prend la forme

$$f(t) = f(t+2\pi).$$

Mais on a, en tenant compte de la relation (6),

$$f'(t) = \varphi(t) \cos t + \psi(t) \sin t + \frac{c_2}{\pi}.$$

Donc la courbe représentée par les équations

(8)
$$\begin{cases} x = [f(t)+c_4]\sin t + f'(t)\cos t - \dfrac{c_2}{\pi} t \sin t - \dfrac{c_2}{\pi}\cos t, \\[3mm] y = f'(t)\sin t - [f(t)+c_4]\cos t + \dfrac{c_2}{\pi} t \cos t - \dfrac{c_2}{\pi}\sin t \end{cases}$$

satisfait aussi au premier des problèmes considérés, quand $f(t)$ est une fonction périodique à période 2π. On vérifie aisément qu'elle satisfait aussi au second problème.

4. En abordant maintenant la question générale, supposons qu'on ait $t_1 = t + n\pi$, n étant un nombre impair égal à $2m+1$. On trouve au moyen d'une analyse semblable à celle qu'on a employée au n.° 2, que la courbe représentée par les équations (5) satisfait aux deux problèmes considérés quand $f(t)$ vérifie la condition

(9)
$$f[t+(2m+1)\pi]+f(t)=0.$$

De même, si n est un nombre entier pair égal à $2m$, la courbe représentée par les équations

(10)
$$\begin{cases} x = [f(t)+c_4]\sin t + f'(t)\cos t - \dfrac{c_2}{m\pi} t \sin t - \dfrac{c_2}{m\pi}\cos t, \\[3mm] y = f'(t)\sin t - [f(t)+c_4]\cos t + \dfrac{c_2}{m\pi} t \cos t - \dfrac{c_2}{m\pi}\sin t, \end{cases}$$

satisfait aux deux problèmes mentionnés, quand $f(t)$ vérifie la condition

(11)
$$f(t+2m\pi)=f(t).$$

La courbe représentée par les équations (10) est la solution générale du premier des problèmes considérés (nous verrons bientôt qu'elle est aussi la solution générale du second). En effet, les équations (10) et (5) sont identiques quand $c_2 = 0$, et il résulte de l'équation (9)

$$f[t+2(2m+1)\pi]=f(t).$$

5. Voici maintenant les propriétés de la courbe représentée par les équations (10) qui résultent immédiatement de ces équations:

1.° Comme l'on a

$$x' = \frac{dx}{dt} = \left[f(t)+f'(t)-\frac{c_2}{m\pi}t+c_4\right]\cos t,$$

$$y' = \frac{dy}{dt} = \left[f(t)+f''(t)-\frac{c_2}{m\pi}t+c_4\right]\sin t,$$

on voit que les points de rebroussement de cette courbe sont déterminés au moyen de l'équation

$$f(t) + f''(t) - \frac{c_2}{m\pi} t + c_1 = 0.$$

2.º Nous avons

$$x'y'' - y'x'' = \left[f(t) + f''(t) - \frac{c_2}{m\pi} t + c_1 \right]^2;$$

donc la courbe n'a pas de points d'inflexion, quand la fonction $f(t) + f''(t)$ est finie.

3.º La distance p de l'origine des coordonnées à la tangente à la courbe au point (x, y) a pour expression

$$p = f(t) - \frac{c_2}{m\pi} t + c_1.$$

4.º Les courbes correspondant aux diverses valeurs de c_1 sont parallèles.

5.º Le rayon de courbure est déterminé par l'équation

$$R = f(t) + f''(t) - \frac{c_2}{m\pi} t + c_1.$$

6.º Les équations de la développée de la courbe considérée sont

$$x_1 = f'(t) \cos t - f''(t) \sin t - \frac{c_2}{m\pi} \cos t,$$

$$y_1 = f'(t) \sin t + f''(t) \cos t - \frac{c_2}{m\pi} \sin t.$$

Les développées correspondant aux diverses valeurs de c_2 sont donc parallèles.

On voit encore au moyen de ces équations que les centres de courbure correspondant aux points A et B coïncident.

6. Les courbes qui satisfont au troisième des problèmes énoncés au n.º 1 sont les développantes des courbes (5) et (10). On peut donc obtenir leurs équations paramétriques au moyen des formules générales

(12)
$$\begin{cases} X = x - x' \dfrac{\displaystyle\int_{t_0}^t \sqrt{x'^2 + y'^2}\, dt + h}{\sqrt{x'^2 + y'^2}}, \\[3ex] Y = y - y' \dfrac{\displaystyle\int_{t_0}^t \sqrt{x'^2 + y'^2}\, dt + h}{\sqrt{x'^2 + y'^2}}, \end{cases}$$

où X, Y représentent les coordonnées du point d'une développante correspondant au point (x, y) de la courbe donnée, et où h désigne une constante arbitraire.

En appliquant ces formules aux courbes (5) et en posant

$$F_1(t) = \int_{t_0}^{t} f(t)\, dt,$$

on trouve

(13)
$$\begin{cases} X = [F'_1(t) + c_1]\sin t - [h + c_1 t + F_1(t)]\cos t, \\ Y = -[F'_1(t) + c_1]\cos t - [h + c_1 t + F_1(t)]\sin t. \end{cases}$$

Comme l'identité (9) donne

$$\int_{t_0}^{t} f(t)\, dt + \int_{t_0}^{t} f[t + (2m+1)\pi]\, dt = 0,$$

la fonction $F_1(t)$ vérifie l'identité

$$F_1(t) + F_1[t + (2m+1)\pi] = c,$$

c désignant une constante.

Posons maintenant

$$F(t) = F_1(t) - \frac{1}{2} c$$

et changeons h en $h - \frac{1}{2} c$. Les équations (13) deviennent

(14)
$$\begin{cases} X = [F'(t) + c_1]\sin t - [h + c_1 t + F(t)]\cos t, \\ Y = -[F'(t) + c_1]\cos t - [h + c_1 t + F(t)]\sin t, \end{cases}$$

et on a

$$F(t) + F[(t) + (2m+1)\pi] = 0.$$

Si $c_1 = 0$, les normales aux points A_1 et B_1 coïncident. Il est facile de voir qu'alors les équations (14) représentent les mêmes courbes que les équations (5).

En appliquant les formules (12) aux équations (10), on trouve

$$X = \left[F'(t) - \frac{c_2}{m\pi} t + c_1\right]\sin t - \left[F(t) - \frac{c_2}{2m\pi} t^2 + c_1 t + h\right]\cos t,$$

$$Y = -\left[F'(t) - \frac{c_2}{m\pi} t + c_1\right]\cos t - \left[F(t) - \frac{c_2}{2m\pi} t^2 + c_1 t + h\right]\sin t,$$

et on a

$$F(t + 2m\pi) = F(t).$$

Si les normales aux points A_1 et B_1, coïncident, on a $c_2 = 0$. On voit aisément que les équations qu'on obtient alors représentent les mêmes courbes que les équations (8).

7. Les développées à trois points de rebroussement des courbes orbiformes sont identiques aux courbes nommées par Euler *courbes triangulaires*. L'éminent géomètre a en effet désigné sous ce nom les courbes formées par trois arcs convexes réunis par trois points de rebroussement de première espèce et il a fait voir que les développantes de ces lignes sont des courbes orbiformes. On peut se rendre compte de cette propriété de la manière suivante. Soit M un point d'une courbe triangulaire et P un point placé sur la tangente à cette courbe au point M. Il est géométriquement évident que, si cette tangente roule sur la courbe de manière que le point M la parcoure deux fois, le point P décrit un ovale convexe, quand la distance PM est telle que le point P ne rencontre pas la courbe donnée. Cet ovale est une développante de la courbe donnée, et au point M, en toutes ses positions, correspondent deux points de l'ovale ayant M pour centre de courbure. Donc la droite MP est une normale double de la développante, quelle que soit la position de M.

Ainsi, par exemple, les développantes convexes d'une hypocycloïde à trois rebroussements sont des courbes orbiformes. Les courbes convexes parallèles à cette hypocycloïde sont aussi des courbes orbiformes, vu que la développée de ces courbes est une autre hypocycloïde à trois rebroussements.

D'autres moyens de former des courbes orbiformes ont été donnés par Puiseux et Barbier (*Journal de Leonville*, 1860), et par Fujiwara (*Töhku Mathematical Journal*, 1912, t. II, p. 145).

CHAPITRE IV

SUR QUELQUES QUESTIONS DE GÉOMÉTRIE GÉNÉRALE.

I.

Sur les roulettes circulaires ([1]).

1. Le problème qui a pour objet de déterminer la courbe sur laquelle doit rouler une autre courbe donnée pour qu'un point du plan de la seconde courbe décrive une droite a été résolu complètement par M. Haton de la Goupillière dans le Mémoire remarquable qu'il a consacré à la théorie des roulettes (*Journal de l'École Polytechnique*, 2.ᵉ série, cah. XV, 1911). Mais je crois qu'on n'a pas encore considéré ce problème analogue:

Déterminer la courbe C_2 *sur laquelle doit rouler une autre* C_1 *pour que la roulette décrite par un point du plan de celle-ci soit une circonférence.*

Je vais donc m'occuper de cette question.

Rapportons la courbe roulante à un système de coordonnées polaires (θ, ρ) ayant pour pôle le point décrivant M, et la courbe fixe ainsi que la roulette à un autre système de coordonnées polaires (ρ_1, θ_1) ayant pour pôle le centre du cercle donné.

En appliquant le théorème de Descartes sur les normales aux roulettes, on trouve évidemment

$$\rho_1 = \rho + a,$$

$|a|$ désignant le rayon du cercle et $|\rho|$ et $|\rho_1|$ les distances respectives du point décrivant M et du centre du cercle au point de contact N de C_1 et C_2. On a aussi, par la condition de roulement,

$$d\rho^2 + \rho^2 d\theta^2 = d\rho_1^2 + \rho_1^2 d\theta_1^2,$$

et par conséquent

$$(\rho_1 - a)^2 d\theta^2 = \rho_1^2 d\theta_1^2.$$

([1]) Reproduction d'un article que nous avons publié dans les *Nouvelles Annales de Mathématiques*, 4.ᵉ série, t. XIII, 1913.

Donc, en supposant que l'équation de la courbe roulante est

(1) $$\theta = f(\rho),$$

on voit que la courbe fixe doit vérifier l'équation différentielle

(2) $$d\theta_1 = \frac{\rho_1 - a}{\rho_1} f'(\rho_1 - a)\, d\rho_1.$$

Réciproquement, la courbe (1) peut rouler sur une courbe définie par l'équation (2) de manière que le pôle de la première décrive une circonférence.

Nous avons, en effet, par la condition de roulement, la relation

$$d\rho^2 + \rho^2 f'^2(\rho)\, d\rho^2 = d\rho_1^2 + (\rho_1 - a)^2 f'^2(\rho_1 - a)\, d\rho_1^2,$$

à laquelle on satisfait évidemment en faisant $\rho = \rho_1 - a$.

On a aussi, à cause du théorème de Descartes,

(3) $$(X - x)^2 + (Y - y)^2 = (\rho_1 - a)^2,$$

$$(X - x)\, dx + (Y - y)\, dy = 0,$$

X, Y étant les coordonnées cartésiennes du point décrivant et x, y celles du point de contact des courbes C_1 et C_2, rapportées au centre du cercle, comme origine; et, en différentiant la première équation et en tenant compte de la deuxième, on trouve

(4) $$(X - x)\, dx + (Y - y)\, dy = -(\rho_1 - a)\, d\rho_1.$$

Nous allons maintenant montrer que les valeurs de X et Y, qui vérifient cette équation et l'équation (3), vérifient aussi celle-ci:

$$X^2 + Y^2 = a^2.$$

Pour cela, remarquons que, en vertu de cette équation, l'équation (3) devient

(5) $$xX + yY = a\rho_1,$$

et que, en posant $x = \rho_1 \cos \theta_1$, $y = \rho_1 \sin \theta_1$ et en tenant compte de (2), on a

$$dx = [\cos \theta_1 - (\rho_1 - a)f'(\rho_1 - a)\sin \theta_1] \, d\rho_1,$$

$$dy = [\sin \theta_1 + (\rho_1 - a)f'(\rho_1 - a)\cos \theta_1] \, d\rho,$$

et par conséquent

$$xdx + ydy = \rho_1 d\rho_1,$$

$$xdy - ydx = \rho_1 (\rho_1 - a)f'(\rho_1 - a) \, d\rho_1.$$

Les équations (4) et (5) donnent donc

$$X = \frac{a\rho_1 dy - y[(xdx + ydy) - (\rho_1 - a)\,d\rho_1]}{xdy - ydx} = a \cos \theta_1,$$

$$Y = \frac{x[xdy + ydx - (\rho_1 - a)\,d\rho_1] - a\rho_1 dx}{xdy - ydx} = a \sin \theta_1.$$

Or ces valeurs de X et Y vérifient l'équation

$$X^2 + Y^2 = a^2,$$

et le théorème est démontré.

2. Pour fair une première application de cette doctrine, nous allons considérer le cas où la ligne roulante se réduit à une droite représentée par l'équation

$$\rho = \frac{h}{\cos \theta}.$$

L'équation (2) donne alors

$$\theta_1 = h \int \frac{d\rho_1}{\rho_1 \, \sqrt{(\rho_1 - a)^2 - h^2}},$$

résultat identique à celui qui a été obtenu par M. Königs dans ses *Leçons de Cinématique* (1897, p. 170).

Nous ajouterons que cette équation est identique à celle que nous avons obtenue en complétant la solution d'un problème de Descartes dans le tome II, p. 243, de notre *Traité des courbes spéciales*.

3. Considérons encore le cas où la courbe roulante est une circonférence et le point décrivant un point de cette circonférence.

L'équation polaire de cette ligne rapportée à l'un de ses points, comme pôle, est

$$\rho = h \cos \theta,$$

et, par conséquent, en appliquant la formule (2), on voit que l'équation de la base de la roulette est

$$\theta_1 = \int \frac{(\rho_1 - a)\, d\rho_1}{\rho_1 \sqrt{h^2 - (\rho_1 - a)^2}}.$$

La classe de courbes définie par cette équation est identique à une classe de courbes rencontrée par Euler dans ses recherches sur les lignes rectifiables par des arcs de cercle, dans le tome XI des *Mémoires de l'Académie des Sciences de Saint-Pétersbourg* (voir notre *Traité de courbes spéciales,* t. II, p. 292).

4. Cherchons enfin la courbe sur laquelle doit rouler le limaçon de Pascal représenté par l'équation

(6) $$\rho = a \cos \theta - h$$

pour que son pôle décrive une circonférence ayant le centre au pôle de la courbe fixe.

L'équation (2) donne alors

$$d\theta_1 = \frac{\rho_1 - a}{\rho_1} \cdot \frac{d\rho_1}{\sqrt{a^2 - (\rho_1 + h - a)^2}}.$$

En intégrant, on trouve l'équation de la courbe cherchée, savoir :

$$\theta_1 = 2\left[\frac{a}{\sqrt{pq}} \operatorname{arctang} \sqrt{\frac{p\,(q - \rho_1)}{q\,(\rho_1 - p)}} - \operatorname{arctang} \sqrt{\frac{q - \rho_1}{\rho_1 - p}} \right],$$

où

$$p = a - h - \alpha, \quad q = a - h + \alpha.$$

On peut encore mettre cette équation sous la forme paramétrique

$$\rho_1 = \frac{q + pt^2}{1 + t^2}, \quad \theta_1 = 2\left[\frac{a}{\sqrt{pq}} \operatorname{arctang} \sqrt{\frac{p}{q}}\, t - \operatorname{arctang} t \right].$$

Un cas particulier remarquable est celui où l'on a $a^2 = pq$ et par conséquent

$$a = \frac{h^2 - \alpha^2}{2h}.$$

Alors on trouve par un calcul un peu long l'équation

$$h^2 \rho_1^2 + h (h^2 - \alpha^2 \cos \theta) \rho_1 + \frac{1}{4} (\alpha^2 - h^2)^2 = 0,$$

qu'on peut d'ailleurs vérifier aisément en éliminant θ entre elle et celle qu'on obtient en la différentiant.

L'équation qu'on vient d'obtenir est identique à celle qu'on trouve quand on rapporte au foyer, comme pôle, le limaçon correspondant à l'équation

$$(7) \qquad\qquad \rho = h \cos \theta + \alpha.$$

On doit remarquer que la position initiale du limaçon mobile n'est pas arbitraire : les positions initiales du point décrivant et du point de contact des deux limaçons doivent satisfaire à la condition $\rho_1 = \rho + a$.

Nous avons donc le théorème suivant :

On peut faire rouler le limaçon (6) *sur le limaçon* (7) *de manière que le point double du premier décrive une circonférence passant par le point double du second et ayant son centre au foyer de celui-ci.*

Ce théorème s'accorde avec un résultat obtenu par M. Welsch dans l'*Intermédiaire des mathématiciens* (1913, p. 31), où il a trouvé directement que, si les points doubles des limaçons (6) et (7) coïncident ainsi que deux sommets à l'origine du mouvement, et si ensuite le limaçon (6) roule sur le limaçon (7), le point double de (6) décrit une circonférence passant par le point double de (7). Alors la condition initiale, mentionnée ci-dessus, est satisfaite, puisqu'on a $\rho_1 = \rho - |a|$.

II.

Sur les foyers des développoïdes.

Nous allons démontrer le théorème suivant ([1]) :

Les foyers d'une courbe C sont aussi des foyers de sa développoïde.

([1]) Nous avons signalé ce théorème dans une lettre adressée à M. Haton de la Goupillière publiée dans le *Journal de Mathématiques pures et appliquées* (6.e série, t. ix, 1913).

Soient
$$x = \varphi(t), \qquad y = \psi(t)$$

les équations de la courbe C.

La développoïde de cette courbe peut être représentée (p. 67) par les équations paramétriques

(1)
$$\begin{cases} Y = y + (y' \cos \omega - x' \sin \omega) \dfrac{x'^2 + y'^2}{y'x'' - x'y''} \sin \omega, \\[2mm] X = x + (x' \cos \omega + y' \sin \omega) \dfrac{x'^2 + y'^2}{y'x'' - x'y''} \sin \omega. \end{cases}$$

Cela posé, remarquons qu'on peut déterminer les foyers (x_1, y_1) de la courbe donnée C au moyen de l'équation qui résulte de l'élimination de t entre les équations

(2)
$$y' = ix', \qquad y_1 - ix_1 = y - ix.$$

D'un autre côté, on peut déterminer les foyers (X_1, Y_1) de la développoïde de C au moyen des équations

(3)
$$Y' = iX', \qquad Y_1 - iX_1 = Y - iX.$$

Or, en dérivant les expressions de x et y, données par les équations (1), par rapport à t et en faisant ensuite $y = ix$, on trouve les relations

$$Y' = y' - 2ix' (i \cos \omega - \sin \omega),$$

$$X' = x' - 2ix' (\cos \omega + i \sin \omega).$$

d'où il résulte
$$Y' = iX'.$$

Les mêmes équations (1) donnent encore, quand on pose $y = ix$,

$$Y - iX = y - ix.$$

Donc les valeurs de t qui vérifient les équations (2) vérifient aussi les équations (3), si l'on pose $x_1 = X_1$, $y_1 = Y_1$; et par conséquent chaque foyer de C est aussi un foyer de sa développoïde.

Il résulte de cette proposition cette autre, bien connue: *les foyers d'une courbe sont aussi des foyers de sa développée.*

III.

Sur les polaires.

1. Nous allons démontrer le théorème suivant:

La polaire d'une courbe quelconque par rapport à un cercle ayant son centre en un foyer de cette courbe passe par les points circulaires ds l'infini.

Soient $y = f(x)$ l'équation de la courbe donnée et (x', y') les coordonnées d'un de ses foyers. Ces coordonnées doivent vérifier l'équation qui résulte de l'élimination de x et y entre les équations

$$y = f(x), \quad f'(x) = i, \quad iy' + x' = iy + x,$$

c'est-à-dire l'équation

$$iy' + x' = if[\varphi(i)] + \varphi(i),$$

où φ désigne la fonction inverse de la fonction $f'(x)$.

D'un autre côté, en transportant l'origine des coordonnées en un point $(-x_1, -y_1)$, l'équation de la courbe donnée prend la forme

$$y + y_1 = f(x + x_1),$$

et l'équation de sa polaire par rapport au cercle représenté par l'équation

$$x^2 + y^2 = r^2,$$

résulte de l'élimination de x et y entre les équations

$$[f(x + x_1) - y_1] Y + xX = r^2,$$

$$Yf'(x + x_1) + X = 0,$$

qui donne

$$\left\{ f\left[\varphi\left(-\frac{X}{Y}\right)\right] - y_1 \right\} Y + \left[\varphi\left(-\frac{X}{Y}\right) - x_1\right] X = r^2.$$

En faisant $X = \infty$, $\lim \dfrac{Y}{X} = i$, on déduit de cette équation la condition pour que la polaire considérée passe par les points circulaires de l'infini, savoir:

$$iy_1 + x_1 = f[\varphi(i)] + \varphi(i).$$

Donc $x_1 = x'$, $y_1 = y'$, et le théorème est démontré.

Nous avons donné ce théorème dans la lettre mentionnée ci-dessus (p. 244).

2. Nous avons donné déjà un cas particulier de cette proposition dans la page 136, où nous avons déterminé la polaire d'une parabole ou hyperbole quelconque par rapport à un cercle ayant le centre en un foyer. Nous allons en considérer un autre.

Prenons une cissoïde droite ou oblique. Comme cette ligne est de seconde classe et a un point d'inflexion et un point de rebroussement, il résulte d'un théorème général bien connu que sa polaire par rapport à un cercle est une courbe du troisième ordre ayant aussi un point d'inflexion et un point de rebroussement. Si le centre du cercle coïncide avec le foyer de la cissoïde, la polaire est, en vertu du théorème général démontré ci-dessus, une cubique circulaire à point de rebroussement, c'est-à-dire une cissoïde.

Donc *la polaire d'une cissoïde droite ou oblique par rapport à un cercle dont le centre est en son foyer est une autre cissoïde respectivement droite ou oblique.*

Déterminons l'équation de cette polaire dans le cas de la cissoïde droite; c'est le seul cas qui offre de l'intérêt.

Considérons la cissoïde représentée par l'équation

$$y^2 = \frac{x^3}{2a - x} \, ,$$

ou par les équations paramétriques

$$x = \frac{2at^2}{1 + t^2}, \qquad y = \frac{2at^3}{1 + t^2} \, .$$

Cette courbe a un foyer dont les coordonnées sont $(8a, 0)$, et, en transportant l'origine des coordonnées à ce point, les équations de la courbe prennent la forme

$$x = -2a \frac{4 + 3t^2}{1 + t^2} \, , \qquad y = 2a \frac{t^3}{1 + t^2} \, .$$

L'équation de la polaire de cette cissoïde par rapport au cercle

$$x^2 + y^2 = r^2,$$

ayant le centre à la nouvelle origine des coordonnées, résulte de l'élimination de t entre l'équation

$$Xx + Yy = r^2$$

ou

$$2aYt^3 - 2aX(4 + 3t^2) = r^2(1 + t^2)$$

et celle qu'on obtient en dérivant celle-là par rapport à t, savoir :

$$3aYt^2 - 6aXt = r^2t.$$

Cette élimination donne

$$8a^3X(X^2 + Y^2) + 4a^2r^2X^2 + a^2r^2Y^2 + \frac{2}{3}ar^4X + \frac{r^6}{27} = 0.$$

En transportant l'origine des coordonnées au point $\left(-\dfrac{r^2}{6a}, 0\right)$, cette équation prend la forme

$$24aX(X^2 + Y^2) = r^2Y^2.$$

C'est l'équation de la cissoïde droite qui est la polaire de la cissoïde donnée par rapport au foyer.

Les deux cissoïdes sont égales quand on a $r = 4a\sqrt{3}$.

3. Le théorème démontré au n.° 1 peut être encore généralisé.

Soient (x', y') les coordonnées du centre d'un cercle donné et λ le coefficient angulaire d'une tangente à la courbe représentée par l'équation $y = f(x)$, menée par ce centre. Les coordonnées x' et y' doivent vérifier l'équation qui résulte de l'élimination de x et y entre les équations

$$y = f(x), \quad f'(x) = \lambda, \quad y - y' = \lambda(x - x'),$$

c'est-à-dire l'équation

(A) $$y' - \lambda x' = f[\varphi(\lambda)] - \lambda\varphi(\lambda),$$

où φ représente la fonction inverse de $f'(x)$.

Mais, d'un autre côté, l'équation de la polaire de la courbe donnée par rapport au cercle mentionné résulte de l'élimination de x et y entre les équations

$$y + y' = f(x + x'), \quad yY + xX = r^2, \quad Y\frac{dy}{dx} + X = 0,$$

ou

$$y + y' = f(x + x'), \quad Y[-y' + f(x + x')] + xX = r^2,$$

$$Yf'(x + x') + X = 0,$$

qui donne

$$Y\left\{-y'+f\left[\varphi\left(-\frac{X}{Y}\right)\right]\right\}+X\left[\varphi\left(-\frac{X}{Y}\right)-x'\right]=r^2.$$

La condition pour qu'une asymptote de la courbe représentée par cette équation soit perpendiculaire à la tangente à la courbe donnée considérée ci-dessus résulte de cette dernière équation en faisant

$$\lim_{X=\infty}\frac{Y}{X}=-\frac{1}{\lambda},$$

ce qui donne

$$f[\varphi(\lambda)]-y'=\lambda[\varphi(\lambda)-x'].$$

Cette équation est identique à l'équation (A) et nous avons par conséquent le théorème suivant, qui est peut être nouveau:

Les asymptotes de la polaire d'une courbe algébrique par rapport à un cercle sont perpendiculaires aux tangentes qu'on peut mener par le centre du cercle à la courbe donnée.

IV.

Sur les courbes isoptiques et les podaires ([1]).

1. On désigne sous le nom de *courbe isoptique d'une autre courbe* (C₁) *et d'un point* O le lieu (C) décrit par le sommet d'un angle constant dont un des côtés est tangent à (C₁) et l'autre passe par le point donné O. Si l'angle est droit, la courbe (C) est dite *orthoptique* et elle est identique à la *podaire* de (C₁) par rapport à O.

Prenons pour origine des coordonnées orthogonales le point O et représentons la courbe (C₁) par les équations paramétriques

$$x=\varphi(t),\qquad y=\psi(t),$$

l'angle donné par α, et les coordonnées de son sommet par (X, Y). On a

$$(Y-y)\,x'=(X-x)\,y$$

$$Y=\frac{y'\cos\alpha+x'\sin\alpha}{x'\cos\alpha-y'\sin\alpha}X.$$

Donc la courbe (C) peut être représentée par les équations paramétriques

(1)
$$\begin{cases} X = \dfrac{yx' - xy'}{x'^2 + y'^2} \dfrac{x' \cos \alpha - y' \sin \alpha}{\sin \alpha}, \\[4mm] Y = \dfrac{yx' - xy'}{x'^2 + y'^2} \dfrac{y' \cos \alpha + x' \sin \alpha}{\sin \alpha}. \end{cases}$$

Si $\alpha = \dfrac{\pi}{2}$, et si X_1, Y_1 désignent les valeurs qu'alors prennent X, Y, on a les équations de la courbe orthoptique de (C_1) et O, savoir:

$$X_1 = -\frac{(yx' - xy') y'}{x'^2 + y'^2}, \qquad Y_1 = \frac{(yx' - xy') x'}{x'^2 + y'^2}.$$

Donc on a

$$X \sin \alpha = Y_1 \cos \alpha + X_1 \sin \alpha,$$

$$Y \sin \alpha = Y_1 \sin \alpha - X_1 \cos \alpha,$$

ou

(2)
$$\begin{cases} X = Y_2 \cos \alpha + X_2 \sin \alpha, \\[2mm] Y = Y_2 \sin \alpha - X_2 \cos \alpha, \end{cases}$$

où

(3)
$$X_1 = X_2 \sin \alpha, \qquad Y_1 = Y_2 \sin \alpha.$$

Quand le point (X_1, Y_1) décrit la podaire de (C_1) par rapport à O, le point (X_2, Y_2) décrit une courbe semblable à celle-là. Le point (X, Y), déterminé par les équations (2), décrit la courbe isoptique de (C_1) et O. Mais, en désignant par (θ, ρ) et (θ_2, ρ_2) les coordonnées polaires des points (X, Y) et (X_2, Y_2), on a

$$\text{tang } \theta = \frac{Y}{X}, \qquad \text{tang } \theta_2 = \frac{Y_2}{X_2},$$

et par conséquent, en tenant compte des formules (2),

$$\text{tang } (\theta - \theta_2) = \text{tang} \left(\alpha - \frac{\pi}{2} \right),$$

d'où il résulte

$$\theta - \theta_2 = \alpha - \frac{\pi}{2}.$$

Comme on a aussi $\rho = \rho_2$, nous avons le théorème suivant:

La courbe isoptique de C_1 et O est semblable à la podaire de (C_1) par rapport a O. On détermine la nature de cette courbe, quand la podaire est connue, au moyen des équations (3), et l'on en obtient la position dans le plan de (C_1) en faisant tourner le lieu de (X_2, Y_2) autour du point O d'un angle égal à $\dfrac{\pi}{2} - \alpha$ dans le sens du mouvement des aiguilles d'une montre.

2. Nous allons nous occuper maintenant de la question inverse de celle qui précède, c'est-à dire du problème suivant:

Déterminer une courbe (C_1) sur laquelle doit rouler un côté d'un angle donné α, dont l'autre côté passe par un point fixe O, pour que le sommet M décrive une ligne donnée (C).

Prenons encore pour origine des coordonnées orthogonales le point O. L'équation d'une tangente à la courbe (C_1) est

$$x \cos \omega + y \sin \omega = p = f(\omega),$$

ω désignant l'angle que la normale correspondante fait avec l'axe des abscisses et $p = f(\omega)$ la distance de l'origine à la tangente considérée. La courbe (C_1) est l'enveloppe des positions que cette tangente prend quand ω varie, et elle peut donc être représentée par les équations paramétriques

$$x = f(\omega) \cos \omega - f'(\omega) \sin \omega,$$

$$y = f'(\omega) \cos \omega + f(\omega) \sin \omega.$$

Mais, en représentant par p_1 la distance de l'origine au sommet M de l'angle α et par θ l'angle de OM et de l'axe des abscisses, nous avons

$$p_1 = \frac{p}{\sin \alpha} = \frac{f(\omega)}{\sin \alpha}, \qquad \theta = \omega + \alpha - \frac{\pi}{2}.$$

Donc la courbe (C) peut être représentée par l'équation polaire

$$\rho = p_1 = \frac{f\left(\dfrac{\pi}{2} + \theta - \alpha\right)}{\sin \alpha}.$$

Si $\rho = F(\theta)$ est l'équation donnée de la courbe C, on a

$$\frac{f\left(\dfrac{\pi}{2} + \theta - \alpha\right)}{\sin \alpha} = F(\theta),$$

et par suite,

$$f(\omega) = \sin\alpha\, F\left(\omega + \alpha - \frac{\pi}{2}\right) = F(\theta)\sin\alpha.$$

Donc la courbe (C_1) peut être représentée par les équations paramétriques

(4)
$$\begin{cases} x = \sin\alpha\,[F(\theta)\sin(\alpha-\theta) - F'(\theta)\cos(\alpha-\theta)], \\ y = \sin\alpha\,[F(\theta)\cos(\alpha-\theta) + F'(\theta)\sin(\alpha-\theta)], \end{cases}$$

ou

(5)
$$\begin{cases} x = \sin\alpha\,\{[F(\theta)\cos\theta - F'(\theta)\sin\theta]\sin\alpha - [F(\theta)\sin\theta + F'(\theta)\cos\theta]\cos\alpha\}, \\ y = \sin\alpha\,\{[F'(\theta)\cos\theta + F(\theta)\sin\theta]\sin\alpha + [F(\theta)\cos\theta - F'(\theta)\sin\theta]\cos\alpha\}. \end{cases}$$

En désignant maintenant par X et Y les coordonnées de la podaire négative de (C) par rapport à O, nous avons, en faisant $\alpha = \dfrac{\pi}{2}$,

(6)
$$\begin{cases} X = F(\theta)\cos\theta - F'(\theta)\sin\theta, \\ Y = F'(\theta)\cos\theta + F(\theta)\sin\theta. \end{cases}$$

Donc,

$$x = \sin\alpha\,[X\sin\alpha - Y\cos\alpha],$$

$$y = \sin\alpha\,[Y\sin\alpha + X\cos\alpha],$$

ou

(7)
$$\begin{cases} x = X_1\sin\alpha - Y_1\cos\alpha, \\ y = Y_1\sin\alpha + X_1\cos\alpha, \end{cases}$$

où

(8)
$$X_1 = X\sin\alpha, \qquad Y_1 = Y\sin\alpha.$$

Quand le point (X, Y) décrit la podaire négative de (C), le point (X_1, Y_1), déterminé par les équations (8), décrit une courbe semblable, et le point (x, y) déterminé par les équations (7), décrit la ligne dont (C) est la courbe isoptique.

Ces équations donnent, comme dans la question précédente, le théorème suivant:

Si (C) est la podaire de (C_1) par rapport à O et (C_2) est une courbe isoptique de (C) et O, les courbes (C_1) et (C_2) sont semblables. Si l'on connaît (C_1), on détermine la nature de (C_2) au moyen des formules (8) et l'on en obtient la position dans le plan de (C) en faisant tourner le *lieu de* (X_1, Y_1) *autour du point* O *d'un angle égal à* $\alpha - \dfrac{\pi}{2}$ *dans le sens du mouvement des aiguilles d'une montre.*

Appliquons cette doctrine au cas où la ligne (C) est une droite.

Nous pouvons prendre pour axe des abscisses la parallèle à la droite donnée passant par O, et alors l'équation de cette droite est

$$\rho = \frac{a}{\cos\theta}.$$

Les équations de sa podaire négative sont

$$x = a\,\frac{\cos 2\theta}{\cos^2\theta}, \qquad y = a\,\frac{\sin 2\theta}{\cos^2\theta}.$$

Il en résulte, en faisant

$$x = \rho_1\cos\theta_1, \qquad y = \rho_1\sin\theta_1,$$

l'équation polaire de la même courbe

$$\rho_1 = \frac{2a}{\cos\theta_1 + 1},$$

et ensuite son équation cartésienne

$$y^2 = 4\,a\,(a - x).$$

La podaire négative de la droite donnée est donc une parabole à laquelle cette droite est tangente au sommet, et le point O coïncide avec le foyer de cette parabole. Ce théorème est bien connu.

Il résulte maintenant du théorème général énoncé ci-dessus que l'équation de la courbe qui satisfait à la condition d'avoir pour ligne isoptique d'elle-même et du point O la droite donnée est

$$\rho_1\sin\alpha = \frac{2a}{\sin(\alpha - \theta_1) + 1}.$$

Cette courbe est encore une parabole dont le foyer coïncide avec le point O.

V.

Sur les développantes d'une courbe donnée.

Les équations des développantes d'une courbe donnée peuvent être obtenues au moyen des théorèmes classiques d'Huygens ou au moyen de la théorie des trajectoires orthogonales. On peut les obtenir encore au moyen de l'intégration de l'équation différentielle

$$(1) \qquad y + \frac{1 + y'^2}{y''} = f\left(x - \frac{y'(1 + y'^2)}{y''}\right),$$

$y_1 = f(x_1)$ étant l'équation de la courbe donnée.

Cette méthode a été donnée par Boole dans son *Treatise on Differential Equations*, mais, pour faire l'intégration, ce géomètre emploie une analyse symbolique très détournée. Or nous allons suivre pour le même but une voie directe très simple, où l'on emploie seulement les doctrines classiques.

Remarquons d'abord qu'il est géométriquement évident que tous les cercles ayant le centre sur la courbe donnée satisfont à la question. Ces cercles sont représentés par l'équation

$$(x - x_1)^2 + [y - f(x_1)]^2 = r^2,$$

et, comme cette équation contient deux constantes arbitraires, elle est l'intégrale générale de l'équation (1).

On peut encore obtenir aisément cette intégrale de (1) en différentiant l'équation (1) par rapport à x, ce qui donne

$$\left[y'f'\left(x - \frac{y'(1 + y'')}{y''}\right) + 1\right][3y'y''^2 - (1 + y'^2)y'''] = 0.$$

Cette équation se dédouble en ces deux autres

$$(2) \qquad y'f'\left(x - \frac{y'(1 + y'^2)}{y''}\right) + 1 = 0,$$

$$(3) \qquad 3y'y''^2 - (1 + y'^2)y''' = 0.$$

La dernière équation est bien connue: elle est l'équation différentielle des cercles situés dans un plan. Son intégrale est donc

$$(x - x_1)^2 + (y - y_1)^2 = r^2.$$

Cette équation contient trois constantes arbitraires, et par conséquent, pour qu'elle représente l'intégrale générale de (1), les trois constantes ne doivent pas être indépendantes. Or, en éliminant dans l'équation (1) y' et y'' au moyen des équations

$$x - x_1 + (y - y_1) y' = 0, \qquad 1 + y'^2 + (y - y_1) y'' = 0,$$

on trouve $y_1 = f(x_1)$.

Cherchons maintenant les solutions singulières de l'équation (1). On pourrait pour cela, dans chaque cas particulier, éliminer y'' entre les équations (1) et (2), ce qui amènerait à une équation du premier ordre, qui serait une solution singulière de (1); mais nous allons suivre une autre voie, qui amène directement à la solution complète.

Remarquons pour cela que l'équation (1) est équivalente à un système de deux équations du premier ordre dont les variables dépendantes sont y et y' et que les intégrales générales de ces équations sont

$$(4) \qquad (x - x_1)^2 + [y - f(x_1)]^2 = r^2, \qquad x - x_1 + [y - f(x_1)] y' = 0.$$

Les valeurs de y, y' et y'' qui résultent de ces équations vérifient l'équation (1) quand x_1 et r sont constantes, et encore quand ces quantités sont variables, si elles vérifient les conditions

$$x - x_1 + [y - f(x_1)] f'(x_1) + r \frac{dr}{dx_1} = 0,$$

$$(5) \qquad y' f'(x_1) + 1 = 0.$$

Or, en éliminant x, y et y' entre ces équations et les équations (4), on trouve

$$dr = \sqrt{1 + f'^2(x_1)} \, dx_1,$$

et par conséquent, en intégrant,

$$r = \int_{x_0}^{x} \sqrt{1 + f'^2(x_1)} \, dx_1 + h = s_1 + h,$$

h étant la constante arbitraire et s_1 l'arc de la courbe donnée compris entre les points (x_0, y_0) et (x_1, y_1).

En substituant cette valeur de r dans les équations (4) et en tenant compte de l'équation (5), on voit que l'équation (1) a une solution singulière qui résulte de l'élimination de x_1 entre les équations

(6)
$$\begin{cases} (x - x_1)^2 + [y - f(x_1)]^2 = (s_1 + h)^2, \\ f'(x_1)(x - x_1) - [y - f(x_1)] = 0. \end{cases}$$

Ces équations donnent

$$x = x_1 \pm \frac{s_1 + h}{\sqrt{1 + f'^2(x_1)}}, \qquad y = f(x_1) \pm \frac{(s_1 + h)f'(x_1)}{\sqrt{1 + f'^2(x_1)}},$$

mais on voit aisément que les valeurs de x et y qui correspondent aux signes supérieurs ne vérifient pas la condition (5).

Donc les équations des développantes de la courbe donnée sont

$$x = x_1 - \frac{s_1 + h}{\sqrt{1 + f'^2(x_1)}}, \qquad y = f(x_1) - \frac{(s_1 + h)f'(x_1)}{\sqrt{1 + f'^2(x_1)}}.$$

Si la courbe donnée est représentée par les équations paramétriques $x_1 = \varphi(t)$, $y_1 = \psi(t)$, les équations des développantes prennent la forme

$$x = x_1 - \frac{(s_1 + h)x_1'}{\sqrt{x_1'^2 + y_1'^2}}, \qquad y = y_1 - \frac{(s_1 + h)y_1'}{\sqrt{x_1'^2 + y_1'^2}}.$$

On peut déduire de l'équation (5) et de la première des équations (6) les théorèmes classiques d'Huygens sur les développées. L'équation (5) fait voir que les tangentes à la courbe donnée sont normales à ses développantes. La première des équations (6) donne, en représentant par r_0 le rayon de courbure d'une développante au point correspondant au point (x_0, y_0) et de la courbe donnée,

$$r = r_0 + s_1.$$

VI.

Sur un problème de la théorie des courbes [1].

Nous allons considérer le problème suivant:

Déterminer une courbe (C) *telle que le rayon de courbure* R *correspondent à un point* M *soit une fonction donnée* F(p) *de la distance* p *de l'origine à la tangente au point* M.

En désignant par ω l'angle que la normale au point M fait l'axe des abscisses, la courbe (C) peut être représentée par les équations

$$(1) \qquad x = f(\omega)\cos\omega - f'(\omega)\sin\omega, \qquad y = f(\omega)\sin\omega + f'(\omega)\cos\omega,$$

où $p = f(\omega)$; et nous avons donc

$$R = f(\omega) + f''(\omega) = p + p'' = F(p).$$

Pour intégrer cette équation, posons $p'' = p'\dfrac{dp'}{dp}$, ce qui donne

$$p'dp' = [F(p) - p]\,dp$$

et par conséquent

$$p'^2 = 2\int [F(p) - p]\,dp + C.$$

Donc

$$(2) \qquad \omega = \int \frac{dp}{\sqrt{2\int[F(p)-p]dp + C}} = \Phi(p).$$

Cette équation détermine la fonction $f(\omega)$ qui figure dans les formules (1).

En posant en particulier $R = F(p) = \dfrac{p^n}{a^{n-1}}$, on a

$$\omega = \int \frac{dp}{\sqrt{\dfrac{2}{(n+1)\,a^{n-1}}\,p^{n+1} - p^2 + C}}.$$

[1] Reproduction d'une réponse que nous avons donné dans l'*Intermédiaire des mathématiciens* (1914, p. 115) à une question proposée par M. Braude.

Pour obtenir dans ce cas l'équation intrinsèque de la courbe, il suffit d'éliminer p et ω au moyen des équations $R = \dfrac{p^n}{a^{n-1}}$, $ds = R d\omega$, ce qui donne

$$s = \frac{1}{n} \int \frac{\left(\dfrac{R}{a}\right)^{\frac{2}{n}} dR}{\sqrt{\dfrac{2}{n+1}\left(\dfrac{R}{a}\right)^{\frac{n+1}{n}} - \left(\dfrac{R}{a}\right)^{\frac{2}{n}} + C_1}}.$$

Si $n = 1$, cette équation représente la développante du cercle.
En faisant $C_1 = 0$, $n = \dfrac{1-m}{1+m}$, cette équation devient

$$s = \frac{1+m}{1-m} \int \frac{dR}{\sqrt{(m+1)\left(\dfrac{R}{a}\right)^{\frac{2m}{m-1}} - 1}}$$

et représente les *spirales sinusoïdes*.

CHAPITRE V

SUR QUELQUES COURBES GAUCHES.

I.

Lignes géodésiques de l'hélicoïde à plan directeur ([1]).

1. Nous avons considéré dans le tome II du *Traité des courbes* (p. 381 à 388) quelques lignes remarquables de l'hélicoïde à plan directeur. Nous allons maintenant ajouter l'étude des lignes géodésiques de cette surface.

L'étude de ces lignes a été rattachée par M. Rasor, dans un mémoire inséré aux *Annals of Mathematics* (1910, p. 77), à celle des lignes géodésiques du catenoïde, en se basant sur la propriété dont jouissent ces surfaces, d'être applicables l'une sur l'autre. Nous en allons faire ici une étude directe et ajouter quelques propriétés à celles qui ont été données par l'auteur mentionné.

L'équation de l'hélicoïde à plan directeur, rapportée à trois axes orthogonaux dont l'axe der z coïncide avec l'axe de la surface, est

$$(1) \qquad y = x \operatorname{tang} \frac{z}{a}.$$

En appliquant la doctrine générale des lignes géodésiques, on voit que l'équation différentielle des lignes géodésiques de cet hélicoïde est

$$(2) \qquad x d \frac{dx}{ds} + y d \frac{dy}{ds} = 0.$$

En posant maintenant $x = \rho \cos \theta$, $y = \rho \sin \theta$, l'équation (1) prend la forme

$$(3) \qquad z = a\theta,$$

([1]) Reproduction d'un article que nous avons publié dans la *Revista de la Sociedad matematica española,* 1914.

et, en prenant ρ pour variable indépendante, l'équation (2) devient

$$x \left(\frac{d^2x}{d\rho^2} \frac{ds}{d\rho} - \frac{d^2s}{d\rho^2} \frac{dx}{d\rho} \right) + y \left(\frac{d^2y}{d\rho^2} \frac{ds}{d\rho} - \frac{d^2s}{d\rho^2} \frac{dy}{d\rho} \right) = 0.$$

Mais on a

$$\frac{dx}{d\rho} = \cos\theta - \rho \sin\theta \frac{d\theta}{d\rho}, \qquad \frac{dy}{d\rho} = \sin\theta + \rho \cos\theta \frac{d\theta}{d\rho},$$

$$\frac{d^2x}{d\rho^2} = -2 \sin\theta \frac{d\theta}{d\rho} - \rho \cos\theta \left(\frac{d\theta}{d\rho} \right)^2 - \rho \sin\theta \frac{d^2\theta}{d\rho^2},$$

$$\frac{d^2y}{d\rho^2} = 2 \cos\theta \frac{d\theta}{d\rho} - \rho \sin\theta \left(\frac{d\theta}{d\rho} \right)^2 + \rho \cos\theta \frac{d^2\theta}{d\rho^2},$$

$$\frac{ds}{d\rho} = \sqrt{(\rho^2+a^2)\left(\frac{d\theta}{d\rho}\right)^2 + 1}, \qquad \frac{d^2s}{d\rho^2} = \frac{\rho \left(\frac{d\theta}{d\rho} \right)^2 + (\rho^2+a^2) \frac{d\theta}{d\rho} \frac{d^2\theta}{d\rho^2}}{\sqrt{(\rho^2+a^2)\left(\frac{d\theta}{d\rho}\right)^2 + 1}}.$$

Donc l'équation précédente devient

$$(\rho^2+a^2) \frac{d^2\theta}{d\rho^2} + 2\rho \frac{d\theta}{d\rho} + \rho (\rho^2+a^2) \left(\frac{d\theta}{d\rho} \right)^3 = 0,$$

ou, en faisant $\frac{d\theta}{d\rho} = p$,

$$(\rho^2+a^2) \frac{dp}{d\rho} + 2\rho p + \rho (\rho^2+a^2) p^3 = 0,$$

ou encore, en posant $q = \frac{1}{p^2}$,

$$(\rho^2+a^2) \frac{dq}{d\rho} - 4\rho q - 2\rho (\rho^2+a^2) = 0.$$

Nous avons ainsi une équation différentielle linéaire, d'où il résulte, en intégrant,

$$cq = (\rho^2+a^2)(\rho^2+a^2-c),$$

c étant la constante arbitraire, et par conséquent

$$d\theta = \frac{\sqrt{c}\, d\rho}{\sqrt{(\rho^2+a^2)(\rho^2+a^2-c)}}.$$

C'est l'équation différentielle de la projection de la ligne géodésique considérée sur un plan perpendiculaire à l'axe de l'hélicoïde.

Cette équation fait voir que cette ligne est imaginaire quand c est négatif. En faisant $c = b^2$ et en intégrant, on a l'équation de la projection d'une ligne géodésique réelle sur le plan considéré, savoir:

$$(4) \qquad \theta - \theta_0 = b \int_{\rho_0}^{\rho} \frac{d\rho}{\sqrt{(\rho^2 + a^2)(\rho^2 + a^2 - b^2)}}.$$

L'équation (3) détermine ensuite le point de la géodésique correspondant à chaque point de cette projection.

2. Il résulte immédiatement de l'équation (4) que, en chaque point $(\theta_0, \rho_0, a\theta_0)$ de la surface considérée passent une infinité de lignes géodésiques correspondant aux diverses valeurs de b^2. Nous en allons étudier une quelconque, et pour cela nous pouvons supposer $\theta_0 = 0$, en choisissant convenablement l'axe des x.

1.er CAS. — Supposons qu'on ait $a > b > 0$ et faisons

$$\omega' = \int_0^{\infty} \frac{b\, d\rho}{\sqrt{(\rho^2 + a^2)(\rho^2 + a^2 - b^2)}} = \int_{-\infty}^{0} \frac{b\, d\rho}{\sqrt{(\rho^2 + a^2)(\rho^2 + a^2 - b^2)}}.$$

La valeur de θ déterminée par l'équation (4) est réelle, quelle que soit la valeur, positive ou négative, de ρ, et par conséquent à la branche de la fonction définie par cette équation et par la condition d'avoir $\theta = \theta_0 = 0$, quand $\rho = \rho_0 = -\infty$, correspond une branche d'une ligne géodésique qui s'étend depuis le point $(\theta = 0, \rho = -\infty, z = 0)$ jusqu'au point $(\theta = 2\omega', \rho = \infty, z = 2a\omega')$. Quand θ varie depuis 0 jusqu'à ω', le point qui décrit cette ligne s'éloigne constamment du plan xy et s'approche constamment de l'axe de la surface, qu'il coupe au point correspondant à $\theta = \omega'$; et, quand ensuite θ varie depuis ω' jusqu'à $2\omega'$, le point décrivant s'éloigne constamment de cet axe et du plan xy.

Considérons deux points (θ_1, ρ_1, z_1), $(\theta_2, -\rho_1, z_2)$ de la ligne considérée correspondant aux valeurs ρ_1 et $-\rho_1$ de ρ, et posons

$$\theta = \int_{-\rho_1}^{0} \frac{b\, d\rho}{\sqrt{(\rho^2 + a^2)(\rho^2 + a^2 - b^2)}} = \int_0^{\rho_1} \frac{b\, d\rho}{\sqrt{(\rho^2 + a^2)(\rho^2 + a^2 - b^2)}}.$$

Nous avons

$$\theta_1 = \omega' + \theta', \qquad \theta_2 = \omega' - \theta', \qquad z_1 = a(\omega' + \theta'), \qquad z_2 = a(\omega' - \theta').$$

Donc les deux points considérés sont équidistants du plan $z = a\omega'$, qui passe par le point où la courbe coupe l'axe de l'hélicoïde, du plan qui passe par l'axe de l'hélicoïde et fait un angle égal à ω' avec le plan xz et de l'axe de l'hélicoïde. La partie de la courbe qui correspond aux valeurs de ρ depuis $-\infty$ jusqu'à 0 peut être amenée, par un déplacement, à coïncider avec celle qui correspond aux valeurs de ρ comprises entre 0 et ∞.

L'angle α que la tangente à la même courbe au point $(\theta = \omega',\ \rho = 0,\ z = a\omega')$ où elle coupe l'axe de l'hélicoïde fait avec cet axe, est déterminé par l'équation

$$\cos \alpha = \frac{dz}{ds} = a\,\frac{d\theta}{ds},$$

qui, en remarquant qu'on a, quand $\rho = 0$,

$$\frac{d\theta}{d\rho} = \frac{b}{a\sqrt{a^2 - b^2}}, \qquad \frac{ds}{d\rho} = \frac{a}{\sqrt{a^2 - b^2}},$$

donne

$$\cos \alpha = \frac{b}{a}.$$

Les génératrices D_1 et D_2 de l'hélicoïde qui résultent de l'intersection des plans $z = 0$ et $z = 2a\omega'$ avec les plans qui passent par l'axe de l'hélicoïde et forment avec le plan xz des angles respectivement égaux à 0 et $2\omega'$ sont des directions asymptotiques de la courbe. D'un autre côté, en désignant par S_t la soustangente polaire de la projection de la même courbe sur le plan xy, l'égalité

$$\lim_{\rho = \pm\infty} S_t = \lim_{\rho = \pm\infty} \frac{\rho^2 d\theta}{d\rho} = \lim_{\rho = \pm\infty} \frac{b\rho^2}{\sqrt{(\rho^2 + a^2)(\rho^2 + a^2 - b^2)}} = b,$$

fait voir que cette projection a deux asymptotes parallèles aux droites D_1 et D_2 et dont les distances à l'origine des coordonnées sont égales à b. Donc *la géodésique considérée a deux asymptotes situées sur le plan xy et sur le plan $z = 2a\omega'$, respectivement parallèles aux droites D_1 et D_2, et dont les distances à l'axe de l'hélicoïde sont égales à b*.

Remarquons encore que, si $\rho = 0$, et par conséquent $\theta = \omega'$, on a $S_t = 0$. Donc la projection sur le plan xy de la courbe considérée est tangente à l'origine des coordonnées à une droite du plan xy qui fait un angle égal à ω' avec l'axe des abscisses.

En posant dans l'équation (4) $\theta_0 = 2\omega'$ ou $\theta_0 = -2\omega'$, on obtient l'équation d'une autre branche de la géodésique, qui est égale à celle qu'on vient d'envisager et dont une des asymptotes coïncide avec une des asymptotes de celle-là. On peut donc considérer les deux branches comme la continuation l'une de l'autre. De même, en remplaçant θ_0 par $\pm 4\omega'$, $\pm 6\omega', \ldots$, on obtient de nouvelles branches égales de la géodésique définie par le point initial ($\theta = 0$, $\rho = -\infty$, $z = 0$) et qui se raccordent par leurs asymptotes. Les projections de ces branches de la géodésique considérée sur le plan xy sont les branches de la courbe définie par l'équation différentielle

$$b d\rho = \sqrt{(\rho^2 + a^2)(\rho^2 + a^2 - b^2)}\, d\theta$$

et par le point initial ($\theta = 0$, $\rho = -\infty$). Le nombre de branches distinctes de cette dernière courbe est fini quand le rapport de ω' à π est rationnel.

Si l'on prend le radical qui entre dans l'équation (4) avec le signe $-$, on obtient d'autres branches égales de la même géodésique.

2.e CAS. — Si $0 < a < b$, les valeurs de θ données par l'équation (4) sont imaginaires quand $\rho^2 < b^2 - a^2$; et, comme $\dfrac{d\rho}{d\theta} = 0$ quand $\rho^2 = b^2 - a^2$, on voit que la projection sur le plan perpendiculaire à l'axe de la surface de la ligne géodésique correspondant à une valeur de b vérifiant la condition envisagée est tangente au cercle de rayon égal $\sqrt{b^2 - a^2}$ ayant son centre sur l'axe mentionné.

Posons

$$\rho_0 = \sqrt{b^2 - a^2}, \quad \omega'' = b \int_{\rho_0}^{\infty} \frac{d\rho}{\sqrt{(\rho^2 + a^2)(\rho^2 + a^2 - b^2)}} = -b \int_{-\rho_0}^{-\infty} \frac{d\rho}{\sqrt{(\rho^2 + a^2)(\rho^2 + a^2 - b^2)}}.$$

Si l'on prend le radical qui entre dans la formule (4) avec le signe $+$ et si l'on fait $\theta_0 = 0$, la valeur de θ donnée par cette équation croît depuis 0 jusqu'à ω'', quand ρ varie depuis $\sqrt{b^2 - a^2}$ jusqu'à ∞. Alors le point décrivant de la géodésique s'éloigne constamment du point où elle rencontre le cercle mentionné ci-dessus et s'approche indéfiniment du plan $z = a\omega''$ et du plan qui passe par l'axe de l'hélicoïde et fait un angle égal à ω'' avec le plan xz. L'intersection de ces deux plans est donc une direction asymptotique de la courbe, et l'on détermine l'asymptote correspondante en procédant comme dans le 1.er cas.

Si l'on prend le radical qui entre dans la formule (4) avec le signe $-$, on obtient une autre partie de la courbe qui se raccorde à la première et en est la continuation.

Les coordonnées de deux points de cette courbe correspondant à une même valeur de ρ sont $(\theta, \rho, a\theta)$, $(-\theta, \rho, -a\theta)$. Donc la branche considérée de la courbe est formée par deux arcs qui peuvent être amenés à coïncider au moyen d'un déplacement convenable.

L'hélice définie par les équations

$$x = \sqrt{b^2 - a^2} \cos\theta, \quad y = \sqrt{b^2 - a^2} \sin\theta, \quad z = a\theta$$

est tangente à la géodésique considérée aux points correspondant à ceux où la projection de la géodésique sur le plan xy est tangente au cercle considéré plus haut, puisque $\dfrac{dx}{d\theta}$, $\dfrac{dy}{d\theta}$, $\dfrac{dz}{d\theta}$ prennent les mêmes valeurs pour les deux courbes aux points mentionnés.

En posant dans la formule (4) $\rho_0 = -\sqrt{a^2 - b^2}$ et en faisant varier ρ depuis ρ_0 jusqu'à $-\infty$, on obtient une autre branche de la courbe symétrique de celle qu'on vient de considérer par rapport à l'origine des coordonnées.

En remplaçant dans l'équation (4) θ_0 par $\pm 2\omega''$, $\pm 4\omega''$, $\pm 6\omega''$,..., on obtient, comme dans le premier cas, d'autres branches de la même géodésique.

3.e CAS. — Si $a = b$, on a

$$\theta - \theta_0 = a \int^\rho \frac{d\rho}{\rho\sqrt{\rho^2 + a^2}} = \frac{1}{2}\log\frac{\sqrt{\rho^2 + a^2} - a}{\sqrt{\rho^2 + a^2} + a},$$

ou, en changeant la direction de l'axe des abscisses,

$$\rho = \frac{2a}{e^\theta - e^{-\theta}}$$

Nous avons considéré la ligne correspondant à cette équation dans le tome II, p. 89, du *Traité des courbes,* où nous l'avons nommée *spirale des cosécantes hyperboliques.*

La géodésique correspondant à cette équation et à l'équation $z = a\theta$ a pour asymptote l'axe des x et elle s'éloigne indéfiniment du plan xz dans le sens de l'axe de l'hélicoïde en faisant une suite de circonvolutions autour de cet axe.

3. Appliquons maintenant les fonctions elliptiques au problème considéré.

Nous avons d'abord, en faisant $\rho^2 = a^2 t$,

$$d\theta = \frac{b\,dt}{2\,a\sqrt{t(t+1)\left(t + \dfrac{a^2 - b^2}{a^2}\right)}};$$

et, en faisant ensuite

$$t = t' + h, \qquad h = \frac{b^2 - 2a^2}{3a^2},$$

il vient

$$d\theta = \frac{b}{a}\cdot\frac{dt'}{\sqrt{4t'^3 - g_1 t' - g_2}},$$

où

$$g_1 = 12h^2 - 4\frac{a^2 - b^2}{a^2}, \qquad g_2 = 4h\left(2h^2 - \frac{a^2 - b^2}{a^2}\right).$$

En faisant encore $t' = \mathfrak{p}u$, $\mathfrak{p}u$ étant la fonction elliptique de Weierstrass correspondant aux invariants g_1 et g_2, on a

$$d\theta = -\frac{b}{a}\,du,$$

et par conséquent, en choisissant convenablement l'axe des abscisses,

$$\theta = -\frac{b}{a}\, u.$$

Cette équation et celle-ci:

$$\rho^2 = a^2\,(t' + h) = a^2\left(\mathbf{p}u - \frac{2a^2 - b^2}{a^2}\right)$$

déterminent θ et ρ en fonction du paramètre u.

On peut encore donner à cette dernière équation une autre forme.

Représentons par e_1, e_2, e_3 les racines de l'équation

$$4t'^3 - g_1 t' - g_2 = 0.$$

On a

$$e_1 = \frac{2a^2 - b^2}{3a^2}, \qquad e_2 = \frac{2b^2 - a^2}{3a^2}, \qquad e_3 = -\frac{a^2 + b^2}{3a^2}.$$

Cela posé, nous allons considérer deux cas.

Soit premièrement $a > b$. On a alors $e_1 > e_2 > e_3$, et par conséquent

$$\rho = a\,\sqrt{\mathbf{p}u - e_1} = a\,\sqrt{\mathbf{p}u - \mathbf{p}\omega_1} = a\,e^{-\eta u}\frac{\sigma(u + \omega_1)}{\sigma\omega_1\,\sigma u},$$

où $2\omega_1$ désigne la période réelle de $\mathbf{p}u$ et où $\eta = \zeta\omega_1$. Nous avons ainsi l'expression de ρ par une fonction uniforme de u.

En appliquant une formule bien connue (Halphen, *Traité des fonctions elliptiques,* t. I, p. 44), on peut encore exprimer ρ par des fonctions de Jacobi sn$u$ et cn$u$, et on a

$$\rho = a\,\frac{\mathrm{cn}u}{\mathrm{sn}u}.$$

Si $a < b$, on a $e_2 > e_1 > e_3$, et par conséquent

$$\rho = a\,\sqrt{\mathbf{p}u - e_1} = a\,\sqrt{\mathbf{p}u - \mathbf{p}(\omega_1 + i\omega_2)} = ae^{-\eta' u}\frac{\sigma(u + \omega_1 + i\omega_2)}{\sigma(\omega_1 + i\omega_2)\,\sigma u},$$

où $2i\omega_2$ désigne la période imaginaire de $\mathbf{p}u$ et où $\eta' = \zeta(\omega_1 + i\omega_2)$.

On peut encore exprimer ρ par la formule

$$\rho = \frac{b^2}{a} \cdot \frac{\operatorname{dn} \dfrac{a}{b} u}{\operatorname{sn} \dfrac{a}{b} u}.$$

On peut obtenir, au moyen de ces équations et des propriétés de pu, les résultats qu'on a trouvés précédemment au moyen de la considération directe de l'équation différentielle qui détermine θ.

4. Les géodésiques de l'hélicoïde considéré sont rectifiables au moyen des fonctions elliptiques.

On a en effet

$$\frac{ds^2}{d\rho^2} = (\rho^2 + a^2) \left(\frac{d\theta}{d\rho}\right)^2 + 1$$

et par conséquent

$$ds = \frac{\rho^2 + a^2}{\sqrt{(\rho^2 + a^2)(\rho^2 + a^2 - b^2)}} \, d\rho,$$

ou, en faisant $\rho^2 = a^2 t = a^2(t' + h)$,

$$ds = \frac{(t' + h + 1)\, dt'}{\sqrt{4t'^3 - g_1 t' - g_2}},$$

ou enfin, en posant $t' = \mathrm{p}u$,

$$ds = -(\mathrm{p}u + 1 + h)\, du.$$

On a donc

$$s = \zeta(u) - (1 + h)u + \text{const.}$$

5. Pour déterminer la torsion des géodésiques considérées, appliquons la formule générale

$$\tau = \frac{\mathrm{D}}{(x'y'' - y'x'')^2 + (x'z'' - z'x'')^2 + (y'z'' - z'y'')^2},$$

où

$$\mathrm{D} = \begin{vmatrix} x' & y' & z' \\ x'' & y'' & z'' \\ x''' & y''' & z''' \end{vmatrix},$$

et prenons pour variable indépendante l'angle θ.

On a $z' = a$, $z'' = 0$, $z''' = 0$, et par conséquent

$$D = a \, (x''y''' - y''x''') = a \, (3\rho''^2 - 2\rho'\rho''' + 6\rho'^2 - 4\rho\rho'' + \rho^2).$$

Mais

$$\rho' = \frac{1}{b} \sqrt{(\rho^2 + a^2) \, (\rho^2 + a^2 - b^2)}, \qquad \rho'' = \frac{\rho}{b^2} \, (2\rho^2 + 2a^2 - b^2),$$

$$\rho''' = \frac{1}{b^3} \, (6\rho^2 + 2a^2 - b^2) \sqrt{(\rho^2 + a^2) \, (\rho^2 + a^2 - b^2)}.$$

Donc

$$D = -\frac{4a^3}{b^4} \, (\rho^2 + a^2 - b^2) \, (\rho^2 + a^2 - 2b^2).$$

On a aussi

$$x'y'' - y'x'' = \rho^2 - \rho\rho'' + 2\rho'^2 = \frac{2a^2}{b^2} \, (\rho^2 + a^2 - b^2),$$

$$(x'z'' - z'x'')^2 + (y'z'' - z'y'')^2 = a^2 \, (x''^2 + y''^2)$$

$$= a^2 \, (\rho''^2 + 4\rho'^2 + \rho^2 - 2\rho\rho'') + \frac{4a^2}{b^4} \, (\rho^4 + a^2\rho^2 + a^2b^2),$$

et par conséquent

$$(x'y'' - y'x'')^2 + (x'z'' - z'x'')^2 + (y'z'' - z'y'')^2 = \frac{4a^2}{b^4} \, (\rho^2 + a^2 - b^2) \, (\rho^4 + 2a^2\rho^2 + a^4).$$

Nous avons enfin la valeur de la torsion exprimée par la fonction rationnelle de ρ suivante :

$$\tau = a \, \frac{\rho^2 + a^2 - 2b^2}{(\rho^2 + a^2)^2}.$$

Cette équation foit voir que la torsion tend vers zéro quand ρ tend vers l'infini, et que, si $2b^2 > a^2$, la courbe a des *points stationnaires réels,* qui correspondent à $\rho = \pm \sqrt{2b^2 - a^2}$.
En appliquant l'expression générale de la courbure des courbes gauches

$$c = \frac{\left[(x'y'' - y'x'')^2 + (x'z'' - z'x'')^2 + (z'y'' - y'z'')^2 \right]^{\frac{1}{2}}}{(x'^2 + y'^2 + z'^2)^{\frac{3}{2}}}$$

on trouve l'expression suivante de la courbure des géodésiques considérées:

$$c = \frac{2ab}{(\rho^2 + a^2)^2}\sqrt{\rho^2 + a^2 - b^2}.$$

Je crois que ces expressions de la courbure et de la torsion des géodésiques de l'hélicoïde considéré n'ont pas encore été signalées.

II.

Les pseudo-cercles.

1. Les géodésiques d'une surface de révolution donnée sont déterminées par l'équation (*Traité des courbes,* t. II, p. 840 et 842)

$$x\,dy - y\,dx = k\,ds,$$

qui représente la projection de cette courbe sur un plan perpendiculaire à l'axe de révolution, équation équivalente au théorème de Clairaut.

En supposant que

$$z = \varphi\left(\sqrt{x^2 + y^2}\right)$$

est l'équation de la surface de révolution, l'équation précédente prend la forme

$$(x\,dy - y\,dx)^2 = k^2\left[dx^2 + dy^2 + \varphi'^2\left(\sqrt{x^2 + y^2}\right)\frac{(x\,dx + y\,dy)^2}{x^2 + y^2}\right],$$

ou, en faisant $x = \rho\cos\theta$, $y = \rho\sin\theta$, pour rapporter la projection de la géodésique aux coordonnées polaires,

$$\rho^2(\rho^2 - k^2)\,d\theta^2 = k^2\left[1 + \varphi'^2(\rho)\right]d\rho^2.$$

Cela posé, appliquons cette équation à la surface de révolution engendrée par la tractrice en tournant autour de l'axe des z.

Comme l'équation de la tractrice est (*Traité,* t. II, p. 19)

$$z = -\sqrt{c^2 - y^2} + c\log\frac{\sqrt{c^2 - y^2} + c}{y},$$

où nous supposerons $c > 0$, l'équation de la surface de révolution qu'elle engendre est

$$z = - \sqrt{c^2 - (x^2 + y^2)} + c \log \frac{\sqrt{c^2 - (x^2 + y^2)} + c}{\sqrt{x^2 + y^2}},$$

ou

$$z = - \sqrt{c^2 - \rho^2} + c \log \frac{\sqrt{c^2 - \rho^2} + c}{\rho}.$$

On appelle cette surface de révolution *pseudo-sphère*.

La dernière équation donne

$$\frac{dz}{d\rho} = \frac{\sqrt{c^2 - \rho^2}}{\rho}.$$

Donc l'équation différentielle de la projection d'une géodésique de la pseudo-sphère sur un plan perpendiculaire à l'axe de révolution est

$$d\theta = \frac{kc}{\rho^2 \sqrt{\rho^2 - k^2}} d\rho,$$

et nous avons, en intégrant,

$$\theta = \frac{c}{k\rho} \sqrt{\rho^2 - k^2} + C,$$

C étant la constante arbitraire.

La courbe représentée par cette équation et par l'équation de la surface considérée a été nommée par Beltrami *pseudo-circonférence,* pour un motif qu'on verra plus loin.

2. En posant dans la dernière équation

$$\theta = X, \qquad \frac{c}{\rho} = Y,$$

on obtient celle-ci:

$$(X - C)^2 + Y^2 = \frac{c^2}{k^2},$$

qui représente une circonférence.

On obtient aisément au moyen de cette transformation et par la transformation par rayons vecteurs réciproques les principales propriétés des géodésiques considérées.

Remarquons pour cela d'abord que, comme l'équation de la pseudo-sphère fait voir que z est imaginaire quand $\rho < 0$, à chaque point M d'une géodésique correspond un point M_1 de sa transformée situé dans la region du plan où $Y > 0$, et à cette géodésique correspond une demi-circonférence, située dans la même région du plan, ayant le centre sur l'axe des abscisses.

Il en résulte que *par deux points donnés de la pseudo-sphère passe une seule géodésique*. En effet, par deux points du demi-plan correspondant à la pseudo-sphère dans la transformation précédente on peut faire passer une seule demi-circonférence ayant le centre sur l'axe des abscisses.

Faisons maintenant dans le plan XY une transformation par rayons vecteurs réciproques, en prenant pour centre de transformation un point situé sur la région du plan où $Y < 0$. Dans ce cas, à la droite $Y = 0$ correspond une circonférence (C); au point M d'une géodésique, auquel correspond, comme l'on a dit, un point M_1 dans la première transformation, correspond dans la seconde un point M_2 situé à l'intérieur de (C). Aux géodésiques de la pseudo-sphère qui passent par M correspondent les arcs (C') des circonférences qui passent par M_2 et coupent perpendiculairement la circonférence (C), limités par cette dernière ligne, vu que la transformée de chacune de ces géodésiques coupe perpendiculairement la droite $Y = 0$, à laquelle correspond la circonférence (C).

Si par un point M' de la pseudo-sphère non situé sur les géodésiques qui passent par M on trace une autre géodésique, l'arc de la circonférence qu'on obtient en appliquant les deux transformations mentionnées, coupe la circonférence (C) en deux points et ne passe pas par M_2. Donc parmi les arcs (C') il en existe un nombre infini qui sont coupés par (C) et un nombre infini que (C) ne coupe pas.

Nous avons donc le théorème suivant:

On peut mener par chaque point de la pseudo-sphère une infinité de géodésiques qui coupent une autre géodésique donnée, laquelle ne passe pas par ce point, et un nombre infini de géodésiques qui ne la coupent pas.

L'étude de la pseudo-sphère et de ses géodésiques a une grande importance, car elles ont été employées par Beltrami (*Giornale di Mathematiche*, t. VI, 1868), pour représenter la géométrie non euclidienne de Lobatchevsky. Ces géodésiques représentent les droites de cette géométrie, et les propriétés qu'on vient d'énoncer correspondent à la propriété dont jouit la droite, d'être déterminée par deux points, et à celle dont jouissent les parallèles à une droite donnée, de passer en nombre infini par un point donné.

3. Comme

$$\frac{dz}{d\rho} = \frac{\sqrt{c^2 - \rho^2}}{\rho}, \quad \frac{dx^2 + dy^2}{d\rho^2} = 1 + \rho^2 \frac{d\theta^2}{d\rho^2}, \quad \frac{d\theta}{d\rho} = \frac{kc}{\rho^2 \sqrt{\rho^2 - k^2}},$$

on a

$$\frac{ds^2}{d\rho^2} = \frac{c^2}{\rho^2 - k^2},$$

et par conséquent la longueur de l'arc d'une géodésique compris entre les points où $\rho = \rho_0$ et $\rho = \rho_1$ est

$$s = c \log \frac{\rho_1 + \sqrt{\rho_1^2 - k^2}}{\rho_0 + \sqrt{\rho_0^2 - k^2}}.$$

4. Prenons les formules générales qui déterminent les rayons de courbure et de torsion d'une courbe quelconque en un point donné, savoir:

$$R_c = \frac{(x'^2 + y'^2 + z'^2)^{\frac{3}{2}}}{(A^2 + B^2 + C^2)^{\frac{1}{2}}}, \qquad R_t = \frac{A^2 + B^2 + C^2}{Ax''' + By''' + Cz'''},$$

où

$$A = z'y'' - y'z'', \qquad B = x'z'' - z'x'', \qquad C = y'x'' - x'y''.$$

Si la courbe est située sur une surface de révolution et si l'équation de sa projection sur un plan perpendiculaire à l'axe de révolution est rapportée aux coordonnées polaires θ et ρ, on peut déduire des formules précédentes d'autres formules immédiatement applicables à ce cas, comme on va le voir.

Soient $z = f(\rho)$, $\rho = f(\theta)$ les équations de la courbe donnée.

Nous avons, en posant $x = \rho\cos\theta$, $y = \rho\sin\theta$, et en désignant par θ', x', y', z',... les dérivées de θ, x, y, z par rapport à ρ,

$$x' = \cos\theta - \rho\theta'\sin\theta, \qquad y' = \sin\theta + \rho\theta'\cos\theta,$$

$$x'' = -2\theta'\sin\theta - \rho\theta'^2\cos\theta - \rho\theta''\sin\theta, \qquad y'' = 2\theta'\cos\theta - \rho\theta'^2\sin\theta + \rho\theta''\cos\theta,$$

$$x''' = -3\theta'^2\cos\theta - 3\theta''\sin\theta + \rho\theta'^3\sin\theta - 3\rho\theta'\theta''\cos\theta - \rho\theta'''\sin\theta,$$

$$y''' = -3\theta'^2\sin\theta + 3\theta''\cos\theta - \rho\theta'^3\cos\theta - 3\rho\theta'\theta''\sin\theta + \rho\theta'''\cos\theta.$$

En observant maintenant que nous pouvons prendre pour plan zx le plan qui passe par le point donné de la courbe, nous avons, en ce point, $\theta = 0$, et les équations plus simples suivantes:

$$x' = 1, \qquad y' = \rho\theta', \qquad x'' = -\rho\theta'^2, \qquad y'' = 2\theta' + \rho\theta'',$$

$$x''' = -3\theta'^2 - 3\rho\theta'\theta'', \qquad y''' = 3\theta'' - \rho\theta'^3 + \rho\theta'''.$$

Donc

$$s'^2 = x'^2 + y'^2 + z'^2 = 1 + \rho^2\theta'^2 + z'^2,$$

$$A = (2\theta' + \rho\theta'')z' - \rho\theta'z'', \qquad B = z'' + \rho\theta'^2z', \qquad C = -(2\theta' + \rho\theta'' + \rho^2\theta'^3).$$

Ce sont les valeurs de s', A, B et C qu'on doit substituer dans les expressions de R_c et R_t pour avoir les formules applicables à la question considérée.

5. Cela posé, appliquons ces formules aux géodésiques de la pseudo-sphère. On a alors

$$\theta' = \frac{kc}{\rho^2 \sqrt{\rho^2 - k^2}}, \qquad \theta'' = -kc \frac{3\rho^2 - 2k^2}{\rho^3 (\rho^2 - k^2)^{\frac{3}{2}}},$$

$$\theta''' = kc \frac{12\rho^4 - 15k^2\rho^2 + 6k^4}{\rho^4 (\rho^2 - k^2)^{\frac{5}{2}}},$$

$$z' = -\frac{\sqrt{c^2 - \rho^2}}{\rho}, \qquad z'' = \frac{c^2}{\rho^2 \sqrt{c^2 - \rho^2}}.$$

Donc

$$A = -\frac{kc (\rho^4 - k^2 c^2)}{\rho^3 \sqrt{c^2 - \rho^2} (\rho^2 - k^2)^{\frac{3}{2}}}, \qquad B = \frac{c^2 (\rho^4 - k^2 c^2)}{\rho^4 (\rho^2 - k^2) \sqrt{c^2 - \rho^2}}, \qquad C = \frac{kc (\rho^4 - k^2 c^2)}{\rho^4 (\rho^2 - k^2)^{\frac{3}{2}}},$$

et par conséquent

$$A^2 + B^2 + C^2 = \frac{c^4 (\rho^4 - k^2 c^2)^2}{\rho^6 (\rho^2 - k^2)^3 (c^2 - \rho^2)}.$$

Il vient donc

(1)
$$R_c = \frac{c\rho^3 \sqrt{c^2 - \rho^2}}{\rho^4 - k^2 c^2}.$$

On a aussi, en tenant compte des formules

$$x''' = -\frac{3k^2 c^2 (k^2 - 2\rho^2)}{\rho^4 (\rho^2 - k^2)^2}, \qquad y''' = \frac{3kc\rho^6 - k^3 c^3 \rho^2 + k^5 c^3}{\rho^5 (\rho^2 - k^2)^{\frac{5}{2}}},$$

$$z''' = -c^2 \frac{2c^2 - 3\rho^2}{\rho^3 (c^2 - \rho^2)^{\frac{3}{2}}},$$

l'expression du rayon de torsion:

$$R_t = \frac{\rho^2}{kc} \left(\frac{c^2 - \rho^2}{\rho^2 - k^2} \right)^{\frac{1}{2}}.$$

Nous avons donné ces expressions bien simples de R_c et R_t dans un article inséré à l'*Instituto de Coimbra* (1914, t. LXI, p. 162).

6. L'équation du plan osculateur de la géodésique au point considéré $(0, \rho)$ est

$$k\rho\,(X - \rho) - c\,\sqrt{\rho^2 - k^2}\,Y - k\,\sqrt{c^2 - \rho^2}\,(Z - z) = 0.$$

Représentons par ω l'angle que ce plan fait avec le plan xz. Nous avons

$$\cos \omega = \frac{B}{\sqrt{A^2 + B^2 + C^2}} = \frac{\sqrt{\rho^2 - k^2}}{\rho}, \quad \sin \omega = \pm \frac{k}{\rho}.$$

Mais, en représentant par R_1 et R_2 les rayons de courbure des sections principales de la surface au point donné et en rappelant qu'un de ces rayons, R_1 par exemple, est identique au rayon de courbure de la méridienne de la surface et a par conséquent la valeur (*Traité des courbes*, t. II, p. 21)

$$R_1 = \frac{c\,\sqrt{c^2 - \rho^2}}{\rho},$$

et que le rayon de courbure de la section de la surface par le plan osculateur de la géodésique est égal, d'après un théorème général, au rayon de courbure de la même géodésique, nous avons

$$\frac{1}{R_c} = \frac{1}{R_1} \cos^2 \omega + \frac{1}{R_2} \sin^2 \omega,$$

et par conséquent, en substituant R_1, R_c et ω par leurs valeurs,

$$R_2 = - \frac{c\rho}{\sqrt{c^2 - \rho^2}}.$$

Nous avons par suite

$$R_1 R_2 = - c^2.$$

On a donc la propriété bien connue de la pseudo-sphère: *la courbure de cette surface est constante et négative.*

III.

Courbe de la corde à sauter.

1. On démontre en Mécanique que la forme que prend une corde pesante, homogène et de section constante, quand elle tourne autour d'un axe avec une vitesse angulaire constante, est représentée par les équations (Clebsch, *Journal de Crelle*, 1860, t. LVII, p. 73; Greehill, *Traité des fonctions elliptiques,* Paris, 1895, p. 97 et 314; Terradas, *Memorias de la R. Académia de Ciencias de Barcelona,* 1911, t. IX, p. 28, etc.)

$$(1) \qquad z - z_0 = a \int_{\rho_0}^{\rho} \frac{\rho\, d\rho}{\sqrt{R}}, \qquad \varphi - \varphi_0 = b \int_{\rho_0}^{\rho} \frac{d\rho}{\rho \sqrt{R}},$$

où

$$(2) \qquad R = \rho^6 - 2h^2\rho^4 + (h^4 - a^2)\rho^2 - b^2,$$

ρ et φ étant les coordonnées polaires de la projection d'un point de la courbe sur um plan perpendiculaire à l'axe, rapportées au point où ce plan coupe l'axe, comme origine, z étant la distance du point mentionné à ce plan et a, b, h étant des quantités constantes. On suppose que le radical est positif ainsi que les limites ρ et ρ_0 de l'intégrale.

En désignant par ρ_1^2, ρ_2^2, ρ_3^2 les racines de l'équation $R = 0$, on peut mettre R sous la forme

$$R = (\rho^2 - \rho_1^2)(\rho^2 - \rho_2^2)(\rho^2 - \rho_3^2).$$

Ces racines peuvent être réelles ou imaginaires. Dans le premier cas, les trois racines sont positives quand $h^4 > a^2$, et alors l'une est comprise entre h^2 et ∞, et les autres entre 0 et h^2; si $h^4 < a^2$, une de ces racines est comprise entre h^2 et ∞, les autres sont négatives.

Si $b^2 = 0$, l'une des racines de $R = 0$ est nulle et les autres sont égales à $h^2 \pm a$.

Nous supposerons qu'on a $\rho_1^2 > \rho_2^2 > \rho_3^2$, quand les trois racines sont réelles, et que ρ_1^2 représente la racine réelle, quand l'équation considérée a deux racines imaginaires.

2. Cela posé, considerons premièrement le cas où les trois racines de l'équation $R = 0$ sont positives.

Alors le radical $\sqrt{R}$ est réel quand ρ^2 est compris entre ρ_3^2 et ρ_2^2 ou entre ρ_1^2 et ∞. La courbe a donc deux branches représentées par les équations (1), en donnant à ρ_0, respectivement, la valeur ρ_1 ou ρ_3. Nous désignerons par B_1 et B_2 les branches qui correspondent respectivement aux valeurs ρ_1 et ρ_3 de ρ_0.

Représentons maintenant z et φ par des fonctions elliptiques.

En posant pour cela $\rho^2 = t + \dfrac{2}{3}h^2$, les équations (1) prennent la forme

$$z - z_0 = a \int_{t_0}^{t} \frac{dt}{\sqrt{T}}, \qquad \varphi - \varphi_0 = b \int_{t_0}^{t} \frac{dt}{\left(t + \dfrac{3}{2}h^2\right)\sqrt{T}},$$

où

$$T = 4t^3 - g_1 t - g_2,$$

et

$$g_1 = 4\left(\frac{1}{3}h^4 + a^2\right), \qquad g_2 = -4\left(\frac{2}{27}h^6 - \frac{2}{3}a^2h^2 - b^2\right).$$

Les racines de l'équation $T = 0$ sont

$$e_1 = \rho_1^2 - \frac{2}{3}h^2, \qquad e_2 = \rho_2^2 - \frac{2}{3}h^2, \qquad e_3 = \rho_3^2 - \frac{2}{3}h^2,$$

et on a $e_1 > e_2 > e_3$. Pour obtenir la branche B_2 de la courbe, on doit donner à t les valeurs comprises entre e_3 et e_2 et on doit faire $t_0 = e_3$; pour obtenir la branche B_1, on doit donner à t les valeurs comprises entre e_1 et ∞, et on doit faire $t_0 = e_1$.

En posant enfin $t = \mathrm{p}u$, p désignant la fonction elliptique de Weisrstrass correspondant aux invariants g_1 et g_2, on a

$$z - z_0 = -a \int_{u_0}^{u} du, \qquad \varphi - \varphi_0 = -b \int_{u_0}^{u} \frac{du}{\mathrm{p}u - \mathrm{p}u_1},$$

où $\mathrm{p}u_1 = -\dfrac{2}{3}h^2$, et où $\mathrm{p}u_0 = e_1$ pour la branche B_1 et $\mathrm{p}u_0 = e_3$ pour la branche B_2.

Mais on a

$$\int \frac{du}{\mathrm{p}u - \mathrm{p}u_1} = \frac{1}{\mathrm{p}'u_1}\left[\log \frac{\sigma(u - u_1)}{\sigma(u + u_1)} + 2u\zeta u_1\right] + \text{const},$$

et les égalités

$$\lim_{\rho^2 = 0} \frac{1}{\sqrt{R}} = -\frac{i}{b}, \qquad \lim_{\rho^2 = 0} \frac{1}{\sqrt{R}} = \lim_{t = -\frac{2}{3}h^2} \frac{2}{\sqrt{T}} = -\lim_{u = u_1} \frac{2}{\mathrm{p}'u} = -\frac{2}{\mathrm{p}'u_1}$$

donnent $\mathrm{p}'u_1 = -2bi$.

Donc

$$z - z_0 = -a(u - u_0),$$

ou, en changeant l'origine des coordonnées,

$$(3) \qquad\qquad z = -a(u - u_0)$$

et

$$\varphi - \varphi_0 = \frac{i}{2} \left[\log \frac{\sigma(u-u_1)\,\sigma(u_0+u_1)}{\sigma(u+u_1)\,\sigma(u_0-u_1)} + 2(u-u_0)\,\zeta u_1 \right].$$

Considérons maintenant la branche B_1. On a alors $p(u_0) = e_1$, et par conséquent $u_0 = \omega$, 2ω désignent la périodo réelle de pu. Mais

$$\sigma(\omega + u_1) = \sigma(\omega - u_1)\,e^{i\mu u},$$

où $\eta = \zeta(\omega)$. Donc

$$\varphi - \varphi_0 = \frac{i}{2} \left[\log \frac{\sigma(u-u_1)}{\sigma(u+u_1)} + 2(u+\eta-\omega)\,\zeta u_1 \right].$$

Cette équation, l'équation (3) et celle-ci :

$$\rho^2 = t + \frac{2}{3}\,h^2 = pu - pu_1 = \frac{\sigma(u_1+u)\,\sigma(u_1-u)}{\sigma^2 u_1 \sigma^2 u}$$

déterminent les coordonnées φ, ρ et z en fonction du paramètre u.

En représentant par x et y les coordonnées du point (φ, ρ), on a

$$x + iy = \rho e^{i\varphi} = \frac{\sigma(u+u_1)}{\sigma u_1 \sigma u}\,e^\nu, \qquad \nu = (u+\eta-\omega)\,\zeta u_1 + i\varphi_0$$

Cette équation et celle qu'on obtient en changeant i en $-i$ déterminent les coordonnées x et y en fonction uniforme de u.

La branche de la courbe qu'on vient de considérer est située sur la surface de révolution représentée par l'équation

$$x^2 + y^2 = p\left(\frac{z}{a} - \omega\right) + \frac{2}{3}\,h^2.$$

En introduisant les fonctions elliptiques de Jacobi et en tenant pour cela compte des relations

$$p\left(\frac{z}{a} - \omega\right) = e_1 + \frac{(e_1 - e_2)(e_1 - e_3)}{p\dfrac{z}{a} - e_1},$$

$$p\frac{z}{a} - e_1 = (e_1 - e_3)\,\frac{\operatorname{cn}^2\left(\sqrt{e_1 - e_3}\,\dfrac{z}{a}\right)}{\operatorname{sn}^2\left(\sqrt{e_1 - e_3}\,\dfrac{z}{a}\right)},$$

on peut donner à la dernière équation la forme

$$x^2 + y^2 = e_1 + \frac{2}{3}h^2 + (e_1 - e_2)\frac{\operatorname{sn}^2\left(\sqrt{e_1 - e_2}\,\dfrac{z}{a}\right)}{\operatorname{cn}^2\left(\sqrt{e_1 - e_3}\,\dfrac{z}{a}\right)},$$

ou

$$(4) \qquad x^2 + y^2 = \frac{\rho_1^2 - \rho_2^2\operatorname{sn}^2\left(\sqrt{\rho_1^2 - \rho_3^2}\,\dfrac{z}{a}\right)}{\operatorname{cn}^2\left(\sqrt{\rho_1^3 - \rho_3^0}\,\dfrac{z}{a}\right)},$$

que M. Greehill a obtenue par une analyse différente (*l. c.*).

3. On voit aisément qu'il suffit de changer ω en $i\omega'$, $2i\omega'$ étant la période imaginaire de $\mathrm{p}u$, dans les équations de la branche B_1 pour obtenir celles de la branche B_2.

L'équation de la surface de révolution sur laquelle cette branche est placée est

$$x^2 + y^2 = \mathrm{p}\left(\frac{z}{a} - i\omega'\right) + \frac{2}{3}h^2.$$

On peut donner à cette équation une autre forme. En tenant compte des égalités

$$\mathrm{p}\left(\frac{z}{a} - i\omega'\right) = e_3 + \frac{(e_3 - e_1)(e_3 - e_2)}{\mathrm{p}\,\dfrac{z}{a} - e_3}$$

et

$$\operatorname{sn}^2\left(\sqrt{e_1 - e_3}\,\frac{z}{a}\right) = \frac{e_1 - e_3}{\mathrm{p}\,\dfrac{z}{a} - e_3},$$

on a l'équation

$$x^2 + y^2 = e_3 + \frac{2}{3}h^2 - (e_3 - e_2)\operatorname{sn}^2\frac{\sqrt{e_1 - e_3}}{a}z,$$

ou

$$(5) \qquad x^2 + y^2 = \rho_3^2\operatorname{sn}^2\left(\sqrt{\rho_1^2 - \rho_3^2}\,\frac{z}{a}\right) + \rho_2^2\operatorname{cn}^2\left(\sqrt{\rho_1^2 + \rho_2^2}\,\frac{z}{a}\right),$$

obtenue par Clebsch (*l. c.*) au moyen d'une analyse différente.

4. Il est facile de voir que, si l'équation (2) a deux racines imaginaires ou deux racines négatives, tout ce qu'on vient de dire pour le branche B_1 est applicable à la branche unique qu'alors a la courbe.

5. Si $b = 0$, la courbe est plane, et les racines de $R = 0$ sont alors $h^2 + a$, $h^2 - a$ et 0. Si $h^2 > a$, on a

$$\rho_1^2 = h^2 + a, \qquad \rho_2^2 = h^2 - a, \qquad \rho_3^2 = 0,$$

et par conséquent la branche B_2 de la courbe est située sur la surface de révolution représentée par l'équation

$$x^2 + y^2 = (h^2 - a)\, \operatorname{sn}^2 \frac{\sqrt{h^2 + a}}{z} z.$$

Ce cas est le seul où la courbe coupe l'axe de révolution.
Si $h^2 < a$, on a

$$\rho_1^2 = h^2 + a, \qquad e_2 = \rho_3^2 = h^2 - a,$$

et l'équation (4) donne

$$x^2 + y^2 = \frac{h^2 + a}{\operatorname{cn}^2 \dfrac{\sqrt{2a}}{a} z}.$$

C'est l'équation de la surface de révolution sur laquelle la branche B_1 et alors située.

6. Si $\rho_2^2 = \rho_3^2$, l'intégration des équations (1) peut être obtenue au moyen des fonctions élémentaires, et on a, en faisant $\sqrt{\rho_1^2 - \rho_2^2} = n$,

$$z = z_0 + \frac{a}{n} \operatorname{arctang} \frac{\sqrt{\rho^2 - \rho_1^2}}{n}$$

$$\varphi = \varphi_0 + \frac{b}{\rho_2^2} \left[\frac{1}{n} \operatorname{arctang} \frac{\sqrt{\rho^2 - \rho_1^2}}{n} - \frac{1}{\rho_1} \operatorname{arctang} \frac{\sqrt{\rho^2 - \rho_1^2}}{\rho_1} \right].$$

7. Les courbes considérées peuvent être rectifiées au moyen des fonctions elliptiques. On a en effet, en appliquant l'équation

$$ds^2 = d\rho^2 + \rho^2 d\varphi^2 + dz^2,$$

le resultat

$$ds = \frac{(h^2 - \rho^2)\, \rho \, d\rho}{\sqrt{R}},$$

et par conséquent, en faisant $\rho^2 = t + \dfrac{2}{3}h^2$,

$$ds = \frac{\left(\dfrac{1}{3}h^2 - t\right)dt}{\sqrt{4t^3 - g_1 t - g_2}},$$

et enfin, en faisant $t = \mathrm{p}u$,

$$s = -\frac{1}{3}h^2 u + \zeta u + \text{const.}$$

APPENDICE

APPENDICE

SUR LES PROBLÈMES CÉLÈBRES DE LA GÉOMÉTRIE ÉLÉMENTAIRE NON RÉSOLUBLES AVEC LA RÈGLE ET LE COMPAS

CHAPITRE I

SUR LE PLOBLÈME DES MOYENNES PROPORTIONNELLES. DUPLICATION DU CUBE.

I.

Idées générales.

1. Le problème de la *duplication du cube* a pour but de déterminer un cube dont le volume soit double de celui d'un autre cube donné. D'après une légende racontée par Philoponus (*Philoponus ad Aristotelis Analytica Posteriora*, liv. I, chap. VII) et mentionnée par Eratosthène dans une lettre à Ptolémée III, l'origine de ce problème est due à un oracle de l'île de Délos, qui, pour faire cesser une épidémie qui désolait Athènes, aurait exigé la construction d'un temple consacré à Apollon de forme cubique et de volume double de celui d'un autre de la même forme qui existait dans cette île. Une autre légende, racontée dans la même lettre, attribue l'origine du problème à Minos, roi de Crète, qui aurait fait construire un tombeau de forme cubique pour son fils Glauco et qui, après la construction, le trouvant trop petit pour le cadavre du descendant d'un roi, aurait commandé la construction d'un autre tombeau de la même forme, mais de volume double. La lettre d'Eratosthène a été reproduite par Eutocius dans un de ses *Commentaires aux ouvrages d'Archimède* (*Archimedis Opera,* édition Heiberg, t. III, p. 103).

D'après la même lettre, Hippocrate de Chio, qui a vécu vers 450 ans avant J. C., a réduit ce problème à celui de la détermination de deux moyennes proportionnelles entre deux segments donnés a et b, c'est-à-dire à celui de la détermination de deux segments x et y vérifiant les équations

(1)
$$\frac{a}{x} = \frac{x}{y} = \frac{y}{b}$$

ou

(2)
$$xy = ab, \qquad x^3 = a^2 b.$$

Le problème de la duplication du cube correspond au cas où $b = 2a$. Ce dernier problème et même le problème général des deux moyennes proportionnelles sont désignés souvent sous le nom de *problème de Délos,* à cause de la première des légendes mentionnées ci-dessus.

2. Le problème qui a pour but de déterminer trois moyennes entre deux segments donnés est défini par les équations

$$\frac{a}{x} = \frac{x}{y} = \frac{y}{z} = \frac{z}{b},$$

et se réduit à la construction de la racine réelle positive de l'équation du quatrième degré

$$x^4 = a^3 b$$

et à la construction des racines des équations du premier degré

$$y = \frac{x^2}{a}, \qquad z = \frac{y^2}{x}.$$

En général, le problème de la détermination de n moyennes proportionnelles entre deux segments a et b se réduit à celui de la détermination de la racine réelle positive de l'équation

$$x^{n+1} = a^n b$$

et des racines de $n-1$ équations du premier degré.

Nous allons considérer spécialement le problème des deux moyennes, mais, en bien des occasions, nous indiquerons succintement la généralisation des méthodes employées pour le résoudre au cas de celui des n moyennes.

On trouve dans les *Commentaires* d'Eutocius mentionnés ci-dessus les solutions du problème des deux moyennes données par les géomètres de l'ancienne Grèce. Nous commencerons par les exposer, en les annotant et complétant en même temps.

Ensuite nous exposerons les solutions les plus remarquables du même problème données après la Renaissance.

II.

Solution de Platon.

3. Les solutions les plus anciennes qu'on connait du problème de Délos sont dues à des géomètres de l'École de Platon et une de ces solutions est même attribuée au fondateur de l'École par Eutocius dans le *Commentaire au Traité de la sphère et du cylindre d'Archimède*, déjà mentionné. Cependant on ne la rencontre pas dans les ouvrages du grand philosophe qui sont arrivés jusqu'à nos jours, ni on en trouve mention dans les autres commentateurs des ouvrages des géomètres de l'ancienne Grèce.

Nous allons exposer cette solution.

Prenons *(fig. 1)* deux droites OX et OY perpendiculaires l'une à l'autre et sur ces droites deux segments OA et OB égaux aux segments donnés *a* et *b*. Si l'on signale sur ces droites deux points C et D tels que les droites BC et AD soient perpendiculaires à CD, les segments OC et OD sont les moyennes proportionnelles entre *a* et *b*.

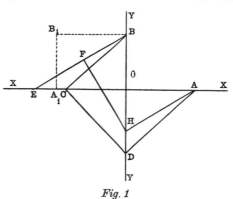

Fig. 1

En effet, on a, en vertu d'une proposition de Géométrie élémentaire bien connue,

$$\frac{OA}{OD} = \frac{OD}{OC} = \frac{OC}{OB}.$$

Pour déterminer les points C et D, Platon a employé un appareil composé de trois règles fixes *(fig. 2)* perpendiculaires QM, MN et PN et d'une règle mobile QP, qui peut se déplacer parallèlement à MN. On place, par tâtonnement, cet appareil de manière que les points Q et M coïncident avec des points des droites XX et YY et que les droites QP et MN passent par les points B et A. Les points où la règle MQ coupe XX et YY sont les points C et D cherchés.

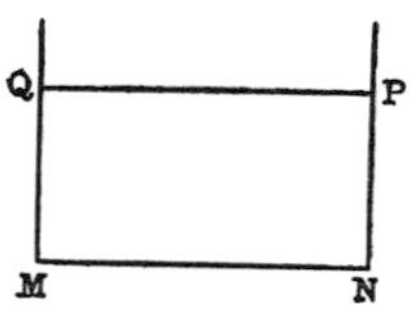

Fig. 2

4. On peut donner une forme géométrique à cette construction, comme on va le voir.

Menons par le point B une droite arbitraire BE et désignons par α l'abscisse du point E, où elle coupe la droite XX. Par le point A menons une parallèle AH à BE, et par le point H, où elle coupe OY, menons une perpendiculaire HF à BE. Le lieu des positions que prend le point F, quand BE tourne autour du point B, est une courbe qui détermine, par son intersection avec XX, le point C cherché. En traçant par ce point la droite CD perpendiculaire à CB on trouve le point D.

Nous allons chercher l'équation du lieu du point F. Remarquons pour cela que les coordonnées des points A, B et E sont $(a, 0)$, $(0, b)$ et $(\alpha, 0)$ et que par conséquent les équations des droites EB et AH sont

$$\alpha y + bx = \alpha b, \qquad \alpha y + bx = ab.$$

La seconde droite coupe l'axe des ordonnées au point H dont les coordonnées sont $\left(0, \dfrac{ab}{\alpha}\right)$, et l'équation de la perpendiculaire à BE, menée par ce point, est

$$b\alpha y - \alpha^2 x = ab^2.$$

En éliminant maintenant α entre cette équation et la première des équations précédentes, on trouve l'équation du lieu de F, savoir :

$$x\,(x^2 + y^2) = bxy - a\,(y - b)^2,$$

ou, en transportant l'origine des coordonnées au point B, c'est-à-dire en faisant $y = y_1 + b,$

$$x\,(x^2 + y_1^2) + bxy_1 + ay_1^2 = 0.$$

Le lieu est donc une *cubique circulaire unicursale* (Loria, *Bibliotheca mathematica,* 3.ᵉ série, t. XI, p. 97).

En appliquant la doctrine exposée au n.º 24 du *Traité des courbes* (t. I, p. 20), on voit que cette courbe est la *cissoïdale* du cercle circonscrit au rectangle OBB₁A₁ (A₁ désignant un point de l'axe des abscisses tel que OA₁ = OA) par rapport à la droite A₁B₁. Le point double de la courbe coïncide avec le point B et l'asymptote avec A₁B₁. L'une des tangentes au point double coïncide avec BB₁, et l'autre passe par le point A.

5. On a vu précédemment que la base géométrique de la méthode de Platon est la proposition suivante : *Si* AD *et* BC *sont perpendiculaires à* CD, OD *et* OC *sont les moyennes proportionelles entre* OA *et* OB. Pour déterminer les points C et D, quand les points A et B

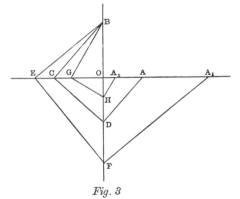

Fig. 3

sont donnés, nous pouvons employer, au lieu de l'appareil décrit ci-dessus ou de la courbe qu'on vient d'indiquer, une méthode d'approximation successive exposée par Cl. Richard dans l'ouvrage intitulé : *Euclidis Elementorum Libros tredecim...*, 1645, où l'auteur consacre au problème des deux moyennes les pages 545 à 563.

Traçons *(fig. 3)* par le point B la droite BE, par le point E la perpendiculaire EF à BE, par le point F la perpendiculaire FA₁ à EF. On détermine ainsi un point A₁ situé à droite du point donné A. En menant par le même point B une autre droite BG, située à droite de BE, et en répétant la construction précédente, on obtient un autre point A₂ situé à gauche de A. En traçant une autre droite entre BE et BG et en continuant de la même manière, on obtient une série de points qui s'approchent du point donné A, et en même temps deux séries de points qui s'approchent indéfiniment des points cherchés C et D.

III.

Solution d'Architas.

6. La solution du problème des deux moyennes d'Architas, géomètre de l'École de Pythagore et maître de Platon, est connue par un passage d'Eudemus reproduit par Eutocius dans le *Commentaire* mentionné ci-dessus (*l. c.*, p. 99).

Soient a et b les deux segments donnés et supposons $b < a$. Considérons une circonférence OCA′ (*fig. 4*) ayant pour diamètre un segment OA′ égal à a et une autre circonférence OBA ayant pour diamètre le segment OA, égal à OA′, et située sur un plan perpendiculaire à celui de la première circonférence. Le cylindre droit qui a pour base la circonférence OCA′ coupe le tore engendré par la circonférence OBA en tournant autour de la droite OZ, perpendiculaire au plan OCA′, suivant une courbe connue

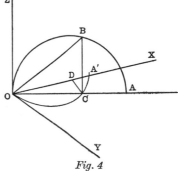

Fig. 4

sous le nom de *courbe d'Architas* (*Traité des courbes,* t. II, p. 435), dont les équations sont

$$x^2 + y^2 = ax, \quad (x^2 + y^2 + z^2)^2 = a^2(x^2 + y^2).$$

Prenons maintenant le cône de révolution ayant pour axe la droite OA′ et dont la génératrice forme avec cet axe un angle égal à l'angle θ déterminé par l'équation $\cos\theta = \dfrac{b}{a}$, c'est-à-dire le cône représenté par l'équation

$$x^2 + y^2 + z^2 = \frac{a^2}{b^2} x^2.$$

Ce cône coupe la courbe d'Architas en un point B tel que sa projection sur le plan de la circonférence OCA′ est un point C de cette circonférence et tel que $\dfrac{\text{OD}}{\text{OB}} = \dfrac{b}{a}$, D étant la projection de C sur OX.

Cela posé, les segments OC et OB sont les moyennes proportionnelles entre a et b.

Nous avons, en effet

$$\text{OC}^2 = a\cdot\text{OD}, \quad \text{OB}^2 = a\cdot\text{OC}$$

et, en éliminant OD au moyen de la relation $b\cdot\text{OB} = a\cdot\text{OD}$,

$$\text{OC}^2 = b\cdot\text{OB}, \quad \text{OB}^2 = a\cdot\text{OC},$$

et par conséquent

$$\frac{a}{\overline{OB}} = \frac{\overline{OB}}{\overline{OC}} = \frac{\overline{OC}}{b}.$$

Cette solution est très ingénieuse et offre un grand intérêt historique, car elle est l'exemple le plus ancien de la solution d'un problème de géométrie plane par des considérations de géométrie de l'espace, et la courbe dont on fait usage est la plus ancienne des courbes gauches connues. Pour les géomètres anciens cette solution était purement théorique; à présent elle peut être réalisée par les méthodes de la Géométrie descriptive, mais elle n'est pas simple.

IV.

Solution attribuée à Eudoxe.

7. Il résulte de la lettre d'Eratosthène à Ptolémée mentionnée plus haut, qu'Eudoxe a employé, pour résoudre le problème de Délos, une courbe plane avec des points d'inflexion, qu'il a désignée sous le nom de *kampile*. On ne sait pas quelle est la courbe à laquelle Eudoxe a donné ce nom; mais Paul Tannery croit probable que cette ligne est identique à celle qui est définie par l'équation (*Mémoires de la Société des Sciences physiques et naturelles de Bordeaux*, 2.ᵉ série, t. II, p. 277; *Bulletin des Sciences mathématiques*, 1884, p. 101)

$$(1) \qquad\qquad a^2 x^4 = b^4 (x^2 + y^2)$$

ou, en coordonnées polaires,

$$(2) \qquad\qquad \rho = \frac{b^2}{a \cos^2 \theta}.$$

L'illustre historien se base pour cela dans les circonstances d'Eudoxe d'avoir été élève d'Archytas et de cette dernière courbe d'être une projection plane de la courbe qui résulte de l'intersection du cône et du tore qu'Archytas avait employés pour résoudre le même problème. En effet, en éliminant z entre les équations de ces surfaces (n.° 6), on obtient l'équation (1).

Pour voir comme l'on peut résoudre le problème de Délos au moyen de la courbe représentée par l'équation (1), il suffit de remarquer que le vecteur du point d'intersection de cette courbe avec la circonférence correspondant à l'équation $\rho = a \cos \theta$ est déterminé par l'équation

$$\rho_1^3 = a b^2$$

et que par conséquent nous avons, en posant $\rho_2^2 = a\rho_1$,

$$\frac{b}{\rho_1} = \frac{\rho_1}{\rho_2} = \frac{\rho_2}{a}.$$

8. La doctrine précédente peut être généralisée aisément. L'équation (2) est un cas particulier de l'équation

$$\rho \cos^n \theta = b$$

au moyen de laquelle on peut résoudre le problème des n moyennes.

En effet, en coupant la courbe considérée par le cercle défini par l'équation $\rho = a \cos \theta$, on trouve, pour déterminer la valeur ρ_1 que ρ prend aux points d'intersection, l'équation

$$\rho^{n+1} = a^n b.$$

Donc la valeur du vecteur d'un des points d'intersection réels est une des moyennes cherchées. On obtient les autres au moyen d'équations linéaires (n.º 2).

Cette solution du problème des n moyennes ne diffère pas essentiellement de celle qui a été donnée par Descartes dans le livre III de sa *Géométrie*. Si n est un nombre pair, les courbes qui y figurent peuvent être tracées au moyen d'un appareil décrit dans cet ouvrage.

V.

Méthode de Menechme.

9. Les équations

(1)
$$\frac{a}{x} = \frac{x}{y} = \frac{y}{b}$$

sont équivalentes à celles-ci:

$$y^2 = bx, \qquad xy = ab.$$

Donc, pour résoudre le problème de Délos, il suffit de chercher le point réel où se coupent la parabole et l'hyperbole définies par ces équations. Les coordonnées de ce point sont les moyennes cherchées.

Les équations (1) sont encore équivalentes aux équations

$$y^2 = bx, \qquad x^2 = ay.$$

Le problème peut donc être encore résolu au moyen de deux paraboles ayant les sommets au même point et dont les axes sont perpendiculaires l'un à l'autre.

Ces deux solutions sont dues á Menechme et ont été exposées par Eutocius dans le *Commentaire* mentionné plus haut (*l. c.*, p. 93, 97).

VI.

Solutions d'Héron, Phylo-Bizantinus et Apollonius.

10. La méthode pour la solution du problème de Délos que nons allons exposer maintenant a été donnée par Héron d'Alexandrie dans son traité *De la fabrication des toiles* et a été reproduite dans les *Collections mathématiques* de Pappus (livre III, prop. 5) et dans le *Commentaire* d'Eutocius que nous avons mentionné bien de fois. Les parties des ouvrages d'Héron qui nous sont parvenues, se trouvent dans les *Veterum mathematicorum Opera* de Thévenot (1693, p. 143).

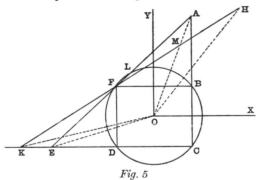

Fig. 5

Plaçons (*fig. 5*) les segments donnés FB et FD de manière que la droite FD soit perpendiculaire à FB et traçons par le point B la droite CA parallèle à FD. Faisons ensuite tourner une règle autour du point F de manière qu'elle prenne une position EA telle que OA soit égal à OE, O étant le point où se coupent les diagonales du rectangle FBCD. Les segments AB et ED sont les moyennes proportionnelles entre FB et FD.

Au lieu de reproduire ici la démonstration de cette construction donnée par Eutocius, nous en allons donner une démonstration analytique.

Prenons pour origine des coordonnées le point O, pour axes les parallèles à FB et FD, et désignons par a et b les segments FB et FD. Les équations des droites AC, EC et EA sont respectivement

$$X = \frac{1}{2}a, \quad Y = -\frac{1}{2}b, \quad Y - \frac{1}{2}b = m\left(X + \frac{1}{2}a\right),$$

où $m = \text{tang AEC}$. Les coordonnées des points A et E sont donc

$$\left(\frac{1}{2}a, \quad \frac{1}{2}b + ma\right), \quad \left(-\frac{1}{2}a - \frac{b}{m}, \quad -\frac{1}{2}b\right),$$

et l'égalité OA = OE donne

$$a^2m^4 + abm^3 - abm - b^2 = 0.$$

Mais, en désignant par l et l' les segments AB et ED, on a

$$l = ma, \qquad b = ml',$$

et par conséquent

$$l^4 + bl^3 - a^2bl - a^2b^2 = 0, \qquad ll' = ab.$$

La première de ces équations peut prendre la forme

$$(l^3 - a^2b)(l + b) = 0,$$

et les segments l et l' vérifient donc les équations

$$l^3 = a^2b, \qquad ll' = ab,$$

d'où il résulte

$$\frac{a}{l} = \frac{l}{l'} = \frac{l'}{b}.$$

La construction est donc démontrée.

11. Pour placer la règle AFE de manière que OA soit égal à OE, Eutocius suppose qu'on procède par tâtonnement. Mais, en utilisant une idée d'Huygens qu'on verra plus loin, quand on exposera une de ses méthodes pour résoudre ce même problème, on peut déterminer géométriquement la droite EA au moyen d'une hyperbole. En effet, en prenant sur cette droite un point L tel que AL = EF, le point L appartient à une hyperbole ayant pour asymptotes AO et EO et passant par F, et, puisque OA = OE, le même point L est situé sur la circonférence ayant pour centre O et pour rayon OF. Donc on peut déterminer le point L au moyen de cette circonférence et de l'hyperbole mentionnée, et ensuite la droite EA au moyen des points F et L.

12. On peut déterminer plus aisément la droite EA en cherchant le point A d'intersection de AC et du lieu décrit par le point H de la droite HK, quand cette droite tourne autour du point F et le point H se déplace sur cette droite de manière que, dans toutes les positions de la droite, le segment HO compris entre ce point et le point O soit égal au segment OK compris entre O et la droite CD.

Pour déterminer l'équation de cette courbe, remarquons que l'égalité OH = OK donne, en désignant par x et y les coordonnées du point H et en faisant $m_1 = \text{tang FKD}$,

$$\left(\frac{1}{2}\,a + \frac{b}{m_1}\right)^2 + \frac{1}{4}\,b^2 = x^2 + y^2,$$

et que, en éliminant m_1 entre cette équation et celle-ci:

$$y - \frac{1}{2}\,b = m_1\left(x + \frac{1}{2}\,a\right),$$

qui représente la condition pour que le point (x, y) soit situé sur la droite HK, il vient

$$(a^2 + b^2)\left(y - \frac{1}{2}\,b\right)^2 + 4ab\left(x + \frac{1}{2}\,a\right)\left(y - \frac{1}{2}\,b\right) + 4b^2\left(x + \frac{1}{2}\,a\right)^2 = 4\,(x^2 + y^2)\left(y - \frac{1}{2}\,b\right)^2.$$

C'est l'équation du lieu de H. On peut la réduire à une forme plus simple en transportant l'origine des coordonnées au point F, dont les coordonnées sont $\left(-\frac{1}{2}\,a,\ \frac{1}{2}\,b\right)$. On trouve ainsi

$$(x_1^2 + y_1^2 - ax_1 + by_1)\,y_1^2 = bx_1\,(bx_1 + ay_1).$$

La quartique duplicatrice représentée par cette équation n'a pas encore été considérée, croyons-nous; mais elle mérite d'être signalée à cause du rôle qu'elle représente dans la solution du problème de Délos qu'on vient d'envisager.

On voit au moyen de la dernière équation que la courbe passe par les points D, C et F, et que ce dernier point est double. Ces propriétés sont d'ailleurs géométriquement évidentes. La droite FD, dont l'équation est $x_1 = 0$, et la droite FC, dont l'équation est $ay_1 + bx_1 = 0$, sont tangentes à la courbe au point F.

13. Décrivons *(fig. 5)* une circonférence (C) de rayon OF ayant le centre au point O. Cette circonférence passe par les points D, F, B, C, et, puisque OA = OE, elle coupe la droite EA à un point L tel que EF = AL. Donc, si l'on place une règle de manière qu'elle passe par F et si l'on fait ensuite tourner autour de ce point jusqu'à une position telle qu'on ait EF = AL, on obtient les points A et E, qui déterminent les segments AB et ED demandés.

Cette méthode pour la solution du problème de Délos est attribuée par Eutocius (*l. c.*) à Phylo-Byzantinus, et, comme il remarque lui-même, elle ne diffère pas essentiellement de celle d'Héron exposée ci-dessus. La même méthode est exposée dans les *Veterum mathematicorum Opera* de Thévenot (1693, p. 52).

La circonférence (C) qu'on vient de considérer coupe la droite KH à un point M tel que MH = FK, vu que OH = OK. Par conséquent la quartique duplicatrice considérée au n.º 12 peut être encore engendrée de la manière suivante:

Prenons sur chaque droite HK *passant par* F *un point* H *tel que le segment compris entre* H *et la circonférence* (C) *soit égal au segment compris entre* F *et la droite* DC. *Le lieu de* H *est la quartique mentionnée.*

Il résulte de cette proposition que *la droite* DC *est une cissoïde de la quartique et de la circonférence* (C).

14. Pappus, dans les *Collections mathématiques* (livre III, prop. 4), attribue à Apollonius deux méthodes, l'une mécanique et l'autre géométrique, pour résoudre le problème de Délos, mais il ne les a pas exposées. Dans les ouvrages d'Apollonius qui nous sont parvenus on ne trouve rien sur ce problème, mais dans le *Commentaire* d'Eutocius on rencontre la méthode mécanique d'Apollonius, laquelle ne diffère pas essentiellement de celle qui a été donnée par Héron. La relation étroite entre la construction mécanique et la construccion au moyen d'une hyperbole exposées ci-dessus, a mené quelques auteurs à considérer comme probable que la méthode géométrique d'Apollonius est identique à cette dernière construction, ou au moins n'en diffère pas essentiellement, et que les trois solutions mécaniques d'Héron, Phylo-Bizantinus et Apollonius ont été déduites de la solution géométrique d'Apollonius pour les usages pratiques.

VII.

Solution d'Eratosthène.

15. La solution d'Eratosthène du problème de Délos se trouve dans la lettre adressée par ce géomètre à Ptolémée mentionnée au n.º 1. Nous allons l'exposer.

Considérons *(fig. 6)* trois rectangles égaux OGFA, FABE et BEDC et supposons qu'un de ces rectangles, BEDC par exemple, soit fixe et les deux autres puissent se déplacer le long de OC. Menons le rectangle AFEB à une position A'F'E'B' et le rectangle OGFA à une position O''G''F''A'' telles que la droite passant par les points K et H, où les diagonales de BEDC et A'F'E'B' coupent respectivement B'E' et A'F'', passe aussi par le point O'' et par un point M tel que MD soit égal à l'un des segments donnés. Alors les segments HF'' et K'E' sont les moyennes proportionnelles entre OG et DM.

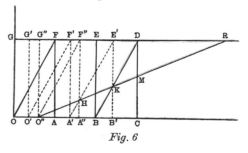

Fig. 6

En effet, nous avons

$$\frac{O''G''}{F''H} = \frac{O'R}{HR} = \frac{O''F''}{HE'} = \frac{F''R}{E'R} = \frac{F''H}{KE'} = \frac{HR}{KR} = \frac{HE'}{KD} = \frac{E'R}{DR} = \frac{KE'}{DM},$$

et dans cette suite de rapports sont compris ceux-ci :

$$\frac{O''G''}{F''H} = \frac{F''H}{KE'} = \frac{KE'}{DM},$$

d'où il résulte que $F''H$ et KE' sont les moyennes entre $O''G''$ et DM.

Pour amener les rectangles à une position telle que les points O'', H, K, M soient placés sur une même droite, on peut procéder, comme Eratosthène, par tâtonnement.

16. Voyons maintenant comme l'on peut donner à cette solution une forme géométrique.

Faisons $OG = a$, $DM = b$, et, pour simplifier, prenons la base des rectangles, laquelle est arbitraire, égale à a. En transportant les deux rectangles OGFA et AFEB conjointement aux positions O'G'F'A' et A'F'E'B' et ensuite le rectangle O'G'F'A' à la position O''G''F''A'', on voit que les coordonnées des points K, H et O'' sont respectivement

$$(OO' + O'A' + A'B', KB'), \quad (OO' + O'O'' + O''A'', HA''),$$

$$(OO' + O'O'', 0)$$

ou, en tenant compte des égalités

$$O'A' = A'B' = O''A'' = a,$$

$$KB' = BB' \operatorname{tang} KBB' = BB' = OO',$$

$$HA'' = A'A'' \operatorname{tang} HA'A'' = A'A'' = O'O''$$

et en posant $OO' = \beta$, $O'O'' = \alpha$,

$$(2a + \beta, \beta), \quad (a + \alpha + \beta, \alpha), \quad (\alpha + \beta, 0),$$

L'équation de la droite qui passe par les deux derniers points est

$$ay = \alpha(x - \alpha - \beta)$$

et la condition pour que le premier point soit placé sur cette droite est

$$a\beta = \alpha(2a - \alpha).$$

Donc l'équation de la droite qui passe par les trois points mentionnés est

$$(1) \qquad\qquad a^2 y = \alpha(ax - 3a\alpha + \alpha^2).$$

L'équation de l'enveloppe des positions que cette droite prend, quand α varie, résulte de l'élimination de α entre cette équation et celle-ci:

$$ax - 6a\alpha + 3\alpha^2 = 0,$$

qui donne

$$3a(3y - x)^2 - 12a(3y - x)(x - 3a) + 4x(x - 3a)^2 = 0.$$

En transportant l'origine des coordonnées au point $(3a, a)$, c'est-à-dire au point D, l'équation de l'enveloppe prend la forme

$$(2) \qquad\qquad 4x^3 + 27a(x - y)^2 = 0.$$

La courbe définie par cette équation a été envisagée au tome I, p. 123, du *Traité des courbes,* où l'on a exposé une manière de la construire. Elle a un point de rebroussement en D, où elle est tangente à BD.

Pour résoudre le problème des deux moyennes au moyen de cette cubique, il suffit de tracer par le point M une tangente à cette courbe. Cette tangente doit, en effet, coïncider avec la droite RMO''.

Les points de contact des tangentes à la cubique considérée issues du point M, dont les coordonnées sont $(0, -b)$, rapportées aux nouveaux axes, coïncident avec les points d'intersection de la cubique et de la droite correspondant à l'équation

$$(3) \qquad\qquad y = x + 2b.$$

Cette droite coupe la cubique en trois points, un réel et deux imaginaires.

En conclusion, nous pouvons déterminer les deux moyennes proportionnelles entre les segments a et b au moyen du point d'intersection de la cubique (2) avec la droite (3). On obtient ainsi la droite O''M, et, comme l'on peut déterminer α et β au moyen des équations

$$\alpha + \beta = OO'', \qquad a\beta = \alpha(2a - \alpha),$$

dont on peut construire les racines par la règle et le compas, et ensuite l'on peut obtenir HF'' et KE' au moyen des équations

$$HF'' = a - \alpha, \quad KE' = a - \beta,$$

le problème considéré est résolu.

17. On a démontré ci-dessus, au moyen d'une suite de rapports égaux, que les segments HF'' et KE' sont les moyennes proportionnelles entre GO et DM. On peut démontrer cette proposition analytiquement au moyen des équations

$$\alpha\beta = \alpha(2a - \alpha), \quad a^2(a - b) = \alpha(3a^2 - 3a\alpha + \alpha^2),$$

dont la seconde exprime que le point M, dont les coordonnées sont $(3\alpha,\ a - b)$, est situé sur la droite représentée par l'équation (1). En posant en effet

$$HF'' = a - \alpha = \alpha_1, \quad KE' = a - \beta = \beta_1,$$

les dernières relations prennent la forme

$$\alpha_1{}^3 = a^2b, \quad \alpha_1{}^2 = a\beta_1,$$

et sont donc identiques aux équations

$$\frac{a}{\alpha_1} = \frac{\alpha_1}{\beta_1} = \frac{\beta_1}{b}\ .$$

18. La méthode précédente est intéressante sous le point de vue théorique, mais elle n'est pas pratique. On peut résoudre le problème plus aisément au moyen d'une des courbes représentées par l'équation (2), qu'on peut mettre sous la forme

$$4x^3 - 9a_1(x - y)^2 = 0,$$

et de la droite représentée par celle-ci:

$$y = x + \frac{2}{3}\,b_1.$$

En effet, en éliminant y entre ces équations, on trouve

$$x^3 = a_1b_1{}^2.$$

Donc l'abscisse du point d'intersection réel de cette droite avec la cubique est une des moyennes entre a_1 et b_1.

19. La base géométrique de la méthode d'Eratosthène est la proposition suivante, démontrée ci-dessus: Si les droites O''G'', KE', MD sont perpendiculaires à GR et si les droites O''F', HE', KD sont parallèles, les segments HF'' et KE' sont les moyennes proportionnelles entre O''G'' et MD.

Pour mener les droites mentionnées à la position indiquée, quand les segments O''G'' et MD sont donnés, on peut employer, au lieu des rectangles d'Eratosthène ou de la courbe indiquée ci-dessus, la méthode d'approximation successive suivante, donnée par J. Werner dans son *Libelli super viginte duobus elementis conicis,* ouvrage publié en 1522.

Traçons *(fig. 6)* deux droites O''G'' et MD perpendiculaires à la droite G''R et prenons sur ces droites les segments O''G'' et MD égaux aux segments donnés. Par les points O'' et M menons une droite O''MR. Ensuite traçons par le point O'' la droite arbitraire O''F'', par le point F'' la perpendiculaire F''H à G''R, par le point H la parallèle HE' à O''F'', par E' la perpendiculaire KE' à G''R et par K la parallèle à HE'. Cette dernière droite coupe ordinairement la droite G''R en un point D_1 différent de D. En déplaçant le point F'' dans le sens F''G'', si le point D_1 est situé à droite de D, ou dans le sens contraire, si D_1 est situé à gauche de D, nous pouvons faire approcher le point D_1 successivement du point D, qui donne la solution du problème.

VIII.

Solution de Nicomède.

20. Rappelons d'abord qu'on appelle *conchoïde de Nicomède (Traité des courbes spéciales,* t. I, p. 267) le lieu des points M et M' qu'on obtient en prenant sur chacune des droites qui passent par un point fixe O *(pôle),* à partir de son intersection P avec une droite donnée *(base),* deux segments MP et M'P de longueur constante *(intervalle).* Cette courbe a été inventée par Nicomède, géomètre qui a vécu dans le II siècle avant J. C.

Les travaux de Nicomède ne nous sont pas parvenus, mais, d'après Pappus, Nicomède a résolu le problème des deux moyennes au moyen de cette courbe. La construction qu'il a employée pour cela fut exposée par Pappus dans les *Collections mathématiques* (liv. III, prop. 5 et liv. IV, prop. 24) et par Eutocius dans le *Commentaire* mentionné plus haut *(l. c.,* p. 122). Nous allons l'exposer, en simplifiant un peu la démonstration qu'on en trouve dans les ouvrages mentionnés.

Considérons *(fig. 7)* deux droites NA et AM perpendiculaires l'une à l'autre et prenons sur ces droites deux segments AB et AC égaux aux segments donnés a et b. Traçons ensuite par les points B et C les parallèles BD et CD à AC et AB, et par les points E et F, qui divisent les segments AB et AC en deux parties égales, menons la droite DG et la droite FH, perperdiculaire à AC. Prenons maintenant sur FH un point H tel que CH = BE,

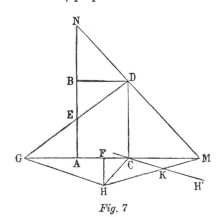

Fig. 7

traçons la droite CH′ parallèle à GH et construisons une conchoïde de Nicomède ayant le point H pour pôle, la droite CH′ pour base et pour intervalle un segment égal à BE. Cette courbe coupe la droite AC en un point M, qui doit vérifier la relation KM = BE = HC. En traçant enfin la droite MDN, on a les segments NB et CM qui sont les moyennes entre les segments a et b.

En effet, nous avons

$$\frac{NB}{BA} = \frac{ND}{DM}, \qquad \frac{AC}{CM} = \frac{ND}{DM},$$

et par conséquent, en faisant NB = x, CM = y, BA = a, AC = b,

(1)
$$xy = ab.$$

Nous avons ensuite

$$FM^2 = (FC + CM)^2 = FC^2 + CM^2 + 2FC.CM = FC^2 + CM.AM = \frac{1}{4} b^2 + y(y+b).$$

Comme les triangles MGH et MKC sont semblables, on a encore

$$\frac{GC}{CM} = \frac{HK}{KM},$$

et par conséquent

$$HK = \frac{ab}{y} = x.$$

Les triangles FMH et FCH donnent enfin

$$FM^2 = (HK + KM)^2 - FH^2 = \left(x + \frac{1}{2} a\right)^2 - \frac{1}{4} a^2 + \frac{1}{4} b^2.$$

Les deux valeurs qu'on vient d'obtenir pour FM² doivent être égales et on a donc

(2)
$$y(y+b) = x(a+x).$$

En éliminant maintenant b entre cette équation et l'équation (1), on trouve

$$y^2 = ax,$$

et par suite on a

$$\frac{b}{x} = \frac{x}{y} = \frac{y}{a}.$$

21. Huygens, dans un manuscrit trouvé parmi ses papiers et publié dans le tome XII, p. 13, de ses *Oeuvres complètes*, a déduit la solution de Nicomède de celle du problème qui a pour but de déterminer les droites qui passent par un point M et sont coupées suivant un segment donné par deux autres droites données. Ce problème est représenté par une équation du quatrième degré ([1]), et Huygens a cherché la position que doivent prendre les droites données et le point M pour que cette équation se décompose rationnellement dans une équation du premier degré et dans une équation binôme du troisième degré. Il a trouvé ainsi la règle de Nicomède. Ajoutons encore qu'Huygens croit probable que Nicomède a suivi cette voie pour inventer sa solution.

IX.

Solution de Dioclès.

22. Considérons (*fig. 8*) une circonférence ayant le centre au point C et sur cette circonférence un point O, et menons par l'extrémité A du diamètre qui passe par O la tangente AM à cette circonférence. Traçons ensuite la droite arbitraire OM, et prenons sur cette droite un segment OP égal au segment MN compris entre la circonférence et la tangente AM. Le lieu du point P, quand OM tourne autour de O, est la courbe nommée *cissoïde de Dioclès*.

On voit aisément que l'équation de cette courbe, en coordonnées polaires rapportées à l'origine O et à l'axe OA, est

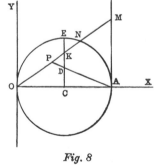

Fig. 8

$$\rho = 2a\,\frac{\sin^2\theta}{\cos\theta},$$

et que par conséquent son équation en coordonnées cartésiennes orthogonales, O étant encore l'origine et OA l'axe des abscisses, est

$$(2a - x)\,y^2 = x^3.$$

([1]) Voir le présent volume, p. 61.

Nous allons donner une autre manière d'engendrer cette courbe dont résulte immédiatement son application au problème de Délos.

Traçons la droite CE, perpendiculaire à OA au milieu de ce segment. Sur cette droite prenons les segments CD et CK vérifiant la condition

$$CK^3 = CD.OC^2$$

ou, en posant $a = OC$, $b = CD$, $\beta = CK$,

$$\beta^3 = a^2 b.$$

Cela posé, cherchons le lieu des positions que prend le point P d'intersection des droites OK et AD, quand CK varie.

Pour résoudre cette question, il suffit de remarquer que les équations des droites AD et OK sont

$$ay + bx = 2ab, \qquad ay = \beta x,$$

et d'éliminer b et β entre ces équations et celle qui précède. On trouve ainsi l'équation

$$(2a - x)\, y^2 = x^3,$$

laquelle fait voir que le lieu de P est la cissoïde de Dioclès.

Donc, pour résoudre le problème des deux moyennes entre a et b, il suffit de tracer une circonférence OEA de rayon égal au plus grand a des segments donnés et de prendre sur le rayon CE, perpendiculaire à OA, un segment CD égal à b. La droite AD coupe la cissoïde correspondant à cette circonférence en un point P et la droite OP coupe le rayon CE en un point K tel que CK est une des moyennes cherchées. L'autre est égale au segment α déterminé par la condition $CK^2 = a\alpha$.

La solution du problème de Délos qu'on vient de donner, est attribuée à Dioclès par Eutocius (*l. c.*). Pappus a donné cette même solution dans ses *Collections mathématiques* (livre III, prop. 5.ᵉ), mais il n'y fait pas mention du nom de Dioclès et la considère comme sa propre invention. Ajoutons encore qu'Entocius a fait mention de la courbe qu'on vient d'employer, mais qu'il ne lui a pas donné un nom, et que Pappus n'a fait mention d'aucune courbe et a supposé qu'on détermine le point P par tâtonnement, en faisant tourner une règle autour du point O de manière à l'amener à une position telle qu'on ait PK = KN et par conséquent NM = OP.

23. La méthode qu'on vient d'employer pour résoudre le problème de Délos au moyen de la cissoïde peut être étendue au problème de la détermination de n moyennes entre a et b.

En supposant en effet *(fig. 9)* $OC = CA = a$, en traçant la droite EC perpendiculaire à OA et en prenant sur cette droite un segment CD déterminé par l'équation

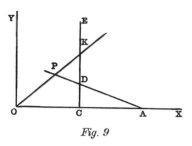

$$CD = \frac{CK^{n+1}}{OC^n} = \frac{\beta^{n+1}}{a^n},$$

K étant un point arbitraire de la droite CE, le lieu du point P d'intersection des droites AD et OK est la courbe correspondant à l'équation, rapportée à des coordonnées orthogonales OX et OY :

Fig. 9

$$(2a - x)\, y^n = x^{n+1}.$$

On peut résoudre au moyen de la courbe représentée par cette équation le problème des n moyennes en procédant comme dans le cas particulier, correspondant à $n = 2$, étudié plus haut.

X.

Solution de Viète.

24. En passant maintenant aux solutions du problème de Délos données après la Renaissance, considérons premièrement celle qui a été exposée par Viète dans un Supplément à sa Géométrie (*Opera mathematica*, éd. Schooten, Leyde, 1646, p. 242).

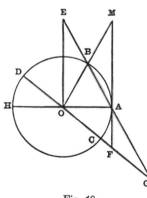

Fig. 10

Traçons *(fig. 10)* une circonférence ayant pour diamètre le plus grand HA des segments donnés et une corde AB égale au plus petit. Prenons ensuite sur la droite qui passe par A et B un point E tel que BE = BA, et par le point A menons la droite AF, parallèle à OE. Traçons par O une droite OG qui coupe AF et AB en deux points F et G tels qu'on ait GF = OA, et désignons par C un des points où elle coupe la circonférence. Alors GC et GA sont les moyennes demandées.

Nous avons en effet

$$\frac{GO}{GE} = \frac{GF}{GA} = \frac{OA}{GA}, \qquad GC.GD = GA.GB,$$

ou, en posant $HA = a$, $AB = b$, $GC = l$, $GA = l'$, et en observant que $GO = l + \frac{1}{2}a$, $GE = l' + 2b$,

$$ll' = ab, \qquad l\,(l + a) = l'\,(l' + b).$$

En éliminant l' entre ces équations, il vient

$$l^4 + al^3 - ab^2l - a^2b^2 = 0,$$

ou

$$(l + a)(l^3 - ab^2) = 0.$$

Donc

$$\frac{b}{l} = \frac{l}{l'} = \frac{l'}{a}.$$

Pour tracer la droite OG de manière qu'on ait GF = OA, il suffit de tracer la *conchoïde de Nicomède* qui a le point O pour pôle, la droite AF pour base et le segment OA pour intervalle. Cette conchoïde coupe la droite BA à un point G qui satisfait à la condition mentionnée.

XI.

Méthode de Villapandus et Gruenbergerius.

25. Le problème des deux moyennes peut être résolu au moyen de la quartique représentée par l'équation

$$a(x^2 + y^2)^2 = b^2x^3,$$

connue sous le nom de *folium simple*.

En effet le cercle représenté par l'équation

$$x^2 + y^2 = b^2$$

coupe cette quartique à l'origine des coordonnées et en deux autres points ayant une abscisse commune déterminée par l'équation

$$x^3 = ab^2.$$

Cette abscisse est une des moyennes entre a et b.

Cette méthode a été donnée par Villapandus dans un ouvrage intitulé: *In Ezechielem Explanationes . . .*, publié en 1606, mais, d'après Richard (*Liber de inventione duarum rectarum continue proportionalium inter duas rectas datas,* Antuerpiae, 1645), l'invention de cette courbe et son application au problème des moyennes avaient été déjà faites par Gruenbergerius. Villapandus a nommé la courbe employée dans cette construction *seconde courbe proportionnatrice.*

26. On peut généraliser aisément cette méthode. En employant la courbe représentée par l'équation

$$b^2 x^{n+1} = a \, (x^2 + y^2)^{\frac{n+2}{2}},$$

et le cercle représenté par celle-ci :

$$x^2 + y^2 = b^2,$$

et en procédant comme dans le cas particulier précédemment considéré, on obtient la solution du problème des n moyennes entre les segments a et b.

La courbe qu'on vient d'employer peut être représentée par l'équation polaire

$$\rho = \frac{b^2}{a} \cos^{n+1} \theta = a_1 \cos^{n+1} \theta,$$

qui, en posant

$$\rho_1 = a_1 \cos \theta, \quad \rho_2 = \rho_1 \cos \theta, \ldots, \quad \rho_{n+1} = \rho_n \cos \theta,$$

donne $\rho = \rho_{n+1}$. Donc on peut faire dépendre la construction de cette courbe de celle de $n+1$ triangles rectangles dont on connait l'hypoténuse et un angle.

27. Dans l'ouvrage de Villalpandus mentionné plus haut, on trouve encore la solution du problème des deux moyennes au moyen de la courbe correspondant à l'équation

$$\rho = a \cos^2 \theta.$$

En posant en effet $x_1 = \rho \cos \theta$, il vient

$$\rho^3 = a x_1{}^2.$$

Donc le vecteur d'un point de la courbe est une moyenne entre le segment a et l'abscisse donnée du même point.

La courbe employée dans cette construction, qui est du sixième degré, a été nommée par Villalpandus *première proportionnatrice*.

On peut résoudre de la même manière le problème des n moyennes au moyen de la courbe correspondant à l'équation

$$\rho = a \cos^n \theta.$$

Les courbes employées dans les deux solutions qu'on vient de donner du problème des n moyennes, appartienent à la classe des lignes connues à présent sous le nom de *courbes de Clairaut* ([1]).

XII.

Méthodes de Descartes et de Fermat. Généralisations de Sluse et Newton.

28. Descartes, dans le livre III de sa *Géométrie,* publiée en 1637, et Fermat, dans le Mémoire ayant pour titre: *Ad locos planos et solidos Isagoge,* écrit avant la publication de l'ouvrage de Descartes, mais divulgué plus tard, ont donné une méthode pour résoudre graphiquement les équations du troisième et du quatrième degrés au moyen d'une parabole et d'un cercle, et l'ont appliquée aux problèmes des deux moyennes et de la trisection de l'angle. Descartes a encore ajouté que, dans sa méthode, la parabole peut être remplacée par une conique quelconque arbitrairement donnée, ou même par un arc d'une conique, mais il n'a pas indiqué les règles pour résoudre la question avec tant de généralité. Ces règles ont été énoncées et démontrées géométriquement plus tard par Sluse dans son *Mesolabium,* publié en 1654, et par Newton dans la dernière partie de son *Arithmetica Universalis,* publiée en 1707. Sluse a obtenu ses résultats par des moyens analytiques, qu'il a publiés plus tard dans une *Miscelanea* ajoutée comme appendice à la deuxième édition du *Mesolabium,* parue en 1668, et qui ont été encore exposés par L'Hospital dans un chapitre de son *Traité des sections coniques* (1720).

Ajoutons encore que Descartes, dans l'ouvrage mentionné, en confirmant un résultat obtenu antérieurement par Viète, a démontré que la solution d'un problème quelconque dépendant d'une équation du troisième degré peut être réduite à celle du problème des deux moyennes ou à celle du problème de la trisection de l'angle.

Cela posé, nous allons maintenant appliquer la méthode de Descartes et les généralisations de Sluse et de Newton au problème des deux moyennes. Nous suivrons, comme les deux premiers géomètres, la voie analytique, mais en lui donnant une forme plus directe.

29. On a vu déjà que la solution du problème de Délos dépend de la construction de la racine réelle de l'équation

$$(1) \qquad\qquad x^3 = a^2 b,$$

construction qu'on va faire au moyen d'une parabole arbitraire et d'une certaine circonférence.

([1]) Voir ce volume, p. 212.

Considérons la parabole et la circonférence représentées par les équations

$$y^2 = nx, \qquad x^2 + y^2 - 2ax - 2\beta y = 0.$$

Ces lignes se coupent à l'origine des coordonnées et en trois points réels ou imaginaires, dont les abscisses sont déterminées par l'équation

$$x^3 + 2(n - 2a)x^2 + (n - 2a)^2 x - 4\beta^2 n = 0.$$

Or cette équation est identique à l'équation (1) quand

$$a = \frac{n}{2}, \qquad \beta = \frac{a}{2}\sqrt{\frac{b}{n}}.$$

Donc on peut résoudre le problème de Délos au moyen de la parabole et de la circonférence représentées par les équations

$$y^2 = nx, \qquad x^2 + y^2 - nx - a\sqrt{\frac{b}{n}}\, y = 0,$$

où n est arbitraire.

Ces lignes se coupent à l'origine des coordonnées et en un autre point réel dont l'abscisse x_1 est une des moyennes entre a et b. On obtient l'autre moyenne y_1 au moyen de l'équation $x_1 y_1 = ab$.

Pour obtenir la solution la plus simple, on doit faire $n = b$. Alors les équations de la parabole et du cercle sont

$$y^2 = bx, \qquad x^2 + y^2 - bx - ay = 0,$$

et comme l'équation de la parabole et l'équation (1) donnent $xy = ab$, on peut obtenir les moyennes x et y entre a et b par la règle suivante :

Traçons la parabole représentée par la première équation et prenons dans son plan le point ayant pour coordonnées $\left(\frac{1}{2}b,\ \frac{1}{2}a\right)$. Décrivons ensuite une circonférence ayant ce point pour centre et passant par le sommet de la parabole. Cette circonférence coupe la parabole en un autre point dont les coordonnées x et y sont les moyennes cherchées.

La règle qu'on vient d'énoncer est celle que Descartes a donnée dans l'ouvrage mentionné ci-dessus.

30. Voyons maintenant comme l'on peut résoudre le problème quand on remplace la parabole par une ellipse ou une hyperbole.

Considérons, au lieu de l'équation (1) celle-ci :

$$(2) \qquad x_{\scriptstyle 1}{}^3 = \frac{8a^2b}{\lambda^3},$$

λ étant un nombre arbitraire. Entre les racines des deux équations existe la relation $x_{\scriptstyle 1} = \frac{2x}{\lambda}$, et par conséquent, si l'on connait la racine réelle d'une de ces équations, on obtient celle de l'autre au moyen d'une construction avec la règle et le compas.

Prenons la conique définie par l'équation

$$y^2 = mx^2 + n$$

et transportons l'origine des coordonnées en un point $(-h, -k)$ placé sur la courbe. La nouvelle équation de la courbe est

$$y_{\scriptstyle 1}{}^2 - 2ky_{\scriptstyle 1} = m\,(x_{\scriptstyle 1}{}^2 - 2hx_{\scriptstyle 1}),$$

h et k vérifiant la condition

$$k^2 = mh^2 + n.$$

Cette conique coupe le cercle défini par l'équation

$$x_{\scriptstyle 1}{}^2 + y_{\scriptstyle 1}{}^2 - 2\alpha x_{\scriptstyle 1} - 2\beta y_{\scriptstyle 1} = 0$$

à l'origine des coordonnées et en trois autres points dont les abscisses sont déterminées par l'équation

$$(1+m)^2\,x_{\scriptstyle 1}{}^3 - 4\,(1+m)\,(mh+\alpha)\,x_{\scriptstyle 1}{}^2 + 4\,[(mh+\alpha)^2 + (\beta-k)^2 - \beta\,(\beta-k)\,(1+m)]\,x_{\scriptstyle 1}$$

$$- 8\,[\alpha\,(\beta-k) - \beta\,(mh+\alpha)]\,(\beta-k) = 0.$$

Les conditions pour que cette équation soit identique à l'équation (2) sont

$$mh + \alpha = 0, \quad m\beta + k = 0, \quad \alpha\,(\beta-k)^2 = \frac{a^2b}{\lambda^3}\,(1+m)^2,$$

ou, en éliminant k entre les dernières équations,

$$(3) \qquad mh + \alpha = 0, \quad m\beta + k = 0, \quad \alpha\beta^2 = \frac{a^2b}{\lambda^3}.$$

Ces équations et l'équation

$$k^2 = mh^2 + n,$$

déterminent quatre des quantités h, k, α, β, m, n, quand on en donne arbitrairement trois, et ensuite l'intersection du cercle et de la conique correspondante déterminent un point réel dont l'abscisse est égale à la racine réelle de l'équation (2).

31. Supposons qu'on fait $\beta = \dfrac{a}{\lambda}$ et qu'on donne à m et λ des valeurs arbitraires. Nous avons

$$\alpha = \frac{b}{\lambda}, \qquad h = -\frac{b}{m\lambda}, \qquad k = -\frac{ma}{\lambda}, \qquad n = m^2\left(\frac{a^2}{\lambda^2} - \frac{h^2}{m}\right).$$

Les segments correspondant à ces valeurs de α, β, h, k, n peuvent être obtenus au moyen de la règle et du compas, et on détermine ainsi la conique et la circonférence qui, par leur intersection, donnent la représentation de x_1. Les équations de ces lignes sont

$$x_1{}^2 + y_1{}^2 - 2\frac{b}{\lambda}x_1 - 2\frac{a}{\lambda}y_1 = 0,$$

(4)
$$y_1{}^2 - mx_1{}^2 + 2m\frac{a}{\lambda}y_1 - 2\frac{b}{\lambda}x_1 = 0.$$

Nous avons ainsi la solution du problème des deux moyennes proportionnelles au moyen d'une infinité d'ellipses et d'hyperboles, et, comme conséquence de ce qu'on vient d'exposer, nous pouvons démontrer que le problème peut être résolu au moyen d'une conique arbitrairement donnée.
Soit

$$y_1{}^2 + Ax_1{}^2 = B, \qquad A > 0, \qquad B > 0,$$

l'équation d'une ellipse donnée.
En transportant l'origine des coordonnées au point (p, q), cette équation prend la forme

$$y_1{}^2 + Ax_1{}^2 + 2qy_1 + 2pAx_1 + q^2 + Ap^2 - B = 0.$$

Les conditions pour que cette équation soit identique à l'équation (4) sont

$$A = -m, \qquad \frac{ma}{\lambda} = q, \qquad \frac{b}{\lambda} = -Ap, \qquad q^2 + Ap^2 - B = 0.$$

L'équation (4) est donc identique à celle de l'ellipse considérée, quand on donne à λ la valeur réelle

$$\lambda = \sqrt{\frac{A^3 a^2 + b^2}{AB}}$$

et à m, p, q les valeurs déterminées par les trois premières équations précédentes.

Supposons maintenant qu'on donne l'hyperbole correspondant à l'équation

$$y_1{}^2 - A x_1{}^2 = \pm B, \quad A > 0, \quad B > 0.$$

Nous pouvons employer dans le second membre le signe $+$ ou $-$, comme il nous conviendra, vu que le changement de signe de ce membre ne fait que changer la position de la courbe par rapport aux axes.

En transportant, comme précédemment, l'origine des coordonnées en un point (p, q), l'équation de la courbe prend la forme

$$y_1{}^2 - A x_1{}^2 + 2qy_1 - 2pA x_1 + q^2 - Ap^2 \mp B = 0,$$

et est identique à l'équation (4) quand

$$A = m, \quad \frac{ma}{\lambda} = q, \quad \frac{b}{\lambda} = Ap, \quad q^2 - Ap^2 \mp B = 0.$$

Nous avons donc, pour déterminer λ, l'équation

$$\lambda = \sqrt{\frac{A^3 a^2 - b^2}{\pm AB}},$$

et les trois prémières équations précédentes déterminent ensuite m, p et q.

Comme nous pouvons prendre, dans le second membre de l'équation de l'hyperbole, le signe que nous conviendra, nous pouvons choisir ce signe de manière que λ soit réel, et identifier ainsi l'hyperbole représentée par l'équation (4) à l'hyperbole donnée.

De ce qu'on vient d'exposer et de ce qu'on a vu au n.º 29 on conclut que le problème des deux moyennes peut être résolu au moyen d'une conique quelconque donnée.

On peut généraliser aisément l'analyse précédente et établir ainsi le théorème énoncé par Descartes et démontré par Sluse et Newton sur la possibilité de construire graphiquement les racines d'une équation quelconque du troisième ou du quartième degré au moyen d'une conique quelconque.

32. Supposons que l'on prend $\alpha = \dfrac{b}{2}$, $\beta = \dfrac{a}{2}$. Les équations (3) donnent

$$mh + \frac{1}{2} b = 0, \quad \frac{1}{2} ma + k = 0, \quad \lambda = 2.$$

Donc

$$m = -\frac{2k}{a}, \quad h = \frac{ab}{4k}, \quad n = \frac{4k^3 + ab^2}{8k} = k^2 + \frac{1}{2} bh.$$

Le cercle et l'ellipse représentés par les équations

$$x_1{}^2 + y_1{}^2 - bx_1 - ay_1 = 0,$$

$$y_1{}^2 + 2\frac{k}{a} x_1{}^2 - 2ky_1 - bx_1 = 0$$

se coupent à l'origine et en un autre point réel dont les coordonnées sont les moyennes cherchées.

Cette méthode est la traduction analytique d'une des règles de Sluse.

33. Posons encore dans les formules (3) $\beta = a$, $\lambda = 1$ et donnons à k une valeur arbitraire. Nous avons

$$m = -\frac{k}{a}, \quad a = b, \quad h = \frac{ab}{k}, \quad n = \frac{k^3 + ab^2}{k},$$

et l'équation de l'ellipse correspondante est

$$y_1{}^2 = -\frac{k}{a} x_1{}^2 + \frac{k^3 + ab^2}{k}.$$

On démontre au moyen de ces égalités la construction suivante de la moyenne entre a et b donnée par Newton (*l. c.*):

Traçons la droite BY_1 et prenons sur cette droite un segment arbitraire BE (*fig. 11*). Prenons ensuite sur la même droite un segment BC égal à a et un autre BD égal à la moyenne proportionelle entre BC et BE. Menons par le point B la perpendiculaire BX_1 à BY_1 et prenons sur BX_1 un segment BM égal à b et un autre segment BH déterminé par la condition

$$BH = \frac{BC \cdot BM}{BE}.$$

Traçons ensuite par les points M et C les droites MK et CK respectivement parallèles à BC et BM, et par H et E les droites HL et EL parallèles à BE et BH; et prenons sur HL

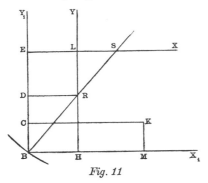

Fig. 11

un point R tel que HR = BD. Décrivons maintenant une circonférence ayant pour centre le point K et pour rayon la distance de ce point à B. Traçons enfin l'ellipse engendrée par le point B de la droite BRS, quand cette droite se déplace de manière que la longueur du segment RS compris entre les droites HL et EL reste constante.

Cela posé, l'ellipse et la circonférence envisagées se coupent au point B et en un autre point réel dont l'abscisse x_1 est double de la moyenne x cherchée.

En effet, en représentant par $(-h, -k)$ les coordonnées du point B par rapport aux axes LX et LY, parallèles à BX_1 et BY_1, menés par le centre de l'ellipse, et par (α, β) les coordonnées du point K par rapport aux axes BX_1 et BY_1, et en tenant compte des égalités BC = a, BM = b, nous avons

$$BE = k, \quad BD = \sqrt{ak}, \quad BH = h = \frac{ab}{k}, \quad HR = \sqrt{ak},$$

$$\alpha = BM = b, \quad \beta = BC = a.$$

Mais les égalités

$$SB^2 = ES^2 + BE^2, \quad ES = \frac{BE \cdot BH}{BD},$$

$$BR^2 = BD^2 + DR^2 = BD^2 + BH^2$$

donnent

$$SB^2 = \frac{k^3 + ab^2}{k}, \quad BR^2 = \frac{a^2b^2 + ak^3}{k^2}.$$

En observant maintenant que les segments SB et BR sont égaux aux demi-axes de l'ellipse considérée, on voit que cette ellipse, rapportée à ses axes, a pour équation

$$y^2 = -\frac{k}{a} X^2 + \frac{k^3 + ab^2}{k}.$$

Donc la conique et la circonférence qui figurent dans cette construction coïncident avec celles que déterminent les conditions écrites ci-dessus, et la construction est donc démontrée. Newton a donné une démonstration géométrique très longue de cette construction, qu'il a déduite d'une construction générale des racines des équations du troisième et du quatrième degrés.

34. On obtient aisément par la méthode de Descartes la solution suivante du problème considéré, que G. Saint-Vincent a donnée dans son *Opus geometricum* (1647, liv. VI, prop. 138, p. 602).

Considérons une hyperbole *(fig. 12)* ayant pour asymptotes deux côtés d'un rectangle et passant par l'intersection des deux autres, et supposons que les côtés de ce rectangle soient égaux aux segments donnés a et b. Le cercle circonscrit au rectangle coupe l'hyperbole au point A et en un autre point M ayant pour coordonnées les moyennes cherchées.

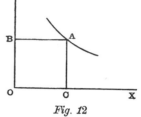

Fig. 12

En effet, les équations de l'hyperbole et du cercle sont

$$xy = ab, \qquad x^2 + y^2 - ax - by = 0.$$

Or, en éliminant y entre ces équations, il vient

$$x^4 - ax^3 - ab^2x + a^2b^2 = 0,$$

et cette équation a deux racines réelles, dont l'une est égale à a et l'autre est identique à la racine réelle de l'équation $x^3 = ab^2$.

35. Descartes a encore considéré dans sa *Géométrie* le problème des quatre moyennes. Ce problème se traduit par l'équation

$$x^5 = a^4b,$$

et fut résolu par le célèbre géomètre au moyen de la courbe du troisième ordre connue sous le nom de *conchoïde parabolique* (*Traité des courbes spéciales*, t. I, p. 106).

Fermat a étudié aussi, dans son mémoire: *De solutione problematum geometricorum per curvas simplicissimas* (*Oeuvres*, t. I, p. 118), quelques cas du problème des n moyennes, dont il a obtenu les solutions au moyen des paraboles et des hyperboles d'ordre supérieur. Ainsi, dans le cas du problème des six moyennes, l'équation qu'on doit résoudre est

$$x^7 = a^6b,$$

et x peut être déterminé au moyen de l'intersection des courbes

$$x^3 = by^2, \qquad a^3 = x^2y.$$

De même, le problème des douze moyennes dépend de l'équation

$$x^{13} = a^{12}b,$$

et peut être résolu au moyen des courbes

$$x^4 = by^3, \qquad a^4 = x^3y.$$

Fermat a encore remarqué que, si l'exposant de x dans l'équation

$$x^n = a^{n-1}b,$$

dont dépend le problème des $n-1$ moyennes, est un nombre composé, on peut faire dépendre la détermination de x d'une équation de degré inférieur.

Ainsi, si $n = \alpha\beta$, α et β étant des nombres premiers, l'équation à résoudre est

$$x^{\alpha\beta} = a^{\alpha\beta - 1}\, b;$$

mais nous avons

$$x^\alpha = a^{\alpha - 1} z, \qquad z^\beta = a^{\beta - 1} b;$$

donc le problème se réduit à la construction de $\beta - 1$ moyennes proportionnelles entre a et b, et à la construction de $\alpha - 1$ moyennes entre a et z.

De même, si $n = \alpha\beta\gamma$, α, β, γ étant des nombres premiers, on a

$$x^\alpha = a^{\alpha - 1}\, z, \qquad z^\beta = a^{\beta - 1} z', \qquad z'^\gamma = a^{\gamma - 1}\, b,$$

et par conséquent la construction de x se réduit à la construction de $\gamma - 1$ moyennes entre a et b, de $\beta - 1$ moyennes entre a et z' et de $\alpha - 1$ moyennes entre a et z.

On considère de même manière les cas où le nombre des facteurs de n est supérieur à trois. Ajoutons encore que les nombres α, β, γ, ... peuvent être égaux ou inégaux.

XIII.

Méthode de Viviani.

36. Viviani, dans son *Quinto libro di Euclide o Scienze universale delle propozioni spiegata colla dottrina del Galileo* (1647), a employé l'hyperbole du troisième ordre correspondant à l'équation

$$xy^2 = a^3$$

pour résoudre le problème de Délos, et, par ce motif, il a donné à cette courbe le nom d'*hyperbole mesolabica*. Il en a donné aussi la construction suivante.

Traçons *(fig. 13)* la demi-circonférence ODB, la tangente BC au point B et la droite de direction arbitraire OC. Par le point D où cette droite coupe la demi-circonférence menons la droite MP perpendiculaire à OB et prenons sur cette droite le segment MP, égal à OC. Alors M est un point de la courbe considérée.

En effet, nous avons, en posant $OB = a$, $DOB = \theta$,

$$OD = a \cos \theta, \quad MP = OC = \frac{a}{\cos \theta},$$

$$OP = OD \cos \theta = a \cos^2 \theta.$$

Donc

$$MP^2 . OP = a^3.$$

Pour résoudre le problème de Délos au moyen de la courbe considérée, supposons que a soit un des segments donnés et menons par le point O la droite OE telle que $BE = b$, b étant l'autre segment donné. Cette droite, dont l'équation est $y = \dfrac{b}{a} x$, coupe la courbe en un point réel N dont l'ordonnée NQ est déterminée par l'équation

$$y^3 = ab^2.$$

Donc l'ordonné NQ est une des moyennes demandées. On obtient l'autre par la méthode ordinaire.

XIV.

Les méthodes d'Huygens.

37. Huygens a donné en 1654, dans un opuscule intitulé: *Problematum quorundam illustrium Constructiones,* trois méthodes pour résoudre le problème de Délos, que nous allons exposer. Pour obtenir ses solutions, le grand géomètre a suivi la voie analytique, comme l'on peut voir dans un de ses papiers publié dans le tome XII, p. 49-56, de ses *Oeuvres complètes*.

38. 1.ᵉ¹ᵉ MÉTHODE. Soient a et b les segments donnés et $a > b$. Traçons la droite AF *(fig. 14)* et prenons sur cette droite un segment AC égal à a. Soit E le milieu de ce segment.

Décrivons maintenant une circonférence de rayon égal à b ayant le centre au point A et désignons par B un des points où elle coupe une autre circonférence de rayon égal à AE ayant

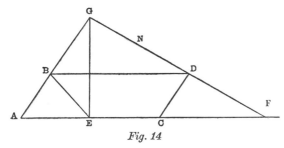

le centre au point E. Le segment AB de la droite ABG est égal à b, et, à cause de la relation

$$BE^2 = BA^2 + AE^2 - 2BA \cdot AE \cos BAE$$
$$= BA^2 + BE^2 - 2BA \cdot BE \cos BAE,$$

Fig. 14

nous avons $\cos A = \dfrac{b}{a}$.

Par les points B et C menons les parallèles à AC et AB, et désignons par D le point où ces droites se coupent. Prenons ensuite une règle et faisons-la tourner autour du point D de manière qu'elle prenne une position telle qu'elle coupe les droites AB et AE de manière qu'on ait EF = EG. Alors CF et BG sont les deux moyennes cherchées.

La démonstration de la construction considérée que nous allons exposer, est différente de celles qui ont été données par Huygens.

Les triangles CDF et BDG donnent respectivement

$$\frac{CF}{CD} = \frac{\sin(180^0 - A - F)}{\sin F},$$

$$\frac{BG}{BD} = \frac{\sin BDG}{\sin(180^0 - GBD - BDG)} = \frac{\sin F}{\sin(180^0 - A - F)}.$$

Donc, en posant CF $= l$, BG $= l'$, et en observant que CD $= b$, BD $= a$ on a

$$ll' = ab.$$

D'un autre côté, comme EF $=$ EG, on a

$$(EC + CF)^2 = EG^2 = AE^2 + (AB + BG)^2 - 2AE(AB + BG)\cos A,$$

et par conséquent, en remplaçant EC, CF, etc. par $\dfrac{1}{2}a$, l, etc. et $\cos A$ par la valeur donnée ci-dessus,

$$l^2 + al = l'^2 + bl'$$

ou, en éliminant l' au moyen de l'équation précédente,

$$l^4 + al^3 - ab^2l - a^2b^2 = 0$$

ou enfin, en divisant par $l + a$,

$$l^3 = ab^2.$$

Donc

$$\frac{b}{l} = \frac{l}{l'} = \frac{l'}{a}.$$

39. Pour déterminer géométriquement la position de la droite DG, on peut procéder comme dans la solution d'Héron (n.ºs 10 et 11), avec laquelle la solution précédente a une grande analogie. Ainsi, on peut déterminer, comme Huygens, le point N de cette droite au moyen de l'intersection de l'hyperbole passant par D et ayant pour asymptotes EF et EG avec la circonférence dont le centre est au point E et dont le rayon est égal à ED; ou l'on peut déterminer le point G au moyen d'une courbe du quatrième degré que l'on obtient d'une manière semblable à celle qui a été employée dans la solution d'Héron (n.° 12).

40. 2.ᵉ MÉTHODE. Traçons un segment de droite AC *(fig. 15)*, égal au plus grand des segments donnés, et la circonférence ayant AC pour diamètre. Traçons ensuite une corde AB de cette circonférence, égale au plus petit des segments donnés, et par les points B et C menons les droites BD et DC, parallèles à AC et AB. Traçons encore une droite GE passant par le centre E de la circonférence et telle qu'on ait GH = DH. Cela posé, si L est le point d'intersection de cette droite avec la circonférence, GB et GL sont les moyennes demandées.

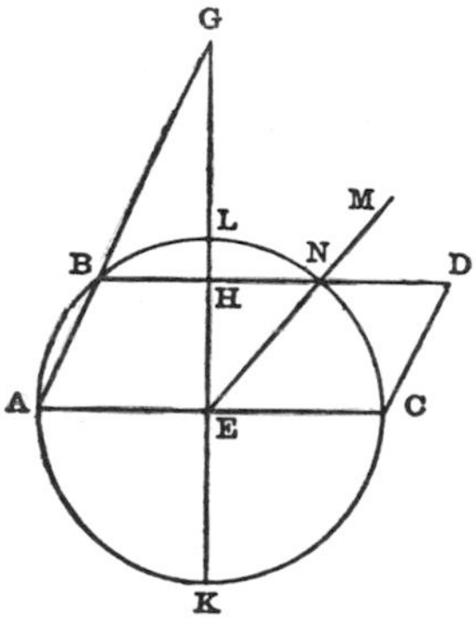

Fig. 15

Nous allons donner une démonstration trigonométrique de cette construction, différente de celles d'Huygens.

Nous avons

$$HG^2 = HB^2 + BG^2 - 2HB \cdot BG \cos GAC,$$

$$HD = BD - BH = AC - BH, \qquad \cos GAC = \frac{AB}{AC}.$$

Donc la relation GH = DH donne, en posant $AC = a$, $AB = b$, $BG = l$, $GL = l'$,

$$HB^2 + l^2 - 2l\,\frac{b}{a}\,HB = (a - HB)^2.$$

Mais les triangles semblables GBH et GAE donnent

$$\frac{BH}{AE} = \frac{BG}{BG + BA}, \qquad \text{ou} \qquad HB = \frac{al}{2\,(l + b)}.$$

En éliminant HB entre ces équations, on obtient celle-ci :

(A)
$$l^3 = a^2 b.$$

Nous avons encore $GB . GA = GL . GK$ ou

(B)
$$l(l+b) = l'(l'+a).$$

Cette équation donne pour l' une valeur positive et une autre négative, et la première satisfait à la condition $ll' = ab$, comme l'on vérifie en remplaçant dans l'équation (B) l' par la valeur $\dfrac{ab}{l}$ et en remarquant qu'on obtient ainsi l'équation

$$(l^3 - a^2 b)(l+b) = 0,$$

et par conséquent l'équation (A).

41. Huygens suppose que la détermination de la droite GE est faite par tatônnement. Si l'on veut déterminer géométriquement le point G de cette droite, on doit chercher l'intersection de la droite AB avec la courbe qu'on obtient en menant par E une droite variable EM et en prenant sur cette droite, à partir du point N où elle coupe BD, un segment MN égal à ND. Cette courbe est une *strophoïde droite* (*Traité des courbes*, t. 1, p. 32 et 33). C'est M. Loria (*Mathesis*, 1898) qui a remarqué que la strophoïde est une courbe duplicatrice au moyen de laquelle on donne une forme géométrique à la solution d'Huygens du problème de Délos qu'on vient d'exposer.

Ajoutons que cette solution a été communiquée par Huygens à Kinner dans une lettre du 18 juillet 1653 (*Oeuvres*, t. I, p. 236).

42. 3.ᵉ MÉTHODE. Prenons sur une droite indéfinie (*fig. 16*) un segment AB, égal au plus grand des segments donnés, et un segment AF égal à la moitié du plus petit. Prenons sur AB un point R tel que $BR = AB$, et sur la perpendiculaire à AB, menée par F, un point C tel que $RC = AR$. Traçons ensuite par A une parallèle EA à CB, et par le point C menons une droite telle qu'on ait $CE = DA$. Les moyennes cherchées sont CE et ED.

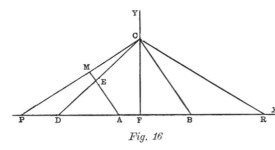

Fig. 16

Voici une démonstration différente de celles d'Huygens.

Comme la droite CB est parallèle à EA, nous avons

$$\frac{CE}{AB} = \frac{ED}{DA} = \frac{ED}{CE},$$

ou, en posant $CE = l$, $ED = l'$, $AB = a$,

$$l^2 = al'.$$

Nous avons encore

$$CF^2 = CR^2 - FR^2 = CR^2 - (AR - AF)^2,$$

ou, en faisant $AF = \frac{1}{2} b$, et en tenante compte de l'égalité $RC = AR$,

$$CF^2 = 2ab - \frac{1}{4} b^2.$$

On a ensuite

$$CD^2 = (DA + AF')^2 + CF^2,$$

et par conséquent

$$(l + l')^2 = \left(l + \frac{1}{2} b\right)^2 + 2ab - \frac{1}{4} b^2,$$

ou

$$l'^2 + 2ll' = bl + 2ab.$$

En éliminant l' entre cette équation et l'équation $l^2 = al'$, on trouve

$$l^4 + 2al^3 - a^2bl - 2a^3b = 0$$

ou

$$(l + 2a)(l^3 - a^2b) = 0.$$

Nous avons donc, pour déterminer l et l', les équations

$$l^3 = a^2b, \qquad l^2 = al',$$

équivalentes à celles-ci :

$$\frac{a}{l} = \frac{l}{l'} = \frac{l'}{b} .$$

43. Pour tracer la droite CD de manière qu'on ait $CE = DA$, Huygens procède par tatônnement. Si l'on veut déterminer la position de cette droite par une méthode géométrique, il suffit de tracer la courbe qu'on obtient en prenant sur chaque droite CP, menée par le point fixe C, un point M tel qu'on ait $CM = AP$. Le point E est déterminé par l'intersection de cette courbe avec la parallèle à CB menée par le point A. Pour obtenir l'équation de cette courbe, rapportée à FR et FC comme axes des x et des y, il suffit de remarquer que l'équation de la droite CM est

$$y = mx + k,$$

en posant $CF = k$, et que l'égalité $CM = AP$ donne, en faisant $\alpha = AF$ et en représentant par (x, y) les coordonnées du point M,

$$x^2 + (y - k)^2 = \left(\frac{k}{m} - \alpha\right)^2.$$

En éliminant m entre ces équations, on obtient l'équation du lieu considéré, savoir :

$$[x^2 + (y - k)^2](y - k)^2 = [kx - \alpha(y - k)]^2,$$

où

$$\alpha = \frac{1}{2}b, \quad k = \sqrt{2ab - \frac{1}{2}b^2}.$$

XV.

Solutions de Newton.

44. Descartes, en suivant les idées de Pappus, pensait que, quand un problème de Géométrie ne peut pas être résolu au moyen de droites et de cercles, mais qu'il peut être résolu au moyen des coniques, on ne doit pas employer, pour en obtenir la solution, les courbes d'ordre supérieur. Ces idées n'ont pas été admises par Newton, qui entendait que, dans le choix de la courbe employée pour résoudre un problème géométrique, on ne doit pas tenir compte de la simplicité de son équation, mais de la facilité de sa construction. Cette manière de voir a été exposée et développée par le grand géomètre dans la dernière partie de l'*Arithmetica Universalis*, où, en s'occupant des problèmes dépendant des équations du troisième degré, il donne des méthodes pour les résoudre au moyen des coniques et il expose ensuite les méthodes pour les résoudre au moyen de la *conchoïde de Nicomède* et de la *conchoïde du cercle (limaçon de Pascal)*, qu'il juge préférables à celles-là. Nous allons exposer ces méthodes pour le cas particulier du problème de Délos.

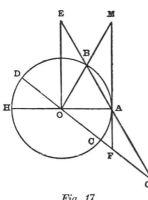

Fig. 17

1.° Traçons *(fig. 17)* un cercle ayant pour diamètre le segment HA, égal au plus grand des segments donnés, et la corde AB égale au plus petit de ces segments. Prolongeons OB jusqu'à un point M tel qu'on ait OB = BM, et par le point O traçons une droite OC qui coupe AB et AM en deux points G et F tels qu'on ait FG = OB. Les segments GC et GA sont les moyennes cherchées.

Cette solution ne diffère pas essentiellement de celle de Viète (n.º 24), et Newton la donne même comme connue.

En effet, si par le point O on mène une droite OE qui passe par un point E tel qu'on ait AB = BE, les triangles ABM et OBE sont égaux, vu que OB = BM, BA = BE, OBE = ABM. Donc les droites OE et MF sont parallèles. Or, dans la solution de Viète, au lieu de se faire usage du point M, on détermine la droite MF par les conditions d'être parallèle à OE et de passer par le point A.

2.º Prenons (*fig. 18*) sur une droite trois points K, C, A tels que $KC = CA = \frac{1}{2} a$, a étant un des segments donnés. Ensuite décrivons l'arc KG d'une circonférence de rayon KA ayant le centre au point A, dont la corde soit égale à $2b$, b étant l'autre segment donné. Par les points K, G, C décrivons une circonférence et traçons une droite BEG qui passe par G et ait une direction telle que le segment BE compris entre la droite BA et cette circonférence soit égale à $\frac{1}{2} a$. On peut, pour cela,

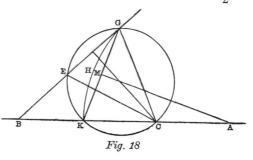

Fig. 18

déterminer le point B au moyen de l'intersection de la droite KA avec la conchoïde du cercle GEK ayant pour pôle le point G et pour intervalle $\frac{1}{2} a$. Cela posé, les deux moyennes entre a et b sont CE et BK.

Pour démontrer cette construction, remarquons d'abord que les triangles EBC et KGB sont semblables, vu que l'angle B est commun et que les angles BGK et ECB, ayant pour mesure la moitié de l'arc EK, sont égaux. Donc

$$\frac{EC}{EB} = \frac{KG}{BK},$$

ou, en posant EC = x, BK = y,

$$xy = ab.$$

Remarquons maintenant que, si par A on mène la perpendiculaire AM à KG et par le point C la perpendiculaire CH à EG, les triangles rectangles AMK et HEC sont semblables, vu que les angles MKA et HEC, ayant pour mesure la moitié de l'arc GC, sont égaux. Donc

$$\frac{EH}{EC} = \frac{KM}{KA},$$

ou

$$EH = \frac{bx}{a}.$$

Remarquons enfin qu'on a, dans le triangle BEC,

$$BC^2 = BE^2 + EC^2 + 2BE \cdot EH,$$

et

$$BC^2 = (BK + KC)^2 = BK^2 + KC^2 + 2BK \cdot KC,$$

et par conséquent, en égalant les deux valeurs de BC^2 et en remplaçant les segments BE, EC, etc. par les lettres qui les désignent,

$$y^2 + ay = x^2 + bx,$$

ou, en tenant compte de l'équation $xy = ab$,

$$(x + b)(x^3 - a^2 b) = 0.$$

Donc EC et BK vérifient les équations

$$xy = ab, \qquad x^3 = a^2 b,$$

et sont donc les moyennes entre a et b.

Newton a encore donné, dans l'ouvrage mentionné, une autre solution du même problème au moyen du limaçon de Pascal et d'une circonférence.

XVI.

Les méthodes de Clairaut.

45. Prenons la courbe représentée par l'équation polaire

(1) $$\rho \cos^{n+1} \theta = a,$$

ou, en coordonnées cartésiennes,

$$x^{n+1} = a (x^2 + y^2)^{\frac{n}{2}}.$$

Cette courbe est coupée par le cercle correspondant à l'équation

$$x^2 + y^2 = b^2.$$

en des points dont les abscisses sont déterminées par l'équation

$$x^{n+1} = ab^n.$$

Donc l'abscisse du point réel, quand n est pair, ou l'abscisse commune des deux points réels, quand n est impair, est une des moyennes demandées.

Clairaut a employée la courbe qu'on vient de considérer pour résoudre le problème des n moyennes dans un mémoire lu à l'Académie des Sciences de Paris en 1726 (*Histoire de l'Académie des Sciences,* 1728, p. 45) et publié en 1734 dans la *Miscellanea Berolinensis* (t. IV, p. 143).

En posant $n = 2$, on obtient l'équation

$$\rho \cos^3 \theta = a,$$

qui représente une cubique au moyen de laquelle on obtient la solution du problème des deux moyennes. La méthode donnée par Longchamps dans *l'Éssai de la Géométrie de la règle et de l'équerre* (1890, p. 93), pour résoudre ce dernier problème, est identique à celle qu'on vient d'exposer.

46. La construction des courbes représentées par l'équation (1) peut être réduite à celle de la construction d'une suite de triangles dont on connait une cathète et un angle, puis qu'on a

$$\rho_1 = \frac{a}{\cos \theta}, \quad \rho_2 = \frac{\rho_1}{\cos \theta}, \quad \ldots, \quad \rho = \rho_{n+1} = \frac{\rho_n}{\cos \theta}.$$

47. Clairaut a encore résolu, dans le même mémoire, le problème des n moyennes au moyen de la courbe correspondant à l'équation

$$(2) \qquad\qquad y^2 (x^2 + y^2)^{n-1} = a^{2n},$$

ou, en coordonnées polaires,

$$\rho^n \sin \theta = a^n.$$

Le cercle défini par l'équation

$$x^2 + y^2 = by$$

coupe la courbe considérée en deux points dont les coordonnées vérifient l'équation

$$(x^2 + y^2)^{n+1} = b^2 a^{2n},$$

et dont les vecteurs sont donc déterminés par l'équation

$$\rho^{n+1} = a^n b.$$

Le vecteur d'un des points d'intersection réels est donc une des moyennes cherchées. Pour construire la courbe représentée par l'équation (2), remarquons que, en posant

$$x^2 + y^2 = h^2,$$

h étant une quantité arbitraire, il vient

$$h^{n-1} y = a^n.$$

Donc les points d'intersection de la droite représentée par cette équation avec le cercle représenté par celui-là sont des points de la courbe.

XVII.

Méthode de Montucci.

48. Montucci a employé pour la duplication du cube la courbe définie par l'équation

$$y = \sqrt{ax} + \sqrt{ax - x^2}$$

dans son opuscule: *Résolution de l'équation du cinquième degré* (Paris, 1869). Nous allons résoudre le problème au moyen de cette courbe, mais en suivant une voie différente de celle qu'il a suivie.

On peut mettre l'équation précédente sous la forme

$$(x^2 + y^2)^2 - 4axy^2 = 0.$$

Coupons cette courbe par le cercle défini par l'équation

$$x^2 + y^2 - px - q = 0,$$

p et q étant des constantes dont nous déterminerons ensuite les valeurs.

Nous aurons, pour déterminer les abscisses des points d'intersection, l'équation

$$4ax^3 + p\,(p-4a)\,x^2 + 2q\,(p-2a)\,x + q^2 = 0.$$

Déterminons maintenant p et q de manière qu'on ait

$$p\,(p-4a) = 12ka^2, \qquad q\,(p-2a) = 6k^2a^3,$$

k étant une constante qu'on déterminera ci-dessous, ce qui donne

$$p = 2a\,(1 + \sqrt{1+3k}), \qquad q = \frac{3k^2a^2}{\sqrt{1+3k}}.$$

L'équation qui détermine x prend alors la forme

$$x^3 + 3kax^2 + 3k^2a^2x + \frac{9k^4a^3}{4\,(1+3k)} = 0,$$

ou

$$(x + ka)^3 = a^3k^3 \left(1 - \frac{9k}{4\,(1+3k)}\right).$$

En déterminant maintenant k de manière qu'on ait

$$1 - \frac{9k}{4\,(1+3k)} = 2,$$

ce qui donne $k = -\dfrac{4}{21}$, on a, pour déterminer x, l'équation

$$(x + ka)^3 = 2a^3k^3,$$

ou, en posant $x + ka = x_1$, $ak = a_1$,

$$x_1^3 = 2a^3k^3 = 2a_1^3.$$

Ainsi, si l'on donne le cube de côté égal à a_1 et si l'on trace la courbe considérée, correspondant à $a = \dfrac{a_1}{k}$, et le cercle qui correspond à l'équation

$$x^2 + y^2 - px - q = 0,$$

où p et q ont les valeurs données ci-dessus, on détermine l'abscisse x commune aux deux points d'intersection réels. Ensuite on détermine x_1 au moyen de l'équation $x + ka = x_1$. Cette valeur de x_1 est le côté du cube ayant le volume double du volume du cube de côté égal à a_1 donné.

De même, en posant

$$1 - \frac{9k}{4\,(1+k)} = \frac{m}{n},$$

m et n étant deux nombres entiers positifs, on détermine par une méthode semblable un cube dont le volume est à celui d'un autre cube donné comme m à n.

On doit remarquer que, en prenant pour unité un segment arbitraire donné, p et q peuvent être construits au moyen de la règle et du compas.

CHAPITRE II

SUR LA DIVISION DE L'ANGLE.

I.

Méthode d'Hippias.

49. La plus ancienne des méthodes connues pour résoudre le problème de la division de l'angle en trois parties égales est due à Hippias, géomètre de l'ancienne Grèce, qui a vécu vers la seconde moitié du ${}_{IV}{}^e$ siècle avant J. C. Ce géomètre a employé, pour faire cette division, une courbe qu'il a inventée et qui a été nommée plus tard *quadratrice de Dinostrate,* pour avoir été employée par ce dernier géomètre pour résoudre graphiquement le problème de la quadrature du cercle. On trouve la mention de cette invention en deux passages des livres III et IV des *Commentaires* de Proclus, et on trouve la méthode employée pour résoudre, au moyen de cette courbe, le problème de la trisection de l'angle et même celui de la division de l'angle en deux autres dont

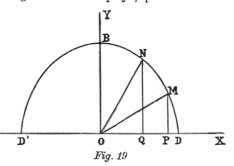

Fig. 19

le rapport soit égal à un nombre rationnel donné *k,* dans les *Collections mathématiques de Pappus* (n.ºs XXX et XXXII).

La courbe d'Hippias a été définie par les anciennes géomètres comme le lieu d'un point M *(fig. 19)* qui se déplace sur le plan XOY de manière que, en toutes ses positions, la condition

$$(1) \qquad \frac{DP}{DO} = \frac{\overset{\frown}{MOD}}{\overset{\frown}{BOD}}$$

soit vérifiée, D étant un point fixe, OX et OY deux axes perpendiculaires l'un à l'autre et P la projection de M sur OX. L'équation de cette courbe est

$$(2) \qquad y = x \tang \theta = x \cot \frac{\pi x}{2a},$$

a désignant le segment OD, θ l'angle MOX et (x, y) les coordonnées du point M.

On voit au moyen de cette équation que la courbe a un nombre infini de branches infinies, mais les anciens géomètres considéraient seulement la partie BMD, qui correspond aux valeurs de x et y respectivement comprises entre a et 0 et entre 0 et $\dfrac{2a}{\pi}$.

La construction de cette partie de la courbe peut être obtenue aisément en divisant au moyen de droites l'angle des axes des coordonnées en 2, 4, 8, 16, ... parties égales et en déterminant ensuite le point de la courbe placé sur chacune de ces droites par l'équation (1).

Pour résoudre le problème de la division d'un angle donné en deux autres dont le rapport soit égal à k, au moyen de cette courbe, on peut employer la construction suivante (Pappus, *l. c.*):

Traçons une droite MO faisant avec OY un angle égal à l'angle donné et projettons le point M sur OX. Prenons ensuite sur cette droite un point Q tel que $\dfrac{OQ}{OP}=k$, et ensuite menons par ce point la droite NQ parallèle à OY. Si N est le point où cette droite coupe la courbe, l'angle cherché est NOB. Nous avons en effet

$$\frac{OP}{OD}=\frac{2MOB}{\pi}, \quad \frac{OQ}{OD}=\frac{2NOB}{\pi}, \quad \frac{OQ}{OP}=k,$$

et par conséquent

$$\frac{NOB}{MOB}=k.$$

II.

Méthodes d'Archimède.

50. Si une droite OA *(fig. 20)* tourne autour du point O et un point A de cette droite se déplace sur elle avec des vitesses constantes, et si le point A part de O en même temps que la droite OA part de la position OX, le point A décrit la courbe nommée *spirale d'Archimède,* pour avoir été considérée par le célèbre géomètre de Syracuse dans son *Traité des spirales.* L'équation de cette courbe est

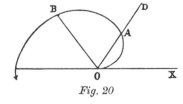

Fig. 20

$$\rho=a\frac{\theta}{\pi},$$

a désignant un segment constant et θ l'angle AOX.

Pour appliquer cette ligne à la division de l'angle, il suffit d'en tracer la partie correspondant aux valeurs de θ comprises entre 0 et π. Pour cela, décrivons une demi-circonférence de rayon arbitraire, ayant son centre à O, ensuite divisons cette demi-circonférence en 2^i parties égales et prenons sur les droites qui passent par O et par les points de division, à partir de O et dans le sens où θ augmente, des segments respectivement égaux à $\frac{a}{2^i}$, $\frac{a}{2^{i-1}}$, $\cdots$, a. Les points qu'on obtient de cette manière appartiennent à la courbe.

Pour déterminer au moyen de cette courbe un angle θ_1 qui soit à un angle θ_0 comme un nombre entier h à un autre k, traçons par O une droite OB qui fasse avec OX un angle égal à θ_0 et contruisons ensuite la quatrième proportionnelle ρ_1 entre le vecteur ρ_0, correspondant à θ_0, et les entiers h et k. Traçons enfin la circonférence de rayon égal à ρ_1 ayant le centre au point O. Le vecteur du point où cette circonférence coupe la spirale fait avec OX un angle θ_1 qui satisfait à la question.

Cette solution résulte de l'équation de la courbe, qui donne

$$\frac{\rho_1}{\rho_0} = \frac{h}{k}.$$

Cette méthode, qui est une conséquence immédiate de la proposition 14.e du *Traité des spirales*, a été exposée par Pappus dans le livre IV (prop. 35, n.º XLVI) des *Collections mathématiques*.

51. La solution que nous allons exposer maintenant du problème de la trisection se trouve dans un ouvrage ancien intitulé: *Des lemmes,* attribué à Archimède.

Soit *(fig. 20)* COA l'angle donné. Traçons une circonférence de rayon égal à OA ayant son centre au point O et une droite GB passant par le point G, diamétralement opposé à A, et ayant une direction telle que le segment EH compris entre la circonférence et la droite OH soit égal à OC. L'angle EHO est égal au tiers de l'angle donné COA.

En effet, comme OE = EH; OG = OE, nous avons

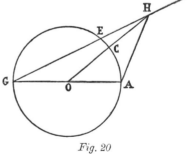

Fig. 20

$$AOC = AGH + EHO = GEO + EHO = 2EHO + EHO = 3EHO.$$

Pour tracer la droite GH de manière qu'on ait EH = OC, les Anciens procédaient par tâtonnement. Pour donner une forme géométrique à cette méthode, on peut déterminer le point H, par lequel passe la droite, au moyen de l'intersection de la droite OC avec la conchoïde du cercle considéré qui a pour pôle le point G et pour intervalle un segment égal à OC. La courbe qu'on obtient de cette manière est le *limaçon de Pascal,* qui a été appliqué plus tard par Etienne Pascal au problème considéré.

III.

Méthode de Nicomède.

52. La *conchoïde de Nicomède* qui a été appliquée au n.º 20 au problème de Délos, peut être encore employée pour résoudre le problème de la division de l'angle en trois parties égales. Cette application de la courbe a été même faite par son inventeur, d'après un renseignement donné par Proclus dans ses *Commentaires sur la Géométrie d'Euclide,* et la manière de l'utiliser pour cela a été exposée par Pappus dans ses *Collections mathématiques* (liv. IV, prop. 32).

Soit ABC *(fig. 21)* l'angle qu'on veut diviser. Traçons par le point A la droite AC, per-

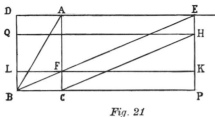

Fig. 21

pendiculaire à BC, et la droite AD, parallèle à BC, et par le point B la droite BD, parallèle à AC. Traçons ensuite la conchoïde qui a pour *base* AC, pour *pôle* le point B et pour *intervalle* un segment double de AB, et soit E le point où cette courbe coupe la droite DA. On détermine ainsi la droite EB qui fait avec BC un angle EBC égal au tiers de l'angle donné ABC.

Pappus a donné une démonstration géométrique très simple de cette construction; nous en allons donner ici une démonstration trigonométrique indirecte, moins simple, mais dont l'analyse sera utilisée plus loin dans une autre question.

En faisant EBP $= \theta$ et en tenant compte de l'égalité EP $=$ AC, on a, quand EBP est égal au tiers de ABP,

$$\text{EB} \sin \theta = \text{BA} \sin \text{ABP} = \text{BC tang } 3\theta,$$

et par conséquent

$$\text{EB} = \text{BC} \frac{3 - 4 \sin^2 \theta}{(4 \cos^2 \theta - 3) \cos \theta} = \text{BC} \frac{3 - 4 \sin^2 \theta + 4 \cos^2 \theta - 3 - (4 \cos^2 \theta - 3)}{(4 \cos^2 \theta - 3) \cos \theta}.$$

Mais, comme

$$\text{BC} = \text{BA} \cos 3\,\theta = \text{BA} \,(4 \cos^2 \theta - 3) \cos \theta,$$

on a

$$\text{EB} = \frac{\text{BC}}{\cos \theta} + 2\text{BA}.$$

Donc le point E est sur la conchoïde représentée par l'équation

$$\rho = \frac{a}{\cos \theta} + h,$$

où $a =$ BC, $h =$ 2BA.

La construction exposée ci-dessus est ainsi démontrée.

53. Au lieu d'employer la conchoïde pour déterminer le point E, on peut faire usage d'une hyperbole équilatère, comme on va le voir.

Traçons par le point F la droite LK, parallèle à BC, par le point C la droite CH, parallèle à FE, et par le point H la droite HQ, parallèle à BC. Les aires des triangles DBE et BEP sont égales, ainsi que celles des triangles LFB et FCB et celles des triangles FAE et FEK. Donc les aires des rectangles DACB et LKPB sont aussi égales. Mais, d'un autre côté, comme EH = FC = KP, les aires des rectangles LKPB et DEHQ sont égales. Donc les aires des rectangles DACB et DEHQ sont aussi égales.

Nous avons donc

$$DA . CA = DE . EH.$$

Mais l'hyperbole qui a pour asymptotes les droites DE et DB et qui passe par C a pour équation, rapportée aux axes DX et DB,

$$xy = DA . CA.$$

Donc cette hyperbole passe encore par le point H.

D'un autre côté, comme CH = FE = 2AB, le point H est placé sur la circonférence de rayon égal 2AB ayant le centre au point C.

Donc le point H est déterminé par l'intersection de l'hyperbole et de la circonférence considérées, et, en menant par H la droite HK parallèle à AC, on détermine le point E.

Cette manière de déterminer le point E a été exposée par Pappus dans les *Collections mathématiques* (liv. IV, prop. 31), où il l'a donné comme connue, sans mentionner toutefois le nom de l'auteur qui l'a découverte.

54. Le problème de la trisection de l'angle vient d'être réduit à celui de la *détermination d'une droite passant par un point donné et coupant deux autres droites données de manière que le segment compris entre celles-ci ait une longueur donnée.*

Ce problème a été considéré par Apollonius dans un ouvrage perdu, mais auquel se repporte Pappus dans le livre VII des *Collections mathématiques,* et il est par ce motif désigné sous le nom de *problème d'Apollonius.* Les solutions qu'on en vient de donner au moyen de la conchoïde de Nicomède et au moyen de l'hyperbole, pour le cas où les droites données sont perpendiculaires l'une à l'autre, peuvent être étendues aisément au cas où ces droites font un angle quelconque. Une autre solution, où l'on emploie encore l'hyperbole, a été donnée par Newton dans son *Arithmetica Universalis;* une troisième solution a été rencontrée récemment dans les papiers d'Huygens (*Oeuvres,* t. XI); une autre a été donnée par Chasles dans le *Traité des sections coniques* (1865, p. 327). Si le point donné est placé sur la bissectrice de l'angle des droites données, le problème peut être résolu au moyen de la règle et du compas. On peut voir dans un article de M. Archibald, publié dans les *Proceedings of the Edinburgh Mathematical Society* (1910, p. 152), les solutions qui, dans ce cas particulier, ont été données par Apollonius et plus tard par d'autres géomètres. D'autres cas où le problème peut être résolu au moyen de la règle et du compas ont été considérés par M. Barbarin dans l'*Enseignement mathématique* (1911, p. 17) et par nous-même dans un article inséré aux *Annaes scientificos da Academia Polytechnica do Porto* (1913, t. VIII, p. 220).

Le cas particulier du problème d'Apollonius où l'on demande de tracer une droite qui coupe les deux côtés d'un angle droit de manière que le segment compris entre ces droites soit égal à un segment donné et qui passe par un point donné placé sur la bissectrice de l'angle supplémentaire de celui-là, avait été envisagé déjà par Heraclitus, avant qu'Apollonius considère le problème général énoncé ci-dessus; et par ce motif ce problème spécial est désigné sous le nom de *problème d'Heraclitus*.

55. La doctrine exposée au n.º 52 suggère les deux questions suivantes, qui mènent à de nouvelles trisectrices.

1.º *Déterminer la courbe décrite par E quand BA et BE tournent autour du point B de manière qu'on ait, en toutes les positions de ces droites,* ABC = 3EBP *et la droite DA se déplace parallèlement à BP de manière que le segment BC soit constant.*

On a vu déjà que, si EBP = θ, on a

$$EB = BC \frac{\tan 3\theta}{\sin \theta},$$

ou, en posant EB = ρ, BC = *a*,

$$\rho = a \frac{\tan 3\theta}{\sin \theta}.$$

C'est l'équation du lieu cherché, rapportée à des coordonnées polaires.

L'équation cartésienne de la même courbe est

$$x(3y^2 - x^2) + a(3x^2 - y^2) = 0.$$

Pour diviser un angle ω en trois parties égales au moyen de cette courbe, traçons une droite BA faisant avec BC un angle égal à ω et par le point A où la droite BA coupe la perpendiculaire à BC, menée par C, traçons la droite DA parallèle à BC, laquelle coupe la courbe considérée en un point E tel que la droite BE fait avec la droite BC un angle égal au tiers de l'angle ω.

Il convient de remarquer que, quand on emploie la conchoïde de Nicomède pour trisecter un angle, il faut une conchoïde particulière pour chaque angle, et que, au contraire, tous les angles peuvent être divisés en trois parties égales au moyen de la courbe qu'on vient de considérer, sans changer la valeur du paramètre *a*.

2.º *Chercher la courbe décrite par* E *quand* BA *et* BE *tournent autour du point* B *de manière qu'on ait constamment* ABP = 3EBP, *et la droite* DA *se déplace parallèlement à* BC *de manière que le segment* BA *reste constant.*

Comme, en posant AB = h, BE = ρ, ABC = θ, on a

$$EP = \rho \sin \theta, \qquad AC = h \sin 3\theta,$$

l'équation de la courbe considérée, rapportée aux coordonnées polaires, est

$$\rho = \frac{\sin 3\theta}{\sin \theta} = h(3 - 4\sin^2 \theta) = h(1 + 2\cos 2\theta).$$

Elle est donc une conchoïde d'une rosace et en outre une conchoïde de la courbe représentée par l'équation

$$\rho = -4h \sin^2 \theta,$$

c'est-à-dire de la courbe considérée au n.º 27.

Pour diviser un angle ω en trois parties égales au moyen de la courbe considérée, traçons une droite BA faisant avec la droite BC un angle égal à ω, prenons sur BA un segment égal à h, traçons la droite AE parallèle à BC et par le point E, où elle coupe la courbe, menons la droite EB. Cette dernière droite fait avec BC un angle égal au tiers de l'angle ω.

56. La doctrine qu'on vient d'envisager peut être généralisée aisément. En supposant ABC = mEBC, m étant un nombre entier positif, on voit que le lieu décrit par le point E, quand AB et BE tournent autour du point B, BC restant constant, est représenté par l'équation

$$\rho = a \frac{\tang m\theta}{\sin \theta}.$$

En développant $\sin m\theta$ et $\cos m\theta$ suivant les puissances de $\sin \theta$ et $\cos \theta$, au moyen des formules de Jean Bernoulli, on obtient l'équation

$$x^m - \binom{m}{2} x^{m-2} y^2 + \binom{m}{4} x^{m-4} y^4 = a\left[mx^{m-1} - \binom{m}{3} x^{m-3} y^2 + \ldots \right].$$

De même, le lieu décrit par E quand le segment BA est constant et le segment BC est variable, est défini par l'équation

$$\rho = h \frac{\sin m\theta}{\sin \theta}.$$

L'équation cartésienne de cette courbe est

$$(x^2 + y^2)^n = h \left[m x^{2n-1} - \binom{m}{3} x^{2n-3} y^2 + \cdots \right],$$

quand $m = 2n$, ou

$$(x^2 + y^2)^{2n+1} = h^2 \left[m x^{2n} - \binom{m}{3} x^{2n-2} y^2 + \cdots \right]^2,$$

quand $m = 2n + 1$.

La courbe est donc, dans les deux cas, une ligne à *puissance constante*.

On peut diviser au moyen des deux courbes qu'on vient de considérer, un angle donné en m parties égales. Elles sont donc des *courbes sectrices*.

IV.

Méthode de Pappus.

57. Pappus, dans le livre IV, n.º 36, des *Collections mathématiques,* a divisé les problèmes de Géométrie en trois classes: 1.º les *problèmes plans,* c'est-à-dire ceux qu'on peut résoudre au moyen de la règle et du compas; 2.º les *problèmes solides,* c'est-à-dire ceux qu'on peut résoudre au moyen des sections coniques; 3.º les *problèmes linéaires,* c'est-à-dire ceux dont la solution dépend d'autres courbes.

L'éminent géomètre considérait comme une faute l'emploi de lignes différentes de la droite et du cercle dans les problèmes de la première classe ainsi que l'emploi de courbes différentes des coniques dans ceux de la seconde. On verra plus loin que ni le problème des deux moyennes ni celui de la trisection de l'angle n'appartiennent à la première classe, mais ils appartiennent à la seconde, comme l'on a vu aux n.ºˢ 11 et 53. Dans ce dernier numéro on a exposé une méthode pour résoudre le problème de la trisection au moyen d'une hyperbole équilatère. Nous allons en exposer maintenant une

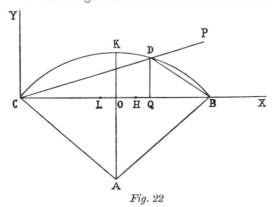

Fig. 22

autre, inventée par le géomètre mentionné, où l'on emploie pour le même but une autre hyperbole (*l. c.*, prop. 34, n.º 43).

Considérons *(fig. 22)* le triangle CDB et cherchons le lieu des positions que prend le point D, quand CD et BD tournent autour des points C et B de manière qu'on ait constamment DBC = 2DCB.

Nous avons, en posant CB $= 2a$, DCB $= \theta$, CQ $= x$, DQ $= y$,

$$y = (2a - x) \tan \text{DBC} = (2a - x) \tan 2\theta,$$

ou, en posant $y = \rho \sin \theta$, $x = \rho \cos \theta$,

$$\rho = 2a \frac{\sin 2\theta}{\sin 3\theta}.$$

C'est l'équation polaire du lieu de D. L'équation cartésienne de la même courbe est

(1) $$3x^2 - y^2 = 4ax.$$

Donc *le lieu de* D *est une hyperbole ayant un sommet au point* C *et l'autre au point* H, *dont la distance à* C *est égal à* $\frac{4}{3} a$. *Le point* B *en est l'un des foyers et la droite* AK, *perpendiculaire à* CB *au milieu de ce segment, en est la directrice. La distance du centre* L *de la même hyperbole au point* C *est égale à* $\frac{2}{3} a$ (Pappus, *l. c.*).

Comme l'on a

$$\text{PDB} = \text{PCB} + \text{DBC} = 3\text{DCB},$$

on voit que l'hyperbole considérée est uue *trisectrice,* et que, pour diviser un angle donné en trois parties égales au moyen de cette courbe, il suffit de construire sur CB un segment de cercle capable de l'un angle supplémentaire de l'angle donné, et de mener par le point D, où ce cercle coupe l'hyperbole, la droite DC. Cette droite fait avec CB un angle égal au tiers de l'angle donné.

Une des solutions du problème de la trisection d'un angle donnée par Newton dans l'*Arithmetica Universalis* (prob. XLII) est identique à celle qu'on vient d'exposer.

58. La doctrine précédente peut être encore considérée sous un autre point de vue que nous allons exposer.

Traçons par les points C, D et B un arc d'une circonférence. Comme DBC $=$ 2DCB, l'arc CD est égal au double de l'arc DB. Nous avons donc le théorème suivant (Pappus, *l. c.*):

Si l'on prend sur chacune des circonférences qui passent par les points C *et* B, *un point* D *tel que l'arc* CD *soit double de l'arc* DB, *le lieu de tous ces points est une branche de l'hyperbole considérée ci-dessus.*

Il résulte de cette proposition une autre manière d'obtenir le tiers d'un angle donné. En supposant que A est le centre de la circonférence qui passe par C, D et B, l'angle DAB est le tiers de l'angle CAB. Donc, pour diviser un angle donné en trois parties égales, il suffit de construire sur CB un segment de cercle capable de l'angle donné, de tracer ensuite la circonférence CKB ayant le centre au point A où le premier cercle coupe la droite KO, et de tracer enfin la droite AD passant par le point D où la circonférence CKB coupe la branche considérée de l'hyperbole. L'angle DAB est égal au tiers de l'angle donné.

La méthode attribuée par M. Rouse Ball (*Récréations mathématiques*, Paris, 1908, t. II, p. 276) à Clairaut ne diffère pas de celle qu'on vient d'exposer. En effet, si CAB est l'angle donné, la méthode de Clairaut se réduit à tracer l'arc de circonférence CKB ayant le centre au point A et l'hyperbole ayant pour foyer le point B et pour directrice la droite qui passe par A et qui divise en deux parties égales l'angle CAB et à déterminer enfin le point d'intersection D de l'arc considéré et de l'hyperbole ; or il résulte d'un théorème démontré ci-dessus que cette hyperbole est identique à celle que l'équation (1) représente.

59. On peut généraliser immédiatement la doctrine précédente, et on arrive aux théorèmes suivants :

1.º *Le lieu décrit par le point* D *(fig. 22) du triangle* CDB, *quand les droites* CD *et* DB *tournent autour des points* C *et* B *de manière qu'on ait en toutes ses positions* DBC $=n$DCB, *est représenté par l'équation*

$$(2) \qquad \rho = 2a \frac{\sin n\theta}{\sin (n+1)\, \theta}.$$

2.º *Si l'on prend sur chacune des circonférences passant par les points* B *et* C *un point* D *tel que l'arc* CD *soit égal à* n *fois l'arc* DB, *le lieu de* D *est la courbe représentée par l'équation* (2).

En supposant que n est un nombre entier, on divise au moyen de cette courbe un angle donné en $n+1$ parties égales, en procédant comme au cas particulier considéré ci-dessus. On peut encore diviser au moyen de la même courbe un angle en n parties égales en menant par B une droite DB qui fasse avec CB un angle égal à l'angle donné et par le point D, où elle coupe la courbe, la droite CD. Alors DCB est l'angle cherché.

La courbe que nous venons d'employer a été considérée par Wagner, d'après une remarque qu'on voit dans les *Nouvelles Annales de Mathématiques* (t. X, 1851), et elle a été étudiée plus tard par M. Burali-Forti (*Giornale di Matematiche,* t. XXVII, 1889), Mariantoni et Palatini (*Nouvelles Annales de Mathématiques,* 1899), etc.

La même courbe appartient à la classe de lignes engendrées par le point d'intersection D de deux droites, quand ces droites tournent autour de deux points fixes C et B avec des vitesses données, courbes qui ont été considérées par Maclaurin dans le livre I, n.º 210 et n.ᵒˢ 313-317, de son *Treatise of Fluxions,* où il s'est occupé de la détermination de leurs tangentes et asymptotes. La courbe correspondant à l'équation (2) a été spécialement signalée à la fin du n.º 316. Cette dernière ligne a été encore étudiée récemment par M. D. Gautier dans un opuscule intitulé: *Mesure des angles* (Paris, 1911), où il la désigne sous le nom d'*hyperbole étoilée.*

Le cas particulier de l'équation (2) correspondant à $n=3$ doit être remarqué. Alors on a

$$\rho = 2a \frac{\sin 3\theta}{\sin 4\theta},$$

ou, en coordonnées cartésiennes,

$$2x(x^2 - y^2) = a(3x^2 - y^2).$$

La courbe représentée par cette équation a été spécialement signalée par Maclaurin (*l. c.*). Elle peut être employée pour la trisection de l'angle, et nous l'appellerons pour ce motif *seconde trisectrice de Maclaurin,* pour la distinguer d'une autre trisectrice du même géomètre qui sera considérée plus loin.

V.

Méthode d'Étienne Pascal.

60. Considérons *(fig. 23)* une circonférence de rayon égal à a ayant le centre au point C et prenons sur cette courbe un point O. Menons par O une droite de direction arbitraire OE et prenons sur cette droite, à partir du point E où elle coupe la circonférence, un segment constant EB, que nous désignerons par h. Le lieu décrit par le point B, quand OE varie de direction, est la *conchoïde du cercle* désignée par Roberval sous le nom de *limaçon de Pascal* dans le Mémoire intitulé: *Observations sur la composition des mouvements (Mémoires de l'Académie des Sciences de Paris,* 1730), pour avoir été considérée par Étienne Pascal, père de Blaise Pascal, qui,

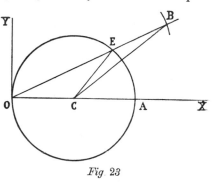

Fig 23

d'après Roberval, l'a appliquée à la trisection de l'angle. En effet, le limaçon particulier correspondant à $h = a$, c'est-à-dire le limaçon représenté par l'équation

$$\rho = 2a\cos\theta + a,$$

θ désignant l'angle BOX et ρ le segment OB, peut être employé pour résoudre ce problème. Il suffit pour cela de mener par le centre du cercle une droite CB faisant avec OX un angle égal à l'angle donné et par le point B, où elle coupe le limaçon, les droites BC et BO. On a en effet

$$BCX = BOC + OBC = OEC + OBC = ECB + EBC + OBC = 3OBC.$$

Donc OBC est l'angle cherché. Le limaçon particulier qu'on vient de considérer est connu sous le nom de *limaçon trisecteur.*

La méthode qu'on vient d'employer pour la trisection de l'angle ne diffère de celle d'Archimède exposée au n.º 51 que par la manière de déterminer la direction de la droite OB. Archimède déterminait la position de cette droite par tâtonnement; Pascal la détermine au moyen du limaçon.

Remarquons encore, en passant, que la courbe appelée limaçon de Pascal est identique à une courbe considérée par Albert Dürer dans ses *Institutionum geometricarum libri quatuor* (p. 37), publiés pour la première fois en langue allemande en 1525. Dans cet ouvrage extremement remarquable sous le point de vue de la déscription des courbes, le célèbre artiste a appelé la ligne considérée *aranea* et en donné une construction équivalente à sa définition comme une courbe épicyclique. L'*aranea* est en effet définie par Dürer comme le lieu décrit par un point *c* de la droit *bc,* quand *bc* tourne autour de *b* et *ba* tourne autour de *a* avec des vitesses constantes, et le temps d'une révolution de *bc* est égal au temps d'une révolution de *ab*.

61. De la doctrine exposée au n.º précédent il résulte que le *limaçon trisecteur* peut être considéré comme le lieu du sommet B du triangle OBC, dont les côtés OB et CB tournent respectivement autour des points O et C de manière qu'on ait constamment $BCX = 3OBC$.

En généralisant cette définition, on peut obtenir une classe de lignes au moyen desquelles on peut diviser un angle donné en n parties égales.

Supposons que OB et CB tournent autour des points O et C de manière qu'on ait constamment $BCX = nOBC$. Nous avons, en posant $BOC = \theta$,

$$BCX = \theta + OBC = \theta + \frac{1}{n} BCX,$$

et par conséquent

$$BCX = \frac{n}{n-1} \theta.$$

Donc, en supposant que la droite OY est perpendiculaire à OX et en désignant par (x, y) les coordonnées du point B, nous avons

$$y = (x - a)\, \text{tang}\, BCX = (x - a)\, \text{tang}\, \frac{n}{n-1} \theta.$$

En posant maintenant $x = \rho \cos \theta,\ y = \rho \sin \theta$, on voit que l'équation polaire de la courbe décrite par B est

$$\rho = a\, \frac{\sin \dfrac{n}{n-1} \theta}{\sin \dfrac{\theta}{n-1}}.$$

Les points de la courbe représentée par cette équation peuvent être obtenus au moyen de la régle et le compas. En faisant en effet $\theta = (n-1)\,\omega$, nous avons $BCX = n\omega$. Donc, si l'on prend un angle arbitraire ω, si l'on détermine au moyen de ces équations les angles θ et BCX, et si l'on mène par les points O et C deux droites qui fassent avec OX des angles égaux à θ et à $n\omega$, on obtient le point B de la courbe.

Si l'on veut trouver l'équation des courbes considérées rapportées au point C comme origine, remarquons que le triangle OBC donne, en désignant par ρ_1 et θ_1 le segment BC et l'angle BCX,

$$\frac{\rho_1}{\rho} = \frac{\sin\theta}{\sin\theta_1}.$$

Mais

$$\theta_1 = \frac{n}{n-1}\,\theta.$$

Donc

$$\rho_1 = a\,\frac{\sin\dfrac{n-1}{n}\,\theta_1}{\sin\dfrac{\theta_1}{n}}.$$

On peut trouver aisément l'équation cartésienne des courbes considérées. Nous avons en effet

$$\rho_1 = a\,\frac{\sin\theta_1\cos\dfrac{\theta_1}{n} - \cos\theta_1\sin\dfrac{\theta_1}{n}}{\sin\dfrac{\theta_1}{n}}$$

et par conséquent, en faisant $x = \rho_1\cos\theta_1$, $y = \rho_1\sin\theta_1$,

$$\tan\frac{\theta_1}{n} = \frac{ay}{x^2 + y^2 + ax}.$$

D'un autre côté, en faisant $\tan\dfrac{\theta_1}{n} = t$ et en supposant que n est un nombre pair, on a

$$\frac{y}{x} = \tan\theta_1 = \frac{\sin n\dfrac{\theta_1}{n}}{\cos n\dfrac{\theta_1}{n}} = \frac{nt - \dbinom{n}{3}t^3 + \ldots \pm \dbinom{n}{n-1}t^{n-1}}{1 - \dbinom{n}{2}t^2 + \ldots \mp \dbinom{n}{n}t^n}.$$

En éliminant t entre ces équations, on obtient l'équation du degré $2n$:

$$(x^2 + y^2)^n + u_1 (x^2 + y^2)^{n-1} + u_2 (x^2 + y^2)^{n-2} + \ldots + u_n = 0,$$

où u_1, u_2, ... sont les fonctions homogènes de degrés 1, 2, ..., n, respectivement:

$$u_1 = 2nax, \qquad u_2 = \binom{n}{2} a^2 (3x^2 - y^2), \ldots$$

Les courbes considérées appartiennent donc à la classe des *courbes à puissance constante*. Nous pouvons ajouter encore que ces lignes sont *unicursales*. En effet, nous avons

$$y = a \frac{\sin n \dfrac{\theta_1}{n} \, \theta_1 \cos \dfrac{\theta_1}{n} - \cos n \dfrac{\theta_1}{n} \, \theta_1 \sin \dfrac{\theta_1}{n}}{\sin \dfrac{\theta_1}{n}} \sin n \dfrac{\theta_1}{n},$$

et ensuite, en appliquant les formules de Jean Bernoulli qui donnent les développements du sinus et du cosinus des multiples d'un arc et en remplaçant $\sin \dfrac{\theta_1}{n}$ et $\cos \dfrac{\theta_1}{n}$ par leurs valeurs en fonction de t, on obtient pour y une expression rationelle de t. De même on exprime x en fonction rationelle de t.

On considère de la même manière le cas où n est impair.

Les courbes qu'on vient d'envisager ont été considérées par Plateau (*Correspondance mathématique et physique* de Quetelet, 1828), Schoute (*Journal de Mathématiques spéciales,* 1885), etc. M. Kempe (*Niew Archiv,* 1894, *Zeitschrift für Mathematik,* 1903) a donné des méthodes faciles pour les construire géométriquement et mécaniquement quand $n = 2^m \pm 1$ et a fait voir qu'on peut réduire à ces cas la division d'un angle dans un nombre quelconque de parties égales.

VI.

Méthodes de Descartes et de Fermat.

62. On peut rattacher à la méthode de Pappus pour la trisection de l'angle celle qui résulte de l'application à ce problème de la méthode générale pour la construction graphique des racines des équations du troisième degré donnée par Descartes dans sa *Géométrie* et par Fermat dans son *Ad locos planos Isagoge*. Nous avons déjà dit (n.° 28) que ces grands géomètres ont déterminé graphiquement les racines de ces équations au moyen de l'intersection d'une parabole avec un cercle et que Descartes a remarqué qu'on peut remplacer la parabole par une autre conique. Nous allons appliquer cette méthode au problème de la trisection en utilisant, pour le résoudre, les trois espèces de coniques.

Pour cela, remarquons que l'équation

$$\sin 3\theta = 3\sin\theta - 4\sin^3\theta$$

donne, en posant $\sin 3\theta = \dfrac{c}{r}$, $\sin\theta = \dfrac{x}{2r}$, r désignant le segment qu'on prend pour unité,

$$(1) \qquad x^3 - 3r^2x + 2cr^2 = 0,$$

et que cette équation et l'équation $\sin\theta = \dfrac{x}{2r}$ déterminent x et ensuite θ, quand 3θ est donné, et résolvent par conséquent le problème considéré.

Cela posé, considérons la parabole et le cercle représentés par les équations

$$x^2 = my, \qquad x^2 + y^2 - 2\alpha x - 2\beta y = 0.$$

Les abscisses des points d'intersection de ces lignes sont déterminées par l'équation

$$x^4 + m(m - 2\beta)x^2 - 2\alpha m^2 x = 0,$$

laquelle est identique à l'équation (1) quand

$$m(m - 2\beta) = -3r^2, \qquad \alpha m^2 = -cr^2.$$

Ces équations déterminent deux des constantes m, α, β, l'autre restant arbitraire, et par conséquent on peut construire d'une infinité de manières les racines de l'équation (1) au moyen de l'intersection d'un cercle et d'une parabole. La construction de c, quand l'angle 3θ est donné, et la construction de θ, quand x est connu, peuvent s'obtenir au moyen de la règle et le compas.

En posant en particulier, comme Descartes, $m = r$, l'équation du cercle au moyen duquel on obtient la trisection de l'angle est

$$x^2 + y^2 + 2cx - 4ry = 0.$$

63. En suivant le même ordre d'idées, on peut résoudre le problème au moyen d'une hyperbole et d'un cercle représentés par les équations

$$y^2 = mx^2 + nx, \qquad x^2 + y^2 - 2\alpha x - 2\beta y = 0,$$

où $m > 0$.

Ces lignes se coupent en l'origine des coordonnées et aux points dont les abscisses sont déterminées par l'équation

$$x^3 + \frac{2\,(n-2\alpha)}{1+m}\,x^2 + \frac{(n-2\alpha)^2}{(1+m)^2}\,x = \frac{4\beta^2}{(1+m)^2}\,(mx+n),$$

qui est identique à l'équation (1) quand

$$n - 2\alpha = 0, \qquad \frac{4\beta^2 m}{(1+m)^2} = 3r^2, \qquad \frac{4\beta^2 n}{(1+m)^2} = -2cr^2,$$

ou par conséquent

$$\alpha = \frac{n}{2}, \qquad n = -\frac{2}{3}\,mc, \qquad \beta^2 = \frac{3r^2}{4m}\,(1+m)^2.$$

Comme l'on a supposé $m > 0$, β est réel, et le problème de la trisection peut être résolu au moyen d'un des cercles correspondant aux valeurs de α et β déterminées par deux de ces équations et de l'hyperbole définie par l'équation

$$y^2 = mx^2 - \frac{2}{3}\,mcx.$$

Si l'on pose en particulier $m = 3$ et $c = 2a$, on obtient l'équation

$$y^2 = 3x^2 - 4ax,$$

qui est identique à celle de l'hyperbole employée dans la solution de Pappus (n.º 57).

64. On peut résoudre le problème de la trisection au moyen d'une conique arbitrairement donnée, en procédant comme dans le cas du problème des deux moyennes (n.º 31). Posons dans l'équation (1) $x_1 = \dfrac{x}{\lambda}$. Il vient

$$(2) \qquad\qquad x_1{}^3 - 3\,\frac{r^2}{\lambda^2}x_1 + \frac{2cr^2}{\lambda^3} = 0.$$

Considérons maintenant la conique définie par l'équation

$$y_1{}^2 - 2by_1 = m\,(x^2{}_1 - 2ax_1),$$

laquelle passe par l'origine des coordonnées, a pour centre le point (a, b) et a pour **axes des** droites parallèles aux axes des coordonnées.

Le cercle représenté par l'équation

$$x_1{}^2 + y_1{}^2 - 2\alpha x_1 - 2\beta y_1 = 0$$

coupe cette conique en l'origine des coordonnées et en trois autres points réels ou imaginaires dont les abscisses coïncident avec les racines de l'équation (2) quand

$$ma + \alpha = 0, \qquad 4(\beta - b)[\beta - b - (1 + m)\beta] = -\frac{3r^2(1 + m)^2}{\lambda^2},$$

$$4a(\beta - b)^2 = -\frac{cr^2(1 + m)^2}{\lambda^3}.$$

Ces équations déterminent trois des quantités λ, m, α, β, a, b, les autres restant arbitraires, et on a ainsi une infinité de coniques et cercles au moyen desquels on peut **résoudre** le problème de la trisection.

Posons

$$\alpha = -\frac{c}{\lambda}, \qquad \beta - b = \frac{(1 + m)\,r}{2\lambda}.$$

Il vient

$$a = -\frac{\alpha}{m} = \frac{c}{m\lambda}, \qquad \beta = \frac{2r}{\lambda}, \qquad b = \frac{(3 - m)\,r}{2\lambda}.$$

L'équation de la conique est dans ce cas

$$y_1{}^2 - m x_1{}^2 - \frac{(3 - m)\,r}{\lambda} y_1 + \frac{2c}{\lambda} x_1 = 0;$$

et l'on voit, en procédant comme au n.º 31, que cette équation peut représenter une ellipse donnée arbitrairement

$$(y_1 + q)^2 + A(x_1 + p)^2 = B, \qquad A > 0, \qquad B > 0,$$

en posant pour cela

$$m = -A, \qquad q = \frac{(m - 3)\,r}{2\lambda}, \qquad p = \frac{c}{A\lambda},$$

$$\lambda = \sqrt{\frac{(3 + A)^2 r^2 A + 4c^2}{4AB}},$$

et qu'elle représente l'hyperbole arbitrairement donnée

$$(y+q)^2 - A(x+p)^2 = \pm B, \quad A > 0, \quad B > 0,$$

quand on donne à p, q et m les valeurs

$$p = -\frac{c}{A\lambda}, \quad q = \frac{(m-3)r}{2\lambda}, \quad m = A, \quad \lambda = \sqrt{\frac{4c^2 - (3-A)^2 r^2 A}{\mp 4AB}},$$

où l'on doit prendre le signe qui rend λ réel.

On peut donc résoudre le problème considéré au moyen d'une conique quelconque, comme Descartes l'a remarqué et Sluse et Newton l'ont démontré.

VII.

Méthode de Kinner.

65. Kinner a communiqué à Huygens, dans une lettre de 18 juillet 1653 (*Oeuvres de Huygens*, t. I, p. 236), la méthode suivante pour la trisection de l'angle.

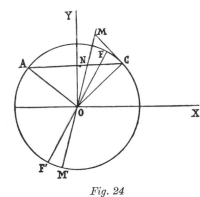

Fig. 24

Soit AOC l'angle donné et supposons AO = OC. Faisons tourner une règle autour du point O jusqu'à une position FF′ telle que la corde FC de la circonférence qui a le centre au point O et passe par A et C soit égale au segment EC de la corde AC compris entre les droites OC et OF. L'angle FOC est le tiers de l'angle AOC.

Nous avons en effet EFC = CEF, et par conséquent

$$\frac{1}{2}\text{ arc } CF' = \frac{1}{2}\text{ arc } FC + \frac{1}{2}\text{ arc } AF'.$$

Donc

$$\frac{1}{2}(180^\circ - \text{arc } CF) = \frac{1}{2}\text{ arc } FC + \frac{1}{2}(180^\circ - \text{arc } AF),$$

ou

$$\text{arc } FC = \frac{1}{2}\text{ arc } AF,$$

ou enfin

$$\text{arc } FC = \frac{1}{3}\text{ arc } AC.$$

Kinner a supposé que la règle employée dans la construction est amenée à la position FF′ par tâtonnement. Si l'on veut donner à cette construction une forme purement géométrique, il suffit de construire la courbe engendrée par un point M de la droite MM′, quand cette droite tourne autour du point O, et le point M se déplace sur la droite de manière qu'on ait, en toutes ses positions, CM = CN. Cette courbe coupe le cercle mentionné au point F qu'il faut connaître pour résoudre le problème.

On détermine aisément la nature de cette courbe. En prenant pour axe des abscisses la droite OX, parallèle à AC, pour axe des ordonnées la perpendiculaire OY à OX, et en représentant par c la distance de O à AC et par a le rayon du dercle, les coordonnées du point C sont $(\sqrt{a^2 - c^2},\ c)$ et, l'équation de la droite MM′ étant $Y = \alpha X$, les coordonnées du point N sont $\left(\dfrac{c}{\alpha},\ c\right)$. En désignant par (x, y) les coordonnées du point M, la condion CM = CN peut donc prendre la forme

$$\left(x - \sqrt{a^2 - c^2}\right)^2 + (y - c)^2 = \left(\sqrt{a^2 - c^2} - \frac{c}{\alpha}\right)^2.$$

En éliminant α entre cette équation et $y = \alpha x$, on obtient

$$y^4 - 2cy^3 + (x^2 + c^2 - 2x\sqrt{a^2 - c^2})\,y^2 + 2c\sqrt{a^2 - c^2}\,xy - c^2x^2 = 0,$$

ou

$$(y - c)\left[y\,(x^2 + y^2) + c\,(x^2 - y^2) - 2\sqrt{a^2 - c^2}\,xy\right] = 0.$$

Donc l'équation du lieu de M est

$$y\,(x^2 + y^2) + c\,(x^2 - y^2) - 2\sqrt{a^2 - c^2}\,xy = 0.$$

On voit aisément que cette équation représente une *strophoïde* ayant le point double en O.

C'est M. Loria qui a remarqué que la courbe qui complète la solution de Kinner est la strophoïde (*Mathesis,* 1898). M. Crocchi a donné dans le *Pitagora* (t. XVI, 1909, p. 5) une autre manière de faire la trisection de l'angle au moyen de la strophoïde.

VIII.

Méthode de T. Ceva.

66. Considérons (*fig. 25*) une circonférence de rayon OA, que nous désignerons par a, et deux droites OA et OB, sur lesquelles nous prendrons les points $A_1, A_2, \ldots, B_1, B_2, \ldots$ de manière qu'on ait

$$OB = BA_1 = A_1B_1 = B_1A_2 = A_2B_2 = \ldots = a.$$

Les lieux des positions des points B₁, B₂, ..., quand l'angle BOA varie, sont des courbes que T. Ceva a désignées sous le nom de *cycloïdes anomales* dans un de ses *Opuscula mathematica,* publiés en 1699.

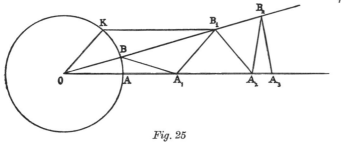

Fig. 25

Comme

$$\frac{OB_1}{B_1A_1} = \frac{\sin B_1A_1A_2}{\sin BOA},$$

$$B_1A_1A_2 = OB_1A_1 + BOA = $$
$$= B_1BA_1 + BOA = 3 BOA,$$

nous avons, en posant $\theta = BOA$, $OB_1 = \rho_1$,

$$\rho_1 = a \frac{\sin 3\theta}{\sin \theta},$$

qui est l'équation de la courbe décrite par B₁.

Ceva a divisé, au moyen de cette courbe, un angle donné ω en trois parties égales. Pour cela, il suffit de tracer une droite OK qui fasse avec OA un angle égal à ω et mener par le point K, où elle coupe la circonférence, une parallèle à OA. Cette parallèle coupe la courbe en un point B₁ tel que la droite B₁O fait avec OA un angle égal au tiers de l'angle ω.

Pour trouver l'équation du lieu de B₂, on emploie les égalités

$$\frac{OB_2}{B_2A_2} = \frac{\sin B_2A_2A_3}{\sin BOA},$$

$$B_2A_2A_3 = OB_2A_2 + BOA = B_2B_1A_2 + BOA = B_1A_2O + 2BOA = B_1A_1A_2 + 2BOA = 5BOA,$$

qui donnent

$$\rho_2 = a \frac{\sin 5\theta}{\sin \theta}.$$

On peut diviser au moyen de cette courbe un angle donné en cinq parties égales.

En continuant de la même manière, on obtient la courbe représentée par l'équation

$$\rho_i = a \frac{\sin (2i + 1) \theta}{\sin \theta},$$

au moyen de laquelle on divise un angle donné en $2i + 1$ parties égales.

Les courbes qu'on vient de considérer sont identiques aux lignes que nous avons trouvées d'une autre manière au n.º 56.

T. Ceva a donné une manière de tracer ces courbes mécaniquement au moyen d'un appareil composé de losanges articulés. On peut voir cet appareil dans le *Traité des sections coniques* de L'Hospital (1720, p. 452).

IX.

Trisectrice de Maclaurin.

67. Prenons deux points fixes O et C *(fig. 26)* et deux droites MC et MO, et cherchons le lieu décrit par M, quand ces droites tournent autour des points O et C de manière qu'on ait, en toutes leurs positions, MCX = 3MOX.

En posant OC = l, MOX = θ, OM = ρ, et en représentant par (x, y) les coordonnées du point M, nous avons

$$y = (x - l)\, \mathrm{tang}\, 3\theta,$$

et par conséquent, en faisant $x = \rho \cos \theta$, $y = \rho \sin \theta$,

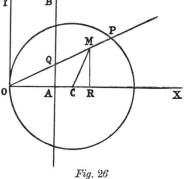

(1)
$$\rho = l\, \frac{\sin 3\theta}{\sin 2\theta}.$$

Fig. 26

De la définition qu'on vient de donner de la courbe précédente il résulte immédiatement qu'elle est une *trisectrice*. En effet, si l'on donne un angle ω, nous pouvons le diviser au moyen de cette courbe en trois parties égales en traçant une droite MC qui fasse avec OX un angle égal à ω et en menant par le point M, où cette droite coupe la courbe, la droite MO. L'angle MOC est égal au tiers de l'angle ω.

La courbe qu'on vient de définir est connue sous le nom de *trisectrice de Maclaurin,* pour avoir été considérée par cet éminent géomètre dans le chapitre x, prop. XXVI, de son *Treatise of Fluxions,* publié en 1742. La définition qu'on vient de donner de cette courbe est identique à celle qu'en a donnée Maclaurin et il en résulte immédiatement une manière de la construire. Mais on peut la tracer plus aisément de la manière suivante.

Traçons la circonférence (C), ayant pour centre le point C, dont les coordonnées sont $(l, 0)$, et par le point A, dont les coordonnées sont $\left(\frac{1}{2}\, l, 0\right)$, menons la droite AB perpendiculaire à OX. Nous avons

$$OM = OP - OQ = 2l \cos \theta - \frac{l}{2 \cos \theta} = l\, \frac{\sin 3\theta}{\sin 2\theta}.$$

Donc, pour tracer la courbe (1), il suffit de prendre sur chacune des droites qui passent par O un segment OM égal à la différence des segments de la même droite limités par le point O et, respectivement, par la circonférence et la droite AB.

La manière de construire la courbe considérée qu'on vient d'exposer, est une conséquence de la méthode générale pour la construction des cubiques circulaires unicursales donnée par Maclaurin dans sa *Geometria organica* (1720, lemme II).

Ajoutons à ce qui précède que Maclaurin n'a pas indiqué explicitement l'application de la courbe considérée à la trisection de l'angle, mais cette application est, comme l'on a vu, une conséquence immédiate de la construction qu'il a employée pour la définir. Il s'est occupé seulement de la construction de ses tangentes et de sa quadrature.

La courbe que quelques auteurs appellent *trisectrice de Burton,* pour avoir été employée, d'après Scott (*Educational Times,* 1903), par Burton, en 1831, pour la trisection de l'angle, est identique à celle de Maclaurin.

68. La définition qu'on vient de donner de la trisectrice de Maclaurin peut être généralisée immédiatement. Si l'on suppose que le point M *(fig. 26)* varie de manière que qu'on ait, en toutes ses positions, $\text{MCX} = n\text{MOX}$, nous avons

$$y = (x - l)\ \text{tang}\ n\theta,$$

et par conséquent l'équation du lieu de M est

$$\rho = l\,\frac{\sin n\theta}{\sin (n-1)\,\theta}\,.$$

On peut diviser au moyen de la courbe représentée par cette équation un angle donné en n parties égales.

Les courbes qu'on vient de définir ont été considérées par Wasserschleben (*Archif der Mathematik und Physik,* 1874), par Lazzeri (Mathesis, 1886), etc., et ont été nommées par Heymann (*Zeitschrift der Mathematik und Physik,* 1899) *araignées.* Ces courbes sont inverses de celles qui ont été considérées au n.° 59, que Heymann a désignées sous ce même nom, et appartiennent, comme celles-ci, à une classe de lignes envisagées par Maclaurin dans le livre I du *Treatise of Fluxions.*

X.

Solution de Delanges.

69. Considérons *(fig. 27)* un cercle de rayon égal à CA ayant le centre au point C, et traçons une droite CB faisant avec CA un angle arbitraire θ, une autre CF faisant avec CB un angle égal à $\frac{1}{2}\theta$ et une troisième FM faisant avec CF un angle égal aussi à $\frac{1}{2}\theta$. Le lieu des positions que prend le point M, quand θ varie, est une courbe dont l'équation résulte de la relation

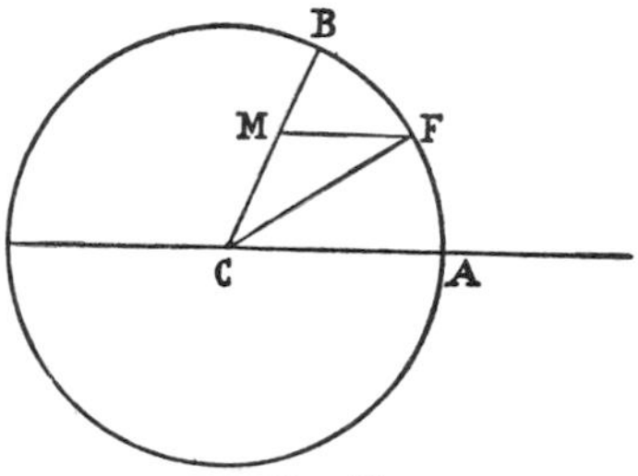

$$\frac{1}{2}CF = CM \cos MCF,$$

Fig. 27

qui, en posant $CM = \rho$, $CA = a$, donne

(1)
$$\frac{1}{2}a = \rho \cos \frac{1}{2}\theta.$$

L'équation cartésienne de la même courbe est

$$4(a^2 - y^2)(x^2 + y^2) = a^2.$$

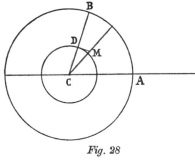

Cette courbe a été employée par Delanges, dans un opuscule intitulé : *La trisegante nuova curva* (1783) pour diviser un angle en trois parties égales, et par ce motif il l'a désignée sous le nom de *trisecante*.

Pour diviser au moyen de cette courbe un angle donné ω, que nous supposerons moindre que $\frac{\pi}{2}$, en trois parties égales, traçons la droite CB *(fig. 28)* qui passe par l'origine des coordonnées et fasse avec l'axe des abscisses un angle égal à ω. Ensuite menons la tangente DM au cercle de rayon égal à $\frac{1}{2}a$ ayant le

Fig. 28

centre au point C. Cette droite coupe l'arc de la courbe de Delanges correspondant aux valeurs de θ comprises entre 0 et π en un point M tel que

$$DC = \frac{1}{2}a = CM \cos BCM = \rho \cos BCM.$$

Cette équation et l'équation (1) donnent $\frac{1}{2}\,\theta = \mathrm{BCM}$, et, puisque $\mathrm{MCA} = \theta$, BCM est égal au tiers de l'angle donné BCA.

70. Cette doctrine est susceptible d'une généralisation facile peut-être non signalée encore.

Prenons un angle arbitraire ω et traçons par le centre C *(fig. 27)* d'un cercle de rayon égal à a une droite CF qui fasse avec CA un angle égal à $(n-1)\,\omega$ et une droite CB qui fasse avec CF un angle égal à ω, et menons ensuite par une droite FM qui fasse avec CF un angle égal à ω. En posant $\theta = \mathrm{MCA}$, les relations

$$\frac{1}{2}\,\mathrm{CF} = \mathrm{CM} \cos \mathrm{BCF}, \qquad \theta = n\omega$$

donnent

$$\frac{1}{2}\,a = \rho \cos \frac{\theta}{n},$$

qui est l'équation du lieu de M.

On peut diviser, au moyen de la courbe représentée par cette équation, un angle donné en $n+1$ parties égales, en procédant comme dans le cas particulier considéré ci-dessus.

XI.

Méthode de Chasles.

71. Chasles a donné dans son *Traité des sections coniques* (Paris, 1865, p. 36) une méthode pour la trisection de l'angle, que nous allons exposer. L'illustre géomètre l'a obtenue très aisément au moyen de la Géométrie pure; mais la voie analytique, que nous allons suivre pour la démontrer, est aussi bien simple.

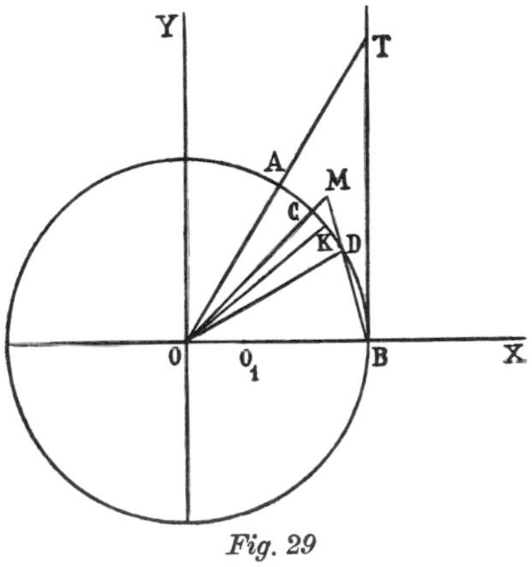

Soit ω l'angle AOB *(fig. 29)* donné. Traçons une circonférence de rayon arbitraire a ayant le centre au sommet de cet angle, une droite OC qui fasse avec OA un angle arbitraire θ et une droite OD faisant avec OB un angle égal à 2θ. Les droites BD et OC se coupent en un point M, qui décrit une courbe, quand θ varie, dont nous allons chercher l'équation.

Fig. 29

Prenons pour axe des abscisses la droite OB et pour axe des ordonnées la perpendiculaire OY à celle-là. La droite BD passe par le point B, dont les coordonnées sont $(a, 0)$, et par le point D, dont les coordonnées sont $(a \cos 2\theta, a \sin 2\theta)$. Donc l'équation de cette droite est

$$Y (\cos 2\theta - 1) - X \sin 2\theta + a \sin 2\theta = 0$$

ou

$$Y \tang \theta + X - a = 0.$$

L'équation de la droite OC est

$$Y = X \tang (\omega - \theta),$$

ou

$$Y (1 + \tang \theta \tang \omega) = X (\tang \omega - \tang \theta).$$

En éliminant $\tang \theta$ entre les équations des deux droites, on obtient l'équation du lieu du point M :

$$Y^2 - 2XY \tang \omega - X^2 + a (Y \tang \omega + X) = 0,$$

laquelle représente une hyperbole.

Les coefficients angulaires des asymptotes de cette hyperbole sont égaux à

$$\frac{\sin \omega + 1}{\cos \omega}, \quad \frac{\sin \omega - 1}{\cos \omega};$$

ces asymptotes sont donc perpendiculaires l'une à l'autre, et par conséquent l'hyperbole est équilatère.

Représentons par ω_1 l'angle que la première asymptote fait avec l'axe OY. Nous avons

$$\tang \omega_1 = \frac{\cos \omega}{\sin \omega + 1}$$

et par conséquent

$$\cos \omega_1 = \frac{\sin \omega + 1}{\sqrt{2 (\sin \omega + 1)}} = \sqrt{\frac{\sin \omega + 1}{2}} = \sqrt{\frac{\cos \left(\frac{\pi}{2} - \omega\right) + 1}{2}} = \cos \left(\frac{\pi}{4} - \frac{\omega}{2}\right).$$

Donc

$$\omega_1 = \frac{\pi}{4} - \frac{\omega}{2}.$$

Cette asymptote est donc parallèle à la bissectrice de l'angle AOY.

Nous ajouterons à ce qu'a dit Chasles sur cette hyperbole que, en posant dans l'équation de la courbe $X = X' + \frac{1}{2}\, a$, l'équation prend la forme

$$Y^2 - 2X'Y \tang \omega - X'^2 + \frac{1}{4}\, a^2 = 0,$$

d'où il résulte que les asymptotes se coupent au milieu O_1 de OB.

On voit aisément, ou géométriquement, au moyen de la définition de la courbe, ou analytiquement, que l'hyperbole passe par le point T où la tangente au cercle au point B coupe la droite OA. Les asymptotes de l'hyperbole étant donc déterminées ainsi qu'un point par lequel passe cette courbe, elle peut être construite par une méthode connue.

Pour voir maintenant comme l'on peut résoudre le problème de la trisection de l'angle AOB au moyen de cette courbe, il suffit de remarquer que, quand θ croit, les points D et C s'approchent indéfiniment d'un point K tel que OK divise l'angle mentionné en deux autres dont le rapport est égal à celui de 1 à 2. Or, il résulte de la définition géométrique de l'hyperbole considérée que cette courbe doit passer par ce point, qui reste ainsi déterminé.

XII.

Méthode de Lucas.

72. Descartes, dans une lettre adressée à Mersenne en octobre de 1629 (*Oeuvres de Descartes,* t. I, p. 25), signale la possibilité de diviser une circonférence en 27 parties égales au moyen d'une construction faite sur la surface d'un cylindre de révolution avec le compas. Les courbes qu'on peut construire sur la surface de ce cylindre avec un compas sont évidemment identiques à celles qui résultent de l'intersection du cylindre et des sphères ayant le centre sur la surface du cylindre, c'est-à-dire aux courbes nommées *courbes cyclo-cylindriques.*

En cherchant la solution du problème énoncé par Descartes, Lucas a donné dans les *Nouvelles Annales de Mathématiques* (1876, p. 6) une méthode très intéressante pour la trisection d'un angle quelconque au moyen des courbes cyclo-cylindriques, qu'on va voir.

Considérons le cylindre défini par l'équation

$$x^2 + y^2 = b^2$$

et les deux sphères définies par celles-ci:

$$(x - b \cos \alpha)^2 + (y - b \sin \alpha)^2 + z^2 = 4b^2,$$

$$(x + b \cos \alpha)^2 + (y - b \sin \alpha)^2 + (z - b \cos \alpha)^2 = 4b^2 + b^2 \cos^2 \alpha,$$

lesquelles ont les centres aux points de la surface du cylindre dont les coordonnées sont

$$(b \cos \alpha, \; b \sin \alpha, \; 0), \qquad (-b \cos \alpha, \; b \sin \alpha, \; b \cos \alpha).$$

Ces sphères déterminent, par leurs intersections avec le cylindre, deux courbes cyclo-cylindriques, et ces courbes se coupent en quatre points, dont l'un a pour coordonnées

$$x = b \cos \frac{\alpha}{3}, \qquad y = b \sin \frac{\alpha}{3}, \qquad z = 2b \cos \frac{\alpha}{3},$$

comme on le vérifie aisément.

La projection de ce point sur la base du cylindre a pour coordonnées

$$x = b \cos \frac{\alpha}{3}, \qquad y = b \sin \frac{\alpha}{3},$$

et par conséquent cette projection détermine un angle égal au tiers de l'angle α.

XIII.

Trisectrice de Catalan.

73. Considérons une parabole ayant pour foyer le point F *(fig. 30)* et soit

$$y^2 = 2p \left(x + \frac{1}{2} p \right)$$

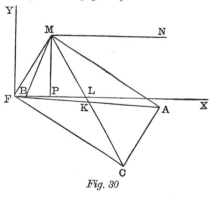

Fig. 30

l'équation de cette courbe rapportée au foyer comme origine. Par un point M de la courbe, dont les coordonnées sont (x, y), menons la droite FM, par le point F la perpendiculaire FC à FM, par le point M la normale MC à la parabole et par le point C, où ces droites se coupent, la parallèle CA à FM. Cette droite coupe la perpendiculaire MA à FM en un point A. Cherchons l'équation du lieu décrit par A quand la droite FM varie de direction.

Les équations de MC et FC sont

$$p\mathrm{Y} + y\mathrm{X} = py + xy, \qquad y\mathrm{Y} + x\mathrm{X} = 0.$$

Donc les coordonnées du point C sont

$$\left(-y^2\,\frac{p+x}{px-y^2}\,,\quad xy\,\frac{p+x}{px-y^2}\right),$$

et, en tenant compte de l'équation de la parabole, on voit que l'équation de la droite CA est

$$x\mathrm{Y}-y\mathrm{X}=\frac{(p+x)\,(x^2+y^2)\,y}{px-y^2}=-\frac{y}{p}\,(x^2+y^2).$$

Mais l'équation de la droite MA est

$$y\mathrm{Y}+x\mathrm{X}=x^2+y^2.$$

Donc les coordonnées du point A sont déterminées par les équations

$$\mathrm{X}=x+\frac{y^2}{p}\,,\quad \mathrm{Y}=y-\frac{xy}{p}\,,$$

ou, en tenant compte de l'équation de la parabole,

$$(1)\qquad \mathrm{X}=\frac{1}{2}\left(3\frac{y^2}{p}-p\right),\quad \mathrm{Y}=-\frac{y}{2}\left(\frac{y^2}{p^2}-3\right).$$

Ce sont les équations paramétriques du lieu de A. En éliminant y entre ces équations, on obtient l'équation cartésienne de la courbe, savoir:

$$27p\mathrm{Y}^2=(\mathrm{X}-4p)^2\,(2\mathrm{X}+p).$$

Pour voir comme l'on peut résoudre, au moyen de cette courbe, le problème de la trisection de l'angle, remarquons que, si la droite MN est parallèle à OX, les angles NMC et FMC sont égaux, en vertu d'une propriété bien connue de la parabole. Comme les angles NML et FLM sont aussi égaux, on voit que les angles FLM et FMC sont égaux. Le triangle FLM est donc isoscèle et nous avons

$$\mathrm{FML}=\frac{1}{2}\,(\pi-\mathrm{MFL}).$$

On a aussi MFK = FML, et par suite

$$MFK = MFL + LFK = \frac{1}{2}(\pi - MFL).$$

Donc

$$MFL = \frac{1}{3}(\pi - 2LFK).$$

Donc, si l'on donne un angle ω et si l'on veut le diviser en trois parties égales, nous pouvons déterminer LFK au moyen de la relation

$$\omega = \pi - 2LFK,$$

et obtenir ainsi la droite FK. En traçant ensuite par le point A, où elle coupe la cubique considérée, une droite AM telle que l'angle FMA soit droit, nous trouvons la droite MF qui fait avec la droite FL un angle égal au tiers de ω. Pour tracer la droite MA, il suffit de remarquer que le point M doit être situé sur la circonférence du cercle décrit sur FA comme diamètre.

La cubique que nous venons de considérer est connue sous le nom de *cubique de Tschirnhausen,* pour avoir été rencontrée par ce géomètre dans une étude sur les caustiques de la parabole. La même cubique a été rencontrée par Catalan (*Journal de Mathématiques spéciales,* 1885, p. 229) dans le problème de la trisection de l'angle, et par ce motif M. Loria lui a donné le nom de *trisectrice de Catalan.*

74. La trisection de l'angle peut être encore obtenue au moyen de la même cubique en procédant d'une manière différente de celle indiquée ci-dessus, qui n'a pas peut-être été encore signalée.

Comme

$$\frac{Y}{X} = \frac{y}{p} \cdot \frac{y^2 - 3p^2}{p^2 - 3y^2},$$

ou, en posant

$$\frac{y}{p} = \tang \alpha, \qquad \frac{Y}{X} = \tang \beta = \tang HFX,$$

$$\tang \beta = \tang \alpha \frac{\tang^2 \alpha - 3}{1 - 3 \tang^2 \alpha} = - \tang 3\alpha,$$

nous avons π — β = 3α.

Donc, si l'on donne un angle β et si l'on prend une droite FA faisant avec FX un angle égal à β, et si l'on trace par le point A, où elle coupe la cubique considérée, une droite AM telle que l'angle AMF soit droit, on détermine un point M de la parabole, et ensuite, en projetant ce point sur l'axe de OX on a un autre P. En prenant maintenant sur FX un segment PB égal à p, l'angle MBP est le tiers de $\pi - \beta$. Pour déterminer le point M de manière que l'angle AMF soit droit, il suffit de tracer sur AF une demi-circonférence et chercher le point M où elle coupe la parabole.

75. Voici une autre manière de construire la cubique considérée.

Par le point M dont les coordonnées sont (x, y) menons la droite MA, perpendiculaire à FM et cherchons l'enveloppe des positions que MA prend quand M varie.

L'équation de la droite MA est

$$yY + xX = x^2 + y^2$$

ou

$$yY + \left(\frac{y^2}{2p} - \frac{1}{2}p\right) X = y^2 + \left(\frac{y^2}{2p} - \frac{1}{2}p\right)^2.$$

En dérivant cette équation par rapport à y, on trouve

$$pY + yX = y\left(\frac{y^2}{p} + p\right).$$

Ces équations donnent

$$X = \frac{3y^4 + 2p^2y^2 - p^4}{2p(y^2 + p^2)} = \frac{1}{2}\left(\frac{3y^2}{p} - p\right),$$

$$Y = -\frac{y^5 - 2p^2y^3 - 3p^4y}{2p^2(y^2 + p^2)} = -\frac{y}{2}\left(\frac{y^2}{p^2} - 3\right).$$

Ces équations sont identiques aux équations (1). Donc l'enveloppe considérée est identique à la cubique de Tschirnhausen.

Remarquons encore que comme l'angle FMA est droit et la droite MA tangente à la courbe, *la podaire de cette cubique par rapport au foyer de la parabole est cette même parabole.*

XIV.

Méthode de Longchamps.

76. De Longchamps a résolu le problème de la trisection au moyen de la courbe représentée par l'équation polaire

$$\rho \cos 3\theta = a,$$

ou, en coordonnées cartésiennes

$$x(x^2 - 3y^2) = a(x^2 + y^2),$$

dans un article publié dans *Mathesis* (1888, p. 5).

Il est facile de voir que la courbe est formée par trois branches égales, mais, pour notre but, il suffit de considérer, comme l'on verra ensuite, l'arc qui correspond aux valeurs de θ comprises entre 0 et $\dfrac{\pi}{6}$. Les points de cet arc peuvent être obtenus de la manière suivante.

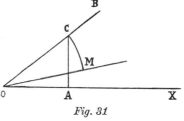

Fig. 31

Prenons sur l'axe OX *(fig. 31)*, à partir de l'origine O des coordonnées, un segment OA égal à a et traçons la droite OM qui fasse avec OX un angle arbitraire θ et la droite OC qui fasse avec OX un angle égal à 3θ. Ensuite menons par A une perpendiculaire AC à OX et par le point C, où elle coupe OC, un arc CM de circonférence ayant le centre au point O. Cet arc coupe la droite OM en un point M de la courbe considérée. En effet, en posant OM $= \rho$, nous avons

$$\rho = \mathrm{OM} = \frac{a}{\cos 3\theta}.$$

Pour diviser au moyen de cette courbe un angle donné ω, que nous supposerons compris entre 0 est $\dfrac{\pi}{2}$, en trois parties égales, traçons une droite OC faisant avec OX un angle égal à ω et une circonférence de rayon a ayant le centre au point O. Cette circonférence coupe l'arc considéré de la cubique en un point M et le vecteur de ce point fait avec OX un angle égal à $\dfrac{1}{3}\omega$.

XV.

Méthode de Kempe.

77. Prenons une circonférence *(fig. 32)* de rayon égal à a ayant le centre en un point O et sur cette courbe signalons un point fixe M. Traçons ensuite une droite de direction arbitraire OA et prenons sur cette droite, à partir du point où elle coupe la circonférence, les segments AB et AB′ égaux à AM. Le lieu décrit par les points B et B′, rapporté au pôle M et à l'axe MY, est représenté par l'équation

$$(1) \qquad \rho = a\,\frac{\sin\frac{4}{3}\theta}{\sin\frac{\theta}{3}} = 4a\cos\frac{\theta}{3}\cos\frac{2\theta}{3}.$$

En effet, en posant $MB = \rho$, $YMB = \theta$, le triangle OMB donne

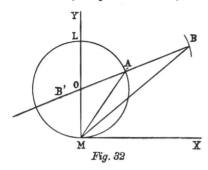

Fig. 32

$$(2) \qquad \frac{\rho}{a} = \frac{\sin MOB}{\sin OBM} = \frac{\sin YOB}{\sin OBM}.$$

Mais les triangles isoscèles MAB et OAM donnent

$$YOB = 2\,MAO = 4\,OBM,$$

$$YMB = YMA + AMB = OAM + OBM = 3\,OBM,$$

et par conséquent

$$OBM = \frac{1}{3}\,\theta, \qquad YOB = \frac{4}{3}\,\theta.$$

L'équation de la courbe considérée résulte de ces équations et de l'équation (2).

On voit au moyen de l'égalité $YMB = 3\,OBM$ que la courbe considérée est une *trisectrice*. Si l'on donne un angle ω, qu'on veuille diviser en trois parties égales, menons par le point M une droite MB faisant avec MY un angle égal à ω; ensuite traçons par le point B où elle coupe la courbe considérée la droite OB; l'angle OBM est le tiers de ω.

L'équation cartésienne de la courbe peut être obtenue au moyen des équations

$$\rho = 4a \cos\frac{\theta}{3}\left(2\cos^2\frac{\theta}{3} - 1\right), \quad \cos\theta = \cos\frac{\theta}{3}\left(4\cos^2\frac{\theta}{3} - 3\right),$$

qui, en éliminant $\cos\dfrac{\theta}{3}$ et en posant ensuite $x = \rho\sin\theta$, $y = \rho\cos\theta$, donnent

$$(x^2 + y^2)^3 - 6a\,(x^2 + y^2)^2\,y + 3a^2\,(x^2 + y^2)\,(3y^2 - x^2) + 4a^3\,(x^2 - y^2)\,y = 0.$$

La courbe inverse de celle qui précède par rapport au centre M et au module a a pour équation

$$4y\,(x^2 - y^2) + 3a\,(3y^2 - x^2) - 6a^2 y + a^3 = 0,$$

ou, en posant $y = y_1 + a$, pour transporter l'origine des coordonnées au point O,

$$4y_1\,(x^2 - y_1^2) + a\,(x^2 - 3y_1^2) = 0.$$

La courbe représentée par cette équation a été déjà signalée (n.º 59), où nous lui avons donné le nom de seconde trisectrice de Maclaurin.

XVI.

Problème d'Archimède.

78. On peut rattacher au problème de la trisection de l'angle cet autre: *déterminer dans une sphère donnée un cercle qui la divise en deux segments tels que le rapport de leurs volumes soit égal à celui de deux segments rectilignes donnés.*

On désigne ce problème sous le nom de *problème d'Archimède* pour avoir été considéré par ce grand géomètre dans son *Traité de la sphère et du cylindre.* Dionysidore en a donné une solution, reproduite par Eutocius dans son *Commentaire aux oeuvres d'Archimède,* et Pappus en a donné une autre dans ses *Collections mathématiques,* laquelle a été aussi reproduite par Eutocius dans le même *Commentaire.* Huygens a donné aussi une solution du même problème dans une lettre adressée à Kinner le 9 août 1653 (*Oeuvres de Huygens,* t. I, p. 238).

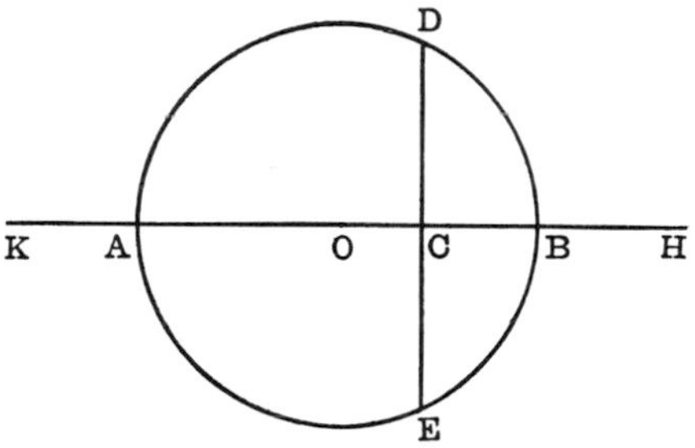

Nous n'exposerons pas ici les solutions qu'on a données du même problème, car il peut être réduit à celui de la trisection, comme on va le voir.

Fig. 33

Soient AB un diamètre de la sphère, ADBE (*fig. 33*) le cercle qui, en tournant autour de AB, engendre ce solide et DE une perpendiculaire à AB, qui engendre le cercle (C) qui divise la sphère en deux segments dont le rapport des volumes soit égal au rapport donné k.

Les volumes des segments de sphère engendrés par DB et AD sont égaux aux volumes des cônes qui ont pour base le cercle (C) et pour hauteurs respectivement les segments CH et CK déterminés par les équations

$$\frac{CH - CB}{CB} = \frac{AO}{AC}, \qquad \frac{CK - AC}{AC} = \frac{OB}{CB},$$

qui, en posant $CB = h$ et en prenant pour unité le rayon de la sphère, donnent

$$CH = \frac{h(3-h)}{2-h}, \qquad CK = \frac{(2-h)(1+h)}{p}.$$

Donc on peut déterminer le point C, et par conséquent le cercle (C), au moyen de l'équation

$$\frac{(2-h)(2+h-h^2)}{h^2(3-h)} = k,$$

ou

$$(1+k)h^3 - 3(1+k)h^2 + 4 = 0,$$

ou, en posant $h = h_1 + 1$,

$$h_1{}^3 - 3h_1 + \frac{2(1-k)}{1+k} = 0.$$

Cette équation est identique à celle du problème de la trisection, et par conséquent à chaque méthode pour la solution de ce problème correspond une autre pour la solution du problème d'Archimède.

Cette doctrine est un cas particulier de celle qu'on va exposer.

XVII.

Sur les problèmes du troisième degré.

79. On a déjà dit que Viète et Descartes ont remarqué que la solution d'un problème quelconque dépendant d'une équation du troisième degré peut être réduite à la solution d'un problème de deux moyennes ou à celle du problème de la trisection d'un angle. Nous allons démontrer maintenant cette proposition.

Soit

$$x^3 + ax^2 + bx + c = 0$$

l'équation proposée. En faisant $x = y - \dfrac{a}{3}$, cette équation se transforme dans celle-ci:

(1)
$$y^3 + py + q = 0,$$

et on peut construire p et q, au moyen de la règle et du compas quand on donne a, b et c.

Cela posé, nous allons considérer deux cas.

1.º Supposons que les racines de l'équation (1) soient réelles, c'est-à-dire qu'on ait

(2)
$$4p^3 + 27q^2 < 0.$$

Alors, en posant $y = \lambda z$, l'équation (1) prend la forme

$$z^3 + \frac{p}{\lambda^2} z + \frac{q}{\lambda^3} = 0,$$

et est identique à celle du problème de la trisection, savoir (n.° 62):

(3) $$z^3 - 3z + 2c = 0, \qquad |c| < 1,$$

quand λ et c ont les valeurs

$$\lambda = \sqrt{-\frac{p}{3}}, \qquad c = \frac{q}{2} \left(-\frac{3}{p}\right)^{\frac{3}{2}},$$

où, à cause de (2), p est négatif. Alors l'inégalité (2) fait voir que la condition $|c| < 1$ est satisfaite.

On peut construire λ et c au moyen de la règle et du compas, et ensuite obtenir z au moyen de la trisection de l'angle correspondant à l'équation (3); et on peut enfin déduire de la valeur de z celles de y et x au moyen d'une construction avec la règle et le compas.

2.° Si

$$4p^3 + 27q^2 > 0,$$

deux racines de l'équation (1) sont imaginaires et la racine réelle de cette équation a la valeur

$$y = y_1 + y_2, \qquad y_1 = \sqrt[3]{a}, \qquad y_2 = \sqrt[3]{b},$$

où

$$a = -\frac{q}{2} + \sqrt{\frac{q^3}{4} + \frac{p^2}{27}}, \qquad b = -\frac{q}{2} - \sqrt{\frac{q^3}{4} + \frac{p^2}{27}}.$$

On peut construire a et b au moyen de la règle et du compas, et la détermination de y_1 et y_2 est ainsi réduite à celle de la résolution de deux problèmes de deux moyennes. La valeur de x peut être enfin déduite de celles de y_1 et y_2 au moyen de constructions faites avec la règle et le compas.

80. Comme conséquence de cette doctrine et des doctrines exposées aux n.°^{s} 29 et 64, on voit que tous les problèmes dépendant d'une équation du troisième degré peuvent être résolus au moyen d'une même conique.

En effet, tous les problèmes des deux moyennes et de la trisection peuvent être résolus au moyen d'une même conique donnée et tous les problèmes du troisième ordre peuvent être réduits à ceux-là au moyen de constructions qu'on fait avec la règle et le compas.

Ce résultat a été obtenu par une autre voie par Kortum (*Ueber geometrische Aufgabe dritten und vierten Graden,* Bonn, 1869) et par S. Smith (*Annali di Mathematica,* série 2.ᵉ, t. III).

Dans le même ordre d'idées, M. London (*Zeitschrift für Mathematik und Physik,* t. ILI) a démontré que tous les problèmes du troisième degré peuvent être résolus au moyen d'une courbe du troisième ordre quelconque donnée et d'une règle. On peut voir dans un article de M. Conti, publié dans les *Questioni riguardanti le Matematiche elementare* de M. Enriques (t. II, p. 267), l'étude des cas où la courbe donnée est une *parabole cubique* ou une *cissoïde*.

CHAPITRE III

SUR LA QUADRATURE DU CERCLE.

I.

Notice sur les premiers documents concernant la quadrature du cercle. Travaux d'Archimède.

81. Le document le plus ancien rencontré jusqu'à présent où l'on fait mention de la quadrature du cercle, est le *Papirus Rhind,* écrit près deux mille ans avant J. C. et conservé au Musée Britanique de Londres. On dit dans ce document que le côté du carré dont l'aire est égale à celle du cercle de rayon R a la valeur $\left(\dfrac{16}{9}\right)^2 R^2$. Cette valeur correspond donc à la valeur 3,16 du nombre π. On rencontre une au^{t}re mention bien ancienne de ce nombre dans la *Bible* (*Livre des Rois,* chap. VII, vers. 23), où l'on considère la longueur de la circonférence comme égale à trois fois celle du diamètre. Cette même valeur a été encore adoptée par les anciens chinois (Y. Mikami, *The Development of Mathematics in China and Japan,* Leipzig, 1912, p. 46); les anciens japonais ont employée la valeur $\pi = 3,16$ (*l. c.*).

En parcourant l'histoire de la science hellénique, on voit que les géomètres de l'ancienne Grèce qui premièrement se sont occupés de la quadrature du cercle ont été Anaxagore, Hippocrate de Chio, Antiphon et Bryson, élèves de l'École de Pythagore. Hippocrate a enseigné la manière de déterminer des espaces limités par deux arcs de cercles inégaux dont les aires peuvent être déterminées au moyen d'une construction faite avec la règle et le compas, et a démontré que les aires des cercles sont proportionnelles aux carrés des diamètres. Mais ses efforts ainsi que ceux des autres géomètres grecs pour construire un carré d'aire égale à celle d'un cercle donné au moyen de droites et de cercles ont resté infructueux, et pour ce motif ils ont cherché à résoudre graphiquement ce problème au moyen d'autres courbes qu'il ont nommées *quadratrices.*

82. La première courbe employée pour cela a été celle qu'Hippias avait employée déjà pour la division de l'angle, courbe que nous avons considérée au n.º 49. C'est Dinostrate qui a appliqué la courbe d'Hippias à la quadrature du cercle, et par ce motif elle est connue sous le nom de *quadratrice de Dinostrate.*

L'équation de cette courbe est (n.º 49)

$$y = x \cot \frac{\pi x}{2a},$$

et en posant $x = 0$ et en déterminant ensuite la vraie valeur du second membre pour cette valeur de x, on voit la courbe coupe l'axe des ordonnées au point dont l'ordonnée est égale à $\frac{2a}{\pi}$. En la construisant donc au moyen de la méthode exposée au n.º 49, on obtient le segment OB (*fig. 19*), et l'on détermine ensuite le rapport π de la circonférence au diamètre au moyen de l'égalité $\pi = \frac{2a}{\text{OB}}$.

Les oeuvres de Dinostrate ne sont pas arrivées jusqu'à nous, mais cette manière de résoudre le problème de la quadrature du cercle au moyen de la quadratrice mentionnée a été exposée par Pappus dans le livre IV de ses *Collections mathématiques*. Pour établir l'égalité OB $= \frac{2a}{\pi}$, le célèbre géomètre a employé la démonstration par exhaustion.

Cette solution du problème de la quadrature du cercle est purement théorique, comme, d'après Pappus, Sporus l'avait déjà remarqué dans l'antiquité, vu qu'on ne sait pas construire la courbe d'Hippias par un mouvement continu.

83. La *spirale d'Archimède* est une autre quadratrice considérée par les anciens géomètres. L'équation de cette courbe est

$$\rho = a \frac{\theta}{2\pi}$$

et la valeur de la soustangente au point (θ, ρ) est donnée par la formule $\mathrm{S}_t = \rho\theta$, d'où il résulte qu'on a, au point $(2\pi, a)$, $\mathrm{S}_t = 2a\pi$. Donc le problème de la rectification de la circonférence d'un cercle, ainsi que celui de la quadrature, se rattachent au problème de la détermination des tangentes à la spirale mentionnée. Cette relation entre les deux problèmes a été découverte par Archimède, qui l'a démontrée par la méthode d'exhaustion dans le *Traité* qu'il a consacré à cette spirale (prop. 18, 19 et 20).

On ne peut pas obtenir une solution exacte du problème de la rectification des arcs de la circonférence au moyen de la spirale considérée, car on ne sait pas la décrire par un mouvement continu et on n'en peut pas tracer la tangente au moyen d'une construction géométrique indépendante de la connaissance antérieure du rapport π; mais on peut obtenir, au moyen de cette courbe, une solution graphique approchée de ce problème, en traçant la courbe par la méthode exposée au n.º 50 et en traçant ensuite la tangente au moyen d'une règle qu'on fait tourner autour du point de contact, en l'amenant à une position telle qu'à ce point vienne se réunir un autre point d'intersection du bord de la règle avec la courbe.

84. Les méthodes pour la rectification de la circonférence et de la quadrature du cercle au moyen de la quadratrice de Dinostrate ou de la spirale d'Archimède qu'on vient d'indiquer, ont deux inconvénients : 1.º on ne peut pas augmenter indéfiniment le degré d'approximation de la solution ; 2.º on ne peut déterminer une limite de l'erreur de cette solution. Mais nous allons exposer une méthode par laquelle on peut déterminer le rapport π de la circonférence au diamètre d'un cercle avec une approximation aussi grande qu'on veut, donnée par Archimède dans son *Traité de la dimension du cercle,* auquel Eutocius a consacré l'un de ses *Commentaires.*

Le grand géomètre a commencé par démontrer que l'aire du cercle est égale à celle d'un triangle rectangle dont un côté est égal à sa circonférence et l'autre à son rayon. C'est dans le *Traité* mentionné qu'on rencontre la première démonstration connue de cette proposition, dont l'inventeur est inconnu. Il a ainsi réduit le problème de la quadrature du cercle à celui de la rectification de la circonférence.

Voyons maintenant comme le célèbre géomètre détermine le rapport de la circonférence au diamètre.

Considérons une circonférence (C) *(fig. 34)* de rayon arbitraire OB et soit BB' un côté du polygne régulier de n côtés inscrit dans cette cir- 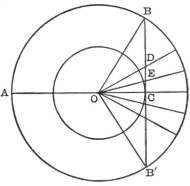 conférence et circonscrit à une autre circonférence (c) de rayon OC. Nous avons, en posant OB $= R$, BB' $= l_n$, OC $= r$,

$$r = \frac{1}{2}\sqrt{4R^2 - l_n^2}.$$

On détermine au moyen de cette égalité r, quand R et l_n sont donnés.

Divisons maintenant l'angle BOC en deux parties égales au moyen de la droite OD. Nous avons

Fig. 34

$$\frac{OB}{OC} = \frac{BD}{DC},$$

et par conséquent

$$\frac{OB + OC}{OC} = \frac{BD + DC}{DC} = \frac{BC}{DC},$$

ou

$$\frac{OB + OC}{BC} = \frac{OC}{DC}.$$

Donc, en posant DC $= \frac{1}{2}$ DD' $= \frac{1}{2} l_{2n}$, on a

$$l_{2n} = 2DC = \frac{2OC.BC}{OB + OC} = \frac{r l_n}{R + r}.$$

Cette formule détermine le côté DD′ d'un polygone regulier de $2n$ côtés circonscrit au cercle (c), quand est connu le côté du polygone regulier de n côtés inscrit dans le cercle (C) et circonscrit au cercle (c).

Traçons maintenant la droite OE, qui divise l'angle DOC en deux parties égales. Nous avons, en posant $OD = R'$, $EC = \frac{1}{2} EE' = \frac{1}{2} l_{4n}$,

$$OD = R' = \frac{1}{2} \sqrt{4r^2 + l_{2n}^2}, \qquad l_{4n} = \frac{rl_{2n}}{R' + r}.$$

Ces formules déterminent le côté du polygone régulier de $4n$ côtés inscrit dans le cercle (C') de rayon OD et centre O et circonscrit au cercle (c).

En continuant de la même manière, on détermine les côtés des polygones reguliers de $8n$, $16n$, ..., $2^i n$ côtés circonscrits au cercle (c) et inscrits respectivement dans les cercles de centre O et de rayons R″, R‴, etc. déterminés par les équations

$$R'' = \frac{1}{2} \sqrt{4r^2 + l_{4n}^2}, \qquad R''' = \frac{1}{2} \sqrt{4r^2 + l_{8n}^2}, \ \ldots$$

Le périmètre du polygone de $2^i n$ côtés circonscrit au cercle (c) est égal à ml_m, où $m = 2^i n$. Donc le rapport π de la circonférence au diamètre satisfait à la condition

$$\pi < \frac{ml_m}{2r},$$

où l_m a la valeur déterminée par la méthode qu'on vient de donner.

Dans l'exposition qu'on vient de faire de la méthode d'Archimède, nous n'avons pas donné aux quantités qui y figurent de valeurs numériques. Mais le grand géomètre, qui, dans son *Traité*, a pour but, non pas de présenter la méthode, mais de déterminer deux nombres entre lesquels soit compris le rapport de la circonférence au diamètre et qui soient suffisemment approchés pour les applications ordinaires, fait, dans son exposition, $n = 6$, $i = 4$, et par conséquent $l_n = R$, $m = 96$, et fait ainsi voir que la valeur de π est supérieure à $\frac{22}{7}$.

Les expressions antérieures déterminent aussi une limite inférieure de la valeur de π, puisque l_{2n}, l_{4n}, l_{8n}, ... sont les côtés de polygones réguliers inscrits dans les cercles de rayons respectivement égaux à R′, R″, R‴, etc. Mais Archimède a employé pour déterminer cette limite la méthode qu'on va voir.

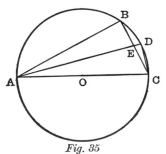

Fig. 35

Soit BC *(fig. 35)* un côté d'un polygone régulier de n côtés inscrit dans le cercle (C) de centre O et de rayon OC, et divisons l'angle BAC en deux parties égales au moyen de la droite OD. Les triangles ADC et EDC sont semblables, vu que l'angle DCE est égal à l'angle BAD, et par conséquent à l'angle DAC, et l'angle ADC est commun aux deux triangles. Donc nous avons

$$\frac{AD}{DC} = \frac{AC}{CE}.$$

On a aussi

$$\frac{AB}{AC} = \frac{BE}{EC}$$

et par conséquent

$$\frac{AB + AC}{AC} = \frac{BE + EC}{EC} = \frac{BC}{EC},$$

ou

$$\frac{AB + AC}{BC} = \frac{AC}{EC} = \frac{AD}{DC} = \sqrt{\frac{AC^2 - DC^2}{DC^2}}.$$

On a enfin

$$AB = \sqrt{AC^2 - BC^2}.$$

Or ces égalités donnent

$$\frac{AC^2 - BC^2 + AC^2 + 2AB.AC}{BC^2} = \frac{AC^2 - DC^2}{DC^2}.$$

En posant donc $BC = l'_n$, $AC = 2R$, $DC = l'_{2n}$, nous pouvons calculer la valeur de DC au moyen des formules

$$\frac{R}{l'_{2n}} = \frac{\sqrt{R(2R + AB)}}{l'_n}, \quad AB = \sqrt{4R^2 - l_n'^2}.$$

Si l'on connait donc la valeur du côté d'un polygone régulier de n côtés inscrit dans une circonférence, on peut déterminer au moyen de ces formules la valeur du côté du polygone de $2n$ côtés inscrit dans la même circonférence.

En continuant de la même manière, on obtient les valeurs des côtés des polygones réguliers de $4n$, $8n$, ..., $2^i n$ côtés inscrits dans la circonférence considérée, et ensuite, au moyen de l'inégalité

$$\pi > \frac{ml'_m}{2R}, \quad m = 2^i n,$$

on obtient une limite inférieure de la valeur du rapport de la circonférence au diamètre.

Archimède a fait $i = 4$, $n = 6$, et par suite $m = 96$, et il a fait voir ainsi que ce rapport est plus grand que le nombre $\dfrac{223}{71}$.

II.

Travaux de Viète, Adrien Romanus et L. Van Ceulen.

85. Dans l'intervalle qui va depuis le temps d'Archimède jusqu'à la seconde moitié du XVIe siècle, on n'y a pas eu quelque progrès remarquable dans la connaissance du nombre π. Seulement il convient de signaler: 1.º que, d'après Mikami (*l. c.*), au v.e siècle, l'astronome chinois Tsu Ch'ung-chih a attribué à ce nombre la valeur $\frac{355}{113}$ (identique à celle qu'Adrien Anthonisz a découverte et que son fils Adrien Metius a fait connaitre en 1625) et correcte jusqu'à la sixième décimale; 2.º que le géomètre indien Arya-Bahta a trouvé pour le même nombre la valeur $\frac{62832}{20000}$ et a employé pour le calculer la formule (Rodet, *Journal asiatique,* 1879)

$$l_{2n}^2 = \frac{1}{2}\left(1 - \sqrt{1 - l_n^2}\right),$$

équivalente à la relation

$$\sin^2 \theta = 4 \sin^2 \frac{1}{2}\,\theta\left(1 - \sin^2 \frac{1}{2}\,\theta\right);$$

3.º que Chang Hing, en Chine, Brahmagupta, en Inde, ont attribué à π la valeur $\sqrt{10}$, exacte jusqu'au premier chiffre décimal.

Dans le XVI.e siècle, Viète, Adrien Romanus et Ludolphe Van Ceulen ont mené le calcul de π jusqu'à un degré d'approximation très élevé.

Pour faire ce calcul, ces géomètres ont donné une forme trigonométrique à la méthode d'Archimède, en employant des formules équivalentes à celles-ci:

$$(1) \qquad \sin^2 \frac{1}{2}\,\theta = \frac{1}{2}(1 - \cos \theta), \qquad \cos^2 \theta = 1 - \sin^2 \theta, \qquad \tan g\,\theta = \frac{\sin \theta}{\cos \theta}.$$

Soit l la valeur supposée connue du côté d'un polygone régulier de n côtés inscrit dans un cercle de rayon égal à l'unité et A l'angle qui a le sommet au centre et dont les côtés passent par les extremités du côté du polygone. Nous avons

$$l = 2 \sin \frac{1}{2}\,\text{A}.$$

Cette égalité détermine $\sin \frac{1}{2}\,\text{A}$, et les deux premières égalités (1) déterminent ensuite

$$\sin \frac{\text{A}}{2^2}, \qquad \sin \frac{\text{A}}{2^3}, \cdots, \qquad \sin \frac{\text{A}}{2^i},$$

en faisant successivement

$$\theta = \frac{A}{2}, \quad \frac{A}{2^2}, \quad \frac{A}{2^3}, \quad \ldots, \quad \frac{A}{2^{i-1}}.$$

Les deux dernières égalités (1) déterminent ensuite $\tan \frac{A}{2^i}$.

D'un autre côté, les inégalités

$$\sin \theta < \theta < \tan \theta$$

donnent, en faisant $\theta = \frac{A}{2^i}$ et en remarquant qu'on a $A = \frac{2\pi}{n}$,

$$\sin \frac{A}{2^i} < \frac{\pi}{2^{i-1}n} < \tan \frac{A}{2^i}.$$

Comme les valeurs du premier et du dernier membres de ces inégalités sont connues, on a ainsi deux nombres entre lesquels π est compris.

Viète, dans son *Canon mathematicus seu ad triangula* (Paris, 1579), a obtenu par cette méthode la valeur de π avec 9 décimales exactes, en partant pour cela de l'hexagone et en employant des polygones inscrits et circonscrits de 6.2^{16} côtés. Ensuite Adrien Romanus, dans ses *Ideae mathematicae* (Anvers, 1593), a calculé la valeur du même nombre avec 15 décimales exactes, en partant du carré et en employant des polygones de 2^{30} côtés. Enfin Van Ceulen, dans son *Vanden Circkel* (Delft, 1596), ouvrage analysé par M. Bosmans dans les *Mémoires de la Société scientifique de Bruxelles* (1910), a fait le calcul de π par divers modes, en partant du pentagone régulier, du carré, du triangle équilatéral et du pentédécagone régulier, et en portant les bissections jusqu'aux polygones de 10485760, 1073741824, 6442450944 et 32512254720 côtés, respectivement. La valeur la plus approchée de π qu'il a obtenue dans l'ouvrage mentionné, contient 20 décimales exactes, mais on a trouvé dans un travail publié après sa mort la valeur de π avec 35 décimales exactes.

En employant encore la méthode d'Archimède, le géomètre japonais Takebe Kenkŏ a donné, en 1722, la valeur de π avec 41 décimales exactes (Mikami, *l. c.*), et Matsunaga Ryŏhitsu, en 1739, a obtenu 50 décimales exactes du même nombre.

Nous ajouterons encore, à l'égard de la contribution de Viète à la théorie du nombre π, que ce célèbre géomètre a donné un résultat équivalent à l'expression suivante de ce nombre :

$$\frac{2}{\pi} = \sqrt{\frac{1}{2}} \cdot \sqrt{\frac{1}{2} + \sqrt{\frac{1}{2}}} \cdot \sqrt{\frac{1}{2} + \sqrt{\frac{1}{2} + \sqrt{\frac{1}{2}}}} \cdots$$

dans son *Responsorum mathematicorum* (*Opera,* 1646, p. 400). Cette formule est très remarquable, car elle est la première représentation qu'on a donnée, d'une quantité par un produit composé d'un nombre infini de facteurs.

III.

Recherches de Snellius et Huygens.

86. Snellius, dans son *Cyclometricus,* publié en 1621, et Huygens dans son traité *De circuli magnitudine inventa,* paru en 1654, où se trouvent, parmi d'autres résultats, les démonstrations des théorèmes que Snellius avait établis d'une manière insufisante, ont prefectionné considérablement la méthode d'Archimède, en employant, au lieu des inégalités $l_n < \dfrac{c}{n} < L_n$, c étant la longueur de la circonférence de rayon égal à l'unité et l_n, L_n les côtes des polygones réguliers de n côtés inscrits et circonscrits, ou, sous forme trigonométrique,

$$(1) \qquad 2 \sin \frac{\theta}{2} < \theta < 2 \tan \frac{\theta}{2},$$

qui représentent un rôle essentiel dans cette méthode, les inégalités

$$\frac{12 l^2{}_{2n}}{4 l_{2n} + l_n} < \frac{c}{n} < \frac{1}{3}(2 l_n + L_n),$$

ou, sous forme trigonométrique,

$$(2) \qquad \frac{12 \sin \dfrac{\theta}{4}}{2 + \cos \dfrac{\theta}{4}} < \theta < \frac{2}{3}\left(2 \sin \frac{\theta}{2} + \tan \frac{\theta}{2}\right).$$

Ces inégalités déterminent en effet pour θ des limites plus étroites que celles qui résultent des inégalités (1), comme l'on verra ensuite, et permettent d'obtenir la valeur de π avec une approximation déterminée en employant des polygones réguliers d'un nombre de côtés moindre que ceux qu'exige la méthode exposée dans les pages anterieures. On trouve ces deux inégalités dans l'ouvrage de Snellius, mais le premier membre de la première coïncide avec une valeur attribuée à θ par De Cusa dans un ouvrage intitulé: *De mathematica perfectione,* publié dans l'édition de ses oeuvres parue en 1514, après sa mort.

Nous ne donnerons pas ici la démonstration géométrique de ces inégalités, qu'on peut voir dans l'ouvrage d'Huygens mentionné ci-dessus; mais nous indiquerons un moyen analytique de les vérifier.

Posons

$$f(\theta) = \theta - \frac{12 \sin \dfrac{\theta}{4}}{2 + \cos \dfrac{\theta}{4}}$$

et dérivons cette fonction par rapport à θ, ce qui donne

$$f'(\theta) = \frac{\left(1 - \cos \dfrac{\theta}{4}\right)^2}{\left(2 + \cos \dfrac{\theta}{4}\right)^2}.$$

Donc la fonction $f(\theta)$, qui est nulle quand $\theta = 0$, croît quand θ augmente, et on a $f(\theta) > 0$. La première inégalité (2) est donc démontrée.

Pour démontrer la seconde inégalité, posons

$$F(\theta) = \frac{2}{3}\left(2 \sin \frac{\theta}{2} + \tang \frac{\theta}{2}\right) - \theta,$$

et on a

$$F'(\theta) = \frac{2}{3} \cos \frac{\theta}{2} + \frac{1}{3 \cos^2 \dfrac{\theta}{2}} - 1, \qquad F''(\theta) = \frac{1}{3} \cdot \frac{\sin \dfrac{\theta}{2}\left(1 - \cos^3 \dfrac{\theta}{2}\right)}{\cos^3 \dfrac{\theta}{2}}.$$

Comme la fonction $F''(\theta)$ est positive, la fonction $F'(\theta)$, qui est nulle quand $\theta = 0$, croît quand θ augmente, et elle est par conséquent positive. La fonction $F(\theta)$, qui est aussi nulle quand $\theta = 0$, croît donc aussi quand θ augmente et est par suite positive. Donc nous avons $F(\theta) > 0$, et la seconde inégalité (2) est démontrée.

Démontrons maintenant que les inégalités (2) déterminent des limites plus prochaines de θ que les inégalités (1).

En développant pour cela $\theta - 2 \sin \dfrac{\theta}{2}$ et $\theta - 2 \tang \dfrac{\theta}{2}$ suivant les puissances de θ, on obtient les résultats

$$\theta - 2 \sin \frac{\theta}{2} = \frac{\theta^3}{3! \, 2^2} + \ldots, \qquad \theta - 2 \tang \frac{\theta}{2} = -\frac{\theta^3}{3! \, 2^2} + \ldots$$

Donc les différences entre θ et les limites considérées dans les inégalités (1) sont du *troisième ordre* par rapport à θ.

Mais, si l'on développe $f(\theta)$ et $F(\theta)$ suivant les puissances de θ, on trouve les résultats

$$f(\theta) = \frac{1}{3^2 . 4^5 . 5} \theta^5 + \ldots, \qquad F(\theta) = \frac{1}{2^6 . 5} \theta^5 + \ldots,$$

et par conséquent les différences entre θ et les limites indiquées dans les inégalités (2) sont du cinquième ordre par rapport à θ.

En partant de l'hexagone régulier et en employant, comme Archimède, des polygones de 96 côtés, Snellius a obtenu de cette manière la valeur de π avec sept décimales exactes, au lieu des deux que donne la méthode d'Archimède.

En employant les mêmes inégalités, Gruenbergerius a obtenu, dans ses *Elementa trigo-nometrica* (Roma, 1630), la valeur de π avec 39 décimales exactes.

On trouve encore dans l'ouvrage d'Huygens les inégalités

$$\frac{1}{3}\left(8l_{2n}-l_n\right) < \frac{c}{n} < \frac{1}{3}\left(4\mathrm{L}_{2n}+l_n\right)$$

ou, sous forme trigonométrique,

$$(3) \qquad \frac{16}{3}\sin\frac{\theta}{4} - \frac{2}{3}\sin\frac{\theta}{2} < \theta < \frac{8}{3}\tan\frac{\theta}{4} + \frac{2}{3}\sin\frac{\theta}{2}.$$

Pour vérifier la première inégalité, posons

$$f_1(\theta) = \theta - \frac{16}{3}\sin\frac{\theta}{4} + \frac{2}{3}\sin\frac{\theta}{2},$$

et on a

$$f_1'(\theta) = \frac{2}{3}\left(1 - \cos\frac{\theta}{4}\right)^2,$$

et par suite $f_1(\theta) > 0$.

Pour vérifier la seconde inégalité, posons

$$\mathrm{F}_1(\theta) = \frac{8}{3}\tan\frac{\theta}{4} + \frac{2}{3}\sin\frac{\theta}{2} - \theta,$$

et on a

$$\mathrm{F}_1'(\theta) = \frac{2\left(1 - \cos\dfrac{\theta}{4}\right)^2}{3\cos^2\dfrac{\theta}{4}},$$

et par conséquent $\mathrm{F}_1(\theta) > 0$.

En développant $f_1(\theta)$ et $\mathrm{F}_1(\theta)$ suivant les puissances de θ, on trouve

$$f_1(\theta) = \frac{1}{4^3 . 5!}\,\theta^5 + \cdots, \qquad \mathrm{F}_1(\theta) = \frac{1}{2^7 . 3 . 5}\,\theta^5 + \cdots$$

Donc les différences entre θ et les limites indiquées dans les inégalités (3) sont, comme dans le cas des inégalités (2), du *cinquième ordre,* mais le calcul des limites qui figurent en (3) est plus simple que celui des limites de Snellius.

Huygens a encore donné, dans l'ouvrage mentionné deux autres inégalités qu'on peut mettre sous la forme trigonométrique:

$$\theta > 4 \sin \frac{\theta}{4} \left[\cos \frac{\theta}{4} + \frac{10 \sin^2 \frac{\theta}{4} \left(2 + 3 \cos \frac{\theta}{4} \right)}{3 \left(7 + 6 \cos \frac{\theta}{4} + 12 \cos^2 \frac{\theta}{4} \right)} \right],$$

$$\theta < 4 \sin \frac{\theta}{4} \left[1 + \frac{8}{3} \sin^2 \frac{\theta}{8} \frac{4 + \cos \frac{\theta}{4}}{2 + 3 \cos \frac{\theta}{4}} \right].$$

Ces inégalités, que nous ne démontrerons pas ici, ont été obtenues par l'éminent géomètre au moyen de considérations sur le centre de gravité d'un arc de circonférence. Elles donnent pour θ deux limites plus approchées que les inégalités (3), et la différence entre θ et chacune de ces limites est du *septième ordre* par rapport à θ, comme l'on voit en développant ces limites en série ordonnée suivant les puissances de θ. Il a encore fait voir que, en employant les inégalités (3), on obtient à peu près un nombre de décimales exactes double et, en employant les dernières inégalités, un nombre de décimales exactes triple du nombre de celles que donne la méthode d'Archimède.

IV.

Méthode de James Gregory pour la quadrature du cercle.

87. James Gregory, dans sa *Vera circuli et hyperbolae quadratura* (Padoe, 1667), a donné une forme remarquable à la méthode d'Archimède pour la quadrature du cercle, en considérant, au lieu des arcs de la circonférence, les aires des secteurs circulaires correspondants. Cette méthode est une de celles qui ont été exposées par Legendre dans ses célèbres *Élements de Géométrie.*

La méthode de Gregory est basée sur la proposition suivante:

Considérons une circonférence et représentons par A et B les aires des polygones réguliers de n côtés et par A' et B' les aires des polygones reguliers de 2n côtés respectivement inscrits et circonscrits. Ces aires sont liées par les relations

$$A' = \sqrt{AB}, \qquad B' = \frac{2AB}{A + A'}.$$

La première de ces relations avait été donnée par Snellius.

On peut voir une démonstration purement géométrique de ce théorème dans les ouvrages 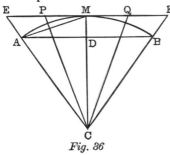 mentionnés ci-dessus. Nous allons en donner une démonstration analytique.

Représentons par AB et AM *(fig. 36)* les côtés des polygones inscrits de n et $2n$ côtés et par EF et PQ les côtés des polygones circonscrits de n et $2n$ côtés, et désignons par θ l'angle ACF, par R le rayon du cercle, par l le côté AB, par a, a', b, b' les aires des triangles ABC, AMC, EFC, PQC. On a

Fig. 36

$$a = \frac{1}{2}\, l \cdot \mathrm{CD} = \mathrm{R}^2 \sin\frac{\theta}{2}\cos\frac{\theta}{2}, \qquad a' = \frac{1}{2}\, \mathrm{CM} \cdot \mathrm{AD} = \frac{1}{2}\,\mathrm{R}^2 \sin\frac{\theta}{2},$$

$$b = \frac{1}{2}\,\mathrm{EF} \cdot \mathrm{CM}, \qquad b' = \frac{1}{2}\,\mathrm{PQ} \cdot \mathrm{CM}.$$

Mais, comme

$$\frac{\mathrm{EF}}{\mathrm{AB}} = \frac{\mathrm{CM}}{\mathrm{CD}},$$

l'expression de b prend la forme

$$b = \frac{1}{2}\,\frac{\mathrm{AB} \cdot \mathrm{CM}^2}{\mathrm{CD}} = \mathrm{R}^2 \tan\frac{\theta}{2},$$

et, comme

$$\mathrm{PQ} = 2\mathrm{PM} = 2\mathrm{R}\tan\frac{\theta}{4},$$

l'expression de b' peut être mise sous la forme

$$b' = \mathrm{R}^2 \tan\frac{\theta}{4} = \mathrm{R}^2\,\frac{\sin\dfrac{\theta}{4}}{\cos\dfrac{\theta}{4}} = \mathrm{R}^2\,\frac{\sin\dfrac{\theta}{4}\cos\dfrac{\theta}{4}}{\cos^2\dfrac{\theta}{4}} = \mathrm{R}^2\,\frac{\sin\dfrac{\theta}{2}}{1+\cos\dfrac{\theta}{2}}.$$

En observant maintenant qu'on a

$$\mathrm{A} = na, \qquad \mathrm{B} = nb, \qquad \mathrm{A}' = 2na', \qquad \mathrm{B}' = 2nb',$$

il vient

$$\mathrm{A} = n\mathrm{R}^2 \sin\frac{\theta}{2}\cos\frac{\theta}{2}, \qquad \mathrm{A}' = n\mathrm{R}^2 \sin\frac{\theta}{2}, \qquad \mathrm{B} = n\mathrm{R}^2 \tan\frac{\theta}{2},$$

$$\mathrm{B}' = 2\mathrm{R}^2 n\,\frac{\sin\dfrac{\theta}{2}}{1+\cos\dfrac{\theta}{2}}.$$

Ces relations donnent les formules cherchées :

$$AB = A'^2, \quad B' = \frac{2A'^2}{A+A'} = \frac{2AB}{A+A'} \cdot$$

Pour appliquer les formules qu'on vient de démontrer au calcul de π, considérons un cercle de rayon égal à l'unité, et, en partant du carré, rappelons que l'aire du carré inscrit est égale à 2 et l'aire du carré circonscrit est égale à 4. Les formules données ci-dessus déterminent, en faisant $A = 2$, $B = 4$, les aires des polygones de 8 côtés inscrit et circonscrit au cercle donné. En continuant de la même manière, on obtient les aires des polygones de 16, 32, ... côtés inscrits et circonscrits au même cercle. Les nombres qui représentent les aires des polygones inscrits sont inférieurs à π et ceux qui représentent les aires des polygones circonscrits sont supérieurs à π.

Legendre, dans l'application qu'il faite de cette méthode, a obtenu la valeur de π avec sept décimales exactes, en employant le polygone de 2^{15} côtés.

V.

Méthode de Descartes et Euler.

88. Nous allons exposer maintenant une autre méthode pour déterminer la valeur de π au moyen des cercles inscrits et circonscrits, connue sous le nom de *méthode des isopérimètres,* dont l'idée primitive est due à Descartes (*Opuscula posthuma,* 1701), et qui a été considérée par Euler dans les *Novi Com. Ac. Petrop.* pour 1763, par Gergonne dans ses *Annales de Mathématiques,* (t. VII, 1816) et, d'après une mention de cet auteur, par Schwab dans un opuscule publié en 1813. Cette méthode est basée sur la proposition suivante :

Soient a et b les rayons des cercles inscrit et circonscrit à un polygone régulier de n côtés de périmètre donné P. Les rayons a' et b' des cercles inscrit et circonscrit au polygone régulier de $2n$ côtés ayant le même périmètre sont déterminés par les formules

$$(1) \qquad a' = \frac{a+b}{2}, \quad b' = \sqrt{\frac{b(a+b)}{2}} \cdot$$

Désignons par α l'angle au centre du polygone régulier de n côtés. Nous avons les relations

$$a = b \cos\frac{\alpha}{2}, \quad a' = b' \cos\frac{\alpha}{4},$$

et, en remplaçant les valeurs de $\cos \frac{a}{2}$, $\cos \frac{a}{4}$ qu'elles déterminent dans l'équation

$$\cos \frac{a}{2} = 2\cos^2 \frac{a}{4} - 1,$$

il vient

(2)
$$\frac{a}{b} = \frac{2a'^2 - b'^2}{b'^2}.$$

On a aussi, en désignant par P le périmètre du polygone de n côtés,

$$P = 2na \tan\frac{a}{2} = 2n\sqrt{b^2 - a^2}$$

et, en désignant par P' le périmètre du polygone de $2n$ côtés,

$$P' = 4n\sqrt{b'^2 - a'^2},$$

et ces équations et l'égalité P = P' donnent

(3)
$$b^2 - a^2 = 4\ (b'^2 - a'^2).$$

En éliminant a' et b' entre les équations (2) et (3), on obtient les formules (1).

Pour appliquer le théorème qu'on vient de démontrer au calcul de π, partons du carré dont le côté est égal à 2. On a alors

$$a = 1, \quad b = \sqrt{2}, \quad P = 8.$$

Les formules

$$a' = \frac{a+b}{2}, \quad b' = \sqrt{\frac{b\,(a+b)}{2}},$$

$$a'' = \frac{a'+b'}{2}, \quad b'' = \sqrt{\frac{b'\,(a'+b')}{2}},$$

$$\dots\dots\dots\dots\dots\dots\dots\dots$$

$$a^{(i)} = \frac{a^{(i-1)}+b^{(i-1)}}{2}, \quad b^{(i)} = \sqrt{\frac{b^{(i-1)}\,(a^{(i-1)}+b^{(i-1)})}{2}}$$

déterminent ensuite les rayons $a^{(i)}$ et $b^{(i)}$ des cercles inscrit et circonscrit au polygone régulier de $2^i.4$ côtés de périmètre égal à 8. Enfin les inégalités

$$\pi a^{(i)} < 4 < \pi b^{(i)}$$

déterminent deux valeurs entre lesquelles π est compris.

89. On peut trouver au moyen des relations (4) quelques formules remarquables. On a en effet, en remplaçant a par $b \cos \frac{\pi}{2}$ dans les deux premières équations,

$$a' = b \cos^2 \frac{\alpha}{4}, \qquad b' = b \cos \frac{\alpha}{4}.$$

Les deux équations suivantes donnent

$$a'' = b \cos \frac{\alpha}{4} \cos^2 \frac{\alpha}{8}, \qquad b'' = b \cos \frac{\alpha}{4} \cos \frac{\alpha}{8}.$$

En continuant de la même manière, on voit que les rayons des cercles inscrit et circonscrit au cercle de 2^i côtés de périmètre égal à celui du polygone primitif sont déterminés par les relations

$$a^{(i)} = b \cos \frac{\alpha}{4} \cos \frac{\alpha}{8} \ldots \cos \frac{\alpha}{2^i} \cos^2 \frac{\alpha}{2^{i+1}},$$

$$b^{(i)} = b \cos \frac{\alpha}{4} \cos \frac{\alpha}{8} \ldots \cos \frac{\alpha}{2^{i+1}},$$

ou

$$a^{(i)} = b \cos \frac{\pi}{2n} \cos \frac{\pi}{4n} \ldots \cos \frac{\pi}{2^{i-1}n} \cos^2 \frac{\pi}{2^i n},$$

$$b^{(i)} = b \cos \frac{\pi}{2n} \cos \frac{\pi}{4n} \ldots \cos \frac{\pi}{2^i n}.$$

En posant maintenant $i = \infty$, nous avons la valeur du rayon du cercle dont la circonférence est égale au périmètre du polygone primitif, savoir:

$$R = b \cos \frac{\pi}{2n} \cos \frac{\pi}{4n} \cos \frac{\pi}{8n} \ldots$$

En supposant que le polygone primitif est le carré inscrit dans un cercle de rayon égal à l'unité, nous avons $n = 4$, $b = 1$, et par conséquent

$$2\pi R = 4\sqrt{2} = \frac{4}{\cos\dfrac{\pi}{4}}.$$

Nous avons donc

$$\frac{2}{\pi} = \cos\frac{\pi}{4}\cos\frac{\pi}{8}\cos\frac{\pi}{16}\cdots$$

Cette formule a été donnée par Euler dans les *Comm. Petrop.* (t. IX, 1737). Elle ne diffère pas, comme il est facile de voir, da la formule de Viète donnée au n.º 85.

En faisant $n = 6$, $b = 1$, il vient

$$\frac{3}{\pi} = \cos\frac{\pi}{12}\cos\frac{\pi}{24}\cos\frac{\pi}{48}\cdots$$

En considérant, au lieu de la circonférence de rayon b, un arc de cette circonférence correspondant à l'angle α, et en observant que la corde de cet arc est égale à $2b\sin\dfrac{\alpha}{2}$, on obtient l'égalité

$$\alpha R = 2b\sin\frac{\alpha}{2},$$

d'où l'on déduit la formule générale

$$\frac{\sin\alpha}{\alpha} = \cos\frac{\alpha}{2}\cos\frac{\alpha}{4}\cos\frac{\alpha}{8}\cdots$$

Cette égalité donne encore

$$\log\sin\alpha - \log\alpha = \log\cos\frac{\alpha}{2} + \log\cos\frac{\alpha}{4} + \cdots$$

et ensuite, en dérivant,

$$\frac{1}{\alpha} - \cot\alpha = \frac{1}{2}\tan\frac{\alpha}{2} + \frac{1}{4}\tan\frac{\alpha}{4} + \frac{1}{8}\tan\frac{\alpha}{8} + \cdots$$

Cette formule remarquable est due à Euler; elle donne en posant $\alpha = \dfrac{\pi}{4}$,

$$\frac{4}{\pi} = \tan\frac{\pi}{4} + \frac{1}{2}\tan\frac{\pi}{8} + \frac{1}{4}\tan\frac{\pi}{16} + \cdots$$

La méthode pour le calcul de la valeur de π qui résulte de cette égalité, est equivalente à la méthode géométrique de Descartes (Euler, *l. c.*).

VI.

Méthode de Legendre.

90. Legendre a donné une autre forme à la méthode pour le calcul de π qu'on vient d'exposer, en considérant, au lieu des polygones réguliers, d'égal périmètre, les polygones réguliers d'aire égale. Cette méthode, exposée dans ses *Élements de Géométrie* (liv. IV, prop. XV et XVI), est basée sur le théorème suivant:

Soient *a* et *b* les rayons des cercles inscrit et circonscrit à un polygone régulier de *n* côtés, et soient *a'* et *b'* les rayons des cercles inscrit et circonscrit à un polygone régulier de 2*n* côtés ayant la même aire que le premier. Nous avons

$$(1) \qquad a' = \sqrt{\frac{a(a+b)}{2}}, \quad b' = \sqrt{ab}.$$

Legendre a donné une démonstration géométrique de cette proposition; nous en allons donner une démonstration trigonométrique.

En désignant par α l'angle au centre du polygone de *n* côtés, et en procédant comme au n.º 88, on trouve

$$(2) \qquad \frac{a}{b} = \frac{2a'^2 - b'^2}{b'^2}.$$

Nous avons aussi, en désignant par A l'aire du polygone régulier de *n* côtés considéré,

$$A = na^2 \tang \frac{\alpha}{2} = na\sqrt{b^2 - a^2},$$

et, en désignant par A' celle du polygone régulier de 2*n* côtés,

$$A' = 2na'\sqrt{b'^2 - a'^2}.$$

L'égalité $A = A'$ donne donc

$$4a'^2(b'^2 - a'^2) = a^2(b^2 - a^2).$$

Cette équation et l'équation (2) déterminent *a'* et *b'* quand on donne les valeurs de *a* et *b* et donnent par élimination les formules (1).

Pour appliquer le théorème qu'on vient d'établir au calcul de π, partons, comme au n.º 88, du carré de côté égal à 2. Nous avons alors $a = 1$, $b = \sqrt{2}$, $A = 4$, et ensuite les égalités

$$a' = \sqrt{\frac{a\,(a+b)}{2}}, \qquad b' = \sqrt{ab},$$

$$a'' = \sqrt{\frac{a'\,(a'+b')}{2}}, \qquad b'' = \sqrt{a'b'},$$

$$\dots\dots\dots\dots\dots\dots\dots\dots\dots$$

$$a^{(i)} = \sqrt{\frac{a^{(i-1)}\,(a^{(i-1)}+b^{(i-1)})}{2}}, \qquad b^{(i)} = \sqrt{a^{(i-1)}\,b^{(i-1)}}$$

déterminent les rayons $a^{(i)}$ et $b^{(i)}$ des cercles inscrit et circonscrit dans le polygone régulier de $2^i.n$ côtés dont l'aire est égale à 4. Enfin les inégalités

$$(a^{(i)})^2\,\pi < 4 < (b^{(i)})^2\,\pi$$

déterminent deux nombres entre lesquels π est compris.

VII.

Sur quelques expressions analytiques de π. Sur le calcul de π au moyen des séries.

91. Le nombre π joue un rôle important dans l'Analyse mathématique à cause des nombreuses expressions qu'on en a données, lesquelles le rattachent à plusieurs questions analytiques.

1.º La plus ancienne expression analytique qu'on a donnée de ce nombre est due à Viète et a été déjà signalée au n.º 85. On a vu encore au n.º 89, où cette expression a été démontrée, qu'Euler l'a mise sous la forme

$$\frac{2}{\pi} = \cos\frac{\pi}{4}\,\cos\frac{\pi}{8}\,\cos\frac{\pi}{16}\cdots$$

2.º Une autre expression remarquable de π est celle-ci:

$$\frac{\pi}{2} = \lim_{n=\infty} \frac{2^2.4^2\dots(2n)^2}{1^2.3^2.5^2\dots(2n+1)^2}\,(2n+2),$$

donnée par Wallis dans son *Arithmetica infinitorum* (1665, prop. 191). Cette formule est démontrée dans tous les manuels de Calcul integral.

3.º Dans le même ouvrage, Wallis a fait connaitre l'expression suivante de π:

$$\frac{4}{\pi} = 1 + \cfrac{1^2}{2 + \cfrac{3^2}{2 + \cfrac{5^2}{2 + \dots}}},$$

qui lui avait été communiquée par Brouncker. On ne connait pas la voie suivie par son inventeur pour l'obtenir. Elle a été démontrée par Euler (*Comm. Acad. Petrop.*, 1739, t. IX; *Institutionum Calculi integralis*, t. IV; *Opuscula analytica*, t. II) qui a encore donné d'autres expressions du même nombre par des fractions continues.

4.º En faisant dans la série de James Gregory

$$\text{arctang } x = x - \frac{1}{3} x^3 + \frac{1}{5} x^5 - \dots$$

$x = 1$, on a le développement

$$\frac{\pi}{4} = 1 - \frac{1}{3} + \frac{1}{5} - \frac{1}{6} + \dots$$

trouvé directement par Leibniz avant de connaître la série de Gregory.

Cette série est encore un cas particulier du développement

$$\frac{\pi}{4} = \cos x - \frac{1}{3} \cos 3x + \frac{1}{5} \cos 5x - \dots$$

qu'on obtient en posant $f(x) = 1$ dans le développement de $f(x)$ par la série de Fourier.

5.º En partant de la formule de Newton:

$$\text{arc sin } x = x + \frac{1}{2} \frac{x^3}{3} + \frac{1 \cdot 3}{2 \cdot 4} \frac{x^5}{5} + \dots$$

et en faisant $x = 1$, on trouve le développement

$$\frac{\pi}{2} = 1 \frac{1}{2} \cdot + \frac{1}{3} + \frac{1 \cdot 3}{2 \cdot 4} \cdot \frac{1}{5} + \frac{1 \cdot 3 \cdot 5}{2 \cdot 4 \cdot 6} \cdot \frac{1}{7} + \dots$$

En faisant dans le même développement $x = \dfrac{1}{2}$ et en tenant compte de la relation $\arcsin \dfrac{1}{2} = \dfrac{\pi}{6}$ on trouve la série

$$\frac{\pi}{3} = 1 + \frac{1}{3 \cdot 2^3} + \frac{3}{5 \cdot 2^7} + \frac{5}{7 \cdot 2^{10}} + \cdots,$$

qui converge plus rapidement que celle qui précède. En employant cette série, Newton a calculé 14 décimales de π.

6.° En faisant $x = 1$ dans le développement bien connu

$$(\arcsin x)^2 = x^2 + \frac{2}{3} \cdot \frac{1}{2} \, x^4 + \frac{2 \cdot 4}{3 \cdot 5} \cdot \frac{1}{3} \, x^6 + \cdots$$

on trouve la formule

$$\frac{\pi^2}{4} = 1 + \frac{2}{3} \cdot \frac{1}{2} + \frac{2 \cdot 4}{3 \cdot 5} \cdot \frac{1}{3} + \frac{2 \cdot 4 \cdot 6}{3 \cdot 5 \cdot 7} \cdot \frac{1}{4} + \cdots$$

Ces développements ont été donnés par Euler dans une lettre adressée à Jean Bernoulli le 10 Décembre 1737 (*Bibliotheca mathematica* de M. Eneström, 3.ᵉ série, t. v), mais ils avaient été déjà obtenus avant 1720 en Chine par le missionaire français Pierre Jartoux, qui a pris le nom de Tu Tê-mei (Mikami, *The Developmemt of Mathematics in China and Japan*), et a été retrouvée par le géomètre japonais Takebe en 1722 (*l. c.*).

7.° Signalons encore les formules

$$\pi^{2m} = \frac{(2m)!}{2^{2m-1} B_{2m-1}} \left[1 + \frac{1}{2^{2m}} + \frac{1}{3^{2m}} + \frac{1}{4^{2m}} + \cdots \right],$$

$$\pi^{2m} = \frac{2 \, (2m)!}{(2^{2m} - 1) B_{2m-1}} \left[1 + \frac{1}{3^{2m}} + \frac{1}{5^{2m}} + \cdots \right],$$

où B_1, B_2, B_3, ... désignent les nombres de Bernoulli. La première de ces formules a été donnée par Euler dans ses *Institutiones Calculi differentialis,* l'autre est due à Cauchy.

8.° Nous avons démontré au n.° 89 la formule d'Euler:

$$\frac{4}{\pi} = \tan \frac{\pi}{4} + \frac{1}{2} \tan \frac{\pi}{8} + \frac{1}{4} \tan \frac{\pi}{16} + \cdots$$

92. Au moyen des polygones réguliers inscrits et circonscrits à la circonférence, on a poussé le calcul de π jusqu'au 39.ᵉ chiffre décimal. Pour obtenir une approximation plus grande, on a employé la série de Gregory écrite plus haut en y faisant $x = \dfrac{\sqrt{3}}{3}$, et par conséquent arctang $x = \dfrac{\pi}{6}$. On obtient ainsi un développement rapidement convergent au moyen duquel Sharp (Sherwin, *Mathematical Tables*, 1705-1706) a obtenu la valeur de π avec 71 décimales et plus tard, en 1719, De Lagny (*Histoire de l'Académie des Sciences de Paris pour* 1719, Paris, 1721) a mené l'approximation jusqu'au 112e chiffre décimal.

Pour simplifier le calcul de π, a donné Machin, avant 1706, la formule suivante:

$$\frac{\pi}{4} = 4 \operatorname{arctang} \frac{1}{5} - \operatorname{arctang} \frac{1}{239}$$

qu'on démontre aisément au moyen des théorèmes trigonométriques sur l'addition et la multiplication des fonctions circulaires. Les valeurs de arctang $\dfrac{1}{5}$ et arctang $\dfrac{1}{239}$, qui y figurent, ont été calculées par Machin au moyen de la série de Gregory, qui, pour ces valeurs de x, est plus rapidement convergente que dans le cas où l'on donne à x la valeur $\dfrac{\sqrt{3}}{3}$.

En employant cette méthode, Machin a calculé 100 décimales exactes du nombre π, et plus tard, en 1873, Shanks en a obtenu 707 décimales exactes (*Proceedings of the London Royal Society*, t. XXII). C'est la valeur la plus approchée de π qu'on a trouvée jusqu'à présent.

La formule de Machin en a suggéré plusieurs autres analogues, destinées au même but. Nous signalerons celles qui suivent: 1.º la relation

$$\frac{\pi}{4} = \operatorname{arctang} \frac{1}{2} + \operatorname{arctang} \frac{1}{3},$$

présentée par Hutton en 1776 dans les *Philosophical Transactions of London Royal Society;* et employée par le mathématicien chinois Tsêng Chi-hung pour calculer 100 décimales exactes de la π; 2.º la formule

$$\frac{\pi}{4} = 5 \operatorname{arctang} \frac{1}{7} + 2 \operatorname{arctang} \frac{3}{79},$$

découverte par Euler en 1779 et publiée en 1798 dans les *Nova Acta Acad. Petrop.*; 3.º la relation

$$\frac{\pi}{4} = 4 \operatorname{arctang} \frac{5}{70} - \operatorname{arctang} \frac{1}{70} + \operatorname{arctang} \frac{1}{99},$$

donnée par Rutherford en 1841 dans les *Philosophical Transactions of London Royal So-*

ciety; 4.º la formule

$$\frac{\pi}{4} = \text{arctang}\, \frac{1}{2} + \text{arctang}\, \frac{1}{5} + \text{arctang}\, \frac{1}{8}\,,$$

publiée en 1844 par Dase dans le *Journal de Crelle;* 5.º l'égalité

$$\frac{\pi}{4} = 2\,\text{arctang}\, \frac{1}{3} + \text{arctang}\, \frac{1}{7}\,,$$

donnée par Clausen en 1847 dans les *Astronomiche Nachrichten* de Schumacher; 6.º la formule

$$\frac{\pi}{4} = 22\,\text{arctang}\, \frac{1}{28} + \text{arctang}\, \frac{1}{443} - 5\,\text{arctang}\, \frac{1}{1393} - 10\,\text{arctang}\, \frac{1}{11018}\,,$$

publiée par Escott dans l'*Intermédiaire des mathématiciens* (1896); 7.º l'identité

$$\pi = 32\,\text{arctang}\, \frac{1}{10} - 16\,\text{arctang}\, \frac{2}{1030} - 4\,\text{arctang}\, \frac{1}{239}\,,$$

donnée par Bisman dans *Mathesis* (1910).

Ajoutons que C. Störmer s'est occupé de la solution en nombres entiers de l'équation (*Bulletin de la Societé mathématique de France,* 1899, p. 160)

$$n_1\,\text{arctang}\, \frac{1}{x_1} + n_2\,\text{arctang}\, \frac{1}{x_2} = k\,\frac{\pi}{4}$$

et plus tard (*Comptes rendus de l'Académie des Sciences de Paris,* 1896) de celle-ci:

$$n_1\,\text{arctang}\, \frac{1}{x_1} + n_2\,\text{arctang}\, \frac{1}{x_2} + \ldots + n_t\,\text{arctang}\, \frac{1}{x_t} = k\,\frac{\pi}{4}\,;$$

et que M. Mansion s'est aussi occupé des questions de cette nature dans *Mathesis* (1910).

CHAPITRE IV

SUR L'IMPOSSIBILITÉ DE LA RÉSOLUTION PAR LA RÈGLE ET LE COMPAS DES PROBLÈMES CONSIDÉRÉS PRÉCÉDEMMENT.

I.

Principes généraux.

93. Les géomètres de tous les temps qui se sont occupés des problèmes des deux moyennes et de la trisection de l'angle, ne pouvant pas résoudre ces problèmes au moyen de la règle et du compas, c'est-à-dire au moyen du tracé de droites et de cercles, ont considéré comme impossible une solution de cette nature et ont employé pour les résoudre d'autres lignes, comme on l'a vu dans les chapitres précédents. Seulement des personnes inexpérimentées ont prétendu avoir obtenu la solution des problèmes mentionnés, au moyen de la règle et du compas, mais les défauts de leurs démonstrations ont été signalés bientôt. Cependant la question de l'impossibilité d'une telle solution, abordée par Descartes dans sa *Géométrie,* n'a été complètement résolue qu'au XIXe siècle, après les recherches de Gauss et Abel sur la résolution des équations algébriques au moyen de radicaux. La première démonstration explicite de cette impossibilité a été donnée par Wantzel dans un mémoire remarquable, publié en 1837 dans le *Journal de Liouville,* mémoire qui a été l'objet d'un savant commentaire de M. Echegaray, inséré dans la *Revista de los progresos de las Ciencias* (Madrid, 1887). La même question a été considérée de nouveau plus tard par Petersen, dans sa *Thèse,* publiée en 1871, et dans sa *Théorie des équations algébriques,* par Capelli, dans ses *Instituzioni di Analisi algebrica,* dont la première édition a paru en 1894 et la troisième en 1902, et enfin par M. Klein, qui a exposé cette doctrine en quelques leçons données en 1895 à Göttingen à des professeurs des Gymnases allemands et publiées dans la même année sous le titre: *Vorträgue über ausgewählte Fragen der Elementargeometrie,* leçons qui ont été traduites en diverses langues.

94. Désignons par E $(a_0, a_1, \ldots, a_n)$ l'ensemble des nombres rationnels, des nombres arbitraires $a_0, a_1, \ldots, a_n$ et des nombres qu'on obtient en exécutant sur ceux qui précèdent des opérations rationnelles, et rappelons que l'équation

$$(1) \qquad f(x) = c_0 + c_1 x + c_2 x^2 + \ldots + c_k x^k,$$

où c_0, c_1, ..., c_k représentent des nombres de l'ensemble considéré, est dite *irréductible* quand elle ne peut pas être décomposée dans le produit de deux fonctions entières dont les coefficients soient des nombres du même ensemble.

Cela posé, la démonstration de l'impossibilité de la solution par la règle et le compas des problèmes considérés est basée sur le théorème d'Algèbre suivant:

C'est une condition nécessaire pour que l'équation algébrique irréductible (1) *soit résoluble par des opérations rationnelles et des extractions de racines carrées, exécutées sur des nombres de l'ensemble* $E(a_0, a_1, ..., a_n)$ *ou sur des résultats des opérations antérieures, que n soit égal à une puissance de* 2.

Pour démontrer la proposition précédente, supposons que x_1 soit une racine de l'équation (1) et que le calcul de cette racine dépende seulement d'une suite d'opérations rationnelles et d'extractions de racines carrées exécutées sur des nombres de l'ensemble considéré ou des résultats des opérations antérieures.

Nous supposerons encore que les radicaux qui entrent dans l'expression de x_1 sont indépendants. Si quelqu'un de ces radicaux peut être calculé au moyen d'opérations rationnelles exécutées sur les autres radicaux et sur les nombres de l'ensemble $E(a_0, ..., a_n)$, on doit le remplacer par son expression. Ainsi, par exemple, si dans l'expression de x_1 entrent les radicaux $\sqrt{a}$, $\sqrt{b}$ et $\sqrt{ab}$, on doit remplacer le dernier par $\sqrt{a}\,\sqrt{b}$.

Nous pouvons supposer enfin que l'expression de x_1 n'a pas de radicaux en dénominateur, vu que, si elle en a quelques-uns, nous pouvons les faire disparaitre en multipliant et divisant cette expression par des facteurs convenablement choisis, comme on va le voir.

Supposons que dans l'expression de x_1 entrent les radicaux *distincts* $\sqrt{a}$, $\sqrt{b}$, $\sqrt{c}$, ... Quelques-uns des nombres a, b, c, ..., peuvent dépendre de radicaux. Si, par exemple, a dépend de $\alpha - 1$ radicaux, le radical $\sqrt{a}$ est dit de l'ordre α. Nous supposerons que l'ordre de $\sqrt{a}$ est égal ou supérieur aux ordres de $\sqrt{b}$, $\sqrt{c}$, ..., que l'ordre de $\sqrt{b}$ est égal ou supérieur aux ordres de $\sqrt{c}$, $\sqrt{d}$, ..., etc.

En rendant explicite le radical $\sqrt{a}$, nous pouvons écrire

$$x_1 = \frac{\alpha_0 + \alpha_1\sqrt{a} + \alpha_2(\sqrt{a})^2 + \ldots \alpha_s(\sqrt{a})^s}{\beta_0 + \beta_1\sqrt{a} + \beta_2(\sqrt{a})^2 + \ldots + \beta_t(\sqrt{a})^t}$$

ou, vu que $(\sqrt{a})^2 = a$, $(\sqrt{a})^3 = a\sqrt{a}$, ...,

$$x_1 = \frac{C + D\sqrt{a}}{A + B\sqrt{a}},$$

ou enfin

$$x_1 = \frac{(C + D\sqrt{a})(A - B\sqrt{a})}{A^2 + B^2 a},$$

expression qui ne contient pas le radical $\sqrt{a}$ en dénominateur.

De même, en rendant explicite dans cette expression le radical $\sqrt{b}$, nous avons l'expression

$$x_1 = \frac{C_1 + D_1 \sqrt{b}}{A_1 + B_1 \sqrt{b}},$$

qui ne contient pas $\sqrt{a}$ en dénominateur, et ensuite

$$x_1 = \frac{(C_1 + D_1 \sqrt{b})(A_1 - B_1 \sqrt{b})}{A_1^2 + B_1^2 b},$$

expression qui ne contient pas $\sqrt{b}$ en dénominateur.

En continuant de la même manière, on obtient pour x_1 une expression qui ne contient pas des radicaux en dénominateur.

En rendant explicite le radical $\sqrt{a}$, cette dernière expression peut être mise sous la forme

(2) $$x_1 = M + N \sqrt{a},$$

où

$$M = M_1 + N_1 \sqrt{b}, \quad N = M'_1 + N'_1 \sqrt{b},$$

$$M_1 = M_2 + N_2 \sqrt{c}, \quad N_1 = M'_2 + N'_2 \sqrt{c},$$

. . . .

Remarquons maintenant que les nombres x_2, x_3, ..., x_v qu'on obtient en changeant dans l'expression (2) les signes des radicaux de toutes les manières possibles sont encore des racines de l'équation (1). En effet, comme x_1 est une racine de l'équation (1), on a, en substituant son expression dans cette équation, un résultat de la forme

$$P + Q \sqrt{a} = 0,$$

qui se réduit à $P = 0$, $Q = 0$, vu que, par hypothèse, $\sqrt{a}$ est indépendant des autres radicaux. On a ensuite, en rendant explicite un autre radical $\sqrt{b}$,

$$P = P_1 + Q_1 \sqrt{b} = 0, \quad Q = P'_1 + Q'_1 \sqrt{b} = 0,$$

et par conséquent $P_1 = 0$, $Q_1 = 0$, $P'_1 = 0$, $Q'_1 = 0$. En continuant de la même manière, on obtient une suite d'équations indépendantes des radicaux qui entrent dans l'expression de $M + N \sqrt{a}$, lesquelles expriment que cette expression vérifie l'équation (1), quels que soient les signes qu'on donne aux radicaux qui y figurent.

Cela établi, nous pouvons démontrer maintenant le théorème énoncé.

Posons

$$F(x) = (x - x_1)(x - x_2) \ldots (x - x_v)$$

et remarquons qu'une des quantités $x_2, x_3, \ldots, x_v$, par exemple x_2, a la forme

$$x_2 = M - N \sqrt{a}.$$

Donc le produit $(x - x_1)(x - x_2)$ est indépendant de $\sqrt{a}$.

En changeant en M et N le signe du radical $\sqrt{b}$ et en désignant par x_3 et x_4 les valeurs qu'on obtient, on voit que le produit $(x - x_3)(x - x_4)$ est aussi indépendant de $\sqrt{a}$.

En continuant de la même manière, on voit que $F(x)$ peut être réduit à un produit de facteurs de la forme

$$x^2 + px + q,$$

p et q étant indépendants de $\sqrt{a}$.

En rendant maintenant explicite le radical $\sqrt{b}$, nous pouvons poser $p = L + L_1 \sqrt{b}$, $q = H + H_1 \sqrt{b}$, et par conséquent deux des facteurs considérés prennent la forme

$$x^2 + (L + L_1 \sqrt{b}) x + H + H_1 \sqrt{b},$$

$$x^2 + (L - L_1 \sqrt{b}) x + H - H_1 \sqrt{b},$$

et les autres résultent des précédents en changeant de toutes les manières les signes des radicaux qui entrent dans les expression de L, L_1, H, H_1.

Le produit des expressions qu'on vient d'écrire est un polynome du quatrième degré indépendant de $\sqrt{b}$; et par conséquent $F(x)$ peut être décomposée en un produit de facteurs du quatrième degré indépendants de $\sqrt{a}$ et $\sqrt{b}$.

En continuant de la même manière, on voit que $F(x)$ est égal à une fonction entière de x du degré 2^m (m étant un entier positif) dont les coefficients sont des nombres de l'ensemble $E(a_1, \ldots, a_n)$.

Si les nombres $x_1, x_2, \ldots, x_v$ sont tous différents, les fonctions $f(x)$ et $F(x)$ sont identiques, vu que l'équation (1) est irréductible, et le théorème énoncé est démontré.

Supposons maintenant que quelques-uns des nombres $x_1, x_2, \ldots, x_v$ sont égaux, c'est-à-dire que l'équation $F(x) = 0$ a des racines multiples. Alors le degré de multiplicité de toutes ces racines est égal à un même entier i. En effet, si le degré de multiplicité de x_1, x_2, ..., x_h était égal à i et celui des autres racines était différent de i, le produit

$$(x - x_1)(x - x_2) \ldots (x - x_h)$$

serait égal à un polynome entier dont les coefficients seraient des nombres de l'ensemble $E(a_1, \ldots, a_n)$, et, comme ce produit devrait diviser $f(x)$, l'équation (1) ne serait pas irréductible. On a donc dans ce cas $2^m = im'$, m' désignant le degré de l'équation qui admet pour racines les valeurs distinctes de x_1, x_2, ..., x_v, et comme conséquence de cette égalité $m' = 2^c$, c désignant un entier positif. Or, comme l'équation (1) est irréductible, elle n'a pas de racines égales, et par conséquent on a $k = m' = 2^c$. Le degré n de l'équation (1) est donc encore égal à une puissance de 2.

La démonstration qu'on vient d'exposer a été donnée par Petersen dans les travaux mentionnés ci-dessus.

95. En passant maintenant au domaine de le Géométrie, cherchons les conditions pour qu'on puisse résoudre par la règle et le compas le problème suivant:

Étant donnés certains points, en nombre fini, dont les coordonnées sont (α, β), (α', β'), (α'', β''), ..., déterminer un point (x_1, y_1) lié à ceux-là par des relations données.

Pour résoudre cette question, remarquons que tout tracé fait avec une règle et un compas se réduit à déterminer, en partant des points donnés ou de points arbitrairement choisis, une suite finie de points M_1, M_2, M_3, ..., dont le dernier coïncide avec le point cherché, au moyen d'intersections de droites et de cercles avec de droites ou avec d'autres cercles. Chaque droite est déterminée par deux des points mentionnés, et chaque cercle est déterminé par son centre, qui est un de ces points, et par son rayon qui est un segment égal à la distance de deux des mêmes points.

Remarquons en second lieu que les coefficients de l'équation d'une droite sont des fonctions rationnelles des coordonnées des points qui la déterminent, et que par conséquent les coordonnées du point d'intersection de deux droites sont aussi des fonctions rationnelles des coordonnées des quatre points qui les déterminent.

Observons enfin que les coordonnées des points d'intersection d'un cercle avec une droite ou avec un autre cercle dépendent de la racine carrée d'une fonction rationnelle du rayon et des coordonnées du centre.

Cela posé, supposons premièrement que dans la construction considérée n'entrent pas des points arbitraires. Alors, si l'on désigne par $E_1(\alpha, \beta, \alpha', \beta', \ldots)$ l'ensemble des nombres rationnels, des nombres α, β, α', β', ... et des nombres qu'on obtient en exécutant des opérations rationnelles et des extractions de racines carrées, en partant de ceux-là, il résulte de ce qui précède que x_1 et y_1 sont des nombres de l'ensemble $E_1(\alpha, \beta, \alpha', \beta', \ldots)$.

Si dans la construction figurent des points dont les deux coordonnées sont abitraires, comme le résultat final doit être le même, quelle que soit la manière dont ces points sont

Donc, si la fonction $x^n - b$ peut être égale au produit de deux fonctions entières de x dont les coefficients soient des nombres de l'ensemble E (b), l'un de ces facteurs doit être égal à

$$(x - k)\left(x^2 \pm 2kx \cos \frac{a_1\pi}{n} + k^2\right)\left(x^2 \pm 2kx \cos \frac{a_2\pi}{n} + k^2\right)\cdots,$$

a_1, a_2, ... désignant des nombres entiers positifs non supérieurs à $\frac{1}{2}(n-1)$, et le coefficient du terme indépendant de x dans le développement de ce produit suivant les puissances de x, c'est-à-dire le nombre k^{2m+1} $\left(m \text{ désignant un entier inférieur à } \frac{n-1}{2}\right)$, doit être égal à un nombre de l'ensemble E (b).

Or, si b est un nombre rationnel, nous avons

$$k^{2m+1} = (\sqrt[n]{b})^{2m+1}, \qquad 2m+1 < n,$$

et par conséquent k^{2m+1} et irrationnel quand b n'est pas une puissance exacte du degré n d'un nombre rationnel.

Si b est un nombre positif quelconque, k^{2m+1} ne peut pas être égal à une fonction rationnelle de b. En effet, si l'on avait

$$(\sqrt[n]{b})^{2m+1} = \frac{\varphi(b)}{\psi(b)},$$

$\varphi(b)$ et $\psi(b)$ désignant des fonctions entières de b des degrés p et q, il viendrait

$$b^{2m+1} = \left[\frac{\varphi(b)}{\psi(b)}\right]^n$$

et par suite

$$p - q = \frac{2m+1}{n},$$

ce qui est absurde, vu que $2m+1 < n$.

Donc l'équation (1) est en général *irréductible*.

Comme conséquence de ce qui précède et de la théorie générale exposée ci-dessus, on conclut que le théorème des $n-1$ moyennes ne peut pas être en général résolu au moyen de la règle et du compas, quand n est un nombre premier différent de 2.

Si n est égal au produit des nombres premiers α, β, γ, ... (égaux ou inégaux), le problème des $n-1$ moyennes se réduit (n.° 35) à une suite de constructions de $\alpha-1$, $\beta-1$, ... moyennes, et par conséquent il ne peut être en général résolu avec la règle et le compas quand α, β, ... sont différents de 2. Si n est égal à une puissance de 2, le problème se réduit à une suite de constructions d'une moyenne et il peut être résolu avec la règle et le compas.

III.

Application de la division de l'angle.

98. Considérons un angle COA $= \theta$ et décrivons un arc de circonférence de rayon égal à l'unité ayant le centre au point O. Cet angle peut être déterminé par les points O, A, C dont les coordonnées rapportées aux axes orthogonaux OX et OY sont $(0, 0)$, $(0, 1)$, $(\cos \theta, \sin \theta)$, et l'équation du problème de la trisection est (n.° 62)

$$(1) \qquad x^3 - 3x + 2c = 0,$$

où $c = \sin \theta$.

Supposons premièrement que c soit un nombre rationnel égal à $\frac{p}{q}$, p et q désignant deux nombres entiers positifs, premiers entre eux, tels que $p < q$.

On peut donner à l'équation précédente la forme

$$qx^3 - 3qx + 2p = 0,$$

ou, en posant $x = \dfrac{x'}{q}$,

$$(2) \qquad x'^3 - 3q^2x' + 2pq^2 = 0.$$

Cette équation n'admet pas de racines rationnelles fractionnaires. Pour voir si elle admet des racines entières, considérons les diviseurs du dernier terme, comme on va le voir.

1.° Supposons que m est un diviseur de ce terme et posons $2pq^2 = mh$, h étant un nombre entier. Le nombre m est une racine de l'équation considérée quand

$$(3) \qquad m^3 - 3q^2m + 2pq^2 = 0,$$

et par conséquent

$$4p^2q^4 - 3q^2h^2 + h^3 = 0.$$

Cette identité fait voir que h^3 doit être divisible par q^2 et que par conséquent on $h = qk$, k désignant un nombre entier, et ensuite $2pq = mk$.

Posons maintenant $m = \dfrac{2pq}{k}$ dans l'équation (3). Il vient l'identité

$$4p^2q - 3qk^2 + k^3 = 0,$$

d'où il résulte que k^3 doit être divisible par q, et que par conséquent on a $k = lq$ (l entier) et ensuite $2p = ml$.

En remplaçant enfin dans l'identité (3) m par $\frac{2p}{l}$, il vient

$$4p^2 - 3q^2l^2 + q^2l^3 = 0,$$

ou

$$(4) \qquad \frac{p^2}{q^2} = \frac{l^2(3-l)}{4}.$$

Donc, pour que $\frac{p}{q}$ soit un nombre rationnel réel, il faut qu'on ait $l = 2$. Alors $\theta = \frac{\pi}{2}$. Dans ce cas l'angle θ peut être divisé en trois parties égales au moyen de la règle et du compas, comme l'on sait.

2.º Le nombre $-m$ est une racine de l'équation (2) quand on a

$$m^3 - 3q^2m - 2pq^2 = 0.$$

L'analyse précédente est encore applicable, mais, au lieu de l'équation (4), on obtient celle-ci:

$$\frac{p^2}{q^2} = \frac{l^2(3+l)}{4},$$

égalité absurde, vu que $p < q$ et par conséquent $l^2(3+l) < 4$.

Il résulte de tout ce qui précède que l'équation (2) est irréductible quand c est un nombre rationnel différent de l'unité, et par conséquent l'équation (1) est aussi alors irréductible.

Comme, d'un autre côté, le degré de cette équation est impair, on voit que *la division de l'angle en trois parties égales ne peut pas être obtenue au moyen de la règle et du compas quand c est un nombre rationnel différent de l'unité.*

Supposons maintenant que c représente un nombre positif quelconque, rationnel ou irrationnel, inférieur à l'unité.

Les racines de l'équation (1) sont

$$\sin\frac{\theta}{3}, \quad \sin\frac{\pi-\theta}{3}, \quad \sin\frac{\pi+2\theta}{3},$$

et, si cette équation était réductible, une de ces racines serait une fonction rationnelle de c, et par conséquent une fonction périodique de θ à période 2π. Or cette dernière condition ne se vérifie pas. Donc, l'équation considérée est en général irréductible, et par conséquent *l'angle θ ne peut pas être en général divisé en trois parties égales avec la règle et le compas.*

99. En introduisant les imaginaires, on peut étudier la question considérée au n.º précédent d'une autre manière qu'on va voir (Klein, *l. c.*).

Remarquons d'abord que le problème de la trisection peut être encore traduit par l'équation

$$(5) \qquad x^3 - (\cos\theta + i\sin\theta) = 0.$$

En effet, si R est un point (*fig. 37*) de l'arc AC tel que $\text{ROA} = \dfrac{1}{3}\,\text{COA}$, les points C et R sont respectivement représentés par les nombres imaginaires $\cos\theta + i\sin\theta$, $\cos\dfrac{\theta}{3} + i\sin\dfrac{\theta}{3}$. Or ce dernier nombre est une des racines de l'équation (5).

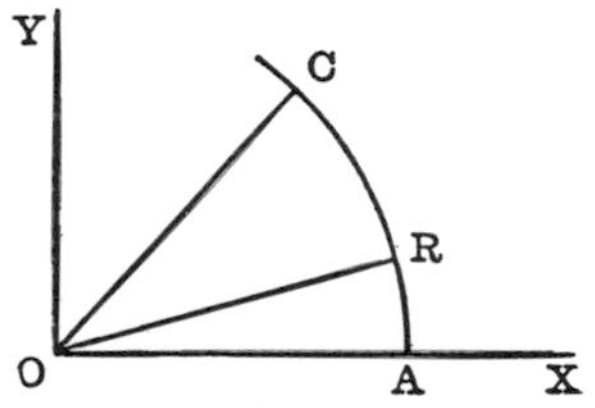

Démontrons maintenant que cette équation est en général irréductible.

En effet, si elle n'était pas irréductible, on aurait

Fig. 37

$$x^3 - (\cos\theta + i\sin\theta) = (x-a)(x^2 + px + q),$$

a, p, q étant des fonctions rationnelles de $\cos\theta$ et $\sin\theta$, et par conséquent des fonctions périodiques de période égale à 2π. Mais les trois racines de (5), c'est-à-dire les trois valeurs que *a* peut prendre, sont

$$\cos\frac{\theta}{3} + i\sin\frac{\theta}{3}, \qquad \cos\frac{\theta+2\pi}{3} + i\sin\frac{\theta+2\pi}{3}, \qquad \cos\frac{\theta+4\pi}{3} + i\sin\frac{\theta+4\pi}{3},$$

et, en changeant θ en $\theta + 2\pi$, ces nombres se permutent dans ceux-ci:

$$\cos\frac{\theta+2\pi}{3} + i\sin\frac{\theta+2\pi}{3}, \qquad \cos\frac{\theta+4\pi}{3} + i\sin\frac{\theta+4\pi}{3}, \qquad \cos\frac{\theta}{3} + i\sin\frac{\theta}{3}.$$

Donc les trois valeurs que *a* peut prendre ne sont pas des fontions périodiques de période égale à 2π, et l'équation (5) est par conséquent irréductible.

Donc le problème de la trisection ne pas être résolu en général avec la règle et le compas.

100. On a donné des méthodes pour résoudre *approximativement* les problèmes des deux moyennes et celui de la trisection de l'angle au moyen de la règle et du compas. Nous en avons déjà exposé deux, concernant le premier de ces problèmes, aux n.ºs 5 et 19. Pour ce qui concerne la trisection, nous nous bornerons à exposer ici la méthode donnée par Albert Dürer dans ses *Institutionum geometricarum libri quatuor*.

Soit ACB l'arc d'un cercle ayant le centre au sommet de l'angle donné. Divisons la corde AB en trois parties égales AD, DE, EB. Traçons ensuite un arc du cercle de rayon AD ayant le centre au point A et la tangente à ce cercle au point D et représentons par F et G les points où ce cercle et cette droite coupent respectivement l'arc ACB. De même traçons un cercle de rayon égal à EB ayant le centre au point B et la tangente à cet arc au point E et désignons par H et K les points où cet arc et cette droite coupent l'arc ACB. Nous avons AF = GK = HB. Donc AF représente le tiers de l'arc ACB avec une erreur égale à $2\dfrac{FG}{3}$.

En appliquant la même méthode à l'arc FG, on obtient une valeur approchée FG' de $\dfrac{1}{3}$ FG, et ensuite un arc AF + 2FG' plus approché du tiers de l'arc ACB que l'arc AF. Nous avons ainsi une méthode d'approximations successives qu'on peut continuer, mais Dürer croît suffisante pour les usages ordinaires l'approximation AF + 2FG'.

101. Considérons maintenant le problème de la division de l'angle en n parties égales, n étant un nombre premier différent de 2.

On voit comme au n.º 99 que l'équation du problème est

$$(6) \qquad x^n - (\cos\theta + i\sin\theta) = 0.$$

Comme n est impair, pour démontrer l'impossibilité de la résolution générale de ce problème avec la règle et le compas, il suffit de montrer que cette équation est en général irréductible.

Remarquons pour cela que le premier membre de l'équation précédente peut être mis sous la forme

$$x^n - (\cos\theta + i\sin\theta) = (x - a_1)(x - a_2)\ldots(x - a_m)\,\varphi(x) = (x_m + p_1 x^{m-1} + \ldots + p_m)\,\varphi(x),$$

$\varphi(x)$ désignant une fonction entière de x et $a_1, a_2, \ldots, a_m$ des nombres de la forme

$$\cos\frac{\theta + 2k\pi}{n} + i\sin\frac{\theta + 2k\pi}{n},$$

k étant un nombre entier positif inférieur à n; et par conséquent nous avons

$$p_m = \pm\, a_1 a_2 \ldots a_m = \pm\left(\cos\frac{m\theta + 2\lambda\pi}{n} + i\sin\frac{m\theta + 2\lambda\pi}{n}\right),$$

λ désignant un nombre entier positif.

Si l'équation (6) était réductible, p_m serait une fonction rationnelle de $\sin \theta$ et $\cos \theta$, et par conséquent une fonction périodique de θ à période égale à 2π.

Mais, en changeant θ en $\theta + 2\pi$, le second membre de cette égalité prend la valeur

$$\cos \frac{m(\theta + 2\pi) + 2\lambda\pi}{n} + i \sin \frac{m(\theta + 2\pi) + 2\lambda\pi}{n},$$

qui ne peut pas être égale à celle de p_m, car, comme $m < n$, n n'est pas divisible par n.

Donc l'expression de p_m ne peut pas être une fonction périodique de θ à période 2π, et par conséquent l'équation (6) est en général irréductible.

IV.

Application à la division de la circonférence en parties égales.

102. Les méthodes pour la division des angles en n parties égales exposées dans le chapitre II peuvent être appliquées à la circonférence. En effet, pour diviser une circonférence en n parties égales, il suffit de diviser l'arc de 90° en $4n$ parties égales; l'arc formé par 16 de ces parties est égal à $n^{ème}$ partie de la circonférence. Malgré cela, les conditions pour la possibilité de la division de l'angle avec la règle et le compas ne peuvent pas se déduire de celles qui concernent la division de l'angle, car ces dernières conditions ne s'appliquent pas à tous les angles, mais seulement à la généralité des angles. Il faut donc les d'étudier directement, comme on va le voir.

L'équation du problème de la division du cercle en n parties égales est

$$(1) \qquad x^n - 1 = 0,$$

où n désigne un entier que nous supposerons premier.

En posant $x = z + 1$, cette équation prend la forme

$$(z + 1)^n - 1 = 0,$$

ou, en développant le binôme et en divisant son premier membre par z,

$$(2) \qquad z^{n-1} + \binom{n}{1} z^{n-2} + \binom{n}{2} z^{n-3} + \ldots + \binom{n}{2} z + \binom{n}{1} = 0.$$

Les points de division de la circonférence en n parties égales correspondent aux racines de cette équation et à la racine $z = 0$.

Démontrons maintenant que cette équation est irréductible.

Si l'équation était réductible, on aurait

$$a_0 b_0 \left[z^{n-1} + \binom{n}{1} z^{n-2} + \ldots + \binom{n}{1} \right] = (a_0 z^h + a_1 z^{h-1} + \ldots + a_h)(b_0 z^k + b_1 z^{k-1} + \ldots + b_k),$$

$a_0, a_1, \ldots, a_h$ étant des nombres entiers premiers entre eux ainsi que $b_0, b_1, \ldots, b_k$; et par conséquent, en égalant les coefficients des puissances du même degré des deux membres,

$$(3) \qquad \begin{cases} n a_0 b_0 = a_0 b_1 + a_1 b_0, \\[2mm] \binom{n}{2} a_0 b_0 = a_0 b_2 + a_1 b_1 + a_2 b_0, \\[2mm] \binom{n}{3} a_0 b_0 = a_0 b_3 + a_1 b_2 + a_2 b_1 + a_3 b_0, \\[2mm] \cdots\cdots\cdots\cdots\cdots\cdots\cdots \end{cases}$$

Soit maintenant p un diviseur de a_0 et supposons que p ne divise pas b_0.

La première équation fait voir que p divise a_1, la seconde fait voir que p divise a_2, etc. Mais $a_1, a_2, \ldots$ sont premiers entre eux. Donc p ne peut pas diviser a_0 quand il ne divise pas aussi b_0.

Supposons donc que p divise a_0 et b_0, mais qu'il ne divise pas a_1. La seconde des équations (3) fait voir que p divise b_1, la troisième fait voir que p divise b_2, etc. Mais $b_0, b_1, \ldots$ sont premiers entre eux. Donc p doit diviser a_1.

Supposons donc que p divise a_0, b_0 et a_1, mais qu'il ne divise pas a_2. La troisième des équations (3) fait voir que p doit diviser b_1, la quatrième fait voir que p doit diviser b_2, etc. Mais les nombres $b_0, b_1, b_2, \ldots$ sont premiers entre eux. Donc p doit diviser a_2.

En continuant de la même manière, on voit que p doit diviser $a_0, a_1, \ldots, a_h$. Mais ces nombres sont premiers entre eux. Donc a_0 n'admet pas le facteur p et on a par conséquent $a_0 = 1$. De même, on a $b_0 = 1$.

Nous avons donc

$$z^{n-1} + \binom{n}{1} z^{n-2} + \ldots + \binom{n}{1} = (z^h + a_1 z^{h-1} + a_2 z^{h-2} + \ldots + a_h)(z^k + b_1 z^{k-1} + b_2 z^{k-2} + \ldots + b_k).$$

Cette dernière équation donne, en égalant les coefficients des mêmes puissances de z

dans les deux membres, et en supposant $k \lessgtr h$,

$$n = a_h b_k,$$

$$n(n-1) = 1.2 \, (a_{h-1} b_k + a_h b_{k-1})$$

$$n(n-1)(n-2) = 1.2.3 \, (a_{h-2} b_k + a_{h-1} b_{k-1} + a_h b_{k-2}),$$

$$\dots\dots\dots\dots\dots\dots\dots\dots\dots\dots\dots\dots\dots\dots\dots\dots$$

$$n(n-1)\dots(k-1) = 1.2\dots(n-k)(a_1 b_k + a_2 b_{k-1} + \dots + a_h b_{k-h+1}),$$

$$n(n-1)\dots k = 1.2\dots(n-k+1)(b_k + a_1 b_{k-1} + \dots + a_h b_{k-h}).$$

Comme le nombre n est premier, la première égalité donne

$$a_h = \pm n, \qquad b_k = \pm 1$$

(ou $b_k = \pm n$, $a_h = \pm 1$, ce qui mène aux mêmes résultats).

La second égalité fait voir que a_{h-1} est divisible par n, vu que le premier membre et le second terme du second membre sont divisibles par ce nombre. La troisième égalité fait voir que a_{h-2} est aussi divisible par n. En continuant de la même manière, on arrive à l'avant dernière égalité, qui fait voir que a_1 est divisible par n. On voit ensuite que la dernière égalité est absurde, car son premier membre est divisible par n et la division du second membre par ce nombre donne le reste b_k, égal à ± 1.

En appliquant maintenant les théorèmes généraux donnés aux n.ºs 94 et 95, on voit qu'*une condition nécessaire pour que la circonférence puisse être divisée au moyen de la règle et du compas en n parties égales, est que n ait la forme $n = 2^b + 1$, b désignant un nombre entier positif.*

103. Si n est égal à une puissance de 2, c'est-à-dire si l'on a $n = a^2$ l'égalité

$$x^{a^2} - 1 = (x^a - 1)(x^{a(a-1)} + x^{a(a-2)} + \dots + x^a + 1)$$

fait voir que les points de division du cercle en n parties égales sont représentés par les racines des équations

$$x^a - 1 = 0, \qquad x^{a(a-1)} + x^{a(a-2)} + \dots + x^a + 1 = 0.$$

La première équation correspond à la division de la circonférence en a parties égales, et l'autre est irréductible, comme on va le voir.

Posons $x = y + 1$. L'équation considérée devient

$$(y+1)^{a(a-1)} + (y+1)^{a(a-2)} + \ldots + (y+1)^a + 1 = 0,$$

ou

$$\left[y^a + ay^{a-1} + \binom{a}{2} y^{a-2} + \ldots + ay + 1 \right]^{a-1}$$

$$+ \left[y^a + ay^{a-1} + \binom{a}{2} y^{a-2} + \ldots + ay + 1 \right]^{a-2}$$

$$+ \ldots\ldots\ldots\ldots\ldots\ldots\ldots\ldots\ldots\ldots + 1 = 0$$

ou

$$[y^a + ay\varphi(y) + 1]^{a-1} + [y^a + ay\varphi(y) + 1]^{a-2} + \ldots + [y^a + ay\varphi(y) + 1] = 0,$$

$\varphi(y)$ désignant une fonction entière à coefficients entiers.

On peut encore donner à cette équation la forme

$$(y^a + 1)^{a-1} + (y^a + 1)^{a-2} + \ldots + y^a + 1 + 1 + ay\psi(y) = 0,$$

$\psi(y)$ désignant encore une fonction entière à coefficients entiers, et par conséquent

$$\frac{(y^a + 1)^a - 1}{y^a} + ay\psi(y) = 0,$$

ou

$$y^{a(a-1)} + Ay^{a(a-1)-1} + By^{a(a-1)-2} + \ldots + My + a = 0,$$

où A, B, ..., M représentent des nombres entiers divisibles par a.

En procédant maintenant comme au n.º 102, on obtient les identités

$$Aa_0 b_0 = a_0 b_1 + a_1 b_0$$

$$Ba_0 b_0 = a_0 b_2 + a_1 b_1 + a_2 b_0$$

$$\ldots\ldots\ldots\ldots\ldots\ldots$$

d'où il résulte premièrement $a_0 = 1$, $b_0 = 1$, et ensuite les identités

$$a = a_h b_k$$

$$M = a_{h-1} b_k + a_h b_{k-1}$$

$$\ldots\ldots\ldots\ldots\ldots,$$

au moyen desquelles on voit que l'équation envisagée est irréductible.

Cela posé, pour que le problème de la division du cercle en a^2 parties égales puisse être résolu avec la règle et le compas, il faut que le nombre $a\,(a-1)$, c'est-à-dire le degré de l'équation considérée, soit égal à une puissance de 2. Or le seul nombre qui satisfait à cette condition est $a = 2$. Donc n doit être égal à une puissance de 2. Cette condition est d'ailleurs suffisante.

Il résulte encore de ce qui précède que, si $n = a^m$, $m > 2$, la condition pour que la circonférence puisse être divisée en n parties égales avec la règle et le compas, est que a soit égal à 2, puisque, quand on divise la circonférence en a^m parties égales $(m > 2)$, on en obtient en même temps la division en a^2 parties égales.

Supposons maintenant que $n = \alpha\beta$, α et β désignant deux nombres premiers. Alors si l'on peut diviser avec la règle et le compas la circonférence en n parties égales, on obtient en même temps la division en α et β parties égales en réunissant respectivement α ou β de celles-là. Donc α et β doivent avoir la forme $2^a + 1$, $2^b + 1$.

En général, c'est une condition nécessaire pour que la circonférence puisse être divisée en n parties égales avec la règle et le compas que le nombre n soit égal à un produit d'une puissance de 2 et de facteurs premiers distincts de la forme $2^a + 1$.

Les théorèmes qu'on vient de démontrer sont dus à Gauss, qui les a donnés dans ses *Disquisitiones arithmeticae*, publiées en 1801. La démonstration qu'on vient d'exposer fut donnée par Eisenstein dans le t. XXXIX du *Journal de Crelle*. D'autres démonstrations ont été données par Kronecker, Dedekind, etc. La démonstration de Kronecker a été reproduite par M. Echegaray dans le mémoire mentionné au n.° 93 et celle de Dedekind par Weber dans son *Traité d'Algèbre*; la démonstration d'Eisenstein a été adoptée par M. Klein (*l. c.*) et par M. Enriques (*Questioni riguardanti le Matematiche elementari*).

Ajoutons encore que Gauss a démontré le théorème réciproque du précédent, c'est-à-dire que, *si n est égal à un produit dont les facteurs sont des puissances de 2 ou des nombres premiers distincts de la forme $2^a + 1$, la circonférence peut être divisée en n parties égales avec la règle et le compas.*

Nous ne donnerons pas ici la démonstration de cette proposition, pour n'allonger pas ce travail.

104. La question précédente mène à chercher les nombres premiers de la forme $n = 2^a + 1$. Cette recherche peut être simplifiée considérablement en observant que *les nombres premiers de la forme $2^a + 1$ ont encore la forme $2^{2^m} + 1$.*

En effet, il résulte de l'égalité

$$x^{2i+1} + 1 = (x + 1)(x^{2i} - x^{2i-1} + x^{2i-2} + \ldots + 1)$$

en faisant $x = 2^m$,

$$2^{m\,(2i+1)} + 1 = (2^m + 1)(2^{2im} - 2^{(2i-1)\,m} + \ldots + 1),$$

et par conséquent $2^a + 1$ est divisible par $2^m + 1$ quand $a = m\,(2i + 1)$, c'est-à-dire quand a contient un facteur impair.

Nous sommes ainsi conduits à une classe de nombres considérés par Fermat en diverses lettres qu'on peut voir dans ses *Oeuvres complètes* (t. II, 1894, p. 206, 208, 212, 309, 402, 433, t. III, p. 120).

Si l'on donne dans l'expression $n = 2^{2^m} + 1$ à m les valeurs 0, 1, 2, 3, 4, on obtient les nombres premiers 3, 5, 17, 257, 65537. À $m = 5$ correspond un nombre composé, comme Euler l'a fait voir (*Commentarii Acad. Petrop.*, t. VI, 1738). D'autres auteurs ont démontré qu'à $m = 6$, 7, 8, 9, 11, 12, 18, 23, 36, 38, 73 correspondent des nombres composés, comme l'on peut voir dans un article publié par M. R. C. Archibald dans *American Mathematical Monthly* (t. XXI, 1914). Comme n croit très rapidement avec m, on n'a pas pu découvrir jusqu'à présent un nombre premier de la forme considérée supérieur à celui qui correspond à $m = 4$; on sait toutefois que le nombre de ces nombres premiers est infini (Eisenstein, *Journal de Crelle*, t. XXVII, 1844).

La division de la circonférence en 3 et 5 parties égales a été considérée dans les *Éléments* d'Euclide. La division en 17 parties égales a été envisagée par Gauss, qui a résolu l'équation binôme dont elle dépend; la première construction géométrique de ce problème a été trouvée par Erchinger et divulguée par Gauss (*Werke*, t. V, p. 186). Divers auteurs en ont donné d'autres, dont on peut voir quelques-unes dans un article de M. Daniele, publié dans les *Questioni riguardanti le Matematiche elementare* de M. Enriques.

La division de la circonférence en 257 parties égales a été considérée par Richelot (*Journal de Crelle*, t. IX), qui a résolu l'équation binôme dont elle dépend, et par M. E. Pascal (*Rendiconti della R. Accademia di Napoli*, 1887), qui en a donné une construction géométrique.

Enfin la division de la circonférence en 65537 parties égales a été considérée par M. Hermes, qui a résolu l'équation binôme correspondante dans un manuscrit qui, d'après M. Klein (*l. c.*), est déposé à l'Université de Goettingen.

IV.

Application au problème de la quadrature du cercle.

105. Les géomètres de l'ancienne Grèce, ne pouvant résoudre au moyen de la règle et du compas, c'est-à-dire au moyen du tracé de droites et de cercles, les problèmes de la quadrature du cercle et de la rectification de la circonférence, ont été obligés à employer d'autres lignes ou des méthodes d'approximation, comme l'on a vu au chapitre III. Après la Renaissance, quelques géomètres ont continué encore à employer pour le même but les méthodes des anciens en les perfectionnant, ou ont donné de nouvelles méthodes d'approximation d'application plus facile, qui ont été aussi exposées dans le même chapitre. Mais d'autres auteurs ont continué à chercher la solution des problèmes considérés par la règle et le compas, et quelques-uns ont même cru les avoir résolu. Ainsi Oronce Finée, professeur à Paris, a prétendu avoir résolu élémentairement les problèmes de la duplication du cube, de la trisection de l'angle et de la quadrature du cercle, mais l'illustre géomètre portugais P. Nunes, dans un ouvrage publié en 1546 sous le titre : *De erratis Orontii Finaei,* a fait voir que les solutions données par le géomètre français sont inexactes. Parmi d'autres quadrateurs du cercle, nous mentionnerons Scaliger (*Cyclometrica elementa,* 1594), dont la solution fut analysée par Van Ceulen et Viète, J. Batista Porta, qui, dans un ouvrage titulé : *Elementorum curvilineorum Libri tres,* publié en 1600, a prétendu avoir trouvé la valeur de l'aire du cercle au moyen des lunules carrables d'Hippocrate.

Le Père Gregoire de Saint-Vincent a cru aussi avoir résolu le problème, dans son *Opus geometricum,* publié en 1647, ouvrage où l'on trouve bien des théorèmes remarquables ; mais Descartes, dans une lettre adressée au Père Mersenne, et plus tard Huygens, dans un opuscule publié en 1651 sous le titre : *Exetasis Cyclometricae* etc. (*Oeuvres,* t. XI), ont démontré que les bases de la démonstration ne sont pas exactes.

106. Le premier géomètre qui a cherché à démontrer l'impossibilité d'une solution du problème de la quadrature du cercle par la règle et le compas a été James Gregory dans sa *Vera circuli et hyperbolae quadratura* (1667). Mais ses démonstrations ont été combattues par Huygens et ont donné origine à une discussion très vive entre les deux géomètres dans les volumes du *Journal des savants* et des *Transactions of London Royal Society* correspondant aux ans 1667 et 1668.

Dans cette discussion, Huygens avait raison. Pour démontrer l'impossibilité de la quadrature du cercle au moyen de la règle et du compas, il faut connaître la nature du nombre π, et l'étude de cette question, abordée pour la première fois par Lambert dans les *Mémoires de l'Académie de Berlin,* où il a démontré, au moyen du développement en fraction continue convergent de tang x, que ce nombre est irrationnel, et continuée par Legendre, qui a démontré dans ses *Éléments de Géométrie* que le nombre π^2 est aussi irrationnel, et par Liouville (*Journal de Liouville,* 1840), qui a fait voir que le nombre considéré ne peut pas être une racine d'une équation du second dégré à coefficients rationnels, n'a été complétée que vers la fin du XIXᵉ siècle par Lindemann, qui a démontré que *le nombre π est transcendant, c'est-à-dire qu'il ne peut pas être une racine d'une équation algébrique à coefficients rationnels.*

La démonstration de cette proposition et même d'autres plus générales, suggérée par le travail célèbre d'Hermite sur la transcendance du nombre e (*Comptes rendus de l'Académie des Sciences de Paris,* 1873), a été publiée par le géomètre allemand en 1882 dans les *Berichte der Berliner Akademy* et dans les *Mathematische Annalen.*

D'autres démonstrations du théorème de Lindemann ont été données par Weierstrass (*Sitzungsber. der Berl. Akademy,* 1885), M. Echegaray (*Revista de los progresos de las Ciencias,* Madrid, 1887), M. Hilbert (*Göttingen Nachrichten,* 1893 ; *Mathematische Annalen,* 1893), Gordan (*Comptes rendus de l'Académie des Sciences de Paris,* 1890 ; *Mathematische Annalen,* 1893), M. Vahlen (*Mathematische Annalen,* 1909), etc.

107. La démonstration de Gordan a été exposée d'une manière très claire et élémentaire par M. Klein dans l'opuscule mentionné au n.º 93. C'est la démonstration que nous allons exposer, en la réduisant, pour en simplifier l'analyse, à ce qui est strictement nécessaire pour le but que nous avons en vue, qui est seulement d'établir le théorème énoncé plus haut, et en remplaçant, pour la rendre plus claire, l'analyse symbolique qu'on y emploie, par une analyse ordinaire.

Cette démonstration est basée sur quelques propriétés qu'on va voir de la fonction entière

$$(1) \qquad \phi(x) = \frac{a^{np} x^{p-1}}{(p-1)!} [X(x)]^p$$

où

$$(2) \qquad X(x) = a(x-k_1)(x-k_2)\ldots(x-k_n) = ax^n + a_1 x^{n-1} + a_2 x^{n-2} + \ldots + a_n,$$

$a, a_1, a_2, \ldots, a_n$ étant des nombres entiers et $a > 0$.

I. — Soient h un nombre entier,

$$(3) \qquad \phi(x) = \frac{x^{p-1}}{(p-1)!} (C_0 + C_1 x + C_2 x^2 + \ldots)$$

le développement de $\phi(x)$ suivant les puissances de x, et $\psi_1(h)$ la valeur qu'on obtient en remplaçant dans l'expression

$$\phi(h) = \frac{h^{p-1}}{(p-1)!} (C_0 + C_1 h + C_2 h^2 + \ldots)$$

$h^{p-1}, h^p, h^{p+1}, \ldots$ par $(p-1)!, p!, (p+1)! \ldots$ Le résultat

$$(4) \qquad \psi_1(h) = C_0 + C_1 p + C_2 p(p+1) + \ldots$$

est un nombre entier non divisible par p, et par conséquent différent de zéro, quand p est un nombre premier supérieur aux valeurs absolues de a et a_n.

En effet, comme les nombres $a, a_1, a_2, \ldots$ sont entiers, les coefficients du développement de $[X(x)]^p$ suivant les puissances de x sont aussi des nombres entiers. Mais $C_0, C_1, C_2, \ldots$ sont égaux aux produits de ces coefficients par a^{np}. Donc $C_0, C_1, C_2, \ldots$ sont des nombres entiers.

Le nombre C_0 n'est pas divisible par p, car on a

$$C_0 = a_n^p a^{np}$$

et p est par hypothèse supérieur aux valeurs absolues de a et a_n.

L'équation (4) fait donc voir que $\psi_1(p)$ n'est pas divisible par p.

II. — *La somme des valeurs absolues des termes du polynone $\psi(x)$ tend vers zéro, quand p tend vers l'infini, quelle que soit la valeur de x.*

En effet, en posant

$$K = a\,|x|^n + |a_1|\,|x|^{n-1} + \ldots + |a_n|,$$

le somme S des valeurs absolues des termes de $\psi(x)$ a la valeur

$$S = \frac{a^{np}\,|x|^{p-1}}{(p-1)!}\,K^p = \frac{|a^n x K|^{p-1}}{(p-1)!}\,a^n K = a^n K \frac{|a^n x K|}{1} \cdot \frac{|a^n x K|}{2} \cdots \frac{|a^n x K|}{i} \cdots \frac{|a^n x K|}{p-1}.$$

Mais, en supposant $i > |a^n x K|$, le produit des $i+2$ premiers facteurs de cette expression a une valeur déterminée, les facteurs suivants sont inférieurs à l'unité, et le dernier tend vers zéro, quand p tend vers l'infini. Donc S tend vers zéro.

III. — *La somme*

$$\psi_1(k_1+h) + \psi_1(k_2+h) + \ldots + \psi_1(k_n+h)$$

est égale à un nombre entier divisible par p.

En effet, comme $X(k_1) = 0$, nous avons

$$X(k_1+h) = h\left[X'(k_1) + \frac{1}{2}hX''(k_1) + \ldots\right]$$

$$= h\left[nak_1^{n-1} + (n-1)a_1k_1^{n-2} + (n-2)a_2k_1^{n-3} + \ldots\right]$$

$$+ h^2\left[\frac{n(n-1)}{2}ak_1^{n-2} + \frac{(n-1)(n-2)}{2}a_1k_1^{n-3} + \ldots\ldots\right]$$

$$+ h^3\left[\frac{n(n-1)(n-2)}{2.3}ak_1^{n-3} + \frac{(n-1)(n-2)(n-3)}{2.3}a_1k_1^{n-4} + \ldots\right]$$

$$+ \ldots\ldots\ldots\ldots\ldots\ldots\ldots\ldots\ldots\ldots\ldots\ldots\ldots\ldots\ldots$$

$$= h\left[\alpha + \alpha_1 k_1 + \alpha_2 k_1^2 + \ldots + \alpha_{n-1} k_1^{n-1}\right],$$

où α, α_1, α_2, ... représentent des fonctions entières de h avec des coefficients entiers.

Donc

$$\psi(k_1+h) = \frac{(k_1+h)^{p-1}}{(p-1)!}\,a^{np}h^p\,(\alpha + \alpha_1 k_1 + \ldots + \alpha_{n-1}k_1^{n-1})^p$$

$$= \frac{h^p a^{np}}{(p-1)!}\,(E_0 + E_1 k_1 + E_2 k_1^2 + \ldots + E_\nu k_1^\nu),$$

où E_0, E_1, E_2, ... sont des fonctions entières de h avec des coefficients entiers et où $\nu = np - 1$.

On trouve de la même manière les valeurs de $\phi(k_2 + h)$, $\phi(k_3 + h)$, ..., et on a ensuite

$$\phi(k_1 + h) + \phi(k_2 + h) + \ldots + \phi(k_n + h) = \frac{h^p a^{np}}{(p-1)!} [nE_0 + E_1 S_1 + E_2 S_2 + \ldots + E_\nu S_\nu],$$

où

$$S_1 = k_1 + k_2 + \ldots + k_n, \quad S_2 = k_1^2 + k_2^2 + \ldots + k_n^2, \quad \text{etc.}$$

Mais, d'après la théorie des fonctions symétriques,

$$S_1 = -\frac{a_1}{a}, \quad S_2 = \frac{a_1^2}{a^2} - \frac{2a_2}{a}, \quad S_3 = -\frac{a_1^3}{a^3} + \frac{3a_1 a_2}{a^2} - \frac{3a_3}{a}, \ldots$$

Donc les produits de S_1, S_2, ... S_ν par a^{np} sont des fonctins entières de a, et par conséquent les coefficients D_0, D_1, ... de l'expression

$$\phi(k_1 + h) + \phi(k_2 + h) + \ldots + \phi(k_n + h) = \frac{h^p}{(p-1)!} (D_0 + D_1 h + D_2 h^2 + \ldots)$$

sont des nombres entiers.

Nous avons par conséquent en remplaçant h^p, h^{p+1}, ... par $p!$, $(p+1)!$, ..., l'égalité

$$\phi_1(k_1 + h) + \phi_1(k_2 + h) + \ldots + \phi_1(k_n + h) = p[D_0 + D_1(p+1) + D_2(p+1)(p+2) + \ldots],$$

laquelle rend évident le théorème énoncé.

108. Ces lemmes posés, nous allons démontrer que l'identité

$$c + e^{k_1} + e^{k_2} + \ldots + e^{k_n} = 0$$

est impossible.

Multiplions pour cela ses deux membres par $\phi_1(k)$, ce qui donne

(5) $$c\phi_1(h) + \lambda = 0,$$

où

$$\lambda = (e^{k_1} + e^{k_2} + \ldots + e^{k_n}) \phi_1(h).$$

Mais, en représentant par k une des racines k_1, k_2, ..., k_n, de l'équation (2), nous avons

$$e^k \phi(h) = \frac{h^{p-1} e^k}{(p-1)!} (C_0 + C_1 h + C_2 h^2 + \ldots),$$

et

$$e^k = 1 + k + \frac{k^2}{2!} + \ldots + \frac{k^{p-1}}{(p-1)!} + \frac{k^{p-1}}{(p-1)!}\left(\frac{k}{p} + \frac{k^2}{p(p+1)} + \ldots\right),$$

$$e^k = 1 + k + \frac{k^2}{2!} + \ldots + \frac{k^p}{p!} + \frac{k^p}{p!}\left(\frac{k}{p+1} + \frac{k^2}{p(p+1)} + \ldots\right),$$

$$\ldots\ldots\ldots\ldots\ldots\ldots\ldots\ldots\ldots\ldots\ldots\ldots\ldots$$

Donc

$$e^k \psi(h) = \Theta + \frac{h^{p-1}}{(p-1)!} C_0 \left[1 + k + \frac{k^2}{2!} + \ldots + \frac{k^{p-1}}{(p-1)!}\right]$$

$$+ \frac{h^p}{(p-1)!} C_1 \left[1 + k + \frac{k^2}{2!} + \ldots + \frac{k^p}{p!}\right]$$

$$+ \frac{h^{p+1}}{(p-1)!} C_2 \left[1 + k + \frac{k^2}{2!} + \ldots + \frac{k^{p+1}}{(p+1)!}\right]$$

$$+ \ldots\ldots\ldots\ldots\ldots\ldots\ldots\ldots\ldots\ldots,$$

où

$$\Theta = \frac{h^{p-1}}{(p-1)!} \cdot \frac{k^{p-1}}{(p-1)!} C_0 \left(\frac{k}{p} + \frac{k^2}{p(p+1)} + \ldots\right) + C_1 \frac{h^p}{(p-1)!} \frac{k^p}{p!}\left(\frac{k}{p+1} + \frac{k^2}{(p+1)(p+2)} + \ldots\right) + \ldots,$$

et par conséquent, en remplaçant h^{p-1}, h^p, $\ldots$ par $(p-1)!$, $p!$, $\ldots$,

$$e^k \psi_1(h) = \Theta_1 + C_0 \left[1 + k + \frac{k^2}{2!} + \ldots + \frac{k^{p-1}}{(p-1)!}\right]$$

$$+ p C_1 \left[1 + k + \frac{k^2}{2!} + \ldots + \frac{k^p}{p!}\right]$$

$$+ p(p+1) C_2 \left[1 + k + \frac{k^2}{2!} + \ldots + \frac{k^{p+1}}{(p+1)!}\right]$$

$$+ \ldots\ldots\ldots\ldots\ldots\ldots\ldots\ldots\ldots\ldots,$$

où

$$\Theta_1 = \frac{k^{p-1}}{(p-1)!} C_0 \left(\frac{k}{p} + \frac{k^2}{p(p+1)} + \ldots\right) + p \frac{k^p}{p!} C_1 \left(\frac{k}{p+1} + \frac{k^2}{(p+1)(p+2)} + \ldots\right) + \ldots$$

D'un autre côté, on a

$$\psi(h+k) = \psi(h) + k\,\psi'(h) + \frac{k^2}{2!}\psi''(h) + \cdots$$

$$= \frac{1}{(p-1)!}\left[C_0 h^{p-1} + C_1 h^p + C_2 h^{p+1} + \cdots\right]$$

$$+ \frac{k}{(p-1)!}\left[(p-1)C_0 h^{p-2} + pC_1 h^{p-1} + (p+1)C_2 h^p + \cdots\right]$$

$$+ \frac{k^2}{(p-1)!\,2!}\left[(p-1)(p-2)C_0 h^{p-3} + p(p-1)C_1 h^{p-2} + (p+1)pC_2 h^{p-1} + \cdots\right]$$

$$+ \frac{k^3}{(p-1)!\,3!}\left[(p-1)(p-2)(p-3)C_0 h^{p-4} + p(p-1)(p-2)C_1 h^{p-3} + \cdots\right]$$

$$+ \cdots\cdots\cdots\cdots\cdots\cdots\cdots\cdots\cdots\cdots\cdots\cdots\cdots\cdots\cdots\cdots\cdots\cdots$$

$$+ \frac{k^{p-1}}{(p-1)!\,(p-1)!}\left[(p-1)(p-2)\ldots 2.1C_0 + p(p-1)\ldots 3.2C_1 h + \cdots\right]$$

$$+ \frac{k^p}{(p-1)!\,p!}\left[p(p-1)\ldots 2.1C_1 + (p+1)p\ldots 3.2C_2 h + \cdots\right]$$

$$+ \frac{k^{p+1}}{(p-1)!\,(p+1)!}\left[(p+1)p\ldots 2.1C_2 + (p+2)\ldots 2C_3 h + \cdots\right]$$

$$+ \cdots\cdots\cdots\cdots\cdots\cdots\cdots\cdots\cdots\cdots\cdots\cdots\cdots\cdots\cdots\cdots\cdots$$

et par conséquent, en remplaçant h^{p-1}, p^p, $\ldots$ par $(p-1)!$, $p!$, $\ldots$,

$$\psi_1(h+k) = \left[C_0 + pC_1 + p(p+1)C_2 + \cdots\right]\left[1 + k + \frac{k^2}{2!} + \cdots + \frac{k^{p-1}}{(p-1)!}\right]$$

$$+ \frac{k^p}{p!}\left[pC_1 + p(p+1)C_2 + \cdots\right]$$

$$+ \frac{k^{p+1}}{(p+1)!}\left[p(p+1)C_2 + p(p+1)(p+2)C_3 + \cdots\right]$$

$$+ \cdots\cdots\cdots\cdots\cdots\cdots\cdots\cdots\cdots\cdots\cdots\cdots\cdots$$

Donc

$$e^k \psi_1(h) = \Theta_1 + \psi_1(h+k).$$

En remplaçant dans cette relation k par ses valeurs k_1, k_2, ..., k_n, et en appliquant ensuite l'égalité (5), on a

(6) $\qquad c\phi_1(h) + \phi_1(h+k_1) + \phi_1(h+k_2) + \ldots + \phi_1(h+k_n) + \Sigma\Theta_1 = 0,$

$\Sigma\Theta_1$ représentant la somme des valeurs que Θ_1 prend quand on remplace k par k_1, k_2, ..., k_n.

Remarquons maintenant que, si l'on suppose $p > |k|$, on a

$$\left|\frac{k}{p}\right| + \left|\frac{k^2}{p(p+1)}\right| + \ldots < 1 + |k| + \left|\frac{k^2}{2!}\right| + \ldots,$$

ensuite

$$\left|\frac{k}{p} + \frac{k^2}{p(p+1)} + \ldots\right| < e^{|k|},$$

et par conséquent

$$\frac{k}{p} + \frac{k^2}{p(p+1)} + \ldots = q_0 e^{|k|},$$

q_0 désignant une quantité dont le module est inférieur à l'unité.

De même

$$\frac{k}{p+1} + \frac{k^2}{(p+1)(p+2)} + \ldots = q_1 e^{|k|},$$

$$\frac{k}{p+2} + \frac{k^2}{(p+2)(p+3)} + \ldots = q_2 e^{|k|},$$

$$\ldots\ldots\ldots\ldots\ldots\ldots\ldots\ldots\ldots\ldots\ldots\ldots$$

où $|q_1| < 1$, $|q_2| < 1$, ...

Donc

$$\Theta_1 = \frac{k^{p-1}}{(p-1)!}(q_0 C_0 + q_1 C_1 k + q_2 C_2 k^2 + \ldots) e^{|k|}.$$

Comme

$$|q_0||C_0| < |C_0|, \qquad |q_1||C_1| < |C_1|, \quad \ldots,$$

on voit au moyen de cette expression de Θ_1 que $|\Theta_1| e^{-|k|}$ est inférieur à la somme des valeurs absolues que prennent les termes du polynome $\phi(x)$ quand on pose $x = k$. Donc, en appliquant le lemme II, on conclut que $|\Theta_1|$ tend vers zéro, quand p tend vers l'infini.

En nous basant sur cette conclusion et sur les lemmes énoncés ci-dessus, nous pouvons maintenant démontrer que l'égalité (6) est absurde.

En effet, en supposant $p > c$, le premier terme de cette égalité est différent de zéro et n'est pas divisible par p (lemme I). La somme des autres termes est formée d'une partie divisible par p (lemme III) et d'une partie que l'on peut rendre si petite qu'on-veut en donnant à p des valeurs assez grandes. Or la somme d'un nombre entier et d'une quantité inférieure à l'unité, qu'on obtient en divisant le premier membre de l'égalité considérée par p, ne peut pas être nulle.

Nous avons donc en conclusion le théorème de Lindemann:

Si c est un nombre entier, l'égalité

$$c + e^{k_1} + e^{k_2} + \ldots + e^{k_n} = 0$$

ne peut pas être satisfaite par les racines k_1, k_2, ..., k_n d'une équation algébrique à coefficients rationnels.

109. En se basant sur cette proposition, on peut démontrer aisément que le nombre π est transcendant.

Soient h_1, h_2, ..., h_m des racines d'une équation algébrique à coefficients rationnels. Nous avons

$$(1 + e^{h_1})(1 + e^{h_2}) \ldots (1 + e^{h_m}) = 1 + e^{k_1} + e^{k_2} + \ldots + e^{k_\nu},$$

et nous allons démontrer que k_1, k_2, ..., k_ν sont aussi des racines d'une équation algébrique à coefficients rationnels.

Considérons premièrement le cas où $m = 2$. Il vient

$$(1 + e^{h_1})(1 + e^{h_2}) = 1 + e^{k_1} + e^{k_2} + e^{k_3},$$

où

$$k_1 = h_1, \qquad k_2 = h_2, \qquad k_3 = h_1 + h_2.$$

Mais, par hypothése,

$$(x - h_1)(x - h_2) = x^2 + a_1 x + a_2,$$

où a_1, a_2 désignent des nombres rationnels.

Donc $k_3 = -a_1$ et par conséquent

$$(x - k_1)(x - k_2)(x - k_3) = (x^2 + a_1 x + a_2 x^2)(x + a_1),$$

d'où il suit que k_1, k_2 et k_3 sont les racines d'une équation à coefficients rationnels.

De même, on a

$$(1 + e^{h_1})(1 + e^{h_2})(1 + e^{h_3}) = 1 + e^{k_1} + e^{k_2} + \ldots + e^{k_7},$$

où

$$k_1 = h_1, \quad k_2 = h_2, \quad k_3 = h_3, \quad k_4 = h_1 + h_2, \quad k_5 = h_1 + h_3, \quad k_6 = h_2 + h_3, \quad k_7 = h_1 + h_2 + h_3;$$

et

$$(x - h_1)(x - h_2)(x - h_3) = x^3 + a_1 x^2 + a_2 x + a_3,$$

a_1, a_2, a_3 étant des nombres rationnels. Mais le produit

$$(x - k_1)(x - k_2) \ldots (x - k_7)$$

est une fonction symétrique entière des racines h_1, h_2, h_3 du dernier polynome, et par conséquent il est égal à une fonction entière des coefficients a_1, a_2, a_3. Donc le même produit est égal à une fonction entière de x avec des coefficients rationnels.

Il est évident que cette démonstration est applicable quelque soit le nombre des racines h_1, h_2, h_3, ...

Supposons maintenant que la racine h_1 soit égal à $i\pi$.

Comme alors

$$1 + e^{i\pi} = 1 + \cos \pi + i \sin \pi = 0,$$

nous avons

$$1 + e^{k_1} + e^{k_2} + \ldots + e^{k_\nu} = 0,$$

ou, vu que quelques-unes des valeurs de k peuvent être nulles,

$$c + e^{k_1} + e^{k_2} + \ldots + e^{k_n} = 0,$$

c désignant un nombre entier.

Mais, d'après le théorème de Lindemann, cette égalité ne peut pas être vérifiée par les racines k_1, k_2, k_3, ... d'une équation algébrique à coefficients rationnels. Donc *le nombre $i\pi$ est transcendant, ainsi que, par suite, le nombre π.*

110. L'impossibilité de la quadrature du cercle au moyen de la règle et du compas est une conséquece du théorème qu'on vient d'énoncer et des théorèmes exposées au § I de ce chapitre. En supposant en effet que le rayon du cercle est pris pour unité, ce cercle peut être déterminé par les points dont les coordonnées sont $(0, 0)$ et $(0, 1)$, et, pour obtenir le côté du carré dont l'aire est égale à celle du cercle, il suffit de déterminer le point dont les coordonnées sont $(0, \sqrt{\pi})$. Or, comme le nombre $\sqrt{\pi}$ est transcendant, ce point ne peut pas être obtenu au moyen de droites et cercles ni même au moyen d'autres courbes algébriques.

111. Parmi les courbes transcendantes qu'on peut employer comme quadratrices, dont on a déjà mentionné celles qui ont été employées par les anciens géomètres, il convient de remarquer spécialement celle qui est représentée par l'équation

$$y = \frac{r^2}{2} \arcsin \frac{x}{r} + \frac{x}{2} \sqrt{r^2 - x^2},$$

car cette courbe peut être décrite par un mouvement continu au moyen d'un appareil inventé par Abdank-Abakanowiks, décrit dans son opuscule: *Les integraphs, la courbe intégrale et ses applications* (Paris, 1886). Pour voir que cette courbe est une quadratrice, il suffit de remarquer que, en posant dans son équation $x = r$, il vient $y = \frac{r^2 \pi}{4}$.

On peut voir la description de l'appareil mentionné dans un article de M. Calò publié dans les *Questioni riguardanti le Matematiche elementari* de M. Enriques.

112. On a donné bien de méthodes pour construire au moyen de la règle et du compas un segment de droite qui représente approximativement la longueur d'une circonférence donnée. Nous en indiquerons ici seulement une, publié par Spetcht dans le *Journal de Crelle* (t. III, 1836), qui est simple et mène à un résultat très approché.

Considérons un cercle de centre C et prenons un diamètre ACB. Par le point A menons une tangente AT à ce cercle et signalons sur cette droite deux points M et N tels que $AM = \left(2 + \frac{1}{5}\right) AC$, $MN = \frac{1}{5} AC$. Prenons ensuite sur la droite AB un point P tel que $AP = CM$, menons par ce point une droite parallèle à CN et désignons par F le point où elle coupe AM. On a alors

$$\frac{AF}{AP} = \frac{AN}{AC} = \frac{12}{5}, \quad AP = CM = \sqrt{AC^2 + AM^2},$$

et par conséquent, en désignant par a le rayon et par c la longueur de la circonférence,

$$AF = \frac{13}{5} a \sqrt{1 + \left(\frac{11}{5}\right)^2} = 6,2831839\ldots a, \quad c - AF = 0,000001\ldots a$$

Donc AF représente la longueur de la circonférence avec une erreur inférieure à 0,000001 du rayon.

Le triangle AFC représente l'aire du cercle avec une erreur inférieure à l'aire d'un carré ayant le côté égal à $\frac{a}{1000}$.

TOME III

Table des courbes.

Table des auteurs mentionnés dans ce volume.